TURING 图灵原创

自然语言处理入门

INTRODUCTION TO NATURAL LANGUAGE PROCESSING

何晗（@hankcs）著

人民邮电出版社
北京

图书在版编目(CIP)数据

自然语言处理入门 / 何晗著. -- 北京 : 人民邮电出版社, 2019.10
(图灵原创)
ISBN 978-7-115-51976-4

Ⅰ. ①自… Ⅱ. ①何… Ⅲ. ①自然语言处理－研究 Ⅳ. ①TP391

中国版本图书馆CIP数据核字(2019)第193305号

内 容 提 要

这是一本自然语言处理入门书。

HanLP 作者何晗汇集多年经验，从基本概念出发，逐步介绍中文分词、词性标注、命名实体识别、信息抽取、文本聚类、文本分类、句法分析这几个热门问题的算法原理与工程实现。书中通过对多种算法的讲解，比较了它们的优缺点和适用场景，同时详细演示生产级成熟代码，助读者真正将自然语言处理应用在生产环境中。

随着对本书内容的学习，你将从普通程序员晋级为机器学习工程师，最后进化到自然语言处理工程师。

◆ 著　　　何　晗
责任编辑　王军花
责任印制　周昇亮

◆ 人民邮电出版社出版发行　　北京市丰台区成寿寺路11号
邮编　100164　　电子邮件　315@ptpress.com.cn
网址　https://www.ptpress.com.cn
北京天宇星印刷厂印刷

◆ 开本：800×1000　1/16
印张：24　　　　　　2019年10月第1版
字数：472千字　　　　2025年4月北京第26次印刷

定价：99.00元

读者服务热线：(010)84084456-6009　印装质量热线：(010)81055316

反盗版热线：(010)81055315

推荐序

自然语言处理（NLP）的目标是使计算机能够像人类一样理解语言。人类语言是一个复杂的符号系统，人们可以通过不同方式传达信息，比如文字、语音、手势、信号等，而所传达的信息也可能因为用词或语调的微妙不同而大相径庭。完全通过机器来理解人类语言目前还是一个很困难的任务。所幸的是近年来自然语言处理作为一门学科发展迅速，得到了越来越广泛的应用。在使用神经网络技术之前，NLP 的研究经历了从规则到统计的过程，而图像、语音、文本是信息记载的不同载体，这些正是深度学习（Deep Learning）的运用范围，目前深度学习在 NLP 中也取得了很好的结果。

NLP 发展迅速，进入这个领域的初学者也越来越多。这个领域所需要的知识比较繁杂，掌握难度较大，因此，大家对于阅读相对轻松的入门资料是有很大需求的，而这在 NLP 领域是个缺口。

何晗所著的《自然语言处理入门》是汉语自然语言处理方面实用性很强的一本入门新书，涉及 NLP 的语言理论、算法介绍和工程实践等。书中着重介绍了中文自然语言处理的传统统计方法，也涉及最新发展的深度学习方法；此外，还分享了很多一线的工业级开发经验、工程实现和技巧。

特别值得一提的是，何晗开发了中文分词库 HanLP。在 GitHub 上，HanLP 全球用户量在 2017 年 10 月就超过了斯坦福大学的 CoreNLP，以及老牌自然语言处理开发包 NLTK。目前，HanLP 的受欢迎程度持续增长，已经成为 GitHub Star 数最高的自然语言处理工具包。2019 年，在中国国际软件博览会上，HanLP 获得了优秀产品奖。

回到图书本身，可以说，这是第一本把读者阅读体验放在首位的中文 NLP 图书。著名物理学家霍金说，每增加一个公式，读者就少了一半。我猜何晗得到了霍金的“真传”。这本书的特点就是只允许必不可少的公式出现，采用从问题到算法再到工程实现的写作思路，通俗易懂、容易上手。何晗甚至设定了一个小目标：让大家在地铁上也能学会 NLP 开发。

最后，再次将这本优秀务实的中文 NLP 入门书分享给你。彻底搞懂本书后，你可以成长为自然语言处理类库的设计者。

夏志宏

首批长江学者，

美国“青年科学家与工程师总统奖”得主，布拉门塞尔纯数学奖得主，

南方科技大学数学系创系主任，美国西北大学终身讲席教授，

大快搜索首席数学家

推 荐 语

最近几年 NLP 的研究进入高潮。很多人都想学习 NLP 但是不知道如何开始，目前国内 NLP 领域急需更多入门好书，HanLP 作者何晗即将出版的这本《自然语言处理入门》值得一读。这本书比较系统地介绍了 NLP 的基础技术，深入浅出、容易理解，对初学者很有帮助。

——周明，微软亚洲研究院副院长，国际计算语言学会会长

自然语言处理是人工智能最核心也最具挑战的领域，我衷心希望有更多的人能加入这个领域的技术研究、开发、应用之中。相信何晗的这本《自然语言处理入门》会对大家有很大的帮助。本书以 GitHub 开源项目 HanLP 的代码实现为基础，介绍了从分词到句法分析再到深度学习的自然语言处理最基本的技术。本书叙述简洁清晰，讲解透彻深入，非常适合初学者。强烈推荐！

——李航，字节跳动人工智能实验室总监，《统计学习方法》作者

作者从实践的角度用通俗易懂的语言解释自然语言处理的概念，用应用实例和类程序语言描述算法，有鲜明的特色和很强的实用性，我相信这本书会深受读者的欢迎。

——宗成庆，中国科学院自动化研究所研究员、博士生导师，《统计自然语言处理》作者

本书作者何晗原来也是一个自然语言的爱好者，现在已成为自然语言处理的专业人士，美国埃默里大学计算机科学专业的博士生。他自主开发了一套完全开放源代码的自然语言处理工具包 HanLP，受到使用者的好评。这本书依托于 HanLP 工具包，从基本的概念和原理出发，讲解了自然语言处理中一些常用的问题和算法。我相信这本书融入了作者对这个领域各项技术的深刻理解和切身体会，一定会是一本非常好的入门书。

——刘群，华为诺亚方舟实验室语音语义首席科学家

这本书不仅介绍了 NLP 的任务及算法，也提供了可以实际运行的生产级代码，非常适合 NLP 初学者入门并快速布置到生产环境。本书的文字十分流畅，连标点符号都鲜有错误，展示了作者严谨的写作态度和极强的文字能力。虽然本书深度学习相关的篇幅不多，但是了解传统

的 NLP 方法能够大大提升对问题的理解能力，推荐阅读！

——王斌，小米人工智能实验室主任、NLP 首席科学家

近年来人工智能技术应用日益广泛深入，自然语言处理（NLP）也随之成为一门“显学”。作为教计算机学习理解和使用人类语言的学科，NLP 在搜索引擎、推荐系统、社会计算、智能音箱、机器翻译等几乎所有与“语言”有关的方向发挥着重要作用。由于人类语言的复杂特点，NLP 所涉及的基础知识和技术非常多，虽然国内外有一些经典的教材，但与实际应用密切结合深入浅出讲授的著作凤毛麟角。本书作者是著名的中文 NLP 工具包 HanLP 的开发者，本书结合 HanLP 细致讲解 NLP 的关键技术，是上手 NLP 的优秀读物。我非常高兴将这本书推荐给对 NLP 感兴趣的朋友们。

——刘知远，清华大学副教授，MIT“35 岁以下科技创新 35 人”中国区榜单获得者

大数据与人工智能已经成为当今世界各国的战略必争之地，自然语言处理是人工智能科学皇冠上的明珠，大数据为自然语言处理的跨越式发展提供了算源与算力基础。HanLP 吸收了我所开源的汉语分词系统 ICTCLAS 的精髓，何晗跟我深入讨论过我发表的论文，其学习能力与勤奋严谨给我留下了深刻印象。何晗结合 HanLP 宝贵的开发经验与 NLP 领域最新研究成果所写的这本书，是一部难得的 NLP 启蒙之作，推荐阅读。

——张华平，北京理工大学副教授、NLPIR-ICTCLAS 创始人，
钱伟长中文信息处理科学技术奖一等奖获得者

几年前，第一次得知 HanLP 的作者何晗是上外一名非科班同学时，我很吃惊。要知道，即使科班出身，要开发一个如此完备的 NLP 工具都相当有挑战，更不用说 HanLP 在中文 NLP 开源领域还相当成功了。而今，何晗在美国就读 CS 领域的博士，他在课余时间坚持写作，结合自己的学习历程和 HanLP 的开发经验给大家呈现了一本不太一样的 NLP 入门书。我很乐意把这本书推荐给大家。

——杨攀，我爱自然语言处理（52nlp）博主，公众号 AINLP 主理人

前　　言

为什么要写这本书

自然语言处理是一门交叉学科，属于人工智能的一个分支，涉及计算机科学、语言学、数学等多个领域的专业知识。外行人很难入门这个小众的圈子，非科班出身的我对此深有体会。经典教材虽然高屋建瓴，但自学的话很难读懂，缺乏代码也无法落地；工程类书籍则往往侧重对开源项目的接口介绍，缺乏深度与宏观系统性。我曾经跟天书般的术语与公式顽强斗争，也在迷宫般的教学代码中苦苦挣扎。现在回顾自学历程，我才认识到：当时缺少一本面向普通人的入门书，走了许多弯路。

在我的开源自然语言处理项目 HanLP 流行起来后，我接触了大量 NLP 初学者，我看到不少人碰到了我当初苦苦思索的问题。许多用户不理解“统计自然语言处理”的设计理念，对“语料”“训练”“模型”等概念十分陌生。同时，如果你缺乏自然语言处理基础的话，也无法掌握 HanLP 中的高级功能。还有部分学习热情高涨的用户尝试阅读 HanLP 的代码，却反应即便代码有注释，也看不懂为什么要这么写……用户的问题和困惑越积越多，有些朋友建议我写一本 HanLP 的书。然而我认为一本书不应当局限于代码，而应当让读者知其所以然，而彼时我觉得自己才疏学浅，写不出满意之作。后来经过几年的完善，HanLP 成为 GitHub 上最受欢迎的自然语言处理项目，我对自然语言处理的理解也系统化了一些。正巧图灵的王军花老师跟我约稿，我想是时候将这些年的收获总结一下了。

这本书跟其他图书有什么不同

避免大而全式地泛泛而谈，又不拘泥于工程实践，这是我写作这本书秉持的原则。我希望这本务实的入门书，能够帮助零起点的你上手这门新学科，并且真正将自然语言处理应用在生产环境中。

书中不是枯燥无味的公式罗列，而是用白话阐述的通俗易懂的算法模型；书中不是对他人开源代码的堆砌，而是工业级开发经验的分享。

我以 HanLP 作者的身份，从基本概念出发，逐步介绍中文分词、词性标注、命名实体识别、信息抽取、文本聚类、文本分类、句法分析这几个热门问题的算法原理与工程实现。通过对多种算法的讲解和实现，比较各自的优缺点和适用场景。这些实现并非教学专用，而是生产级别的成熟代码，可以直接用于实际项目。

理解这些热门问题的算法之后，本书会引导你根据自己的项目需求拓展新功能，最终达到理论和实践上的同步入门。

书中还会穿插一些你在网络资料中难得一见的实现技巧，巧妙运用的话会成为你高效开发的秘诀。读完本书后，你不光会理解理论、掌握接口，还能成长为自然语言处理类库的设计者。

无论是书还是代码，我都坚持“递归深入”“延迟加载”（lazy loading）的思想，即只在使用的时候才去加载必要的资料。也就是说，全书是自顶而下循序渐进的：

- 你首先看到的是一个摸得着的实际问题，为了解决该问题才去接触一个具体方案；
- 为了理解这个方案，才会介绍必要的背景知识；
- 为了实现这个方案，才会介绍相关细节；
- 为了克服这个方案的问题，才会过渡到新的方案。

主要内容

本书是自包含的，编排上尊重一般人的认知规律而不是学术上的纲目顺序。本书面向普通程序员，将内容粗略划分为下图所示的三大部分。

算法工程师		机器学习工程师				自然语言处理工程师						
1 新手上路	2 词典分词	3 二元语法	4 隐马尔可夫模型	5 感知机	6 条件随机场	7 词性标注	8 命名实体识别	9 信息抽取	10 文本聚类	11 文本分类	12 句法分析	13 深度学习

第一部分介绍一些字符串算法，让普通程序员从算法的角度思考中文信息处理。

第二部分由易到难地讲解一些常用的机器学习模型，让算法工程师晋级为机器学习工程师。这部分并非空谈理论，而是由中文分词这一应用问题贯穿始终，构成一种探索式的递进学习。这些模型也并非局限于中文分词，会在第三部分应用到更多的自然语言处理问题上去。

第三部分新增了许多与文本处理紧密相关的算法，让机器学习工程师进化到自然语言处理工程师。特别地，最后一章介绍了当前流行的深度学习方法，起到扩展视野、承上启下的作用。你也可根据自身情况，灵活跳过部分章节。

翻阅本书，你会得到观影一般的流式体验。我曾经也是一无所知的外行，自学时走过不少弯路，深知数学语言的艰深晦涩，并且痛恨罗列公式故作高深的文章，也不喜欢大而全的综述书籍。因此，我写了这本不太一样的入门书，将阅读体验排在学术规范之前。尽量用自然的语调讲几个具体算法，把每个算法讲清楚，力争做到让你在地铁上也能把书读完读懂。

图片、公式与配套代码

本书为双色印刷，我们根据图书的特点对大部分图片进行了双色处理，其中有些跟作者使用代码输出的原始图片样式略有区别，但是在表达上的效果一致。

本书只保留了必不可少的公式和推导，以确保你充分理解为选择标准。书中的数学符号约定在“目录”之前的“主要数学符号表”中单独给出了，建议开始阅读之前了解一下。书中公式与代码相互印证，配套代码由 Java 和 Python 双语言写成，与 GitHub 上的最新代码同步更新，分别位于 https://github.com/hankcs/HanLP/tree/v1.7.5/src/test/java/com/hankcs/book 和 https://github.com/hankcs/pyhanlp/tree/master/tests/book[①]。为保证兼容，读者也可以使用命令 `git checkout v1.7.5` 切换到本书写作时的版本。对于 Java 代码，使用“类路径 # 方法名”来索引，比如 com.hankcs.book.ch01.HelloWord#main 表示源代码 HanLP/src/test/java/com/hankcs/book/ch01/HelloWord.java 中的 `main` 函数。对于 Python 代码，使用“模块路径 . 方法名”来索引，比如 tests.book.ch01.hello_word.main 表示源代码 pyhanlp/tests/book/ch01/hello_word.py 中的 `main` 函数。引用整个源码文件时，则直接使用文件的相对路径。另外，区别于正文，配套代码在书中印刷的背景色为淡蓝色。

思维导图

为了让读者纵览 NLP 领域的宏观图景，也为了帮助读者梳理 NLP 知识点，我精心打磨了一份 NLP + ML“双生树”思维导图。这可能是目前你所见到的最为详尽的思维导图，印刷尺寸大约宽 60 厘米，高 74 厘米，它是随书附赠给你参考学习的。

你不仅可以从中了解 NLP 领域的详尽知识脉络，还可以彻底弄清楚 NLP 与 ML 知识点之间的关联。这些关联知识点不仅涵盖本书中的核心知识，甚至涉及许多前沿研究与应用。不论你处于入门还是进阶阶段，这份思维导图都可以帮你厘清学科脉络。放在手边，时常拿出来参考一下，会相当便利。

---
① 你也可以到图灵社区（ituring.cn）本书主页“随书下载”下载源代码文件。

教学讲义 PPT

本书为教师提供教学讲义 PPT，请前往 https://od.hankcs.com/book/intro_nlp/ 下载。

关于封面

本书封面上的图案是一只蝴蝶形状的词云，由全书 60 个关键术语构成。蝴蝶同时也是码农场与 HanLP 的标志，为业内人士熟知。蝴蝶象征着蝴蝶效应、非线性与混沌理论——虽然微小，但足以改变世界。本书虽属入门读物，但希望能成为读者漫漫修行路上那只扇动翅膀的蝴蝶。

致谢

本书的撰写得到了许多亲友和老师的帮助。

感谢我的父母，为我创造舒适的写作环境。

感谢我的导师 Choi 教授，你严谨的教研态度深深地感染着我。

感谢图灵编辑王军花和英子，在书稿的审核过程中提出了许多细致入微的高标准建议。

感谢夏志宏教授、周明副院长、李航博士、宗成庆教授、刘群教授、王斌教授、刘知远副教授、张华平副教授、@52nlp 为后辈小生作推荐。

感谢大快搜索创始人孙燕群、首席科学家汤连杰，为 HanLP 的研发提供诸多资源。

感谢开源社区的每一位用户与参与开发的黑客，是你们推动了中文信息处理在工业界的落地。

感谢每一位为本书做出贡献的朋友，我谨以此书作为回礼。

互动与勘误

虽然水平有限，但我对改进内容的热情是无限的。本书配套代码承诺与 HanLP 同步更新维护，欢迎大家积极参与开源项目。此外，也欢迎读者朋友们将对本书的评价和问题发在留言板 https://forum.hankcs.com/ 或者图灵社区本书主页上，大家一起探讨，谢谢。

何晗

2019 年 7 月

主要数学符号表

符号	说明
a	标量
$\boldsymbol{a}$	向量，$\boldsymbol{x}=\left[x_1,x_2,\cdots,x_n\right]^{\mathrm{T}}\in\mathbb{R}^{n\times 1}$
$\boldsymbol{A}$	矩阵或张量
a_i	向量$\boldsymbol{a}$的第i个元素，索引从1开始
$\boldsymbol{A}_{i,j}$	位于矩阵$\boldsymbol{A}$的第i行j列的元素
$\boldsymbol{A}_{i,:}$	矩阵$\boldsymbol{A}$的第i行
$\frac{\mathrm{d}y}{\mathrm{d}x}$	y关于x的导数
$p(a)$	随机变量a的概率分布
$\hat{p}(a)$	估计随机变量a的概率分布
$a\sim p$	a服从分布p
$p(a\mid b)$	随机变量a与b的条件分布
$p(a,b)$	随机变量a与b的联合分布
$\{0,1\}$	包含0和1的集合
$\neg\{0,1\}$	包含0和1的集合的补集
$\bigcup$	并集运算
$\bigcap$	交集运算
$\lvert A\rvert$	集合A的大小
$P(n,k)$	排列数，从n个元素中取k个排序的种数
$C(n,k)$	组合数，从n个元素中取k个组合的种数
$\boldsymbol{x}^{(i)}$	数据集的第i个样本的特征向量
$y^{(i)}$	数据集的第i个样本的标准答案（非结构化预测）
$\boldsymbol{y}^{(i)}$	数据集的第i个样本的标准答案（结构化预测）
$\hat{y}^{(i)}$	数据集的第i个样本的预测输出（非结构化预测）
$\hat{\boldsymbol{y}}^{(i)}$	数据集的第i个样本的预测输出（结构化预测）
$\boldsymbol{y}^*$	问题的最优解
e	自然常数，$\mathrm{e}=\lim_{n\to\infty}\left(1+\frac{1}{n}\right)^n\approx 2.71828$
$\log x$	x以e为底的对数

目　录

第1章　新手上路

自然语言处理（Natural Language Processing，NLP）是一门融合了计算机科学、人工智能以及语言学的交叉学科，它们的关系如图 1-1 所示。这门学科研究的是如何通过机器学习等技术，让计算机学会处理人类语言，乃至实现终极目标——理解人类语言或人工智能[1]。

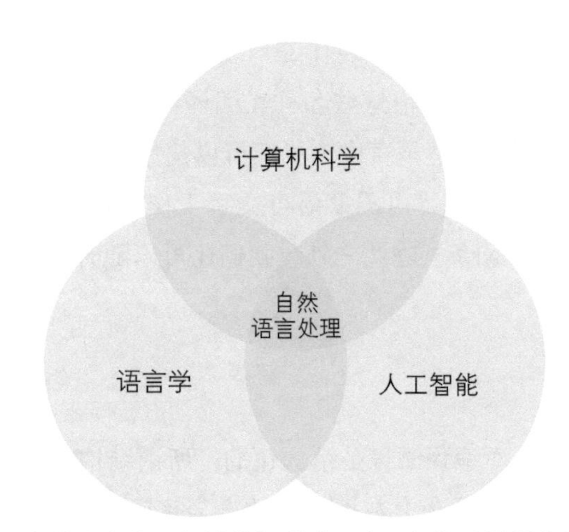

图 1-1　自然语言处理与计算机科学、人工智能以及语言学的关系

事实上，自然语言处理这个术语并没有被广泛接受的定义[2]。注重语言学结构的学者喜欢使用**计算语言学**（Computational Linguistics，CL）这个表达，而强调最终目的的学者则更偏好**自然语言理解**（Natural Language Understanding，NLU）这个术语。由于 NLP 听上去含有更多工程意味，所以本书将一直使用该术语，而不去细究它们的异同。

如同其本身的复杂性一样，自然语言处理一直是一个艰深的课题。虽然语言只是人工智能的一部分（人工智能还包括计算机视觉等），但它非常独特。这个星球上有许多生物拥有超过人类的视觉系统，但只有人类才拥有这么高级的语言。自然语言处理的目标是让计算机处理或“理解”自然语言，以完成有意义的任务，比如订机票、购物或同声传译等。完全理解和表达语言是极其困难的，完美的语言理解等价于实现人工智能。

在这一章中，我们将围绕自然语言处理的缩略图，了解一些基本概念。

---

① 著名的图灵测试就是根据机器是否能像人类一样理解语言来判断它是否具备人工智能。

② Smith N. A. Linguistic structure prediction[J]. Synthesis lectures on human language technologies, 2011, 4(2): 1-274.

1.1 自然语言与编程语言

作为我们将要处理的对象，自然语言具备高度灵活的特点。我们太熟悉自己的语言，就像水对鱼来讲是透明的一样，我们很难体会到语言的复杂程度。不如拿自然语言与人工语言做一番比较，看看计算机理解我们的语言是多么困难。

1.1.1 词汇量

自然语言中的词汇比编程语言中的关键词丰富。在我们熟悉的编程语言中，能使用的关键词数量是有限且确定的。比如，C 语言一共有 32 个关键字，Java 语言则有 50 个。虽然我们可以自由地取变量名、函数名和类名，但这些名称在编译器看来只是区别符号，不含语义信息，也不影响程序的运行结果。但在自然语言中，我们可以使用的词汇量是无穷无尽的，几乎没有意义完全相同的词语。以汉语为例，由国家语言文字工作委员会发布的《现代汉语常用词表（草案）》一共收录了 56 008 个词条。除此之外，我们还可以随时创造各种类型的新词，而不仅限于名词。

1.1.2 结构化

自然语言是非结构化的，而编程语言是结构化的。所谓结构化，指的是信息具有明确的结构关系，比如编程语言中的类与成员、数据库中的表与字段，都可以通过明确的机制来读写。举个例子，我们来看看两种语言对同一事实的表述，一些面向对象的编程语言可以如此书写：

```
class Company(object):
    def __init__(self, founder, logo) -> None:
        self.founder = founder
        self.logo = logo


apple = Company(founder='乔布斯', logo='apple')
```

于是，程序员可以通过 `apple.founder` 和 `apple.logo` 来获取苹果公司的创始人和标志。像这样，程序语言通过 `class Company` 这个结构为信息提供了层次化的模板，而在自然语言中则不存在这样的显式结构。人类语言是线性的字符串，给定一句话“苹果的创始人是乔布斯，它的 logo 是苹果”，计算机需要分析出如下结论：

- 这句汉语转换为单词序列后，应该是“苹果 的 创始人 是 乔布斯 , 它 的 logo 是 苹果”；
- 第一个“苹果”指的是苹果公司，而第二个“苹果”指的是带缺口的苹果 logo ；

- “乔布斯”是一个人名；
- “它”指代的是苹果公司；
- 苹果公司与乔布斯之间的关系是“的创始人是”，与带缺口的苹果 logo 之间的关系为“的 logo 是”。

这些结论的得出分别涉及中文分词、命名实体识别、指代消解和关系抽取等自然语言处理任务。这些任务目前的准确率都达不到人类水平。可见，人类觉得很简单的一句话，要让计算机理解起来并不简单。

1.1.3　歧义性

自然语言含有大量歧义，这些歧义根据语境的不同而表现为特定的义项。比如汉语中的多义词，只有在特定的上下文中才能确定其含义，甚至存在故意利用无法确定的歧义营造幽默效果的用法。除了上文“苹果”的两种意思之外，“意思”这个词也有多种意义。比如，下面这则经典的笑话。

> 他说：“她这个人真有意思（funny）。”她说：“他这个人怪有意思的（funny）。”于是人们以为他们有了意思（wish），并让他向她意思意思（express）。他火了：“我根本没有那个意思（thought）！”她也生气了：“你们这么说是什么意思（intention）？”事后有人说：“真有意思（funny）。”也有人说：“真没意思（nonsense）。”（原文见《生活报》1994.11.13. 第六版）[吴尉天，1999][①]

这个例子中特地用英文注解“意思”的不同义项，从侧面体现了处理中文比处理英文更难。

但在编程语言中，则不存在歧义性[②]。如果程序员无意中写了有歧义的代码，比如两个函数的签名一样，则会触发编译错误。

1.1.4　容错性

书刊中的语言即使经过编辑的多次校对，也仍然无法完全避免错误。而互联网上的文本则更加随性，错别字或病句、不规范的标点符号等随处可见。不过，哪怕一句话错得再离谱，人们还是可以猜出它想表达的意思。而在编程语言中，程序员必须保证拼写绝对正确、语法绝对规范，否则要么得到编译器无情的警告，要么造成潜在的 bug。

事实上，区别于规范的新闻领域，如何处理不规范的社交媒体文本也成为了一个新的课题。

---

① 摘自宗成庆《统计自然语言处理》。

② 编程语言被特意设计为无歧义的确定上下文无关文法，并且能在 $O(n)$ 时间内分析完毕，其中 n 为文本长度。

1.1.5 易变性

任何语言都是不断发展变化的，不同的是，编程语言的变化要缓慢温和得多，而自然语言则相对迅速嘈杂一些。

编程语言由某个个人或组织发明并且负责维护。以 C++ 为例，它的发明者是 Bjarne Stroustrup，它现在由 C++ 标准委员会维护。从 C++ 98 到 C++ 03，再到 C++ 11 和 C++ 14，语言标准的变化是以年为单位的迁越过程，且新版本大致做到了对旧版本的前向兼容，只有少数废弃掉的特性。

而自然语言不是由某个个人或组织发明或制定标准的。或者说，任何一门自然语言都是由全人类共同约定俗成的。虽然存在普通话、简体字等规范，但我们每个人都可以自由创造和传播新词汇和新用法，也在不停地赋予旧词汇以新含义，导致古代汉语和现代汉语相差巨大。此外，汉语不断吸收英语和日语等外语中的词汇，并且也在输出 niubility 等中式英语。这些变化是连续的，每时每刻都在进行，给自然语言处理带来了不小的挑战。这也是自然语言明明是人类发明的，却还要称作“自然”的原因。

1.1.6 简略性

由于说话速度和听话速度、书写速度和阅读速度的限制，人类语言往往简洁、干练。我们经常省略大量背景知识或常识，比如我们会对朋友说“老地方见”，而不必指出“老地方”在哪里。对于机构名称，我们经常使用简称，比如“工行”“地税局”，假定对方熟悉该简称。如果上文提出一个对象作为话题，则下文经常使用代词。在连续的新闻报道或者一本书的某一页中，并不需要重复前面的事实，而假定读者已经熟知。这些省略掉的常识，是交流双方共有而计算机不一定拥有的，这也给自然语言处理带来了障碍。

1.2 自然语言处理的层次

按照处理对象的颗粒度，自然语言处理大致可以分为图 1-2 所示的几个层次。

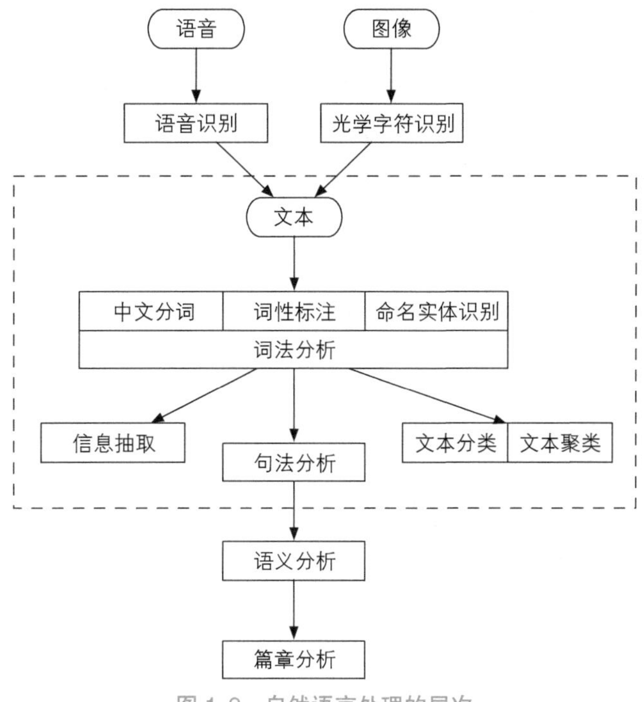

图 1-2 自然语言处理的层次

本节逐一介绍这些自然语言处理任务的定义，为读者提供一个概览。

1.2.1 语音、图像和文本

自然语言处理系统的输入源一共有 3 个，即语音、图像与文本。其中，语音和图像虽然正引起越来越大的关注，但受制于存储容量和传输速度，它们的信息总量还是没有文本多。另外，这两种形式一般经过识别后转化为文本，再进行接下来的处理，分别称为**语音识别**（Speech Recognition）和**光学字符识别**（Optical Character Recognition）。一旦转化为文本，就可以进行后续的 NLP 任务。所以，文本处理是重中之重。

1.2.2 中文分词、词性标注和命名实体识别

这 3 个任务都是围绕词语进行的分析，所以统称**词法分析**。词法分析的主要任务是将文本分隔为有意义的词语（**中文分词**），确定每个词语的类别和浅层的歧义消除（**词性标注**），并且识别出一些较长的专有名词（**命名实体识别**）。对中文而言，词法分析常常是后续高级任务的基础。在流水线式[①] 的系统中，如果词法分析出错，则会波及后续任务。所幸的是，中文词法分析

① 指的是前一个系统的输出是后一个系统的输入，并且前一个系统不依赖于后续系统。

已经比较成熟，基本达到了工业使用的水准。

作为一个初级且资源丰富的任务，词法分析将在本书后续章节中详细阐述。另外，由于这是读者接触的第一个 NLP 任务，它将引出许多有趣的模型、算法和思想。因此，词法分析不仅是自然语言处理的基础任务，它所属的章节也会成为读者知识体系的基础。

1.2.3 信息抽取

词法分析之后，文本已经呈现出部分结构化的趋势。至少，计算机看到的不再是一个超长的字符串，而是有意义的单词列表，并且每个单词还附有自己的词性以及其他标签。

根据这些单词与标签，我们可以抽取出一部分有用的信息，从简单的高频词到高级算法提取出的关键词，从公司名称到专业术语，其中词语级别的信息已经可以抽取不少。我们还可以根据词语之间的统计学信息抽取出关键短语乃至句子，更大颗粒度的文本对用户更加友好。

值得一提的是，一些信息抽取算法用到的统计量可以复用到其他任务中，会在相应章节中详细介绍。

1.2.4 文本分类与文本聚类

将文本拆分为一系列词语之后，我们还可以在文章级别做一系列分析。

有时我们想知道一段话是褒义还是贬义的，判断一封邮件是否是垃圾邮件，想把许多文档分门别类地整理一下，此时的 NLP 任务称作**文本分类**。

另一些时候，我们只想把相似的文本归档到一起，或者排除重复的文档，而不关心具体类别，此时进行的任务称作**文本聚类**。

这两类任务看上去挺相似，实际上分属两种截然不同的算法流派，我们会在单独的章节中分别讲解。

1.2.5 句法分析

词法分析只能得到零散的词汇信息，计算机不知道词语之间的关系。在一些问答系统中，需要得到句子的主谓宾结构。比如“查询刘医生主治的内科病人”这句话，用户真正想要查询的不是“刘医生”，也不是“内科”，而是“病人”。虽然这三个词语都是名词，甚至“刘医生”离表示意图的动词“查询”最近，但只有“病人”才是“查询”的宾语。通过句法分析，可以得到如图 1-3 所示的语法信息。

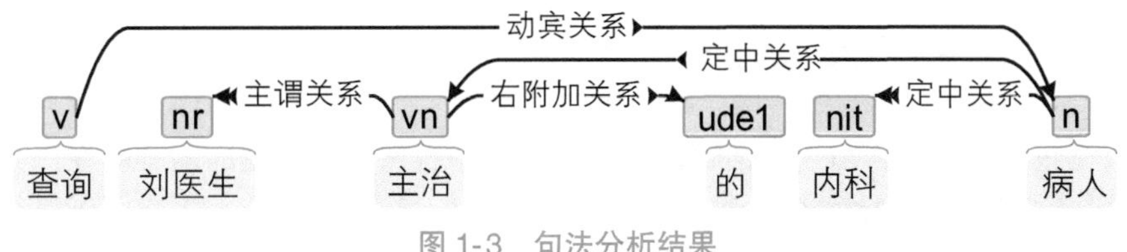

图 1-3　句法分析结果

我们发现图 1-3 中果然有根长长的箭头将“查询”与“病人”联系起来，并且注明了它们之间的动宾关系。后续章节会详细介绍上面这种树形结构，以及句法分析器的实现方法。

不仅是问答系统或搜索引擎，句法分析还经常应用于基于短语的机器翻译，给译文的词语重新排序。比如，中文“我吃苹果”翻译为日文后则是“私は（我）林檎を（苹果）食べる（吃）”，两者词序不同，但句法结构一致。

1.2.6　语义分析与篇章分析

相较于句法分析，语义分析侧重语义而非语法。它包括**词义消歧**（确定一个词在语境中的含义，而不是简单的词性）、**语义角色标注**（标注句子中的谓语与其他成分的关系）乃至**语义依存分析**（分析句子中词语之间的语义关系）。

随着任务的递进，它们的难度也逐步上升，属于较为高级的课题。即便是最前沿的研究，也尚未达到能够实用的精确程度。另外，相应的研究资源比较稀缺，大众难以获取，所以本书不会涉及。

1.2.7　其他高级任务

除了上述“工具类”的任务外，还有许多综合性的任务，与终端应用级产品联系更紧密。比如：

- 自动问答，根据知识库或文本中的信息直接回答一个问题，比如微软的 Cortana 和苹果的 Siri；
- 自动摘要，为一篇长文档生成简短的摘要；
- 机器翻译，将一句话从一种语言翻译到另一种语言。

注意，一般认为**信息检索**（Information Retrieve，IR）是区别于自然语言处理的独立学科。虽然两者具有密切的联系，但 IR 的目标是查询信息，而 NLP 的目标是理解语言。此外，IR 检索的未必是语言，还可以是以图搜图、听曲搜曲、商品搜索乃至任何信息的搜索。现实中还存在大量不需要理解语言即可完成检索任务的场景，比如 SQL 中的 `LIKE`。

本书作为入门读物，不会讨论这些高级任务，但了解自然语言处理的整个宏观图景有助于我们开拓视野，找准定位与方向。

1.3　自然语言处理的流派

上一节比较了自然语言与人工语言的异同，展示了自然语言处理的困难所在，介绍了一些常见的 NLP 任务。这一节简要介绍进行自然语言处理的几种不同手法。

1.3.1　基于规则的专家系统

规则，指的是由专家手工制定的确定性流程。小到程序员日常使用的正则表达式，大到飞机的自动驾驶仪[①]，都是固定的规则系统。

在自然语言处理的语境下，比较成功的案例有波特词干算法（Porter stemming algorithm），它由马丁·波特在 1980 年提出，广泛用于英文词干提取。该算法由多条规则构成，每个规则都是一系列固定的 `if then` 条件分支。当词语满足条件则执行固定的工序，输出固定的结果。摘录其中一部分规则为例，收录于表 1-1 中。

表 1-1　波特词干算法规则集（部分）

编号	如果后缀为	并且	则将后缀替换为	例子[②]
1	eed	辅音 + 元音同时出现	ee	feed->feed，agreed->agree
2	ed	含有辅音	空白	plastered->plaster，bled->bled
3	ing	含有辅音	空白	eating->eat，sing->sing

专家系统要求设计者对所处理的问题具备深入的理解，并且尽量以人力全面考虑所有可能的情况。它最大的弱点是难以拓展。当规则数量增加或者多个专家维护同一个系统时，就容易出现冲突。比如表 1-1 这个仅有 3 条规则的简单系统，规则 1 和规则 2 其实有冲突，类似 feed 这样的单词会同时满足这两个规则的条件，从而引起矛盾。此时，专家系统通常依靠规则的优先级来解决。比如定义规则 1 优先于规则 2，当满足规则 1 的条件时，则忽略其他规则。几十条规则尚可接受，随着规则数量与团队人数的增加，需要考虑的兼容问题也越来越多、越来越复杂，系统维护成本也越来越高，无法拓展。

大多数语言现象比英文词干复杂得多，我们已经在上文了解了不少。这些语言现象没有必然遵循的规则，也在时刻变化，使得规则系统显得僵硬、死板与不稳定。

① 区别于汽车的无人驾驶技术，飞机的自动驾驶系统只能处理预定情况，在异常情况下会报警或切换到手动驾驶。

② 下面的例子中，feed 为特殊情况，不是过去式，不执行替换。bled 是 bleed 的过去式，不应执行“去 ed”。sing 不是现在进行时，不应执行“去 ing”。

1.3.2 基于统计的学习方法

为了降低对专家的依赖，自适应灵活的语言问题，人们使用统计方法让计算机自动学习语言。所谓“统计”，指的是在语料库上进行的统计。所谓语料库，指的是人工标注的结构化文本，我们会在接下来的小节中详细阐述。

由于自然语言灵活多变，即便是语言学专家，也无法总结出完整的规则。哪怕真的存在完美的规则集，也难以随着语言的不停发展而逐步升级。由于无法用程序语言描述自然语言，所以聪明的人们决定以举例子的方式让机器自动学习这些规律。然后机器将这些规律应用到新的、未知的例子上去。在自然语言处理的语境下，“举例子”就是“制作语料库”。

统计学习方法其实是机器学习的别称，而机器学习则是当代实现人工智能的主流途径。机器学习在自然语言处理中的重要性非常之大，可以说自然语言处理只是机器学习的一种应用。此处我们仅仅用“举例学习”来简单理解，后续章节将浓墨重彩地系统学习。

1.3.3 历史

既然自然语言处理是机器学习的应用层，那么如同人工智能的历史一样，自然语言处理也经历了从逻辑规则到统计模型的发展之路。图 1-4 列出了历史上几个重要的时间段。

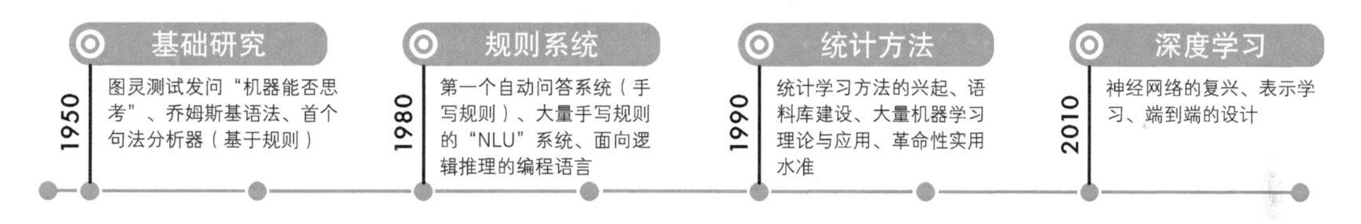

图 1-4 自然语言处理的历史

20 世纪 50 年代是人工智能与自然语言处理的萌芽期，出现了许多奠基性的工作。其中最具代表性的是数学家阿兰·图灵在论文 *Computing Machinery and Intelligence* 提出的人工智能的充分条件——图灵测试，以及语言学家乔姆斯基的《句法结构》——认为句子是按某种与语境无关的普遍语法规则生成的。有趣的是，先驱们的早期估计或理论都过于乐观。图灵曾预言在 2014 年一台 1 GB 内存的计算机就能以 70% 的概率在 5 分钟内不被识破机器的身份，然而这个乐观的预言截至今日也没有实现。而乔姆斯基的“普遍语法”则因为对语义的忽视而备受争议，并在后续理论中做了相应修正。无论是人工智能还是自然语言处理，都是任重道远的课题。

20 世纪 80 年代之前的主流方法都是规则系统，由专家手工编写领域相关的规则集。那时候计算机和计算机语言刚刚发明，从事编程的都是精英学者。他们雄心勃勃，认为只要通过编程就能赋予计算机智能。代表性工作有 MIT AI 实验室的 BASEBALL 以及 Sun 公司（2009 年被甲骨文公司收购）的 LUNAR，分别专门回答北美棒球赛事的问题和阿波罗探月带回来的岩石样本问题。这一时期还有很多类似的问答系统，都是主要依赖手写规则的专家系统。以 BASEBALL 为例，其中的词性标注模块是这样判断 score 的词性的："如果句子中不含其他动词，则 score 是一个动词，否则是名词。"接着该系统依靠词性上的规则合并名词短语、介词短语以及副词短语。语法模块则根据"若最后一个动词是主要动词并位于 to be 之后"之类的规则判断被动句、主语和谓语。然后该系统利用词典上的规则来将这些信息转化为"属性名 = 属性值"或"属性名 = ?"的键值对，用来表示知识库中的文档以及问句。最后利用类似"若除了问号之外所有属性名都匹配，则输出该文档中问句所求的属性"的规则匹配问句与答案。如此僵硬严格的规则导致该系统只能处理固定的问句，无法处理与或非逻辑、比较级与时间段。于是，这些规则系统被称为"玩具"。为了方便表述这样的规则逻辑，1972 年人们还特意发明了 Prolog（**Pro**gramming in **Log**ic）语言来构建知识库以及专家系统。

20 世纪 80 年代之后，统计模型给人工智能和自然语言处理领域带来了革命性的进展——人们开始标注语料库用于开发和测试 NLP 模块：1988 年隐马尔可夫模型被用于词性标注，1990 年 IBM 公布了第一个统计机器翻译系统，1995 年出现第一个健壮的句法分析器（基于统计）。为了追求更高的准确率，人们继续标注更大的语料库（TREC 问答语料库、CoNLL 命名实体识别、语义角色标注与依存句法语料库）。而更大的语料库与硬件的发展又吸引人们应用更复杂的模型。到了 2000 年，大量机器学习模型被广泛使用，比如感知机和条件随机场。人们不再依赖死板的规则系统，而是期望机器自动学习语言规律。要提高系统的准确率，要么换用更高级的模型，要么多标注一些语料。从此 NLP 系统可以健壮地拓展，而不再依赖专家们手写的规则。但专家们依然有用武之地，根据语言学知识为统计模型设计特征模板（将语料表示为方便计算机理解的形式）成为立竿见影的方法，这道工序被称为"特征工程"。2010 年基于 SVM 的 Turbo 依存句法分析器在英语宾州树库（Penn Treebank）上取得了 92.3% 的准确率①，是当时最先进的系统。本书将着重介绍一些实用的统计模型及实现，它们并非高不可攀的技术，完全可以实现，且在普通的硬件资源下运行起来。

2010 年之后语料库规模、硬件计算力都得到了很大提升，为神经网络的复兴创造了条件。但随着标注数据的增加，传统模型的准确率提升越来越不明显，人们需要更复杂的模型，于是深层的神经网络重新回归研究者的视野。神经网络依然是统计模型的一种，其理论奠基于 20 世纪 50 年代左右。1951 年，Marvin Lee Minsky 设计了首台模拟神经网络的机器。1958 年，Rosenblatt 首次提出能够模拟人类感知能力的神经网络模型——著名的感知机。1989 年，Yann LeCun 在贝尔实验室利用美国邮政数据集训练了首个深度卷积神经网络，用于识别手写数字。

① 准确来讲，是斯坦福标准下忽略标点符号的 Unlabeled Attachment Score，将会在第 12 章中详细介绍。

只不过限于计算力和数据量，神经网络一直到2010年前后才被广泛应用，并被冠以“深度学习”的新术语，以区别于之前的浅层模型。深度学习的魅力在于，它不再依赖专家制定特征模板，而能够自动学习原始数据的抽象表示，所以它主要用于表示学习。作为入门书，我们仅仅在最后一章介绍一些概念与应用，作为衔接传统方法与深度学习的桥梁。

1.3.4 规则与统计

纯粹的规则系统已经日渐式微，除了一些简单的任务外，专家系统已经落伍了。20世纪70年代，美国工程院院士贾里尼克在IBM实验室开发语音识别系统时，曾经评论道：“我每开除一名语言学家，我的语音识别系统的准确率就提高一点。”[①]这句广为流传的快人快语未免有些刻薄，但公正地讲，随着机器学习的日渐成熟，领域专家的作用越来越小了。

实际工程中，语言学知识的作用有两方面：一是帮助我们设计更简洁、高效的特征模板，二是在语料库建设中发挥作用。事实上，实际运行的系统在预处理和后处理的部分依然会用到一些手写规则。当然，也存在一些特殊案例更方便用规则特殊处理。

本书尊重工程实践，以统计为主、规则为辅的方式介绍实用型NLP系统的搭建。

1.3.5 传统方法与深度学习

虽然深度学习在计算机视觉领域取得了耀眼的成绩，但在自然语言处理领域中的基础任务上发力并不大。这个结论或许有点意外，作为数据科学从业者，用数据说明问题最合适。表1-2收录了《华尔街日报》语料库上的词性标注任务的前沿准确率。

表1-2 词性标注准确率排行榜

系统名称	算法模型	论文	准确率
TnT	隐马尔可夫模型	Brants (2000)[②]	96.46%
Averaged Perceptron	平均感知机序列标注模型	Collins (2002)	97.11%
SVMTool	支持向量机序列标注模型	Giménez and Márquez (2004)	97.16%
Stanford Tagger 2.0	最大熵模型	Manning (2011)	97.29%
structReg	条件随机场	Sun (2014)	97.36%
Bi-LSTM-CRF	双向长短时记忆网络与CRF层	Huang et al. (2015)	97.55%
NLP4J	线性模型与动态特征提取	Choi (2016)	97.64%

截止2015年，除了Bi-LSTM-CRF以外，其他系统都是传统模型，最高准确率为97.36%，

① 原话是“Every time I fire a linguist, the performance of the speech recognizer goes up”。

② “作者姓(年份)”是一种常见的论文引用格式，可通过该信息（必要时加入主题关键词）搜索到论文。

而 Bi-LSTM-CRF 深度学习模型为 97.55%，仅仅提高了 0.19%。2016 年，传统系统 NLP4J 通过使用额外数据与动态特征提取算法，准确率可以达到 97.64%。

类似的情形也在句法分析任务上重演，以斯坦福标准下宾州树库的准确率为例，如表 1-3 所示。

表 1-3 句法分析准确率排行榜

系统名称	算法模型	论文	准确率 (UAS)
MaltParser	支持向量机	Nivre (2006)	89.8%
MSTParser	最大生成树+MIRA	McDonald (2006)	91.4%
TurboParser	ILP	Martins (2013)	92.3%
C&M 2014	神经网络	Chen (2014)	92.0%
Weiss 2015	神经网络+结构化感知机	Weiss (2015)	94.0%
SyntaxNet	神经网络+CRF	Andor (2016)	94.6%
Deep Biaffine	深度 BiAffine Attention 神经网络	Dozat (2017)	95.7%

2014 年首个神经网络驱动的句法分析器还不如传统系统 TurboParser 准确，经过几年的发展准确率终于达到 95.7%，比传统算法提高 3.4%。这个成绩在学术界是非常显著的，但在实际使用中并不明显。

另一方面，深度学习涉及大量矩阵运算，需要特殊计算硬件（GPU、TPU 等）的加速。目前，一台入门级塔式服务器的价格在 3000 元左右，一台虚拟服务器每月仅需 50 元左右，但仅一块入门级计算显卡就需要 5000 元。从性价比来看，反而是传统的机器学习方法更适合中小企业。

此外，从传统方法到深度学习的迁移不可能一蹴而就。两者是基础和进阶的关系，许多基础知识和基本概念用传统方法讲解会更简单、易懂，它们也会在深度学习中反复用到（比如 CRF 与神经网络的结合）。无论是传统模型还是神经网络，它们都属于机器学习的范畴。掌握传统方法，不仅可以解决计算资源受限时的工程问题，还可以为将来挑战深度学习打下坚实的基础。

1.4 机器学习

在前面的小节中，我们邂逅了一些机器学习的术语。按照递归学习的思路，现在我们来递归了解一下机器学习的基本概念。

本书虽然主要面向自然语言处理，不会专门设立章节详谈机器学习，但仍然会在合适的时候介绍引擎盖下的机器学习算法。机器学习是自然语言处理的基石，一些基本概念依然需要预先掌握。熟练掌握这些术语，还方便我们与其他人流畅交流。

1.4.1 什么是机器学习

人工智能领域的先驱 Arthur Samuel 在 1959 年给出的机器学习定义是：不直接编程却能赋予计算机提高能力的方法。

聪明的读者或许都曾经思考过，计算机是否只能执行人类设计好的步骤？机器学习给了这个问题积极的答复，机器可以通过学习提高自身能力，而不需要程序员硬编码该项能力。美国工程院院士 Tom Mitchell 给过一个更明确的定义，机器学习指的是计算机通过某项任务的经验数据提高了在该项任务上的能力。

简而言之，机器学习是让机器学会算法的算法。这个说法有些绕口，不如拿我们熟悉的数据库做类比：数据库中的“元数据”指的是描述数据的数据（表名、字段等），而其中的一行则是普通数据。类比过来，机器学习算法则可以称作“元算法”，它指导机器自动学习出另一个算法，这个算法被用来解决实际问题。为了避免混淆，人们通常称被学习的算法为**模型**。

1.4.2 模型

模型是对现实问题的数学抽象，由一个假设函数以及一系列参数构成。举个简单的例子，我们要预测中国人名对应的性别。假设中国人名由函数 $f(\boldsymbol{x})$ 输出的符号决定，负数表示女性，非负数表示男性。

我们选取的 $f(\boldsymbol{x})$ 的定义如下：

$$f(\boldsymbol{x})=\boldsymbol{w}\cdot\boldsymbol{x}+b \tag{1.1}$$

其中，$\boldsymbol{w}$ 和 b 是函数的参数，而 $\boldsymbol{x}$ 是函数的自变量。那么，模型指的就是包括参数在内的整个函数。不过模型并不包括具体的自变量 $\boldsymbol{x}$，因为自变量是由用户输入的。自变量 $\boldsymbol{x}$ 是一个特征向量，用来表示一个对象的特征。

读者可以将式 (1.1) 理解为初中的直线方程，也可以理解为高中的平面方程，或者高维空间中的超平面方程。总之，不必担心问题的抽象性，我们将在第 5 章中用代码完整地实现这个案例。

1.4.3 特征

特征指的是事物的特点转化的数值，比如牛的特征是 4 条腿、0 双翅膀，而鸟的特征是 2 条腿、1 双翅膀。那么在性别识别问题中，中国人名的特征是什么呢？

首先，对于一个中国人名，姓氏与性别无关，真正起作用的是名字。而计算机不知道哪部分是姓，哪部分是名。姓氏属于无用的特征，不应被提取。另外，有一些特殊的字（壮、雁、健、强）是男性常用的，而另一些（丽、燕、冰、雪）则是女性常用的，还有一些（文、海、宝、玉）则是男女通用的。让我们把人名表示为计算机可以理解的形式，一个名字是否含有这些字就成了最容易想到的特征。在专家系统中，我们显式编程：

```
String predictGender(String name)
{
    if (name.contains("丽") || name.contains("冰") || ...)
        return "女";
    if (name.contains("壮") || name.contains("雁") || ...)
        return "男";
    return "不知道";
}
```

如果有人叫“沈雁冰”[①] 怎么办？“雁”听上去像男性，而“冰”听上去像女性，而这个名字其实是男性用的。看来，每个字与男女的相关程度是不一样的，“雁”与男性的相关程度似乎大于“冰”与女性的相关程度。这个冲突似乎可以通过“优先级”解决，不过这种机械的工作交给机器好了。在机器学习中，“优先级”可以看作特征权重或模型参数。我们只需要定义一系列特征，让算法根据数据自动决定它们的权重就行了。为了方便计算机处理，我们将它们表示为数值类型的特征，这个过程称为**特征提取**。以“沈雁冰”的特征提取为例，如表 1-4 所示。

表 1-4 “沈雁冰”的特征提取

特征序号	特征条件	特征值
1	是否含“雁”？	1
2	是否含“冰”？	1

那么“沈雁冰”这个名字就可以表示为二维向量 $\boldsymbol{x}^{(1)}=[1,1]$，模型参数中的权重向量也是二维的：$\boldsymbol{w}=[w_1,w_2]$。此时根据假设函数的输出 $f(\boldsymbol{x}^{(1)})=w_1\boldsymbol{x}_1^{(1)}+w_2\boldsymbol{x}_2^{(1)}+b=w_1+w_2+b$ 是否大于零来判断这个名字是否属于男性。

特征的数量是因问题而定的，2 个特征显然不足以推断名字的性别，我们可以增加到 4 个，如表 1-5 所示。

① 作家茅盾原名沈德鸿，字雁冰，以字行于世，因此“沈雁冰”同样为人熟知。

表 1-5 拓展中国人名的特征提取

特征序号	特征条件	特征值
1	是否含“雁”？	1
2	是否含“冰”？	1
3	是否含“丽”？	0
4	是否含“壮”？	0

那么“沈雁冰”这个名字就可以表示为四维向量 $\boldsymbol{x}^{(1)}=[1,1,0,0]$，模型参数中的权重向量也是四维的：$\boldsymbol{w}=[w_1,w_2,w_3,w_4]$。人名的常用字非常多，类似地，我们可以将特征拓展到所有常用汉字。根据国家语言文字工作委员会在 1988 年出版的《现代汉语常用字表》，这个量级在 2500 左右。

有时候，我们还可以将位置信息也加入特征中，比如“是否以雪字结尾”。我们还可以组合两个特征得到新的特征，比如“是否以雪字结尾并且倒数第二个字是吹”，这样就可以让“西门吹雪”这个特殊名字得到特殊处理，而不至于同“小雪”“陆雪琪”混为一谈。

工程上，我们并不需要逐个字地写特征，而是定义一套模板来提取特征。比如姓名为 name 的话，则定义特征模板为 name[1] + name[2] 之类，只要我们遍历一些姓名，则 name[1] + name[2] 可能组合而成的特征就基本覆盖了。这种自动提取特征的模板称作**特征模板**。

如何挑选特征，如何设计特征模板，这称作**特征工程**。特征越多，参数就越多；参数越多，模型就越复杂。模型的复杂程度应当与数据集匹配，按照递归学习的思路，数据集的概念将在下一节中介绍。

1.4.4 数据集

如何让机器自动学习，以得到模型的参数呢？首先得有一本习题集。有许多问题无法直接编写算法（规则）解决（比如人名性别识别，我们说不清楚什么样的名字是男性），所以我们准备了大量例子（人名 x 及其对应的性别 y）作为习题集，希望机器自动从习题集中学习中国人名的规律。其中，“例子”一般称作**样本**。

这本习题集在机器学习领域称作**数据集**，在自然语言处理领域称作**语料库**，会在 1.5 节详细介绍。数据集的种类非常多，根据任务的不同而不同。表 1-6 收录了一些常用的数据集。

表 1-6 机器学习领域常用的数据集

数据集	任务	规模	授权
MNIST	手写数字识别	6 万张训练样本，1 万张测试样本	CC BY-SA 3.0
ImageNet	图像识别	140 万张手工标注物体和边框的图片	非商业使用或教育目的
TREC	信息检索	多个主题，规模各异	研究用
SQuAD	自动问答	10 万对“问题＋答案”	CC BY-SA 4.0
Europarl	机器翻译	多语种平行语料库，分别有几十万个句子	无版权限制

在使用数据集时，我们不光要考虑它的规模、标注质量，还必须考虑它的授权。大部分数据集都不可商用，许多冷门领域的数据集也比较匮乏，此时我们可以考虑自行标注。

1.4.5 监督学习

如果这本习题集附带标准答案 y，则此时的学习算法称作**监督学习**。监督学习算法让机器先做一遍题，然后与标准答案作比较，最后根据误差纠正模型的错误。大多数情况下，学习一遍误差还不够小，需要反复学习、反复调整。此时的算法是一种迭代式的算法，每一遍学习都称作**一次迭代**。监督学习在日语中被称作“教師あり学習”，意思是“有老师的学习”。通过提供标准答案，人类指出了模型的错误，充当了老师的角色。

回到性别识别的例子来，此时数据集中的每个人名被表示为 $(\boldsymbol{x}^{(i)}, y^{(i)})$，$y^{(i)} \in \{+1,-1\}$，$\pm 1$ 分别代表男女。一种简单的监督学习算法可以这样推导：如果答案是男性，而预测结果是女性，此时函数输出负值，本来应该输出非负值的，那么这种情况下怎么办呢？在表达式 $f(\boldsymbol{x}) = w_1\boldsymbol{x}_1 + w_2\boldsymbol{x}_2 + \cdots + w_n\boldsymbol{x}_n + b$ 中，已知 $\boldsymbol{x}_i \in \{0,1\}$，要想使 $f(\boldsymbol{x})$ 增大到非负值，只要将 $\boldsymbol{x}_i = 1$ 对应的 w_i 增大一些就可以了。对于答案是女性，而函数输出非负值的情况，也是同理。此时，只要将 $\boldsymbol{x}_i = 1$ 的 w_i 减小一些就可以了。如此在数据集上循环多个迭代，男性常用字的特征权重就会增大，而女性常用字的特征权重就会减小。我们需要的“优先级”就自动求出来了，而我们并没有显式地指定或硬编码。

这种在有标签的数据集上迭代学习的过程称为**训练**，训练用到的数据集称作**训练集**。训练的结果是一系列参数（特征权重）或模型。利用模型，我们可以为任意一个姓名计算一个值，如果非负则给出男性的结论，否则给出女性的结论。这个过程称为**预测**。

总结一下，监督学习的流程如图 1-5 所示。

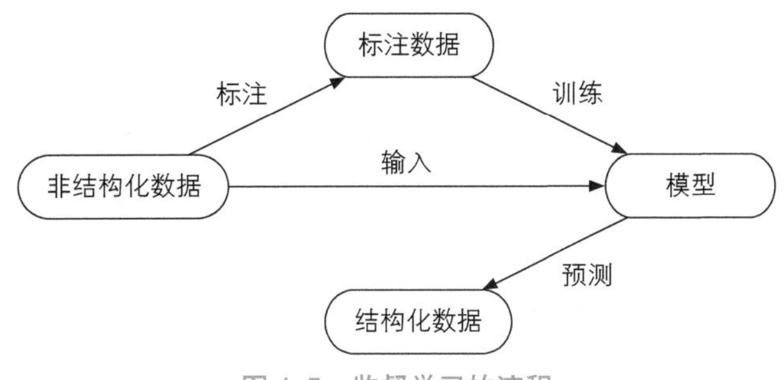

图 1-5 监督学习的流程

在性别识别的例子中：

- 非结构化数据是许多个类似“沈雁冰”“丁玲”的人名；
- 经过人工标注后得到含有许多个类似“沈雁冰 = 男”“丁玲 = 女”样本的标注数据集；
- 然后通过训练算法得到一个模型；
- 最后利用这个模型，我们可以预测任何名字（如“陆雪琪”）的性别。

待预测的名字不一定出现在数据集中，但只要样本数量充足且男女均衡、特征模板设计得当、算法实现正确，我们依然可以预期一个较高的准确率。

另外，图 1-5 中的标注数据其实也是结构化数据。但由于它含有人工标注的成本，有时被称作“黄金数据”（gold data），与模型预测的、有一定误差的结果还是有很大区别的。

本书将从第 3 章开始详细介绍一些 NLP 中实用的监督学习方法。

1.4.6 无监督学习

如果我们只给机器做题，却不告诉它参考答案，机器仍然可以学到知识吗？

可以，此时的学习称作**无监督学习**，而不含标准答案的习题集被称作无标注（unlabeled）的数据集。无监督学习在日语中被称作“教師なし学習”，意为“没有老师的学习”。没有老师的指导，机器只能说发现样本之间的联系，而无法学习样本与答案之间的关联。

无监督学习一般用于聚类和降维，两者都不需要标注数据。

聚类已经在 1.2 节中介绍过了，我们不再赘述。在性别识别的例子中，如果我们选择将一系列人名聚成 2 个簇的话，“周树人”“周立人”很可能在一个簇里面，“陆雪琪”和“曹雪芹”在另一个簇里面。这是由样本之间的相似性和簇的颗粒度决定的，但我们并不知道哪个簇代表男性哪个簇代表女性，它们也未必能通过肉眼区分。

降维指的是将样本点从高维空间变换到低维空间的过程。机器学习中的高维数据比比皆是，比如在性别识别的例子中，以常用汉字为特征的话，特征数量轻易就突破了 2000。如果样本具有 n 个特征，则样本对应着 $n+1$ 维空间中的一个点，多出来的维度是给假设函数的因变量用的。如果我们想要让这些样本点可视化，则必须将其降维到二维或三维空间。有一些降维算法的中心思想是，降维后尽量不损失信息，或者说让样本在低维空间中每个维度上的方差都尽量大。试想一下这样的极端案例：平地上竖直地插着一些等长的钢管，将这些钢管的顶端降维到二维平面上，就是拔掉钢管后留下来的孔洞。垂直维度上钢管长度都是一样的，没有有用信息，于是被舍弃掉了。

有一些无监督方法也可以用来驱动中文分词、词性标注、句法分析等任务。由于互联网上存储了丰富的非结构化数据，所以无监督学习十分诱人。然而无监督学习时，模型与用户之间没有发生任何信息交换，这种缺乏监督信号的学习导致模型无法捕捉用户的标准，最终预测的结果往往与用户心目中的理想答案相去甚远。目前，无监督学习的 NLP 任务的准确率总比监督学习低十几个到几十个百分点，无法达到生产要求。

本书将在第 10 章详细介绍聚类算法的原理和实现。

1.4.7 其他类型的机器学习算法

如果我们训练多个模型，然后对同一个实例执行预测，会得到多个结果。如果这些结果多数一致，则可以将该实例和结果放到一起作为新的训练样本，用来扩充训练集。这样的算法[①] 被称为**半监督学习**。由于半监督学习可以综合利用标注数据和丰富的未标注数据，所以正在成为热门的研究课题。

现实世界中的事物之间往往有很长的因果链：我们要正确地执行一系列彼此关联的决策，才能得到最终的成果。这类问题往往需要一边预测，一边根据环境的反馈规划下次决策。这类算法被称为**强化学习**。强化学习在一些涉及人机交互的问题上成果斐然，比如自动驾驶、电子竞技和问答系统。

本书作为入门读物，不会深入这些前沿课题。但了解这些分支的存在，有助于构建完整的知识体系。

---

① 称作启发式半监督学习，是所有半监督学习方法中最容易理解的一种。

1.5 语料库

语料库作为自然语言处理领域中的数据集，是我们教机器理解语言不可或缺的习题集。在这一节中，我们来了解一下中文处理中的常见语料库，以及语料库建设的话题。

1.5.1 中文分词语料库

中文分词语料库指的是，由人工正确切分后的句子集合。

以著名的 1998 年《人民日报》语料库为例，该语料库由北京大学计算语言学研究所联合富士通研究开发中心有限公司，在人民日报社新闻信息中心的许可下，从 1999 年 4 月起到 2002 年 4 月底，共同标注完成。语料规模达到 2600 万汉字，市售为 1998 年上半年的语料部分（约 1300 万字 = 约 730 万词）。

在 2005 年的第二届国际中文分词比赛中，曾经公开过约 1 个月份的语料。其中的一句样例为：

先 有 通货膨胀 干扰，后 有 通货 紧缩 叫板 。

从这句简单的标注语料中，无须语言学知识，我们也能发现一个问题：为何“通货膨胀”是一个词，而“通货 紧缩”却分为两个词呢？这涉及语料标注规范和标注员内部一致性的问题。我们将在后续章节中详细介绍这些话题，现在只需留个印象：语料规范很难制定，规范很难执行。

事实上，中文分词语料库虽然总量不多，但派别却不少。我们将在第 3 章中了解这些语料的授权、下载与使用。

1.5.2 词性标注语料库

它指的是切分并为每个词语指定一个词性的语料。总之，我们要教机器干什么，我们就得给机器示范什么。依然以《人民日报》语料库为例，1998 年的《人民日报》一共含有 43 种词性，这个集合称作**词性标注集**。这份语料库中的一句样例为：

```
迈向/v 充满/v 希望/n 的/u 新/a 世纪/n ——/w 一九九八年/t 新年/t 讲话/n (/w 附/v 图片/
n 1/m 张/q )/w
```

这里每个单词后面用斜杠隔开的就是词性标签，关于每种词性的意思将会在第 7 章详细介绍。这句话中值得注意的是，“希望”的词性是“名词”（n）。在另一些句子中，“希望”还可以作为动词。

1.5.3 命名实体识别语料库

这种语料库人工标注了文本内部制作者关心的实体名词以及实体类别。比如《人民日报》语料库中一共含有人名、地名和机构名 3 种命名实体：

```
萨哈夫/nr 说/v ,/w 伊拉克/ns 将/d 同/p [联合国/nt 销毁/v 伊拉克/ns 大规模/b 杀伤性/n 武器/n
特别/a 委员会/n] /nt 继续/v 保持/v 合作/v 。/w
```

这个句子中的加粗词语分别是人名、地名和机构名。中括号括起来的是复合词，我们可以观察到：有时候机构名和地名复合起来会构成更长的机构名，这种构词法上的嵌套现象增加了命名实体识别的难度。

命名实体类型有什么取决于语料库制作者关心什么。在本书第 8 章中，我们将演示如何标注一份语料库用来实现对战斗机名称的识别。

1.5.4 句法分析语料库

汉语中常用的句法分析语料库有 CTB（Chinese Treebank，中文树库），这份语料库的建设工作始于 1998 年，历经宾夕法尼亚大学、科罗拉多大学和布兰迪斯大学的贡献，一直在发布多个改进版本。以 CTB 8.0 版为例，一共含有来自新闻、广播和互联网的 3007 篇文章，共计 71 369 个句子、1 620 561 个单词和 2 589 848 个字符。每个句子都经过了分词、词性标注和句法标注。其中一个句子可视化后如图 1-6 所示。

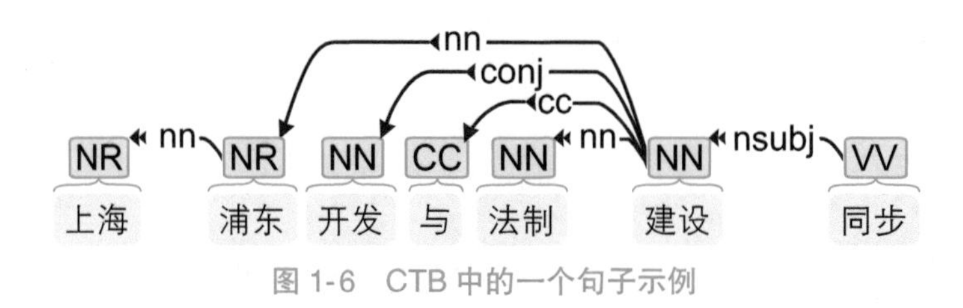

图 1-6 CTB 中的一个句子示例

图 1-6 中，中文单词上面的英文标签表示词性，而箭头表示有语法联系的两个单词，具体是何种联系由箭头上的标签表示。关于句法分析语料库的可视化和利用，将会在第 12 章中介绍。

1.5.5 文本分类语料库

它指的是人工标注了所属分类的文章构成的语料库。相较于上面介绍的 4 种语料库，文本分类语料库的数据量明显要大很多。以著名的搜狗文本分类语料库为例，一共包含汽车、财经、IT、健康、体育、旅游、教育、招聘、文化、军事 10 个类别，每个类别下含有 8000 篇新闻，每篇新闻大约数百字。

另外，一些新闻网站上的栏目经过了编辑的手工整理，相互之间的区分度较高，也可作为文本分类语料库使用。情感分类语料库则是文本分类语料库的一个子集，无非是类别限定为“正面”“负面”等而已。

如果这些语料库中的类目、规模不满足实际需求，我们还可以按需自行标注。标注的过程实际上就是把许多文档整理后放到不同的文件夹中。

1.5.6 语料库建设

语料库建设指的是构建一份语料库的过程，分为规范制定、人员培训与人工标注这 3 个阶段。

规范制定指的是由语言学专家分析并制定一套标注规范，这份规范包括标注集定义、样例和实施方法。在中文分词和词性标注领域，比较著名的规范有北京大学计算语言学研究所发布的《现代汉语语料库加工规范——词语切分与词性标注》和中国国家标准化管理委员会发布的《信息处理用现代汉语词类标记规范》。

人员培训指的是对标注员的培训。由于人力资源的限制，制定规范与执行规范的未必是同一批人。大型语料库往往需要多人协同标注，这些标注员对规范的理解必须达到一致，否则会导致标注员内部冲突，影响语料库的质量。

针对不同类型的任务，人们开发出许多标注软件，其中比较成熟的一款是 brat（brat rapid annotation tool）[①]，它支持词性标注、命名实体识别和句法分析等任务。brat 是典型的 B/S 架构，服务端用 Python 编写，客户端运行于浏览器。相较于其他标注软件，brat 最大的亮点是多人协同标注功能。此外，拖曳式的操作体验也为 brat 增色不少。

1.6 开源工具

目前开源界贡献了许多优秀的 NLP 工具，它们为我们提供了多种选择，比如教学常用的 NLTK（Natural Language Toolkit）、斯坦福大学开发的 CoreNLP，以及国内哈工大开发的 LTP（Language Technology Platform）、我开发的 HanLP（Han Language Processing）。

1.6.1 主流 NLP 工具比较

选择一个工具包，我们需要考虑的问题有：功能、精度、运行效率、内存效率、可拓展性、

① 详见 http://brat.nlplab.org/。

商业授权和社区活跃程度。表 1-7 比较了 4 款主流的开源 NLP 工具包。

表 1-7 主流自然语言处理工具的比较

指标	NLTK	CoreNLP	LTP	HanLP
功能	词法分析、句法分析、语义分析、文本分类等	词法分析、句法分析、语义分析、关系抽取、指代消解、文本分类等	词法分析、句法分析、语义分析	词法分析、句法分析、关键词句提取、文本分类等
语言	Python	Java 等	C++、Python 等	Java、Python 等
速度	慢	较慢	较快	特别快[①]
内存	占用多	占用特别多	省内存	省内存
精度	较准	准	准	较准
插件	无	Lucence	无	Lucence 和 Hadoop 等
社区[②]	8000	6400	2100	143 100
授权	Apache-2.0	Apache-2.0	商用需付费	Apache-2.0

关于这些开源工具的发展速度，根据 GitHub 上 Star 数量的趋势，HanLP 是发展最迅猛的，如图 1-7 所示。

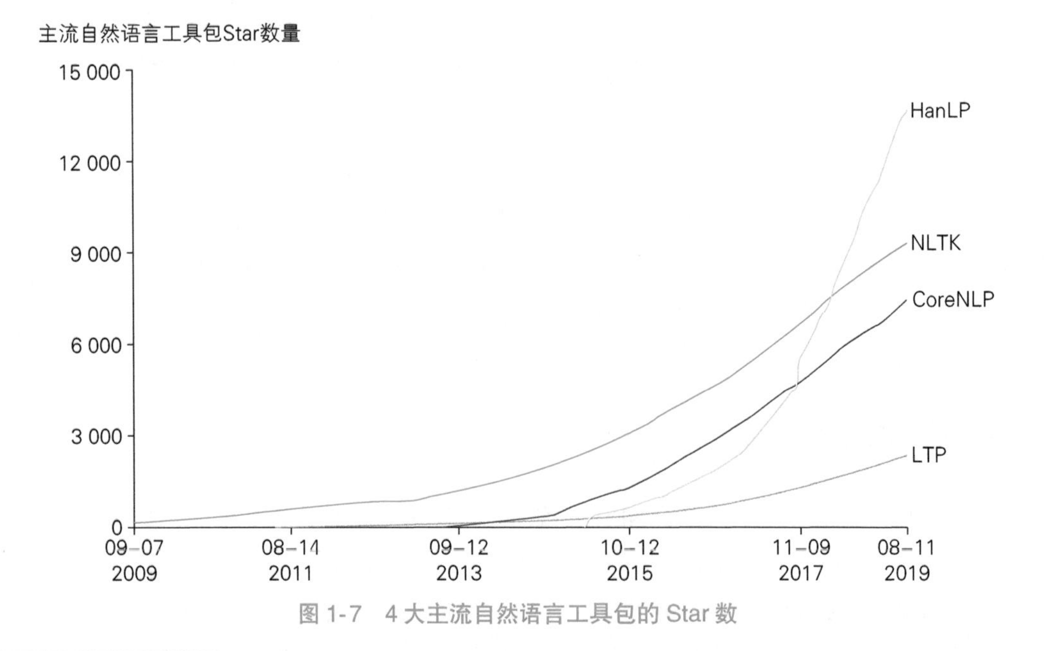

图 1-7 4 大主流自然语言工具包的 Star 数

① 关于 HanLP 与 LTP 的具体性能对比，请参考 @zongwu233 的第三方开源评测：https://github.com/zongwu233/HanLPvsLTP。关于 HanLP 与包括结巴、IK、Stanford、Ansj、word 在内的其他 Java 开源分词器的性能对比，可参考阿里巴巴架构师杨尚川的第三方开源评测：https://github.com/ysc/cws_evaluation。我不保证第三方开源评测的准确与公正，更不采信任何闭源评测。本书将在相关章节中详细介绍如何规范地评估常见 NLP 任务的精度。

② 截至 2019 年 8 月份在 GitHub 上的 Star 数量。

另外，我也研究过其他开源项目的原理，借鉴了其中优秀的设计。但毕竟还是自己写的代码讲得最清楚，所以综合以上各种考虑，最后选取了 HanLP 作为本书的实现。

1.6.2 Python 接口

得益于 Python 简洁的设计，使用这门动态语言调用 HanLP 会省下不少时间。无论用户是否常用 Python，都推荐一试。

HanLP 的 Python 接口由 pyhanlp 包提供，其安装只需一句命令：

```
$ pip install pyhanlp
```

这个包依赖 Java 和 JPype。Windows 用户如果遇到如下错误：

```
building '_jpype' extension
error: Microsoft Visual C++ 14.0 is required. Get it with "Microsoft Visual
C++ Build Tools": http://visualstudio.microsoft.com/visual-cpp-build-tools/
```

既可以按提示安装 Visual C++，也可以安装更轻量级的 Miniconda。Miniconda 是 Python 语言的开源发行版，提供更方便的包管理。安装时请勾选如图 1-8 所示的两个复选框。

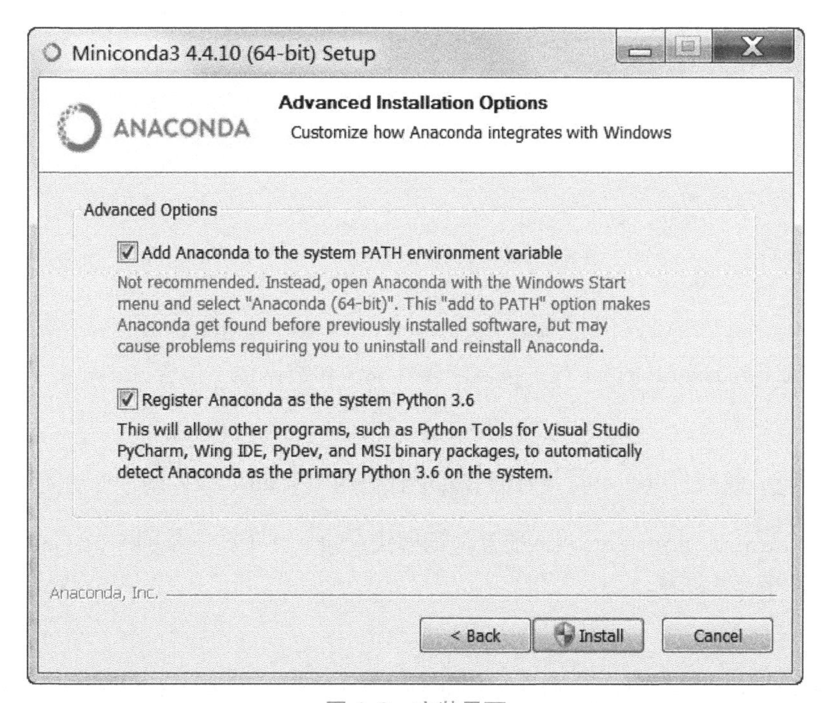

图 1-8　安装界面

然后执行如下命令：

```
$ conda install -c conda-forge jpype1 == 0.7.0
$ pip install pyhanlp
```

如果遇到 Java 相关的问题：

```
jpype._jvmfinder.JVMNotFoundException: No JVM shared library file (jvm.dll) found.
Try setting up the JAVA_HOME environment variable properly.
```

请安装 Java 运行环境[①]。HanLP 主项目采用 Java 开发，所以需要 JDK 或 JRE。如果发生其他错误，欢迎前往项目讨论区[②]汇报问题。

一切顺利的话，在命令行中键入如下命令，可以验证安装结果：

```
$ hanlp
usage: hanlp [-h] [-v] {segment,parse,serve,update} ...

HanLP: Han Language Processing v1.7.5

positional arguments:
  {segment,parse,serve,update}
                        which task to perform?
    segment             word segmentation
    parse               dependency parsing
    serve               start http server
    update              update jar and data of HanLP

optional arguments:
  -h, --help            show this help message and exit
  -v, --version         show installed versions of HanLP
```

如果 Linux 用户遇到权限问题，则需要执行 `sudo hanlp`。因为在第一次运行时，pyhanlp 会自动下载 HanLP 的 jar 包（包含许多算法）和数据包（包含许多模型）到 pyhanlp 的系统路径。

通过命令行，我们可以在不写代码的前提下轻松调用 HanLP 提供的常见功能。

使用命令 `hanlp segment` 进入交互分词模式；输入一个句子并回车，HanLP 会输出分词结果：

---

① 官网（http://www.oracle.com/technetwork/java/javase/downloads/index.html）推荐选择 JDK 8 以上版本。

② 详见 https://github.com/hankcs/HanLP/issues，我大约每周末回复一次。

```
$ hanlp segment
商品和服务
商品/n 和/cc 服务/vn
当下雨天地面积水分外严重
当/p 下雨天/n 地面/n 积水/n 分外/d 严重/a
王总和小丽结婚了
王总/nr 和/cc 小丽/nr 结婚/vi 了/ule
```

在 Linux 下还可以重定向字符串作为输入：

```
$ hanlp segment <<< '欢迎新老师生前来就餐'
欢迎/v 新/a 老/a 师生/n 前来/vi 就餐/vi
```

注意 Windows 不支持字符串的 <<< 定向，只能手动输入。

这里默认执行了词性标注，我们可以禁用它：

```
$ hanlp segment --no-tag <<< '欢迎新老师生前来就餐'
欢迎 新 老 师生 前来 就餐
```

任何平台都支持重定向文件输入 / 输出，比如我们将一本小说存储为 input.txt：

```
$ head input.txt
第一章 隐忧
张小凡看着前方那个中年文士，也就是当今正道的心腹大患“鬼王”，脑海中一片混乱。
这些日子以来，他在深心处不时对自己往日的信仰有小小的疑惑，其实都根源于当日空桑山下茶摊里的一番对话。
如今，又见故人，这份心情当真复杂，几乎让他一时间忘了此时此地的处境。
不过就算他忘了，旁边的人可不会忘。
小周伸手擦去了嘴边的鲜血，勉强站了起来，低声对张小凡、田灵儿二人道：“此人道行太高，不可力敌，
我来拖住他，你们二人快走！”
说罢，他伸手一招，倒插在岩壁中到现在兀自在轻微振动的“七星剑”，似受他召唤，“铮”的一声破壁而出，
飞回到他手上。
鬼王看了看小周，点了点头，脸上依然带着一丝微笑，道：“以你的道行，看来青云门门下年轻弟子一辈里，
要以你为首。
想不到青云门除了这个张小凡，居然还有你这样的人才，不错，不错！”
张小凡吓了一跳，却发觉师姐田灵儿与那小周的眼光都瞄了过来，一时脸上有些发热，却不知道该说什么才好。
```

通过重定向，只需一条命令就可以给小说分词：

```
$ hanlp segment < input.txt > output.txt -a crf --no-tag
```

此处通过 -a 参数指定分词算法为 CRF。关于该算法，我们会在第 6 章中详细介绍。现在，我们先来感性观察一下 CRF 分词的效果：

```
$ head output.txt
第一 章 　隐忧
张小凡 看着 前方 那个 中年 文士 ， 也 就是 当今 正道 的 心腹大患 “ 鬼王 ” ， 脑海中 一片 混乱。
这些 日子 以来 ， 他 在 深心 处 不时 对 自己 往日 的 信仰 有 小小 的 疑惑 ， 其实 都 根源
于 当日 空桑山 下 茶摊 里 的 一番 对话 。
如今 ， 又 见 故人 ， 这 份 心情 当真 复杂 ， 几乎 让 他 一 时间 忘 了 此时此地 的 处境 。
不过 就算 他 忘 了 ， 旁边 的 人 可 不会 忘 。
小周 伸手 擦去 了 嘴边 的 鲜血 ， 勉强 站 了 起来 ， 低声 对 张小凡 、 田灵儿 二 人 道 ：
“ 此人 道行 太 高 ， 不可力敌 ， 我 来 拖住 他 ， 你们 二 人 快走 ！ ”
说罢 ， 他 伸手 一 招 ， 倒 插 在 岩壁 中 到 现在 兀自 在 轻微 振动 的 “ 七星剑 ” ， 似 受
他 召唤 ， “ 铮 ” 的 一 声 破壁 而 出 ， 飞 回到 他 手上 。
鬼王 看 了 看 小周 ， 点 了 点头 ， 脸上 依然 带 着 一 丝 微笑 ， 道 ： “ 以 你 的 道行 ， 看
来 青云门 门下 年轻 弟子 一 辈 里 ， 要以 你 为首 。
想不到 青云门 除了 这个 张小凡 ， 居然 还有 你 这样 的 人才 ， 不错 ， 不错 ！ ”
张小凡 吓了一跳 ， 却 发觉 师姐 田灵儿 与 那 小周 的 眼光 都 瞄 了 过来 ， 一时 脸上 有些 发
热 ， 却 不 知道 该 说 什么 才 好 。
```

效果似乎还行，“鬼王”“空桑山”“七星剑”“青云门”等词语都正确切分出来了。但仍然有不尽如人意的地方。比如“此时此地”“吓了一跳”为什么被当作一个词？这些分词标准是由分词器作者定的吗？这些问题我们将会在后续章节中逐个讨论。

句法分析功能也是一样的道理，一句命令即可：

```
$ hanlp parse <<< '徐先生还具体帮助他确定了把画雄鹰、松鼠和麻雀作为主攻目标。'
1	徐先生	徐先生	nh	nr	_	4	主谓关系	_	_
2	还	还	d	d	_	4	状中结构	_	_
3	具体	具体	a	a	_	4	状中结构	_	_
4	帮助	帮助	v	v	_	0	核心关系	_	_
5	他	他	r	rr	_	4	兼语	_	_
6	确定	确定	v	v	_	4	动宾关系	_	_
7	了	了	u	ule	_	6	右附加关系	_	_
8	把	把	p	pba	_	15	状中结构	_	_
9	画	画	v	v	_	8	介宾关系	_	_
10	雄鹰	雄鹰	n	n	_	9	动宾关系	_	_
11	、	、	wp	w	_	12	标点符号	_	_
12	松鼠	松鼠	n	n	_	10	并列关系	_	_
13	和	和	c	cc	_	14	左附加关系	_	_
14	麻雀	麻雀	n	n	_	10	并列关系	_	_
15	作为	作为	p	p	_	6	动宾关系	_	_
16	主攻	主攻	v	vn	_	17	定中关系	_	_
17	目标	目标	n	n	_	15	动宾关系	_	_
18	。	。	wp	w	_	4	标点符号	_	_
```

这些命令还支持许多其他参数，这可以通过 `--help` 参数来查看最新的帮助手册：

```
$ hanlp segment --help
usage: hanlp segment [-h] [--tag | --no-tag] [-a ALGORITHM] [--config CONFIG]

optional arguments:
  -h, --help            show this help message and exit
  --tag                 show part-of-speech tags
  --no-tag              don't show part-of-speech tags
  -a ALGORITHM, --algorithm ALGORITHM
                        algorithm of segmentation e.g. perceptron
  --config CONFIG       path to hanlp.properties
```

在初步体验 HanLP 后，来看看如何在 Python 中调用 HanLP 的常用接口。这里给出一个大而不全的例子：

```
from pyhanlp import *

print(HanLP.segment('你好，欢迎在Python中调用HanLP的API'))
for term in HanLP.segment('下雨天地面积水'):
    print('{}\t{}'.format(term.word, term.nature)) # 获取单词与词性
testCases = [
    "商品和服务",
    "结婚的和尚未结婚的确实在干扰分词啊",
    "买水果然后来世博园最后去世博会",
    "中国的首都是北京",
    "欢迎新老师生前来就餐",
    "工信处女干事每月经过下属科室都要亲口交代 24 口交换机等技术性器件的安装工作",
    "随着页游兴起到现在的页游繁盛，依赖于存档进行逻辑判断的设计减少了，但这块也不能完全忽略掉。"]
for sentence in testCases: print(HanLP.segment(sentence))
# 关键词提取
document = "水利部水资源司司长陈明忠 9 月 29 日在国务院新闻办举行的新闻发布会上透露，" \
           "根据刚刚完成了水资源管理制度的考核，有部分省接近了红线的指标，" \
           "有部分省超过红线的指标。对一些超过红线的地方，陈明忠表示，对一些取用水项目进行
            区域的限批，" \
           "严格地进行水资源论证和取水许可的批准。"
print(HanLP.extractKeyword(document, 2))
# 自动摘要
print(HanLP.extractSummary(document, 3))
# 依存句法分析
print(HanLP.parseDependency("徐先生还具体帮助他确定了把画雄鹰、松鼠和麻雀作为主攻目标。"))
```

HanLP 的常用功能可以通过工具类 `HanLP` 来调用，而不需要创建实例。对于其他更全面的功能介绍，可参考 GitHub 上的 demos 目录：https://github.com/hankcs/pyhanlp/tree/master/tests/demos。

1.6.3 Java 接口

Java 用户可以通过 Maven 方便地引入 HanLP 库，只需在项目的 pom.xml 中添加如下依赖项即可：

```
<dependency>
    <groupId>com.hankcs</groupId>
    <artifactId>hanlp</artifactId>
    <version>portable-1.7.5</version>
</dependency>
```

此外，可以访问发布页 https://github.com/hankcs/HanLP/releases 获取其最新的版本号。

然后就可以用一句话调用 HanLP 了：

```
System.out.println(HanLP.segment("你好，欢迎使用HanLP汉语处理包！"));
```

常用的 API 依然封装在工具类 `HanLP` 中，你可通过 https://github.com/hankcs/HanLP 了解接口的用法。当然，你也可以随着本书的讲解，逐步熟悉这些功能。

HanLP 的数据与程序是分离的。为了减小 jar 包的体积，portable 版只含有少量数据。对于一些高级功能（CRF 分词、句法分析等），则需要下载额外的数据包，并通过配置文件将数据包的位置告诉给 HanLP。

如果读者安装过 pyhanlp 的话，则数据包和配置文件已经安装就绪。我们可以通过如下命令获取它们的路径：

```
$ hanlp -v
jar  1.7.5: /usr/local/lib/python3.6/site-packages/pyhanlp/static/hanlp-1.7.5.jar
data 1.7.5: /usr/local/lib/python3.6/site-packages/pyhanlp/static/data
config    : /usr/local/lib/python3.6/site-packages/pyhanlp/static/hanlp.properties
```

最后一行 hanlp.properties 就是所需的配置文件，我们只需将它复制到项目的资源目录 src/main/resources 即可（没有该目录的话，手动创建一个）。此时 HanLP 就会从 /usr/local/lib/python3.6/site-packages/pyhanlp/static 加载 data，也就是说与 pyhanlp 共用同一套数据包。

如果读者没有安装过 pyhanlp，或者希望使用独立的 data，也并不困难。只需访问项目主页 https://github.com/hankcs/HanLP，下载 data.zip 并将其解压到一个目录，比如 D:/hanlp。然后下载并解压 hanlp-1.7.5-release.zip，将得到的 hanlp.properties 中的第一行 root 设为 data 文件夹的父目录：

```
root=D:/hanlp
```

> **注意** Windows 用户请注意，路径分隔符统一使用斜杠“/”。Windows 默认的“\”与绝大多数编程语言的转义符冲突，比如“D:\nlp”中的“\n”实际上会被 Java 和 Python 理解为换行符，引发问题。

最后，将 hanlp.properties 移动到项目的 resources 目录中即可。

由于本书将深入讲解 HanLP 的内部实现，所以还推荐读者去 GitHub 上创建分支（fork）并克隆（clone）一份源码。版本库中的文件结构如下：

```
.
├── data
│   └── dictionary
│   └── model
├── pom.xml
└── src
    ├── main
    └── test
```

限于文件体积，版本库中依然不含完整的 model 文件夹，需要用户下载数据包和配置文件。下载方式有自动与手动两种，本书 Java 配套代码在运行时会自动下载并解压，另外用户也可以自行下载解压。按照前面提到的方法，创建 resources 目录并将 hanlp.properties 放入其中。然后将下载到的 data/model 放入版本库的相应目录即可。完成后的路径示意图如下：

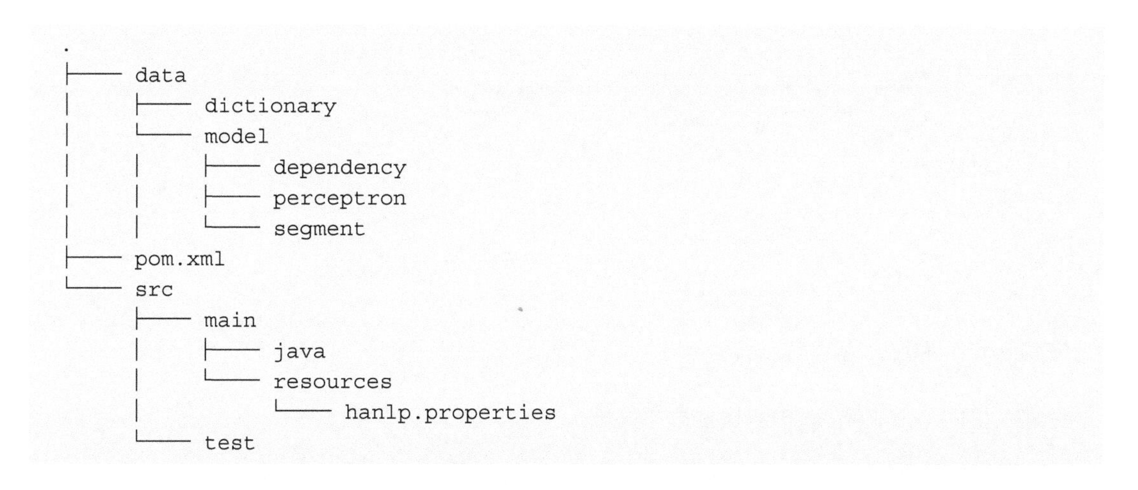

```
.
├── data
│   ├── dictionary
│   └── model
│       ├── dependency
│       ├── perceptron
│       └── segment
├── pom.xml
└── src
    ├── main
    │   ├── java
    │   └── resources
    │       └── hanlp.properties
    └── test
```

接下来，我们就可以运行本书配套的代码了（配套代码位于 src/test/java/com/hankcs/book）。现在我们来运行一个 Hello Word（详见 ch01/HelloWord.java）：

```
HanLP.Config.enableDebug();    // 为了避免你等得无聊，开启调试模式说点什么
System.out.println(HanLP.segment("王国维和服务员"));
```

运行一下，会得到类似如下的输出：

```
警告：读取HanLP/data/dictionary/CoreNatureDictionary.txt.bin时发生异常java.io.
FileNotFoundException: HanLP/data/dictionary/CoreNatureDictionary.txt.bin (No
such file or directory)
信息：核心词典读入词条 153095 全部频次 25126631，耗时 341ms
信息：核心词典加载成功:153095 个词条，下面将写入缓存……
信息：HanLP/data/dictionary/CoreNatureDictionary.txt加载成功，153095 个词条，耗时 33931ms
粗分词网：
0:[ ]
1:[王，王国]
2:[国]
3:[维，维和]
4:[和，和服]
5:[服，服务，服务员]
6:[务]
7:[员]
8:[ ]

粗分结果[王国/n，维和/vn，服务员/nnt]
人名角色观察：[  K 1 A 1 ][王国 X 232 L 3 ][维和 L 2 V 1 Z 1 ][服务员 K 14 ][  K 1 A 1 ]
人名角色标注：[ /K ,王国/X ,维和/V ,服务员/K , /K]
识别出人名：王国维 XD
细分词网：
0:[ ]
1:[王国，王国维]
2:[]
3:[维和]
4:[和，和服]
5:[服务员]
6:[]
7:[]
8:[ ]

[王国维/nr，和/cc，服务员/nnt]
```

相较于上一个例子，它们有以下两个区别。

- 我们打开了调试模式，此时会将运行过程的中间结果输出到控制台。
- 我们运行的是 GitHub 仓库版，该版本中的词典和模型都是文本形式。HanLP 中的词典一般有文本和二进制两种形式，它们的关系类似于源码和程序。当二进制不存在时，HanLP 会加载文本词典并自动缓存为同名的二进制。二进制的加载比文本要快很多，通常是 5 倍

的加速比。比如在上面的例子中，加载文本花了 341 ms，但再次运行时加载相应的二进制只花了 64 ms。通过缓存机制和内部重写的 IO 接口，HanLP 可以将系统的冷启动控制在几百毫秒内。这为程序员反复调试提供了极大的便利。

再来看看调试输出，里面分为两个过程：粗分过程和细分过程。粗分过程的结果是 `[王国/n, 维和/vn, 服务员/nnt]`，这显然是不合理[①] 的，这个句子不应该这样理解。于是在细分过程中，算法进行了人名识别，召回了“王国维”这个词语。接着算法觉得 `[王国维/nr, 和/cc, 服务员/nnt]` 通顺多了，于是将其作为最终结果。

算法内部还有许多细节，但我们已经有了趁手的武器。具体武器的基本骨架、锻造过程和使用场景，将以递归的形式逐步讲解。

1.7 总结

本章给出了人工智能、机器学习与自然语言处理的宏观缩略图与发展时间线。机器学习是人工智能的子集，而自然语言处理则是人工智能与语言学、计算机科学的交集。这个交集虽然小，它的难度却很大。为了实现理解自然语言这个宏伟目标，人们尝试了规则系统，并最终发展到基于大规模语料库的统计学习系统。

在接下来的章节中，就让我们按照这种由易到难的发展规律去解决第一个 NLP 问题——中文分词。我们将先从规则系统入手，介绍一些快而不准的算法，然后逐步进化到更加准确的统计模型。

① 称其“不合理”而非“不正确”的原因是，我们无法排除在某个奇幻世界里存在一个特立独行的王国，里面养着一只维和部队，部队的成员却不是战士而是服务员。但这种可能性非常低，几乎不可能发生。

第2章　词典分词

中文分词指的是将一段文本拆分为一系列单词的过程，这些单词顺序拼接后等于原文本。作为中文信息处理的第一站，自动中文分词备受关注，各种算法和模型层出不穷。中文分词算法大致分为基于词典规则与基于机器学习这两大派别。本章先从简单的规则入手，为读者介绍一些高效的词典匹配算法。

词典分词是最简单、最常见的分词算法，仅需一部词典和一套查词典的规则即可，适合初学者入门。给定一部词典，词典分词就是一个确定的查词与输出的规则系统。与第 1 章介绍的自然语言处理发展历史类似，这种基于规则的方法是 20 世纪八九十年代的主流，甚至在今天也有一席之地。词典分词的重点不在于分词本身，而在于支撑词典的数据结构。掌握这些数据结构，虽不足以使我们成为 NLP 工程师，但至少能使我们成为算法工程师。

本章先介绍词的定义与性质，然后给出一部词典。为了利用词典进行分词，需要掌握 3 种匹配规则。匹配规则只是小菜一碟，难点在于效率与内存。如何平衡效率与内存，这时就轮到数据结构与算法登场了。本章首先介绍多种数据结构，它们一个比一个快，是 HanLP 高性能的秘诀。速度只是分词器的一项指标，精度也很重要。接着，本章将介绍如何公正规范地评估分词器的准确率。最后，本章介绍这些数据结构在其他场景下的应用，读者将看到泛型设计下的数据结构是如何灵活地驱动上层应用的。

2.1　什么是词

2.1.1　词的定义

在语言学上，词语的定义是具备独立意义的最小单位。然而该定义过于模糊，无法作为计算依据。比如，有人觉得“吃饭”是一个词，有人觉得是动宾结构“吃 + 饭”。对于“北京机场”，有人觉得是一个词，有人觉得里面有两个最小单位。由于没有统一的标准，所以这个学院派的定义难以实施。

在基于词典的中文分词中，词的定义要现实得多：词典中的字符串就是词。那么根据该定义，词典之外的字符串就不是词了。这个推论或许不符合读者的期望，但这就是词典分词故有的弱点。事实上，语言中的词汇数量是无穷的，无法用任何词典完整收录。语言也是时时刻刻在发展变化的，任何词典都只是某个时间节点拍摄的一张快照。

2.1.2 词的性质——齐夫定律

好消息是，根据哈佛大学语言学家乔治·金斯利·齐夫于 1949 年发表的齐夫定律，一个单词的词频与它的词频排名成反比。中文也是如此，MSR 语料库（微软亚洲研究院语料库）上的统计结果验证了这一定律，如图 2-1 所示（如果你熟悉 Python 的话，可运行 tests/book/ch02/zipf_law.py 得到这张图）。

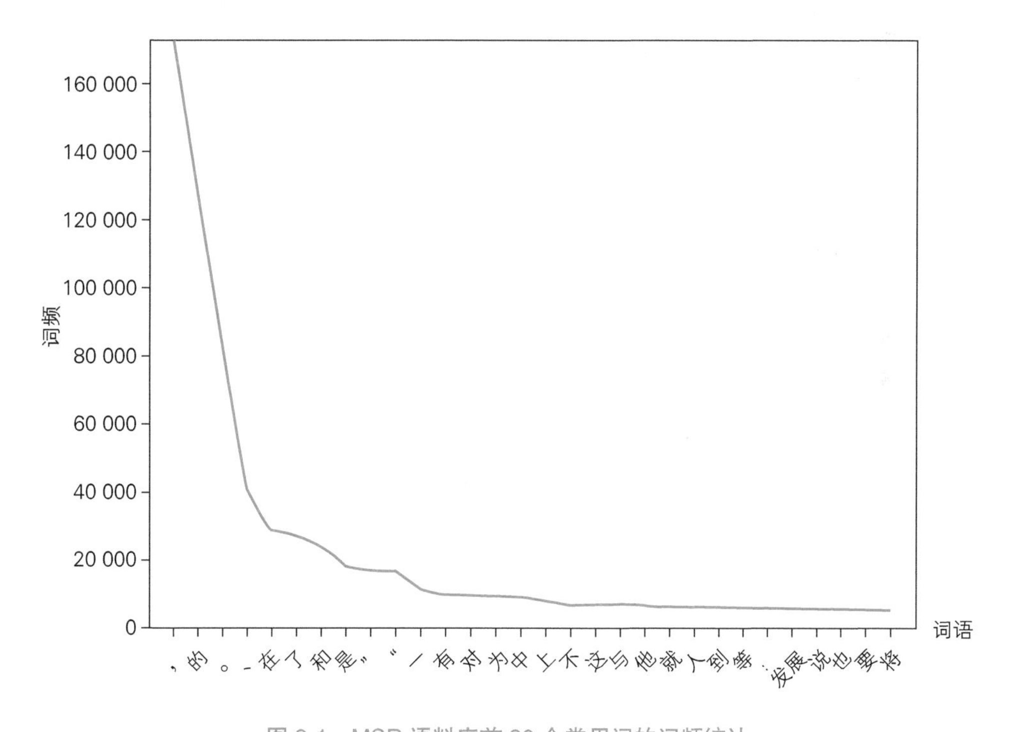

图 2-1 MSR 语料库前 30 个常用词的词频统计

在图 2-1 中，横坐标是按词频降序排列的前 30 个常用词，纵坐标是相应的词频。这条曲线大致符合 $y=\frac{1}{x}$，即满足幂律分布（power law distribution），也称长尾效应、二八原则、马太效应等。也就是说，虽然存在很多生词，但越靠后词频越小，趋近于 0，平时很难碰到。至少在常见单词的切分上，我们姑且可以放心地试一试词典分词。

实现词典分词的第一个步骤，当然是准备一份词典了。

2.2 词典

互联网上有许多公开的中文词典，比如搜狗实验室发布的互联网词库（SogouW，其中有 15 万个词条）[①]，清华大学开放中文词库（THUOCL）[②]，以及我发布的千万级巨型汉语词库（千万级词条）[③]。

2.2.1 HanLP 词典

考虑到授权和简洁性，这里以 HanLP 附带的迷你核心词典为例，其路径为 HanLP/data/dictionary/CoreNatureDictionary.mini.txt。这是一个纯文本文件，用记事本[④]打开后，可以观察到如下格式：

```
希望 v       386     n       96
希罕 a       1
希翼 v       1
希腊 ns      19
希腊共和国   ns      1
```

HanLP 中的词典格式是一种以空格分隔的表格形式，第一列是单词本身，之后每两列分别表示词性与相应的词频。比如说第一行表示“希望”这个词以动词的身份出现了 386 次，以名词的身份出现了 96 次。当然，此处的词频是在某个语料库上统计的。在词典分词中，词性和词频没有用处，不妨暂时忽略。

如果单词本身含有空格，那该怎么办呢？比如 iPhone X、Macbook Pro，此时请使用英文逗号分隔的 .csv 格式：

```
iPhone X,n,1
Macbook Pro,n,1
```

另外，如果用户的词语都是名词，或者不关心词性的话，可以省略词性部分。

2.2.2 词典的加载

现在让我们读取这份词典。利用 HanLP，只需一行 Java 代码（参见 com/hankcs/book/ch02/

---

① 详见 https://www.sogou.com/labs/resource/w.php。

② 详见 http://thuocl.thunlp.org/。

③ 详见 http://www.hankcs.com/nlp/corpus/tens-of-millions-of-giant-chinese-word-library-share.html。

④ Windows 用户请使用 Sublime Text 等，比自带的 notepad.exe 更专业、更好用。

NaiveDictionaryBasedSegmentation.java）：

```
TreeMap<String, CoreDictionary.Attribute> dictionary = IOUtil.loadDictionary
("data/dictionary/CoreNatureDictionary.mini.txt");
```

通过 `IOUtil.loadDictionary`，我们得到了一个 `TreeMap`。它的键是单词本身，而值是 `CoreDictionary.Attribute`。这是一个包含词性和词频的结构，与词典分词无关，暂时忽略。现在来看看这份词典的大小，以及按照字典序排列的第一个单词：

```
System.out.printf("词典大小：%d个词条\n", dictionary.size());
System.out.println(dictionary.keySet().iterator().next());
```

输出：

```
词典大小：85585 个词条
±
```

在 Python 中则需要稍微做一下转换（参见 tests/book/ch02/utility.py）：

```
def load_dictionary():
    """
    加载HanLP中的mini词库
    :return:一个set形式的词库
    """
    IOUtil = JClass('com.hankcs.hanlp.corpus.io.IOUtil') # ①
    path = HanLP.Config.CoreDictionaryPath.replace('.txt', '.mini.txt') # ②
    dic = IOUtil.loadDictionary([path]) # ③
    return set(dic.keySet())
```

`JClass` 函数是连通 Java 和 Python 的桥梁，用来根据 Java 路径名得到一个 Python 类。①处利用 `JClass` 取得了 HanLP 中的 `IOUtil` 工具类，②处则取得了 HanLP 的配置项 `Config` 中的词典路径。我们写在配置文件中的条目最终会被读入这个结构中，比如配置文件写作 `CoreDictionaryPath=data/dictionary/CoreNatureDictionary.txt`，该配置将被读入 `HanLP.Config.CoreDictionaryPath`。这里我们想要加载 mini 词典，因为其体积更小，加载起来更快。于是②处将这个路径替换为 mini 词典的路径。在③处我们像对待普通 Python 工具类一样调用了 `IOUtil` 的静态方法 `loadDictionary`。该方法支持将多个文件读入同一个词典中，因此需要传入一个 `list`。它返回一个 Java `Map` 对象，前面提到过，我们不关心 `Map` 中的值，于是我们只取它的键 `keySet`，并将其转换为一个 Python 原生的 `set` 对象。这样接下来的代码就不必考虑与 Java 的交互，Python 用户从此回到了自己熟悉的环境中。

2.3 切分算法

词典确定后，句子可能含有很多词典中的词语。它们可能互相重叠，到底输出哪一个由规则决定。让我们来制定一些规则查词典。常用的规则有正向最长匹配、逆向最长匹配和双向最长匹配，它们都基于完全切分过程。

2.3.1 完全切分

完全切分指的是，找出一段文本中的所有单词。这并不是标准意义上的分词，有些人将这个过程误称为分词，其实并不准确。

不考虑效率的话，朴素的完全切分算法其实非常简单。只要遍历文本中的连续序列，查询该序列是否在词典中即可。定义词典为 dic，文本为 text，当前处理位置为 i，完全切分算法的“伪码”如下（详见 tests/book/ch02/fully_segment.py）：

```
def fully_segment(text, dic):
    word_list = []
    for i in range(len(text)):                  # i从0遍历到text的最后一个字的下标
        for j in range(i + 1, len(text) + 1):   # j遍历[i + 1, len(text)]区间
            word = text[i:j]                    # 取出连续区间[i, j)对应的字符串
            if word in dic:                     # 如果在词典中，则认为是一个词
                word_list.append(word)
    return word_list
```

这实际上是一段 Python 代码，Python 代码素有“可运行的伪码”之美称。用户即使不是 Python 专家，也应该能够理解。我们可以试一试效果：

```
dic = load_dictionary()
print(fully_segment('商品和服务', dic))
```

输出：

```
['商', '商品', '品', '和', '和服', '服', '服务', '务']
```

的确输出了所有可能的单词。由于词库中含有单字，所以结果中也出现了一些单字。

在企业级开发中，我们还经常使用 Java 这门静态语言。HanLP 主要使用 Java 开发，也提供 Python 接口。本书以 Python 书写“伪码”，但产品级的实现采用 Java，并附带介绍 Python 中的接口。本章同时用 Python 和 Java 实现同一个算法，方便只掌握一种语言的读者们熟悉另一种语言的基本语法。但总体而言，本书不要求读者同时掌握两门语言。

上面这段算法用 Java 实现如下（详见 com.hankcs.book.ch02.NaiveDictionaryBasedSegmentation#segmentFully）：

```
/**
 * 完全切分式的中文分词算法
 *
 * @param text       待分词的文本
 * @param dictionary 词典
 * @return           单词列表
 */
public static List<String> segmentFully(String text, TreeMap<String, CoreDictionary.
Attribute> dictionary)
{
    List<String> wordList = new LinkedList<String>();
    for (int i = 0; i < text.length(); ++i)
    {
        for (int j = i + 1; j <= text.length(); ++j)
        {
            String word = text.substring(i, j);
            if (dictionary.containsKey(word))
                wordList.add(word);
        }
    }
    return wordList;
}
```

让我们来试一下效果：

```
System.out.println(segmentFully("就读北京大学", dictionary));
```

输出：

```
[就, 就读, 读, 北, 北京, 北京大学, 京, 大, 大学, 学]
```

2.3.2 正向最长匹配

上面的输出并不是中文分词，我们更需要那种有意义的词语序列，而不是所有出现在词典中的单词所构成的链表。比如，我们希望“北京大学”成为一整个词，而不是“北京 + 大学”之类的碎片。为了达到这个目的，需要完善一下我们的规则，考虑到越长的单词表达的意义越丰富，于是我们定义单词越长优先级越高。具体说来，就是在以某个下标为起点递增查词的过程中，优先输出更长的单词，这种规则被称为**最长匹配算法**。该下标的扫描顺序如果从前往后，则称**正向最长匹配**，反之则称**逆向最长匹配**。

正向最长匹配用伪码描述如下（详见 tests/book/ch02/forward_segment.py）：

```
def forward_segment(text, dic):
    word_list = []
    i = 0
    while i < len(text):
        longest_word = text[i]                          # 当前扫描位置的单字
        for j in range(i + 1, len(text) + 1):           # 所有可能的结尾
            word = text[i:j]                            # 从当前位置到结尾的连续字符串
            if word in dic:                             # 在词典中
                if len(word) > len(longest_word):       # 并且更长
                    longest_word = word                 # 则更优先输出
        word_list.append(longest_word)                  # 输出最长词
        i += len(longest_word)                          # 正向扫描
    return word_list
```

对照这份伪码，用 Java 实现如下（详见 com.hankcs.book.ch02.NaiveDictionaryBasedSegmentation#segmentForwardLongest）：

```
/**
 * 正向最长匹配的中文分词算法
 *
 * @param text       待分词的文本
 * @param dictionary 词典
 * @return           单词列表
 */
public static List<String> segmentForwardLongest(String text, Map<String,
CoreDictionary.Attribute> dictionary)
{
    List<String> wordList = new LinkedList<String>();
    for (int i = 0; i < text.length(); )
    {
        String longestWord = text.substring(i, i + 1); // ①
        for (int j = i + 1; j <= text.length(); ++j)
        {
            String word = text.substring(i, j);
            if (dictionary.containsKey(word))
            {
                if (word.length() > longestWord.length())
                {
                    longestWord = word;
                }
            }
        }
        wordList.add(longestWord);
        i += longestWord.length();
    }
```

```
    return wordList;
}
```

①处用 longestWord 存储以当前位置开头的最长单词，然后在当前位置扫描结束后将其加入结果中。

调用最长匹配，这次的结果就更符合预期了：

```
System.out.println(segmentLongest("就读北京大学", dictionary));
```

输出：

```
[就读, 北京大学]
```

不过，有许多句子会出乎我们的意料：

```
System.out.println(segmentForwardLongest("研究生命起源", dictionary));
```

输出：

```
[研究生, 命, 起源]
```

误差产生的原因在于，正向最长匹配的话，“研究生”的优先级是大于“研究”的，怎么解决这个冲突呢？

2.3.3 逆向最长匹配

于是有些人拍拍脑袋，正向匹配不行，那就逆向匹配呗。逆向最长匹配，顾名思义就是在从后往前扫描的过程中，保留最长单词。它与正向匹配的唯一区别在于扫描的方向，用 Python 描述如下（详见 tests/book/ch02/backward_segment.py）：

```
def backward_segment(text, dic):
    word_list = []
    i = len(text) - 1
    while i >= 0:                                    # 扫描位置作为终点
        longest_word = text[i]                       # 扫描位置的单字
        for j in range(0, i):                        # 遍历[0, i]区间作为待查询词语的起点
            word = text[j: i + 1]                    # 取出[j, i]区间作为待查询单词
            if word in dic:
                if len(word) > len(longest_word):    # 越长优先级越高
                    longest_word = word
                    break
        word_list.insert(0, longest_word)            # 逆向扫描，因此越先查出的单词在
                                                       位置上越靠后
```

```
        i -= len(longest_word)
    return word_list
```

同样，来看看 Java 如何实现（详见 com.hankcs.book.ch02.NaiveDictionaryBasedSegmentation #segmentBackwardLongest）：

```
/**
 * 逆向最长匹配的中文分词算法
 *
 * @param text       待分词的文本
 * @param dictionary 词典
 * @return           单词列表
 */
public static List<String> segmentBackwordLongest(String text, TreeMap<String,
CoreDictionary.Attribute> dictionary)
{
    List<String> wordList = new LinkedList<String>();
    for (int i = text.length() - 1; i >= 0; )
    {
        String longestWord = text.substring(i, i + 1);
        for (int j = 0; j <= i; ++j)
        {
            String word = text.substring(j, i + 1);
            if (dictionary.containsKey(word))
            {
                if (word.length() > longestWord.length())
                {
                    longestWord = word;
                    break;
                }
            }
        }
        wordList.add(0, longestWord);
        i -= longestWord.length();
    }
    return wordList;
}
```

这次可以得到正确结果了：[研究，生命，起源]。然而，下面这句话又不对了："项目的研究"被分成 [项，目的，研究]，而在正向匹配中，本来是正确的结果 [项目，的，研究]。如此看来，人们为了应付一个问题去修改规则，却又带来了新的问题，可谓拆东墙补西墙。

另一些人提出综合两种规则，期待它们取长补短，称为双向最长匹配。

2.3.4 双向最长匹配

歧义例子有很多，而表 2-1 对比了一些有意思的歧义句子，其中加粗的为正确切分。

表 2-1 正向 / 逆向最长匹配歧义对比

序号	原文	正向最长匹配	逆向最长匹配
1	项目的研究	**[项目，的，研究]**	[项，目的，研究]
2	商品和服务	[商品，和服，务]	**[商品，和，服务]**
3	研究生命起源	[研究生，命，起源]	**[研究，生命，起源]**
4	当下雨天地面积水	[当下，雨天，地面，积水]	**[当，下雨天，地面，积水]**
5	结婚的和尚未结婚的	[结婚，的，和尚，未，结婚，的]	**[结婚，的，和，尚未，结婚，的]**
6	欢迎新老师生前来就餐	[欢迎，新，老师，生前，来，就餐]	[欢，迎新，老，师生，前来，就餐]

从表 2-1 中可以看出，有时正向匹配正确（1 号），有时逆向匹配更好（2~5 号），但似乎逆向匹配成功的次数更多。清华大学的孙茂松教授曾经做过统计①，在随机挑选的 3680 个句子中，正向匹配错误而逆向匹配正确的句子占比 9.24%，正向匹配正确而逆向匹配错误的情况则没有被统计到。同时，表 2-1 也存在正向和逆向匹配都无法消除歧义的情况（6 号）。

暂不考虑 6 号情况，能不能至少从两种结果中挑一种更好的呢？为此，人们继续提出新的规则②，比如所谓的双向最长匹配。这是一种融合两种匹配方法的复杂规则集，流程如下。

(1) 同时执行正向和逆向最长匹配，若两者的词数不同，则返回词数更少的那一个。

(2) 否则，返回两者中单字更少的那一个。当单字数也相同时，优先返回逆向最长匹配的结果。

这种规则的出发点来自语言学上的启发——汉语中单字词的数量要远远小于非单字词。因此，算法应当尽量减少结果中的单字，保留更多的完整词语，这样的算法也称**启发式算法**。

有了前两节的代码，双向最长匹配无非是它们的包装，Python 版实现如下（详见 tests/book/ch02/bidirectional_segment.py）：

```
def count_single_char(word_list: list):  # 统计单字成词的个数
    return sum(1 for word in word_list if len(word) == 1)


def bidirectional_segment(text, dic):
    f = forward_segment(text, dic)
    b = backward_segment(text, dic)
    if len(f) < len(b):                                  # 词数更少优先级更高
```

① Sun M, Tsou B K. Ambiguity Resolution in Chinese Word Segmentation[C]. pacific asia conference on language information and computation, 1995: 121-126.

② 我个人不喜欢使用“算法”去称呼它们，是因为这些所谓的“算法”就是一堆固定的规则。熟悉奥林匹克信息学竞赛的读者一定知道，在 ACM-ICPC 中有一类题目叫作“模拟题”。“模拟题”不需要技巧或数学知识，只需按出题人的描述实现逻辑规则即可。“模拟题”又称“水题”或“签到题”，是最没有技术含量的一类题目。

```
        return f
    elif len(f) > len(b):
        return b
    else:
        if count_single_char(f) < count_single_char(b):  # 单字更少优先级更高
            return f
        else:
            return b                                      # 都相等时逆向匹配优先级更高
```

类似地，Java 版实现如下（详见 com.hankcs.book.ch02.NaiveDictionaryBasedSegmentation#segmentBidirectional）：

```
/**
 * 统计分词结果中的单字数量
 *
 * @param wordList 分词结果
 * @return         单字数量
 */
public static int countSingleChar(List<String> wordList)
{
    int size = 0;
    for (String word : wordList)
    {
        if (word.length() == 1)
            ++size;
    }
    return size;
}

/**
 * 双向最长匹配的中文分词算法
 *
 * @param text       待分词的文本
 * @param dictionary 词典
 * @return           单词列表
 */
public static List<String> segmentBidirectional(String text, TreeMap<String,
CoreDictionary.Attribute> dictionary)
{
    List<String> forwardLongest = segmentForwardLongest(text, dictionary);
    List<String> backwardLongest = segmentBackwardLongest(text, dictionary);
    if (forwardLongest.size() < backwardLongest.size())
        return forwardLongest;
    else if (forwardLongest.size() > backwardLongest.size())
        return backwardLongest;
    else
    {
```

```
        if (countSingleChar(forwardLongest) < countSingleChar(backwardLongest))
            return forwardLongest;
        else
            return backwardLongest;
    }
}
```

现在让我们把表 2-1 的例子用双向最长匹配重做一遍，做一番比较，结果如表 2-2 所示。

表 2-2 3 种匹配规则的效果对比

序号	原文	正向最长匹配	逆向最长匹配	双向最长匹配
1	项目的研究	**[项目, 的, 研究]**	[项, 目的, 研究]	[项, 目的, 研究]
2	商品和服务	[商品, 和服, 务]	**[商品, 和, 服务]**	**[商品, 和, 服务]**
3	研究生命起源	[研究生, 命, 起源]	**[研究, 生命, 起源]**	**[研究, 生命, 起源]**
4	当下雨天地面积水	[当下, 雨天, 地面, 积水]	**[当, 下雨天, 地面, 积水]**	[当下, 雨天, 地面, 积水]
5	结婚的和尚未结婚的	[结婚, 的, 和尚, 未, 结婚, 的]	**[结婚, 的, 和, 尚未, 结婚, 的]**	**[结婚, 的, 和, 尚未, 结婚, 的]**
6	欢迎新老师生前来就餐	[欢迎, 新, 老师, 生前, 来, 就餐]	[欢, 迎新, 老, 师生, 前来, 就餐]	[欢, 迎新, 老, 师生, 前来, 就餐]

表 2-2 显示，双向最长匹配的确在 2、3、5 这 3 种情况下选择出了最好的结果，但在 4 号句子上选择了错误的结果，使得最终正确率 $\frac{3}{6}$ 反而小于逆向最长匹配的 $\frac{4}{6}$。由此，规则系统的脆弱可见一斑。规则集的维护有时是拆东墙补西墙，有时是帮倒忙。

2.3.5 速度评测

上一节中提到，词典分词的规则没有技术含量，消歧效果不好。词典分词的核心价值不在于精度，而在于速度。在上述朴素实现中，我们要么使用 Python 的 `set` 存储与查询词典，要么使用 Java 的 `TreeMap`。编程语言为我们提供了傻瓜化的数据结构，但它们的效率如何呢？

让我们来设计一个速跑比赛，参赛者有来自 Python 和 Java 阵营下的正向、逆向、双向最长匹配，共计 6 位选手。词典加载完毕后计时开始，每位选手切分等量的文本，看看各自的速度如何。Python 评测脚本如下（详见 tests/book/ch02/speed_benchmark.py）：

```
def evaluate_speed(segment, text, dic):
    start_time = time.time()
    for i in range(pressure):
        segment(text, dic)
    elapsed_time = time.time() - start_time
    print('%.2f 万字/秒' % (len(text) * pressure / 10000 / elapsed_time))
```

```
if __name__ == '__main__':
    text = "江西鄱阳湖干枯，中国最大淡水湖变成大草原"
    pressure = 10000
    dic = load_dictionary()

    evaluate_speed(forward_segment, text, dic)
    evaluate_speed(backward_segment, text, dic)
    evaluate_speed(bidirectional_segment, text, dic)
```

Java 评测程序如下（详见 com.hankcs.book.ch02.NaiveDictionaryBasedSegmentation#evaluateSpeed）：

```
/**
 * 评测速度
 *
 * @param dictionary 词典
 */
public static void evaluateSpeed(TreeMap<String, CoreDictionary.Attribute> dictionary)
{
    String text = "江西鄱阳湖干枯，中国最大淡水湖变成大草原";
    long start;
    double costTime;
    final int pressure = 10000;

    start = System.currentTimeMillis();
    for (int i = 0; i < pressure; ++i)
    {
        segmentForwardLongest(text, dictionary);
    }
    costTime = (System.currentTimeMillis() - start) / (double) 1000;
    System.out.printf("%.2f万字/秒\n", text.length() * pressure / 10000 / costTime);

    start = System.currentTimeMillis();
    for (int i = 0; i < pressure; ++i)
    {
        segmentBackwardLongest(text, dictionary);
    }
    costTime = (System.currentTimeMillis() - start) / (double) 1000;
    System.out.printf("%.2f万字/秒\n", text.length() * pressure / 10000 / costTime);


    start = System.currentTimeMillis();
    for (int i = 0; i < pressure; ++i)
    {
        segmentBidirectional(text, dictionary);
    }
```

```
    costTime = (System.currentTimeMillis() - start) / (double) 1000;
    System.out.printf("%.2f万字/秒\n", text.length() * pressure / 10000 / costTime);
}
```

在我的个人电脑[①]上分别运行，得到的结果如图 2-2 所示。

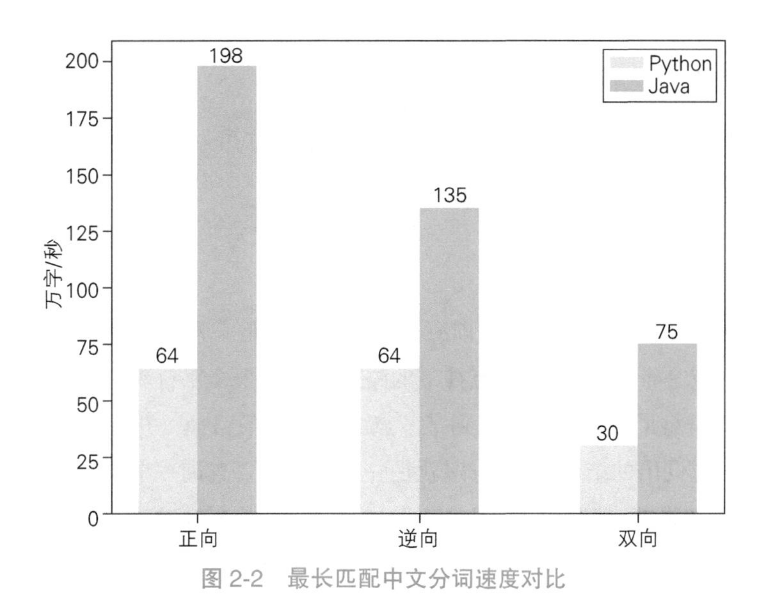

图 2-2 最长匹配中文分词速度对比

虽然这种测试不是在实时操作系统下进行的，但以下结论依然成立。

(1) 同等条件下，Python 的运行速度比 Java 慢，效率只有 Java 的一半不到。

(2) 正向匹配和逆向匹配的速度差不多，是双向的两倍。这在意料之中，因为双向匹配做了两倍的工作。

(3) Java 实现的正向匹配比逆向匹配快，可能是内存回收的原因。即便如此，依然比 Python 快。

考虑到运行效率的差距，建议 Python 用户使用 Cython、C/C++ 动态链接库等机制实现生产环境中的核心算法，或者直接用 `JClass` 调用 HanLP 的 Java 接口。Python 的哲学在于它是一门灵活的胶水语言，能够轻松地将其他语言的类库黏合起来。正如广为流传的金句“Write it all in Python, then write only those parts that need it in C”所言，pyhanlp 无非是用 Java 代替了 C 而已。

除了编程语言的选择外，我们能否在算法层面上优化词典分词的效率呢？接下来，让我们了解一些常用的字符串算法，从程序员进阶为算法工程师。

① 配置：Macbook Pro (Mid 2015)，2.8 GHz Intel Core i7，16 GB 1600 MHz DDR3。

2.4 字典树

匹配算法的瓶颈之一在于如何判断集合（词典）中是否含有字符串。如果用有序集合（TreeMap）的话，复杂度是 $O(\log n)$（n 是词典大小）；如果用散列表（Java 的 `HashMap`，Python 的 `dict`）的话，账面上的时间复杂度虽然下降了，但内存复杂度却上去了。有没有速度又快、内存又省的数据结构呢？

当然有，编程语言提供的默认数据结构满足不了需求，我们就自己实现一个！我们是算法工程师，我们设计算法，而不是编程语言设计我们。

2.4.1 什么是字典树

字符串集合常用**字典树**（trie[①] 树、前缀树）存储，这是一种字符串上的树形数据结构。字典树中每条边都对应一个字[②]，从根节点往下的路径构成一个个字符串。字典树并不直接在节点上存储字符串，而是将词语视作根节点到某节点之间的一条路径，并在终点节点（蓝色）上做个标记"该节点对应词语的结尾"。字符串就是一条路径，要查询一个单词，只需顺着这条路径从根节点往下走。如果能走到特殊标记的节点，则说明该字符串在集合中，否则说明不存在。一个典型的字典树如图 2-3 所示。

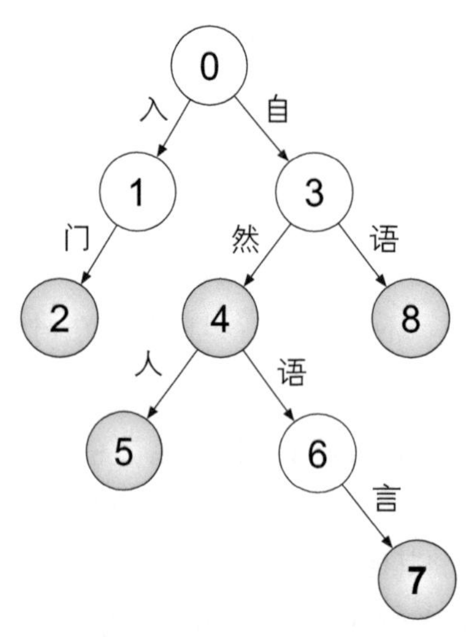

图 2-3 字典树示意图

① 词源为 retrieval，音为 /ˈtraɪ/，与 try 发音相同。

② 一些变种会存储常见的公用片段，属于高级话题了。

其中，蓝色标记着该节点是一个词的结尾，数字是人为的编号。这棵树中存储的词典如表 2-3 所示，你可以拿一支笔顺着表 2-3 所示的路径走，看看能否查到对应的单词。

表 2-3 字典树中的词语与路径

词语	路径
入门	0-1-2
自然	0-3-4
自然人	0-3-4-5
自然语言	0-3-4-6-7
自语	0-3-8

不光是集合（set），字典树也可以实现映射（map），只需将相应的值悬挂在键的终点节点上即可（图 2-3 的蓝色节点不一定是叶子节点）。

当词典大小为 n 时，虽然最坏情况下字典树的复杂度依然是 $O(\log n)$（假设子节点用对数复杂度的数据结构存储，所有词语都是单字），但它的实际速度比二分查找快。这是因为随着路径的深入，前缀匹配是递进的过程，算法不必比较字符串的前缀。

2.4.2 字典树的节点实现

由图 2-3 可知，每个节点都应该至少知道自己的子节点与对应的边，以及自己是否对应一个词。如果要实现映射而不是集合的话，还需要知道自己对应的值。我们约定用值为 None 表示节点不对应词语，虽然这样就不能插入值为 None 的键了，但实现起来更简洁。那么节点的实现用 Python 描述如下（详见 tests/book/ch02/trie.py）：

```
class Node(object):
    def __init__(self, value) -> None:
        self._children = {}
        self._value = value

    def _add_child(self, char, value, overwrite=False):
        child = self._children.get(char)
        if child is None:
            child = Node(value)
            self._children[char] = child
        elif overwrite:
            child._value = value
        return child
```

在 _add_child 方法中，我们先检查是否已经存在字符 char 对应的 child，然后根据

overwrite 来决定是否覆盖 child 的值。通过这个方法，就可以把子节点连接到父节点上去。

2.4.3　字典树的增删改查实现

上一节实现了节点以及连接方法，只要把它们连到根节点上去，我们就得到了一棵字典树。根节点其实也是一个普通节点，只不过多了一些面向用户的公开方法。在设计模式上，根节点应该继承自普通节点。抓住根节点往上一提，我们就抓住了整棵树。接下来，思考一下树上的算法怎么写。

“删改查”其实是一回事，都是查询。删除操作无非是将终点的值设为 None 而已，修改操作无非是将它的值设为另一个值而已。那么如何实现最关键的查询呢？

从确定有限状态自动机（DFA）的角度来讲，每个节点都是一个状态，状态表示当前已查询到的前缀。图 2-3 所示的字典树中每个状态对应的前缀如表 2-4 所示。

表 2-4　字典树状态与对应前缀

状态	前缀
0	''（空白）
1	入
2	入门
3	自
4	自然
5	自然人
6	自然语
7	自然语言
8	自语

从父节点到子节点的移动过程可以看作一次状态转移。在按照某个字符进行状态转移前，我们会向父节点询问该字符与子节点的映射关系（一条边）。如果父节点有满足条件的边，则状态转移到子节点；否则立即失败，查询不到。当成功完成了全部转移时，我们就拿到了最后一个状态，询问该状态是否是终点状态（蓝色）。如果是，就查到了该单词，否则该单词不存在于词典中。

“增加键值对”其实还是查询，只不过在状态转移失败的时候，我们创建相应的子节点，保证转移成功；至于插入的值，附加到终点节点上去即可。

字典树的完整实现如下（详见 tests/book/ch02/trie.py）：

```python
class Trie(Node):
    def __init__(self) -> None:
        super().__init__(None)

    def __contains__(self, key):
        return self[key] is not None

    def __getitem__(self, key):
        state = self
        for char in key:
            state = state._children.get(char)
            if state is None:
                return None
        return state._value

    def __setitem__(self, key, value):
        state = self
        for i, char in enumerate(key):
            if i < len(key) - 1:
                state = state._add_child(char, None, False)
            else:
                state = state._add_child(char, value, True)
```

只要我们想清楚了“增删改查都是查”这个问题，代码不过半页纸而已。Java 代码要啰嗦许多，限于版面，请读者自行查阅，详见 com/hankcs/hanlp/collection/trie/bintrie/BaseNode.java。

现在让我们写一些测试：

```python
if __name__ == '__main__':
    trie = Trie()
    # 增
    trie['自然'] = 'nature'
    trie['自然人'] = 'human'
    trie['自然语言'] = 'language'
    trie['自语'] = 'talk to oneself'
    trie['入门'] = 'introduction'
    assert '自然' in trie
    # 删
    trie['自然'] = None
    assert '自然' not in trie
    # 改
    trie['自然语言'] = 'human language'
    assert trie['自然语言'] == 'human language'
    # 查
    assert trie['入门'] == 'introduction'
```

由于我们重载了 Python 的“魔术方法”，所以可以像对待 `dict` 那样操作字典树。

这份代码仅仅是字典树最朴素的实现，处理中文时，有许多更高效的封装技巧。

2.4.4　首字散列其余二分的字典树

读者也许听说过**散列函数**，它用来将对象转换为整数（称为**散列值**）。散列函数必须满足的基本要求是：对象相同，散列值必须相同。如果能做到对象不同，散列值也不同，则称作完美散列。不完美的散列会导致多个对象被映射到同一个位置，不方便索引。即便是完美散列，如果散列值不连续，则无法以散列值为地址索引到整块内存，毕竟中间的空洞会造成浪费。一种解决办法是将不连续的散列值映射为连续散列值，但这势必带来额外的开销。可见，如果散列函数设计不当，则散列表的内存效率和查找效率都不高。

上一节的代码中，我们使用 Python 内置的 `dict` 作为散列表，键作为字符，值作为子节点。由于 Python 没有 `char` 类型，字符被视作长度为 1 的字符串，所以实际调用的就是 `str` 的散列函数。在 64 位系统上，`str` 的散列函数返回 64 位的整数。但 Unicode 字符总共也才 136 690 个[①]，远远小于 2^{64}。这导致两个字符在字符集中明明相邻，然而散列值却相差万里：

```
$ python3
>>> hash('池') - hash('江')
2668313623312284569
```

这样的散列函数既不适合字符，也不适合用来设计数据结构。而 Java 中的字符散列函数则要友好一些，Java 中字符的编码为 UTF-16，每个字符都可以映射为 16 位不重复的连续整数，恰好是完美散列。示例如下：

```
System.out.println(new Character('池').hashCode() - new Character('江').
hashCode()); // 输出 1
```

这个完美的散列函数输出的是区间 [0,65535] 内的正整数，用来索引子节点再合适不过了。具体做法是创建一个长为 65536 的数组，将子节点按对应的字符整型值作为下标放入该数组中即可。这样每次状态转移时，只需访问对应下标就行了，这在任何编程语言中都是极快的（内存地址运算包含于芯片指令中，不消耗 CPU 周期）。

然而这种待遇无法让每个节点都享受，如果词典中的词语最长为 l，则最坏情况下字典树第 l 层的数组容量之和为 $O(65536^l)$。内存指数膨胀，不现实。考虑到汉语中二字词最多，一个变通的方法是仅在根节点实施散列策略。这样的字典树结构如图 2-4 所示。

① 参考 Unicode Standard version 10.0。

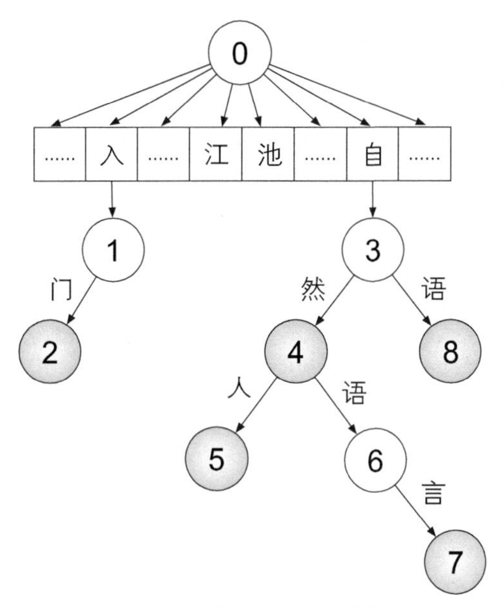

图 2-4 首字散列的字典树

基于这种策略，HanLP 实现了泛型的字典树容器，其根节点的关键代码如下所示：

```
public class BinTrie<V> extends BaseNode<V> implements ITrie<V>, Externalizable
{
    private int size;

    public BinTrie()
    {
        child = new BaseNode[65535 + 1];     // (int)Character.MAX_VALUE
        size = 0;
        status = Status.NOT_WORD_1;
    }
}
```

其中，`BaseNode` 是普通节点。普通节点与根节点没有多大差别，只不过 `child` 是按需增长的动态数组而已。相应地，普通节点的 `child` 数组不能直接通过散列得到下标，而是先维护数组的有序性，然后基于它进行二分查找。在实现上，`child` 也可以用 Java 提供的 `TreeMap`，但它的速度没有手写的二分查找快。另外，选择自己写二分查找动态数组还有一个原因，那就是数组的创建与序列化都更快[①]。普通节点的算法与 Python 版的思路一致，但除了手写二分查找与动态数组外，还多了一些遍历、序列化、反序列化的代码。限于版面，这里不再罗列，欢迎关

① 在我的工程经验中，数组比任何高级数据结构都好用。这种说法也许不太严谨，因为数组无非就是一块连续的内存。也许是 Java 的其他数据结构都包含层层封装与安全策略，才导致了它们的相对低效。总之，HanLP 的代码中大量使用数组，几乎不使用 HashMap。

注工程实践的读者自行查阅 com/hankcs/hanlp/collection/trie/bintrie/Node.java。总之，一份工程可用的代码还包含许多算法之外的经验。

现在让我们来测试一下优化后的 `BinTrie` 带来了多大的效率提升。我们写一个 `Map` 包装一下 `BinTrie`，复用上一节的评测方法试试（详见 com/hankcs/book/ch02/BinTrieBasedSegmentation.java）：

```
TreeMap<String, CoreDictionary.Attribute> dictionary =
IOUtil.loadDictionary("data/dictionary/CoreNatureDictionary.mini.txt");
final BinTrie<CoreDictionary.Attribute> binTrie = new BinTrie<CoreDictionary.
Attribute>(dictionary);
Map<String, CoreDictionary.Attribute> binTrieMap = new Map<String, CoreDictionary.
Attribute>()
{
    @Override
    public boolean containsKey(Object key)
    {
        return binTrie.containsKey((String) key);
    }
}
evaluateSpeed(binTrieMap);
```

在我的 Macbook Pro 下运行结果如图 2-5 所示。

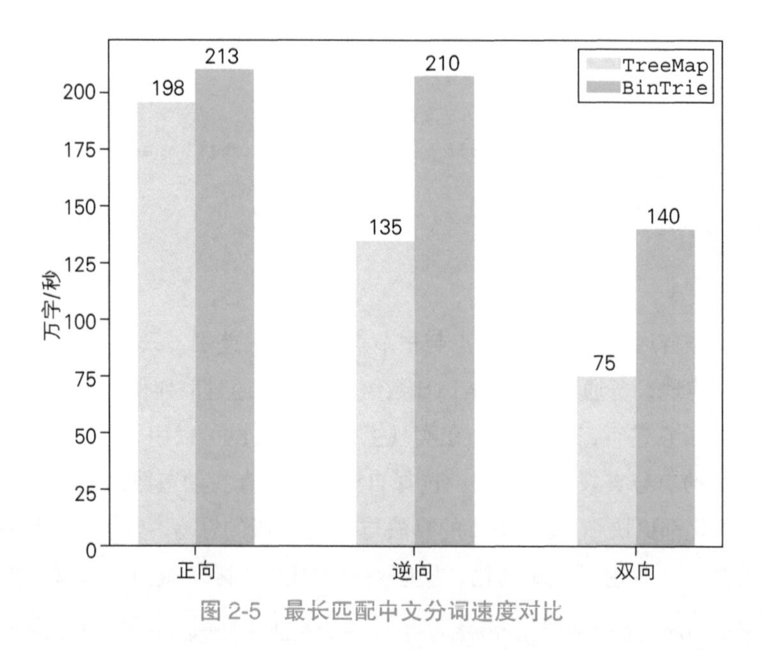

图 2-5 最长匹配中文分词速度对比

可见 `BinTrie` 的速度比 `TreeMap` 快一些，特别在逆向匹配和双向匹配中，这种优势更加明显。

2.4.5 前缀树的妙用

上一节直接用字典树代替 TreeMap，利用它的 containsKey 做分词。虽然达到了近 1 倍的加速比，但这种做法没有发挥出字典树的潜力，甚至可以说是暴殄天物。

利用字典树的概念，我们还可以做得更快。字典树其实就是一棵前缀树。所谓前缀树，指的是前缀相同的词语必然经过同一个节点。比如，根据表 2-3，“自然人”和“自然语言”拥有共同的前缀，于是它们有共用路径“0 3 4”，一直到节点 4 两个词语才分道扬镳。

这种性质如何加速词典分词呢？在扫描“自然语言处理”这句话的时候，朴素实现会依次查询“自”“自然”“自然语”“自然语言”等词语是否在词典中。但事实上，如果“自然”这条路径不存在于前缀树中，则可以断定一切以“自然”开头的词语都不可能存在。也就是说，在状态转移失败时（由根节点向“自”、由“自”向“自然”的转移），我们就可以提前终止对以“自”开头的扫描，从而节省相当多的时间。

考虑到“全切分”“最长匹配”是常见的操作，BinTrie 提供了相应接口，分别对应 parseText 和 parseLongestText。以 parseText 为例，它是这样利用前缀树做状态转移的（详见 com/hankcs/hanlp/collection/trie/bintrie/BinTrie.java）：

```
public void parseText(String text, AhoCorasickDoubleArrayTrie.IHit<V> processor)
{
    int length = text.length();
    int begin = 0;
    BaseNode<V> state = this;

    for (int i = begin; i < length; ++i)
    {
        state = state.transition(text.charAt(i));
        if (state != null)
        {
            V value = state.getValue();
            if (value != null)
            {
                processor.hit(begin, i + 1, value);
            }
        }
        else
        {
            i = begin;
            ++begin;
            state = this;
        }
    }
}
```

这里 state 是当前状态，begin 是当前扫描的起点，i 是状态转移时接受字符的下标，processor 是一个回调函数。从根节点 this 开始，我们顺序选择起点，然后递增 i 进行状态转移（if 分支）。一旦状态转移失败（else 分支），对以 begin 开头的词语的扫描立即终止，begin 递增，最后重新开始新前缀的扫描。

利用该接口做全切分的代码如下所示（详见 com/hankcs/book/ch02/BinTrieBasedSegmentation.java）：

```
public static List<String> segmentFully(final String text, BinTrie<CoreDictionary.
Attribute> dictionary)
{
    final List<String> wordList = new LinkedList<String>();
    dictionary.parseText(text, new AhoCorasickDoubleArrayTrie.IHit<CoreDictionary.
    Attribute>()
    {
        @Override
        public void hit(int begin, int end, CoreDictionary.Attribute value)
        {
            wordList.add(text.substring(begin, end));
        }
    });
    return wordList;
}
```

利用了状态转移的技巧，前缀树的潜力才真正发挥出来，速度如图 2-6 所示。

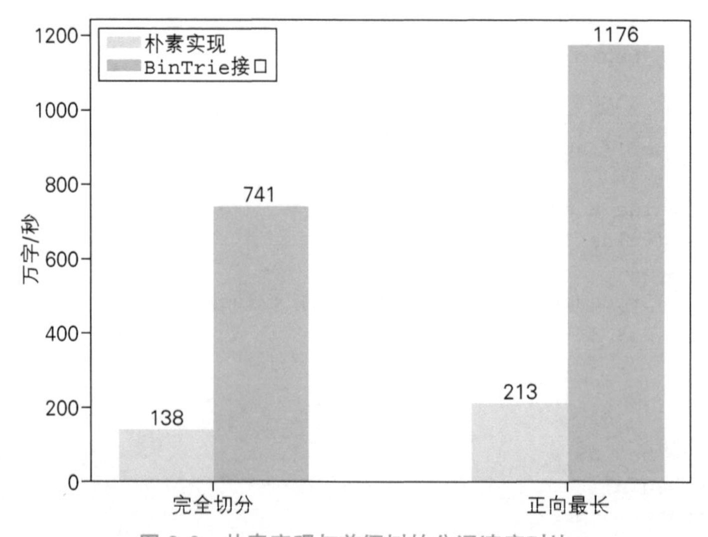

图 2-6 朴素实现与前缀树的分词速度对比

所有的努力都是为了更快的速度。以正向最长匹配为例，通过切换编程语言、改进算法、工程技巧等诸方面的优化，我们终于在 `BinTrie` 的原生接口中做到了 1000 万字每秒的速度——相较于 Python 版的 64 万字每秒，提高了整整两个数量级。

2.5 双数组字典树

1000 万字每秒就是极限吗？不，我们是算法工程师，我们要挑战极限。

下面来分析一下 `BinTrie` 的弱点，除了根节点的完美散列外，其余节点都在用二分查找。当存在 c 个子节点时，每次状态转移的复杂度为 $O(\log c)$ 。当 c 很大时，依然很慢。能否提高单次状态转移的速度呢？

可以，**双数组字典树**（Double Array Trie，DAT）就是这样一种状态转移复杂度为常数的数据结构。双数组字典树由日本人 Jun-Ichi Aoe[①] 于 1989 年提出，它由 `base` 和 `check` 两个数组构成，又简称双数组。

2.5.1 双数组的定义

前面提到，字典树其实就是 DFA。双数组字典树依然是 DFA，DFA 中的状态由 `base` 与 `check` 中的元素和下标表示。具体说来，当状态 b 接受字符 c 转移到状态 p 时，双数组满足：

```
p = base[b] + c
check[p] = base[b]
```

若不满足此条件，则状态转移失败。举个例子，当前状态为自然（状态由一个整数下标表示，下同），我们想知道是否可以转移到自然人。那么我们先执行自然人 =base[自然] + 人，然后检查 check[自然人]==base[自然] 是否成立，据此判断转移是否成功。也就是说，我们仅仅执行一次加法和一次整数比较就能进行状态转移，因而只花费了常数时间。

理解了定义后，现在让我们定义一个双数组 tests/book/ch02/dat.py ：

```
class DoubleArrayTrie(object):
    def __init__(self, dic: dict) -> None:
        m = JClass('java.util.TreeMap')()
        for k, v in dic.items():
            m[k] = v
        dat = JClass('com.hankcs.hanlp.collection.trie.DoubleArrayTrie')(m)
```

① J.-I. Aoe, "An Efficient Digital Search Algorithm by Using a Double-Array Structure.," *IEEE Trans. Software Eng.*, 1989.

```
        self.base = dat.base
        self.check = dat.check
        self.value = dat.v
```

这里我们暂时将双数组的构造委托给 HanLP，直接拿到构造完毕的 base、check 以及用户赋予每个键的值 value 数组。

2.5.2　状态转移

如上文所述，Python 默认的散列函数不适合字符。我们可以借用 Java 的 hashCode 方法：

```
def char_hash(c) -> int:
    return JClass('java.lang.Character')(c).hashCode()
```

此处根据字符创建了一个 Java 的 Character 对象，通过 Java 对象的 hashCode 方法拿到了散列值。

考虑到不是所有节点都对应词语终点，只有字典树中的终点节点（蓝色节点）才对应一个词语。为了区分它们，实现上可以借鉴 C 语言中的设计，在每个字符串末尾添加一个散列值等于 0 的 \0。也就是说，\0 充当了蓝色节点的角色，这样普通节点就不需要分配内存标记自己的颜色了。考虑到用户输入的文本中也可能含有 \0，为了避免与此混淆，只需将文本字符的 hashCode 加一就行了。一个兼容 \0 的转移函数的实现如下：

```
def transition(self, c, b) -> int:
    """
    状态转移
    :param c: 字符
    :param b: 初始状态
    :return: 转移后的状态，-1 表示失败
    """
    p = self.base[b] + self.char_hash(c) + 1
    if self.base[b] == self.check[p]:
        return p
    else:
        return -1
```

除了“额外加一”的技巧外，这段代码与双数组字典树的定义是吻合的。

2.5.3　查询

有了转移函数，对键 key 的查询就是至多 len(key)+1 次状态转移，多出来的一次针对 \0。

在实现上，value 数组可以存储任何类型的对象，双数组只维护键的字典序。需要值的时候，先查询到键的字典序，然后将字典序做下标去 value 数组中取值。具体做法是将字典序作为自然数赋予作为单词结尾的那些节点，那么在实现上如何存储这些自然数呢？

为了节省内存，我们不必另开一个数组，只需约定当状态 p 满足 base[p] < 0 时，该状态对应单词结尾，且单词的字典序为 -base[p] - 1。之所以减一是因为负数从 - 1 开始，取相反数减一后为 0，恰好是第一个自然数。

考虑清楚细节后，我们就可以写伪代码了：

```
def __getitem__(self, key: str):
    b = 0
    for i in range(0, len(key)):  # len(key)次状态转移
        p = self.transition(key[i], b)
        if p is not -1:
            b = p
        else:
            return None

    p = self.base[b]  # 按字符'\0'进行状态转移
    n = self.base[p]  # 查询base
    if p == self.check[p]:  # 状态转移成功则对应词语结尾
        index = -n - 1  # 取得字典序
        return self.value[index]
    return None
```

测试一下效果：

```
if __name__ == '__main__':
    dic = {'自然': 'nature', '自然人': 'human', '自然语言': 'language', '自语':
    'talk to oneself', '入门': 'introduction'}
    dat = DoubleArrayTrie(dic)
    assert dat['自然'] == 'nature'
    assert dat['自然语言'] == 'language'
    assert dat['不存在'] is None
```

Java 实现与 Python 类似，读者可参考 HanLP 仓库中的 com.hankcs.hanlp.collection.trie.DoubleArrayTrie#get(java.lang.String) 方法，这里不再赘述。

2.5.4 构造 *①

DAT 的构造是普通字典树上的深度优先遍历问题：为字典树的每个节点分配一个双数组中的下标，并维护双数组的值。构造算法为递归的过程，如下所示。

① 标星号的章节内容有一定难度，初学者可以选择性学习。

(1) 为根节点分配下标 0，初始化 `base[0]=1;check[0]=0;`。以根节点为最初的父节点开始深度优先遍历，兄弟节点按照字符的散列值（记作 `code`，Java 中为 UTF-16 编码）升序排列。

(2) 约定 `check[i]=0` 代表 i 空闲。检查父节点 p 的子节点列表 $[s_1 \cdots s_n]$，寻找一个起始下标 b，使得所有 $check[base[b]+s_i.code]==0$。也就是说，找到 n 个空闲下标插入这群子节点。执行 $check[base[b]+s_i.code]=base[b]$，也即将这 n 个空闲空间分配给这群子节点。这样 n 个子节点 $base[b]+s_i.code$ 就链接到了父节点 p 在 $base$ 数组中的下标 b，建立了子与父多对一的关系。

(3) 检查每个子节点 s_i，若它没有孩子，也就是图 2-3 的叶子节点（蓝色），则将它的 base 设为负值，以存储它所对应单词的字典序 index，即 $base[base[b]+s_i.code]=-s_i.index-1$；若它有孩子，则跳转步骤 (2)，递归插入。记 s_i 的子节点们的起始下标为 h，执行 $base[base[b]+s_i.code]=h$。这样父节点 $base[b]+s_i.code$ 就链接到了子节点插入的起始下标 h（多个子节点共享），建立了一对多的父子关系。

步骤 (2) 寻找空闲下标，维护 `check` 数组，建立子与父多对一的关系。步骤 (3) 维护 `base` 数组，建立父与子一对多的关系。两种关系缺一不可，因为根据定义，转移时先根据 `base` 提供的父子关系尝试转移，然后还需要根据 `check` 数组校验子父关系。

举个例子，图 2-3 中的字典树插入 `\0` 节点后如图 2-7 所示。

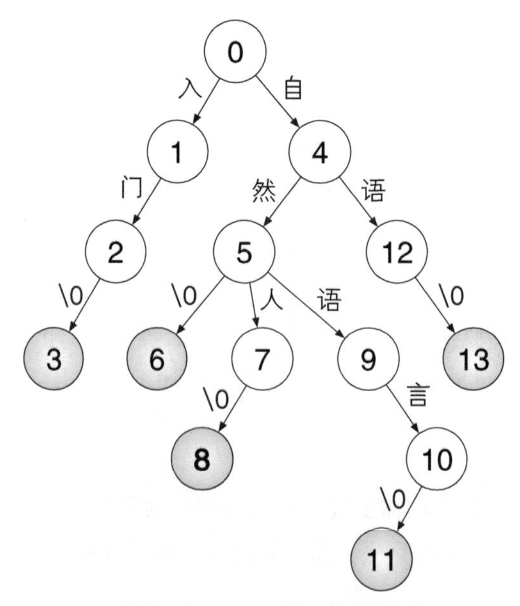

图 2-7 待构建 DAT 的字典树

这些节点在构建过程中被分配下标的顺序如表 2-5 所示。

表 2-5 双数组字典树的构建顺序

编号	字符	双数组下标
0	''	0
3	\0	38378
2	门	38379
1	入	20839
6	\0	38381
8	\0	38382
7	人	58536
11	\0	38384
10	言	38383
9	语	74203
5	然	38380
13	\0	38385
12	语	45219
4	自	33260

根据表 2-5，我们可以验证算法的递归性质——欲分配父节点，必须先分配完所有子节点。举几个例子，在最左边的分支“1-2-3”上，分配顺序是相反的“3-2-1”；而在 5 号节点的子树上，分配顺序是“6”“8-7”“11-10-9”这 3 条从叶子节点到子树根节点的回溯路径。构建后的双数组结构如下：

```
char =      0    入    自     0    门    然     0     0    言     0     0    语    人    语
i    =      0 20839 33260 38378 38379 38380 38381 38382 38383 38384 38385 45219 58536 74203
base =      1     2  9397    -1 38378 38381    -2    -3 38384    -4    -5 38385 38382  3054
check=      0     1     1 38378     2  9397 38381 38382  3054 38384 38385  9397 38381 38381
```

让我们来验证一下双数组是否构建正确，以“自然”的查询为例。初始状态下标 b=0，“自”的 UTF-16BE 编码为 33258，尝试状态转移 p=base[0]+33258+1=33260。检查 base[0]==check[33260] 是否成立，发现两者都是 1。于是转移成功，新的状态下标 b=p=33260。接着往下走，“然”的编码为 28982，尝试状态转移 p=base[33260]+28982+1=38380。检查 base[33260]==check[38380] 是否成立，发现两者都是 9397。于是再次转移成功，新的状态下标 b=p=38380。这个状态是否对应一个单词？我们尝试按 \0 进行转移，\0 的编码为 0 且无需加一（原因见上文），p=base[38380]+0=38381，且满足

base[38380]==check[38381]，于是状态转移成功 b=p=38381，这说明的确是一个词语的结尾。根据约定，结尾状态的 base[38381]=-2 代表 -index-1，于是求出 index=1。也就是说“自然”的字典序是 1，于是取出 value 数组中下标为 1 的元素 natural 作为“自然”的关联值。

在实际的工程中，还需要实现动态数组、扩容策略、启发式空闲下标搜索等。无论是 Java 还是用 Python 重写，代码都比较冗长。限于版面，请读者自行查阅 com/hankcs/hanlp/collection/trie/DoubleArrayTrie.java。步骤 (2) 和步骤 (3) 的实现对应 insert 方法，附有详细注释，相应的测试方法位于 com/hankcs/book/ch02/DoubleArrayTrieBasedSegmentation.java 中。

2.5.5 全切分与最长匹配

双数组字典树依然是一棵字典树，完全支持字典树的一切功能。HanLP 中的 DoubleArrayTrie 同样实现了全切分 parseText 和正向最长匹配 parseLongestText。沿用 BinTrie 类似的评测方法，在同一台机器上做实验，结果如图 2-8 所示。

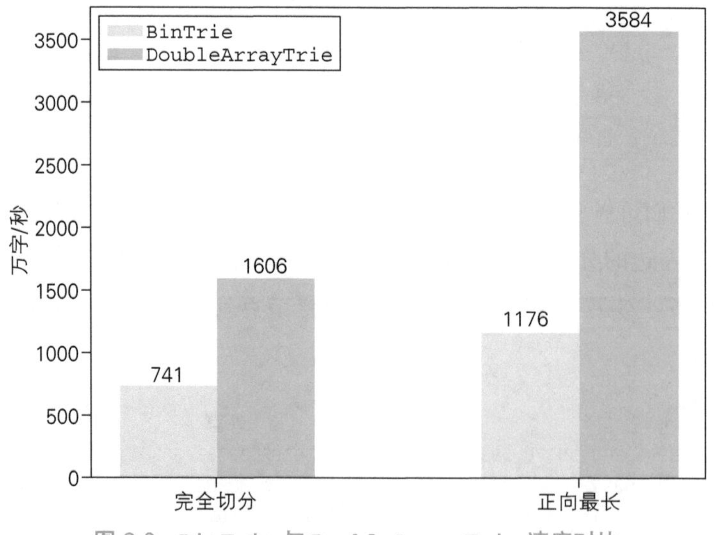

图 2-8 BinTrie 与 DoubleArrayTrie 速度对比

通过升级到双数组字典树，我们的分词速度突破了 3000 万字每秒。

2.6 AC 自动机

虽然 DAT 每次状态转移的时间复杂度都是常数，但全切分长度为 n 的文本时，复杂度是 $O(n^2)$。因为扫描过程中，需要不断挪动起点，发起新的查询。举个最坏情况下的例子，假设词典中收录了所有的阿拉伯数字。那么对文本“123”的扫描一共发生了 6 次状态转移：1、12、123；2、23；3。推广开来，对文本“123…n”的扫描一共发生了 $n+(n-1)+(n-2)+\cdots+1=\frac{(n+1)n}{2}=O(n^2)$ 次状态转移。也就是说，DAT 全切分的复杂度为 $O(n^2)$。

能否一次扫描就查询出所有出现过的单词呢？可以，AC（Aho-Corasick）自动机就是这样一种 $O(n)$ 复杂度的算法，该算法由贝尔实验室的 Alfred V. Aho 和 Margaret J. Corasick 于 1975 年公开，现在被广泛用于多字符串搜索。

给定多个词语（也称**模式串**，pattern），从母文本中匹配它们的问题称为**多模式匹配**（multi-pattern matching）。常用的多模式匹配算法除了 AC 自动机之外，还有 Wu Manber[①]。后者需要多个散列表支撑，并且不适合短模式串场景。而在中文处理中，汉字就是常见的短模式串。因此，AC 自动机在中文自然语言处理中应用更广泛，也是本节的主要话题。

2.6.1 从字典树到 AC 自动机

前面提到过字典树就是前缀树，从根节点下来的路径对应公共前缀。扫描“自然语言处理入门”这句话时，只有“自然”转移成功时，“自然语言”“自然语言处理”才可能存在。但算法以“自”为起点扫描“自”“自然”“自然语”……“自然语言处理入门”后，又得回退到“然”继续扫描“然语”“然语言”……

如果能够在扫描到“自然语言”的同时想办法知道，“然语言”“语言”“言”在不在字典树中，那么就可以省略掉这 3 次查询。观察一下这 3 个字符串，它们共享递进式的后缀，首尾对调后（“言”“言语”“言语然”）恰好可以用另一棵前缀树索引，称它为**后缀树**。AC 自动机在前缀树的基础上，为前缀树上的每个节点建立一棵后缀树，节省了大量查询。

有了初步概念后，让我们进入 AC 自动机的具体设计。AC 自动机由 `goto` 表、`fail` 表和 `output` 表组成，分别类似于我们熟悉的前缀树和后缀树。

2.6.2 goto 表

`goto` 表也称 `success` 表，其实就是一棵前缀树，用来将每个模式串索引到前缀树上。为了与参考文献一致，这次我们使用经典的 `ushers` 作为母文本，模式串集合为 `{he,she,his,hers}`。此时的 `goto` 表如图 2-9 所示。

① 详见 http://www.hankcs.com/program/algorithm/wu-manber.html。

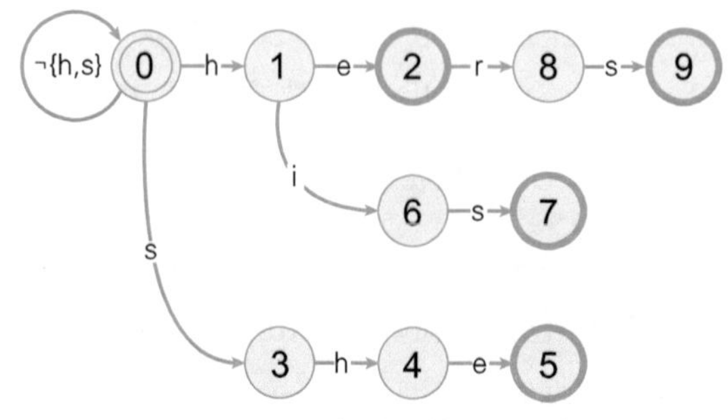

图 2-9 AC 自动机的 goto 表

它的构建与前缀树一致，不再赘述。唯一不同的是，根节点不光可以按 h 和 s 转移，还接受任意其他字符，转移终点都是自己。这样形成了一个圈，使得一棵树变为一幅有向有环图。这个圈的目的在于，扫描时若遇到非 h 且非 s 的字符，状态机一直保持初始状态。

AC 算法是基于自动机的算法，是一个有向有环图。为了区别于树结构，接下来我们尽量使用“状态”来称呼节点，而不再使用父节点、子节点之类的术语。

2.6.3 output 表

给定一个状态，我们需要知道该状态是否对应某个或某些模式串，以决定是否输出模式串以及对应的值。这时用到的关联结构被称为 output 表。在图 2-9 所示的例子中，output 表中的状态就是图中的深蓝色节点，对应的 output 如表 2-6 所示。

表 2-6 output 表

状态编号	output
2	he
5	he, she
7	his
9	hers

虽然称作表，但在实现上可以看作状态对象的一个成员变量，如图 2-10 的大括号所示。

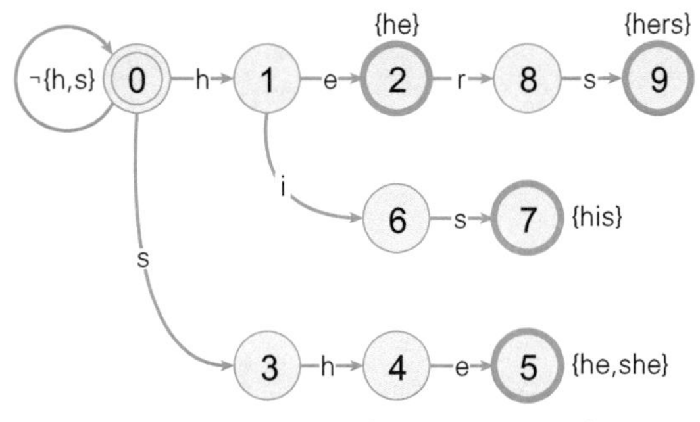

图 2-10 为 goto 表加上 output 表

output 表中的元素有两种，一种是从初始状态到当前状态的路径本身对应的模式串（比如 2 号状态），另一种是路径的后缀所对应的模式串（比如 5 号状态）。于是它的构造也分为两步，第一步与字典树类似，就是记录完整路径对应的模式串。第二步则是找出所有路径后缀及其模式串，这一步可以与 fail 表的构造同步进行。

2.6.4 fail 表

fail **表**保存的是状态间一对一的关系，存储状态转移失败后应当回退的最佳状态。最佳状态指的是能记住已匹配上的字符串的最长后缀的那个状态。比如，匹配 she 后来到状态 5，再来一个字符，goto 失败，哪个状态才是 fail 的最佳选择呢？当前匹配到的字符串为 she，最长后缀为 he，对应路径 0-1-2。因此，状态 2 就是状态 5 fail 的最佳选择。fail 到状态 2 之后，自动机记住了 he，做好了接受 r 的准备。再比如，匹配 his 后来到状态 7，再来一个字符，goto 失败了。his 的最长后缀为 is，可惜没有这条路径；次长后缀为 s，对应路径 0-3，因此状态 7 应当 fail 到 3。

如何构建 fail 表？定义 S 为当前状态；S.goto(c) 为转移表，返回 S 按字符 c 转移后的状态，null 表示转移失败；S.fail 为 fail 表，代表转移失败时从状态 S 回退的状态。fail 表的构建方法如下。

(1) 初始状态的 goto 表是满的，永远不会失败，因此没有 fail 指针。与初始状态直接相连的所有状态，其 fail 指针都指向初始状态，如图 2-11 中的虚线所示。

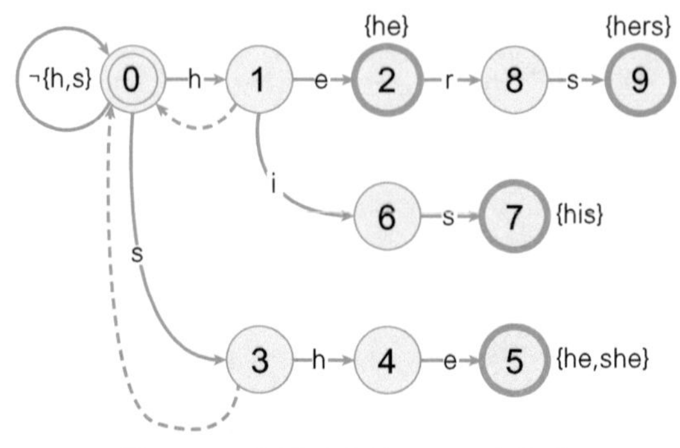

图 2-11 首层状态的 fail 表构建

(2) 从初始状态开始进行广度优先遍历（BFS），若当前状态 S 接受字符 c 直达的状态为 T，则沿着 S 的 fail 指针回溯，直到找到第一个前驱状态 F，使得 F.goto(c) != null。将 T 的 fail 指针设为 F.goto(c)，也即：

```
F = S.fail
while F.goto(c) == null
    F = F.fail
T.fail = F.goto(c)
```

(3) 由于 F 路径是 T 路径的后缀，也就是说 T 一定包含 F，因而 T 的 output 也应包含 F 的 output。于是更新：

```
T.output += F.output
```

为图 2-11 加上完整的 fail 表后，自动机如图 2-12 所示。

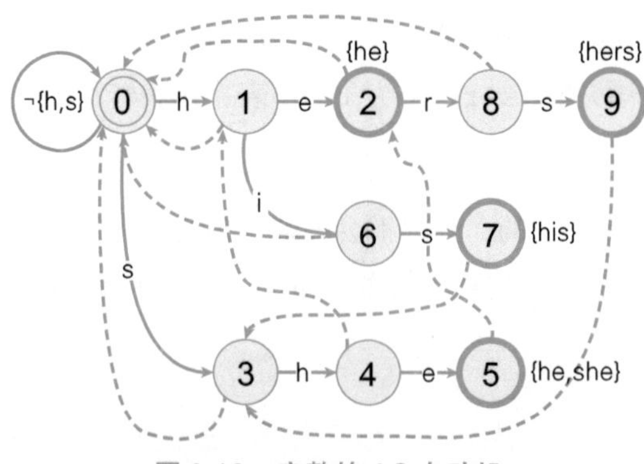

图 2-12 完整的 AC 自动机

算上 fail 表的虚线，从后往前看，AC 自动机由许多后缀树构成。其中一棵如图 2-13 所示。

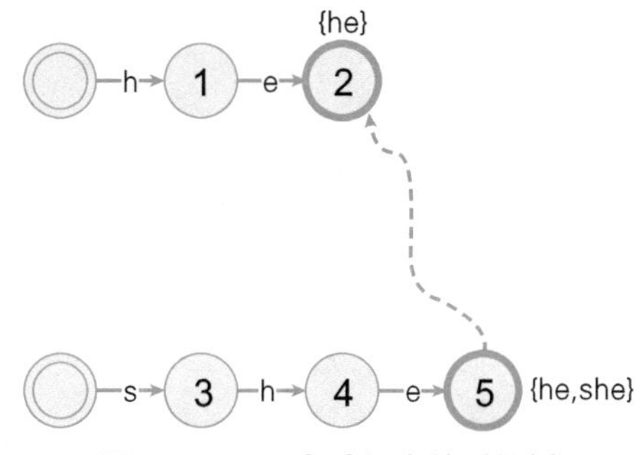

图 2-13 AC 自动机中的后缀树

字典树状态转移可能失败，失败时扫描起点往右挪一下，重新扫描。而在 AC 自动机中，按 goto 表转移失败时就按 fail 转移，永远不会失败，因此只需扫描一遍文本。

2.6.5 实现

AC 自动机在 HanLP 中的实现位于 com/hankcs/hanlp/algorithm/ahocorasick/trie 目录下。下面摘录自动机状态的部分实现代码：

```
public class State
{
    /**
     * 模式串的长度，也是这个状态的深度
     */
    protected final int depth;

    /**
     * fail函数，如果没有匹配到，则跳转到此状态
     */
    private State failure = null;

    /**
     * 只要这个状态可达，则记录模式串
     */
    private Set<String> emits = null;
    /**
     * goto表，也称转移函数，根据字符串的下一个字符转移到下一个状态
     */
    private Map<Character, State> success = new TreeMap<Character, State>();
}
```

而 fail 表的构建代码位于 com.hankcs.hanlp.algorithm.ahocorasick.trie.Trie#constructFailureStates 中，欢迎自行查阅。限于版面，此处仅介绍常用接口。下面的 Java 代码演示了 ushers 这个经典的例子（详见 com/hankcs/book/ch02/AhoCorasickSegmentation.java）：

```
String[] keyArray = new String[]{"hers", "his", "she", "he"};
Trie trie = new Trie();
for (String key : keyArray)
    trie.addKeyword(key);
for (Emit emit : trie.parseText("ushers"))
    System.out.printf("[%d:%d]=%s\n", emit.getStart(), emit.getEnd(), emit.getKeyword());
```

相应的 Python 代码位于 tests/book/ch02/aho_corasick.py：

```
words = ["hers", "his", "she", "he"]
Trie = JClass('com.hankcs.hanlp.algorithm.ahocorasick.trie.Trie')
trie = Trie()
for w in words:
    trie.addKeyword(w)

for emit in trie.parseText("ushers"):
    print("[%d:%d]=%s" % (emit.getStart(), emit.getEnd(), emit.getKeyword()))
```

两者的输出都是：

```
[2:3]=he
[1:3]=she
[2:5]=hers
```

parseText 接口就是所谓的“全切分”，我们可以与 BinTrie 和 DoubleArrayTrie 做个比较。我的实验结果如图 2-14 所示。

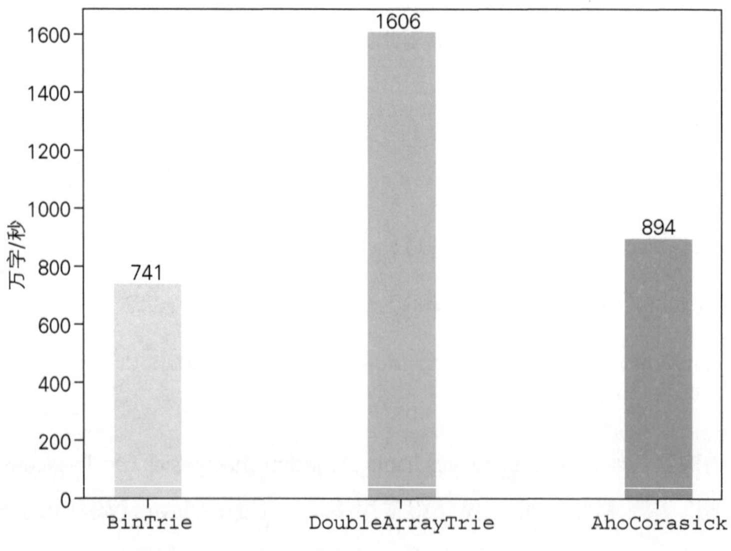

图 2-14 几种数据结构用于全切分的速度对比

可见，即便没有利用“首字散列”的优化技巧和“手写二分”的工程投入，用 `TreeMap` 实现的 AC 自动机的扫描速度依然要快于 `BinTrie`。

2.7 基于双数组字典树的 AC 自动机

双数组字典树能在 $O(l)$（l 是模式串长度）时间内高速完成单串匹配，并且内存消耗可控，然而软肋在于多模式匹配。如果要匹配多个模式串，必须先实现前缀查询，然后频繁截取文本后缀才可多匹配。比如 ushers、shers、hers……这样一份文本要回退扫描多遍，性能较低。

另一方面，从上节的评测图 2-14 来看，账面复杂度更低的 AC 自动机依然不如双数组字典树快。既然 AC 自动机的 `goto` 表本身就是一棵字典树，能否利用双数组字典树来实现它呢？

如果能用双数组字典树表达 AC 自动机，就能集合两者的优点，得到一种近乎完美的数据结构。在 HanLP 的实现中，我将其称为 `AhoCorasickDoubleArrayTrie`（简称 ACDAT），并使其支持泛型和持久化。本节主要介绍 ACDAT 的原理、实现和调用接口。

2.7.1 原理

ACDAT 的基本原理是替换 AC 自动机的 `goto` 表，也可看作为一棵双数组字典树的每个状态（下标）附上额外的信息。上节提到，AC 自动机的 `goto` 表就是字典树，只不过 AC 自动机比字典树多了 `output` 表和 `fail` 表。那么 ACDAT 的构建原理就是为每个状态（`base[i]` 和 `check[i]`）构建 `output[i][]` 和 `fail[i]`。

具体说来，分为 3 步。

(1) 构建一棵普通的字典树，让终止节点记住对应模式串的字典序。

(2) 构建双数组字典树，在将每个状态映射到双数组时，让它记住自己在双数组中的下标。

(3) 构建 AC 自动机，此时 `fail` 表中存储的就是状态的下标。

2.7.2 实现

ACDAT 在 HanLP 中的实现详见 com/hankcs/hanlp/collection/AhoCorasick/AhoCorasickDoubleArrayTrie.java，对应的构建方法是：

```
/**
 * 由一个排序好的map创建
 */
```

```
public void build(TreeMap<String, V> map)
{
    new Builder().build(map);
}
```

这里创建了一个内部类，并调用了内部类的 build 方法。构建时不可避免要创建一些变量，并且这些变量仅仅用于构建阶段。如果将它们作为 AhoCorasickDoubleArrayTrie 的成员，则会造成内存浪费与命名空间的污染。因此，在设计上创建了内部类 Builder 的实例，将所有中间变量包裹起来，并在构建结束后自动释放。其中，构建代码为：

```
/**
 * 由一个排序好的map创建
 */
@SuppressWarnings("unchecked")
public void build(TreeMap<String, V> map)
{
    // 把值保存下来
    v = (V[]) map.values().toArray(); // 值
    l = new int[v.length]; // 存储键的长度
    Set<String> keySet = map.keySet();
    // 构建二分字典树
    addAllKeyword(keySet);
    // 在二分字典树的基础上构建双数组字典树
    buildDoubleArrayTrie(keySet);
    used = null;
    // 构建fail表并且合并output表
    constructFailureStates();
    rootState = null;
    loseWeight();
}
```

每个方法的作用如注释所述，最后一句的 loseWeight 方法释放了多余的双数组。构造完毕的 ACDAT 可以利用 com.hankcs.hanlp.corpus.io.IOUtil#saveObjectTo 序列化到磁盘，相应的反序列化方法为 com.hankcs.hanlp.corpus.io.IOUtil#readObjectFrom。

AhoCorasickDoubleArrayTrie 的分析接口依然是大家熟悉的 parseText，Java 下的调用示例为（详见 com/hankcs/book/ch02/AhoCorasickDoubleArrayTrieSegmentation.java）：

```
String[] keyArray = new String[]{"hers", "his", "she", "he"};
TreeMap<String, String> map = new TreeMap<String, String>();
for (String key : keyArray)
    map.put(key, key.toUpperCase());
AhoCorasickDoubleArrayTrie<String> acdat = new AhoCorasickDoubleArrayTrie<String>(map);
for (AhoCorasickDoubleArrayTrie<String>.Hit<String> hit : acdat.parseText
```

```
("ushers")) // 一下子获取全部结果
{
    System.out.printf("[%d:%d]=%s\n", hit.begin, hit.end, hit.value);
}
```

这里我们创建一个 TreeMap，将键映射为大写形式。然后构造一个 AhoCorasickDoubleArrayTrie，对文本 ushers 执行查询。

对应的 Python 实现为（详见 tests/book/ch02/aho_corasick_double_array_trie.py）：

```
words = ["hers", "his", "she", "he"]
map = JClass('java.util.TreeMap')()      # 创建TreeMap实例
for word in words:
    map[word] = word.upper()             # 存放键值对
trie = JClass('com.hankcs.hanlp.collection.AhoCorasick.AhoCorasickDoubleArrayTrie')
(map)
for hit in trie.parseText("ushers"):     # 遍历查询结果
    print("[%d:%d]=%s" % (hit.begin, hit.end, hit.value))
```

在实际工程中，文本可能非常长，匹配到的词语非常多。我们不希望一下子创建一个特别长的结果列表，此时可以使用 parseText(String text, IHit<V> processor) 接口（其中第二个参数为一个回调函数[①]，用来处理用户逻辑）：

```
acdat.parseText("ushers", new AhoCorasickDoubleArrayTrie.IHit<String>()
// 及时处理查询结果
{
    @Override
    public void hit(int begin, int end, String value)
    {
        System.out.printf("[%d:%d]=%s\n", begin, end, value);
    }
});
```

三者的输出都是：

```
[1:4]=SHE
[2:4]=HE
[2:6]=HERS
```

现在让我们来测试一下它的全切分速度。使用同样的环境，我的试验结果如图 2-15 所示。

① 由于 JPype 不支持 override Java 的接口，所以 Python 中无法使用回调函数。

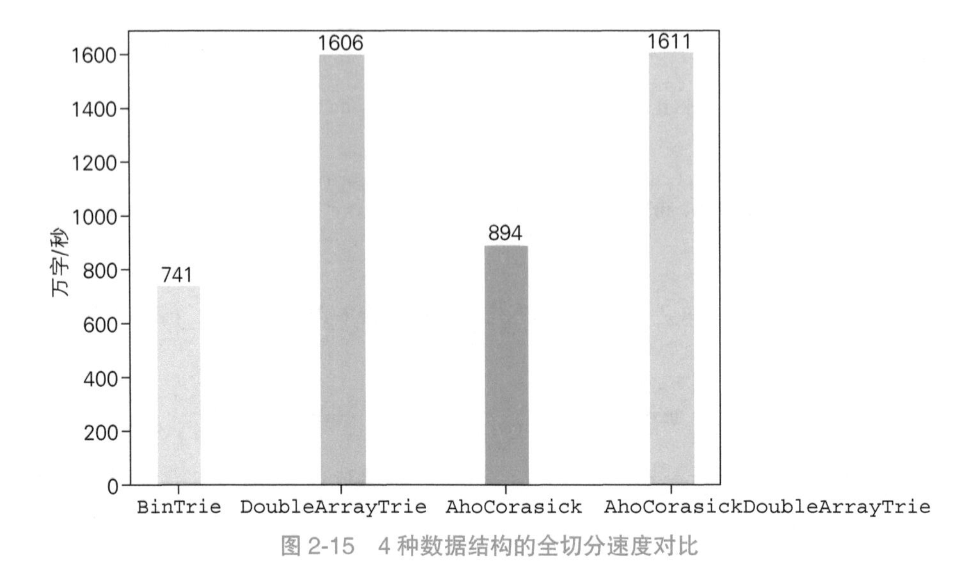

图 2-15　4 种数据结构的全切分速度对比

结果与双数组字典树不相上下。主要原因是汉语中的词汇都不长，有的甚至是单字词汇。这使得前缀树的优势占了较大比重，AC 自动机的 `fail` 机制没有太大用武之地。次要原因是全切分需要将结果添加到链表，也会占用时间。

我们来做个试验，观察词汇长度对两者匹配速度的影响。首先，对词典中词语的长度做一个限制：

```
/**
 * 加载词典，并限制词语长度
 *
 * @param minLength最低长度
 * @return TreeMap形式的词典
 * @throws IOException
 */
public static TreeMap<String, CoreDictionary.Attribute> loadDictionary(int minLength)
throws IOException
{
    TreeMap<String, CoreDictionary.Attribute> dictionary =
        IOUtil.loadDictionary("data/dictionary/CoreNatureDictionary.mini.txt");
    Iterator<String> iterator = dictionary.keySet().iterator();
    while (iterator.hasNext())
    {
        if (iterator.next().length() < minLength)
            iterator.remove();
    }
    return dictionary;
}
```

限制词语最短分别为 1 到 10 后，注释掉链表相关代码，仅比较两者的扫描速度，可视化后的结果如图 2-16 所示。

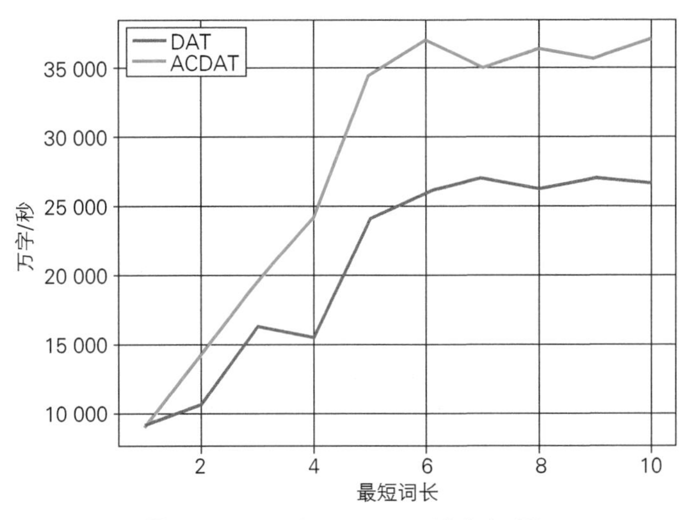

图 2-16 DAT 与 ACDAT 匹配速度对比

可见，随着模式串长度的增加，ACDAT 的优势渐渐体现了出来。总之，当含有短模式串时，优先用 DAT，否则优先用 ACDAT。

2.8 HanLP的词典分词实现

随着本书的深入，我们会接触到各种各样的分词算法。为了提供统一的接口，HanLP 中所有的分词器都继承自 `Segment` 这个基类。词典分词家族是其中一个分支，如图 2-17 所示。

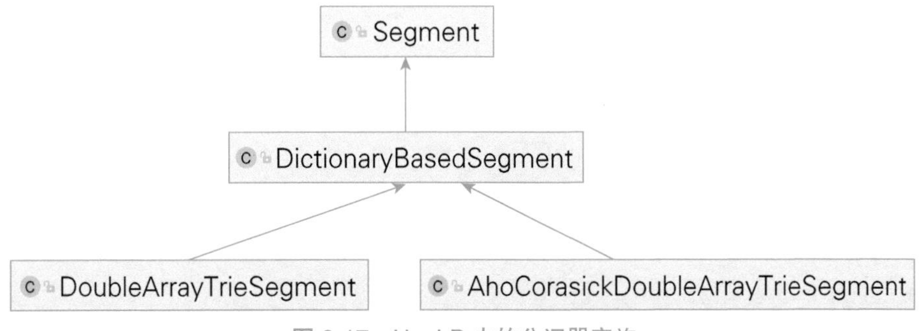

图 2-17 HanLP 中的分词器家族

2.8.1 DoubleArrayTrieSegment

DoubleArrayTrieSegment 分词器是对 DAT 最长匹配的封装，默认加载 hanlp.properties 中 CoreDictionaryPath 指定的词典。Java 示例如下（详见 com/hankcs/book/ch02/DemoDoubleArrayTrieSegment.java）：

```
HanLP.Config.ShowTermNature = false; // 分词结果不显示词性
DoubleArrayTrieSegment segment = new DoubleArrayTrieSegment();
System.out.println(segment.seg("江西鄱阳湖干枯，中国最大淡水湖变成大草原"));
```

为了避免词性影响美观，我们在程序启动时关闭了词性展示。当然，我们也可以编辑 hanlp.properties 中的 ShowTermNature 达到同样的效果。

对应的 Python 代码如下（详见 tests/book/ch02/demo_acdat_segment.py）：

```
HanLP.Config.ShowTermNature = False
segment = DoubleArrayTrieSegment()
print(segment.seg('江西鄱阳湖干枯，中国最大淡水湖变成大草原'))
```

两者的输出都是：

```
[江西, 鄱阳湖, 干枯, ，, 中国, 最大, 淡水湖, 变成, 大草原]
```

读者也可以传入自己的词典路径，在 Java 中直接传入多个路径参数：

```
String dict1 = "data/dictionary/CoreNatureDictionary.mini.txt";
String dict2 = "data/dictionary/custom/上海地名.txt ns";
segment = new DoubleArrayTrieSegment(dict1, dict2);
System.out.println(segment.seg("上海市虹口区大连西路550号SISU"));
```

在 Python 中，需要放进 list 再传入：

```
dict1 = HANLP_DATA_PATH + "/dictionary/CoreNatureDictionary.mini.txt"
dict2 = HANLP_DATA_PATH + "/dictionary/custom/上海地名.txt ns"
segment = DoubleArrayTrieSegment([dict1, dict2])
print(segment.seg('上海市虹口区大连西路550号SISU'))
```

输出结果都是：

```
[上海市, 虹口区, 大连西路, 5, 5, 0, 号, S, I, S, U]
```

上面的结果中数字和英文都被拆开，不符合实际要求，一个实用的分词器还得考虑这些算法之外的脏活。在 DictionaryBasedSegment 家族中，数字英文的合并与词性标注作为整个功能，可以通过 enablePartOfSpeechTagging 开启。Java 示例如下：

```
segment.enablePartOfSpeechTagging(true);     // 激活数字和英文识别
HanLP.Config.ShowTermNature = true;          // 顺便观察一下词性
System.out.println(segment.seg("上海市虹口区大连西路550号SISU"));
```

Python 版如下：

```
segment.enablePartOfSpeechTagging(True)
HanLP.Config.ShowTermNature = True
print(segment.seg('上海市虹口区大连西路550号SISU'))
```

结果都是：

```
[上海市/ns, 虹口区/ns, 大连西路/ns, 550/m, 号/q, SISU/nx]
```

这里的词性标注依然是基于词典的，永远返回词典指定的第一个词性。举个例子，如果用户希望将 SISU 标记为 ntu[①] 的话，只需在 data/dictionary/custom/上海地名.txt 中添加一行 SISU ntu 1。细心的读者可能已经注意到，代码中的路径写作上海地名.txt ns，意思是该词典中的词语默认是 ns。词典中的词语成千上万，有了词典级的默认词性，用户就不必逐条写词性了。另外，词条所指定的词性优先级更高。

如果需要分别获取分词结果中的词语与词性，Java 用户可以遍历 seg 返回的 List<Term>：

```
for (Term term : segment.seg("上海市虹口区大连西路550号SISU"))
{
    System.out.printf("单词:%s 词性:%s\n", term.word, term.nature);
}
```

Python 用户也可进行类似操作：

```
for term in segment.seg('上海市虹口区大连西路550号SISU'):
    print("单词:%s 词性:%s" % (term.word, term.nature))
```

2.8.2 AhoCorasickDoubleArrayTrieSegment

前面提到过，如果用户的词语都很长，那么 ACDAT 速度会更快。HanLP 封装了基于 ACDAT

---

① SISU 是上海外国语大学的英文简称，ntu 是《人民日报》标注集中的词性代码，代表“大学”，更多词性请参考 com/hankcs/hanlp/corpus/tag/Nature.java。

的实现 `AhoCorasickDoubleArrayTrieSegment`，接口与 `DoubleArrayTrieSegment` 类似。Java 示例如下（详见 com/hankcs/book/ch02/DemoAhoCorasickDoubleArrayTrieSegment.java）：

```
AhoCorasickDoubleArrayTrieSegment segment = new AhoCorasickDoubleArrayTrieSeg
ment();
System.out.println(segment.seg("江西鄱阳湖干枯，中国最大淡水湖变成大草原"));
```

Python 版为 tests/book/ch02/demo_acdat_segment.py：

```
segment = JClass('com.hankcs.hanlp.seg.Other.AhoCorasickDoubleArrayTrieSegment')()
print(segment.seg("江西鄱阳湖干枯，中国最大淡水湖变成大草原"))
```

输出结果依然不变。

细心的读者可能发现，这段程序似乎比 DAT 慢。这是因为 HanLP 的 `CoreDictionaryPath` 默认缓存成了 DAT 格式，DAT 分词器加载更快，倒不是因为 ACDAT 与 DAT 的分词速度有那么大的差异。两者的速度因词典不同而不同，但都是千万字每秒这个量级，不可能通过一次调用就能感觉出来。

2.9 准确率评测

通过数据结构上的优化，我们成功地将分词速度推向了几千万字每秒的量级。是时候关注一下分词器的精准程度了。前面也曾收集了几个例子比较 3 种匹配规则的"准确率"，然而这种评测方法是不严谨的。如果把它想象为一场考试的话，这场考试的问题在于：

- 出题人就是考生本人，不公正；
- 题目太少，成绩波动大；
- 题目给分颗粒度太大，一句话只错了一丁点儿也得 0 分。

本节介绍规范的评测方法，以及相应的工具和实现。

2.9.1 准确率

通俗地讲，准确率（accuracy）是用来衡量一个系统的准确程度（accurate）的值，可以理解为一系列评测指标。在不同的 NLP 任务中，采用了不同的评价指标。但大家互相交流的时候，都习惯笼统地说准确率这个词。比如论文题为《一个又快又准的句法分析器》（A Fast and Accurate Parser），口头提问"你们的准确率是多少"，等等。

严格地讲，当预测与答案的数量相等时，准确率指的是系统做出正确判断的次数除以总的测试次数。比如乙肝病毒检测系统检测100个受试者，报告有1位阳性携带者，并且确诊真的是阳性，报告剩余99人都是阴性，并且的确是阴性。那么这个系统的准确率就是100%。考虑到健康人占绝大多数，假设有个不良商家造了一套假仪器，内部是个空盒子，对所有人都报告阴性。这时重复上述实验，假仪器的准确率为 $\frac{99}{100}=99\%$。这种准确率显然是没有说服力的，我们需要更公正的评价指标。

在中文分词任务中，一般使用在标准数据集上词语级别的精确率、召回率与 F_1 值来衡量分词器的准确程度。这3个术语借用自信息检索与分类问题，常用来衡量搜索引擎和分类器的准确程度。要理解它们的计算方法，必须先学习混淆矩阵的概念。

2.9.2 混淆矩阵与 TP/FN/FP/TN

实际上，搜索引擎、分类器、中文分词场景下的准确率本质上都是4个集合的并集运算。还是以第1章中的姓名性别预测问题为例，根据标准答案是男是女，以及预测结果是男是女，一共有 $2\times2=4$ 种组合。记男性为正类（positive，简称P，即阳性），女性为负类（negative，简称N，即阴性），为每种组合取个名字，如图2-18所示。

答案 / 预测	P	N
P	TP	FP
N	FN	TN

图2-18 分类预测与答案的4种组合

图2-18中“纵坐标”为预测结果，“横坐标”为标准答案，两者的4种组合解释如下。

(1) TP（true positive，真阳）：预测是P，答案果然是真的P。

(2) FP（false positive，假阳）：预测是P，答案是N，因此是假的P。

(3) TN（true negative，真阴）：预测是N，答案果然是真的N。

(4) FN（false negative，假阴）：预测是N，答案是P，因此是假的N。

这种图表在机器学习中也称**混淆矩阵**（confusion matrix），用来衡量分类结果的混淆程度。从集合的角度来看，定义 $\cup$ 为并集运算符，则混淆矩阵有如下性质：

- 样本全集 = $\text{TP}\cup\text{FP}\cup\text{FN}\cup\text{TN}$；
- 任何一个样本属于且只属于 4 个集合中的一个，也就是说它们没有交集。

举个例子，假设标准答案为 3 个男性与 2 个女性：鲁迅、曹雪芹、贾宝玉、林黛玉、薛宝钗。模型预测结果为：鲁迅 = 男、曹雪芹 = 女、贾宝玉 = 女、林黛玉 = 女、薛宝钗 = 男。那么图 2-18 的填充结果如图 2-19 所示。

答案 / 预测	P	N
P	TP=1 鲁迅	FP=1 薛宝钗
N	FN=2 曹雪芹 贾宝玉	TN=1 林黛玉

图 2-19 姓名分类问题的混淆矩阵

只要混淆矩阵确定了，3 个准确指标就都确定了。

2.9.3 精确率

精确率（precision，简称 P 值）指的是预测结果中正类数量占全部结果的比率，即 $P=\dfrac{\text{TP}}{\text{TP}+\text{FP}}$。在姓名分类问题中，$P=\dfrac{1}{2}$；在病毒检测案例中，真阳病人没有检测出来，因此 $P=0$，一下子让伪劣产品现了形。

聪明的读者可能会问，如果把病毒的阳性和阴性的英文名称对调一下，数值分别录入到 N 和 P。此时 TP= 真阴性 =99 人，P 值不就达到 99% 了吗？实践中，优先将关注度高的作为正类。若健康人被误诊为病人，无非复查一下而已；而病人没有检查出病来，就会延误治疗，因此应当将病人作为正类。再比如在搜索引擎的索引中，全部网页有亿万条，相关网页可能只有 10 条，此时相关网页就应当作为正类。

2.9.4 召回率

英文 recall 有“回想起”的意思，在所有正类样本中，能回想起的比例就是**召回率**[①]。严格地讲，召回率（recall，简称 R 值）指的是正类样本被找出来的比率，即 $R=\dfrac{\text{TP}}{\text{TP}+\text{FN}}$。在上述姓名分类问题中，$R=\dfrac{1}{3}$；在病毒检测案例中，$R$ 值依然为 0。在搜索引擎评测中，召回率为相

① 许多好懂的概念从英文翻译为中文就变得晦涩难懂了，推荐读者直接体会英文单词的字面意思。

关网页被搜索到的比例。

在区分 P 值和 R 值的时候，只需记住两者分子都是真阳的样本数，只不过 P 值的分母是预测阳性的数量，而 R 值的分母是答案阳性的数量。

2.9.5 F_1 值

假设不良商家又制作了新型号，这次总是报告阳性，那么此时 $R=\frac{1}{1}=100\%$，$P=\frac{1}{100}=1\%$，两个指标差距极大。一般而言，精确率和召回率比较难平衡，召回率高的系统往往精确率低，反之亦然。

在系统排名时，人们却只习惯使用一个指标。为了避免商家只拿 100% 的召回率做宣传，对 1% 的精确率避而不谈，我们需要一个综合性的指标，比如精确率和召回率的调和平均 **F_1 值**：$F_1=\frac{2\times P\times R}{P+R}$。这样 P 和 R 必须同时较高，才能得到较高的 F_1 值。在上述病毒检测案例中，计算可得商家仪器的 F_1 值为 $F_1\approx 2\%$。

2.9.6 中文分词中的 P、R、F_1 计算

前面介绍的混淆矩阵针对的是答案与预测数量相等的情况，比如 5 个姓名、100 个受试者一一对应的答案与预测。在中文分词中，标准答案和分词结果的单词数不一定相等。而且混淆矩阵针对的是分类问题，而中文分词却是一个分块（chunking）问题。

因此，我们需要做思维转换，将分块问题转换为分类问题。对于长为 n 的字符串，分词结果是一系列单词。每个单词按它在文本中的起止位置可记作区间 $[i, j]$，其中 $1\leqslant i\leqslant j\leqslant n$。那么标准答案的所有区间构成一个集合 A，作为正类。此集合之外的所有区间构成另一个集合（A 的补集 A^{C}），作为负类。同理，记分词结果所有单词区间构成集合 B。那么：

$$\mathrm{TP}\cup\mathrm{FN}=A$$

$$\mathrm{TP}\cup\mathrm{FP}=B$$

$$\mathrm{TP}=A\cap B$$

相应地，P、R 的计算公式如下：

$$P=\frac{|A\cap B|}{|B|}$$

$$R=\frac{|A\cap B|}{|A|}$$

比如，以“结婚的和尚未结婚的”为例，相应的集合如表 2-7 所示。

表 2-7 “结婚的和尚未结婚的”计算准确率

	单词序列	集合	集合中的元素
标准答案	结婚 的 和 尚未 结婚 的	A	[1,2],[3,3],[4,4],[5,6],[7,8],[9,9]
分词结果	结婚 的 和尚 未结婚 的	B	[1,2],[3,3],[4,5],[6,7,8,],[9,9]
重合部分	结婚 的 ~~和尚未结婚~~ 的	$A \cap B$	[1,2],[3,3],[9,9]

因此，分词“准确率”为：

$$P=\frac{3}{5}=60\%$$

$$R=\frac{3}{6}=50\%$$

$$F_1=\frac{2\times 60\%\times 50\%}{60\%+50\%}=55\%$$

如果测试文本不止一句怎么办？只需将结果累加计入 3 个集合，最后计算一次 P 和 R 即可。

2.9.7 实现

现在让我们编写一个函数，输入标准答案和分词结果的文件路径，输出 P、R 和 F_1 值。约定两份文件按行一一对应，不得错乱。用 Python 实现如下（详见 tests/book/ch02/evaluate_cws.py）：

```
def to_region(segmentation: str) -> list:
    """
    将分词结果转换为区间
    :param segmentation: 商品 和 服务
    :return: [(1, 2), (2, 2), (2, 3)]
    """
    region = []
    start = 0
    for word in re.compile("\\s+").split(segmentation.strip()):
        end = start + len(word)
        region.append((start, end))
        start = end
    return region


def prf(gold: str, pred: str) -> tuple:
    """
    计算P、R、F1
    :param gold: 标准答案文件，比如"商品 和 服务"
    :param pred: 分词结果文件，比如"商品 和服 务"
```

```
    :return: (P, R, F1)
    """
    A_size, B_size, A_cap_B_size = 0, 0, 0
    with open(gold) as gd, open(pred) as pd:
        for g, p in zip(gd, pd):
            A, B = set(to_region(g)), set(to_region(p))
            A_size += len(A)
            B_size += len(B)
            A_cap_B_size += len(A & B)
    p, r = A_cap_B_size / B_size, A_cap_B_size / A_size
    return p, r, 2 * p * r / (p + r)
```

相应的 Java 代码位于 com/hankcs/hanlp/seg/common/CWSEvaluator.java 中，其接口与 Python“伪码”一致。

2.9.8 第二届国际中文分词评测

本节来评估一下词典分词的准确率，动手之前，先得明确一个问题：词典用哪本？网上有很多词典，HanLP 也提供了很多本。但这些词典的分词标准大相径庭，比如 HanLP 中的 CoreNatureDictionary.txt 颗粒度较大，甚至收录了“圆满完成”之类的短语；而 mini 词典主要收集自 1998 年 1 月份《人民日报》语料库，颗粒度小很多，词条数量也少了很多。使用颗粒度较大的词典在颗粒度较小的语料上做评测，会导致分值偏低，无法反应分词算法的准确率。网络上流传着许多“中文分词评测”，绝大部分都没有意识到这个问题。

本书将自始至终使用第二届国际中文分词评测（Second International Chinese Word Segmentation Bakeoff，简称 SIGHAN05）提供的 MSR 语料库以及相应的词典。这份语料库可免费用于研究目的，读者只需运行 tests/book/ch02/evaluate_cws.py 即可在 data/test/icwb2-data 找到自动下载的语料库（对于 Python 用户，执行 `hanlp -v` 命令即可找到自己的 data 路径）。

MSR 语料的词典位于 data/test/icwb2-data/training/msr_training.utf8，测试语料位于 data/test/icwb2-data/testing/msr_test.utf8，标准答案位于 tests/data/icwb2-data/gold/msr_test_gold.utf8。评测流程是先加载词典构造分词器，然后对测试语料进行分词，最后将结果与标准语料作比较。其 Python 实现如下：

```
sighan05 = ensure_data('icwb2-data', 'http://sighan.cs.uchicago.edu/bakeoff2005/
data/icwb2-data.zip') # ①
msr_dict = os.path.join(sighan05, 'gold', 'msr_training_words.utf8')
msr_test = os.path.join(sighan05, 'testing', 'msr_test.utf8')
msr_output = os.path.join(sighan05, 'testing', 'msr_output.txt')
msr_gold = os.path.join(sighan05, 'gold', 'msr_test_gold.utf8')
```

```
DoubleArrayTrieSegment = JClass('com.hankcs.hanlp.seg.Other.DoubleArrayTrieSegment')# ②
segment = DoubleArrayTrieSegment([msr_dict]).enablePartOfSpeechTagging(True)
with open(msr_gold) as test, open(msr_output, 'w') as output:
    for line in test:
        output.write("  ".join(term.word for term in segment.seg(re.sub("\\s+",
        "", line))))
        output.write("\n")
print("P:%.2f R:%.2f F1:%.2f OOV-R:%.2f IV-R:%.2f" % prf(msr_gold, msr_output,
segment.trie))
```

①处 ensure_data 保证语料库目录 `icwb2-data` 存在，若不存在，则去相应网址下载并解压。之后获取了 MSR 词典、测试文本、分词结果与标准答案的路径。接着在②处创建 `DoubleArrayTrieSegment` 分词器，打开了“词性标注”开关，这样就可以识别数字和英文。然后按行切分测试文本，输出到分词结果中。最后调用 `prf` 函数计算 P、R、F_1 并保留两位小数点输出。

Java 版稍微啰嗦一些，如 com/hankcs/book/ch02/EvaluateCWS.java 所示：

```
String dictPath = "data/test/icwb2-data/gold/msr_training_words.utf8";
Segment segment = new DoubleArrayTrieSegment(dictPath)
.enablePartOfSpeechTagging(true);
IOUtil.LineIterator lineIterator = new IOUtil.LineIterator("data/test/icwb2-
data/testing/msr_test.utf8");
String pred = "data/test/msr_output.txt";
BufferedWriter bw = IOUtil.newBufferedWriter(pred);
for (String line : lineIterator)
{
    line = line.replaceAll("\\s+", "");
    for (Term term : segment.seg(line))
    {
        bw.write(term.word);
        bw.write( "  ");
    }
    bw.newLine();
}
bw.close();
CWSEvaluator.Result result = CWSEvaluator.evaluate("data/test/icwb2-data/
gold/msr_test_gold.utf8", pred, dictPath);
System.out.println(result);
```

两者的结果都是：

```
P:89.41 R:94.64 F1:91.95
```

也就是说，HanLP 的词典分词在 MSR 语料库上的准确率是 91.95% 。这个结果还可以通过

SIGHAN05 官方评分脚本 icwb2-data/scripts/score 验证（Windows 用户需要 cygwin 等虚拟环境才能运行）：

```
$ cd icwb2-data
$ chmod +x ./scripts/score
$ ./scripts/score ./gold/msr_training_words.utf8 ./gold/msr_test_gold.utf8
../msr_output.txt
...
=== TOTAL TRUE WORDS RECALL:      0.946
=== TOTAL TEST WORDS PRECISION:   0.894
=== F MEASURE:      0.919
=== OOV Rate:       0.026
=== OOV Recall Rate:        0.026
=== IV Recall Rate:         0.971
```

看看该脚本输出的前三行，可以发现 $R=94.6\%$，$P=89.4\%$，$F_1=91.9\%$，与我们的代码一致。该脚本采用 Perl 编写，调用系统的 `diff` 程序比较标准答案和测试输出。由于系统 `diff` 版本不同，无法保证一致的结果。另外，由于 SIGHAN05 举办者的疏忽，测试文件与标准答案并非严格按行对应。比如 `msr_test.utf8` 第 1951 行结尾没有引号：

```
优良率达９５％以上。
```

而 `msr_test_gold.utf8` 这一行则有一个引号：

```
优良  率  达  ９５％  以上  。  “
```

可能造成一些误差，这说明不要迷信所谓的“官方”。“官方”也有犯错的时候，研究者有权质疑并纠正“官方”。为了避免这些外界因素干扰我们的研究，HanLP 实现了准确的评分函数 `CWSEvaluator.evaluate`。该函数在内部读取标准答案并将其去掉空格后作为分词器的输入，于是避免了上述问题。本书所有测试分数以该函数为准，结果保留两位小数点。我建议大家尽量采用跨平台一致的代码，仅仅将该脚本作为参考。

观察脚本输出，最后两行的 `OOV Recall Rate` 和 `IV Recall Rate` 是什么意思呢？

2.9.9 OOV Recall Rate 与 IV Recall Rate

OOV 指的是“**未登录词**”（Out Of Vocabulary），或者俗称的“新词”，也即词典未收录的词汇。如何准确切分 OOV，乃至识别其语义，是整个 NLP 领域的核心难题之一。上节脚本显示分词器实际召回的 OOV 仅占所有 OOV 的 2.6%，说明词典分词对新词的召回能力几乎为零，微乎其微的 2.6% 来自单字成词和 HanLP 实现的英文数字合并规则。

IV 指的是“**登录词**”（In Vocabulary），相应的 IV Recall Rate 指的是词典中的词汇被正确召回的概率。连词典中的词汇都无法百分之百召回，说明词典分词的消歧能力不好。就算“商品”“和服”“服务”都在词典中，词典分词依然分不对“商品和服务”。

看来 OOV Recall Rate 与 IV Recall Rate 也是两个很有用的指标。现在让我们拓展一下 `prf` 函数，让它额外接受一部词典，计算这两个指标：

```
def prf(gold: str, pred: str, dic) -> tuple:
    """
    计算P、R、F1
    :param gold: 标准答案文件，比如"商品 和 服务"
    :param pred: 分词结果文件，比如"商品 和服 务"
    :param dic: 词典
    :return: (P, R, F1, OOV_R, IV_R)
    """
    A_size, B_size, A_cap_B_size, OOV, IV, OOV_R, IV_R = 0, 0, 0, 0, 0, 0, 0
    with open(gold) as gd, open(pred) as pd:
        for g, p in zip(gd, pd):
            A, B = set(to_region(g)), set(to_region(p))
            A_size += len(A)
            B_size += len(B)
            A_cap_B_size += len(A & B)
            text = re.sub("\\s+", "", g)
            for (start, end) in A:
                word = text[start: end]
                if dic.containsKey(word):
                    IV += 1
                else:
                    OOV += 1

            for (start, end) in A & B:
                word = text[start: end]
                if dic.containsKey(word):
                    IV_R += 1
                else:
                    OOV_R += 1
    p, r = A_cap_B_size / B_size * 100, A_cap_B_size / A_size * 100
    return p, r, 2 * p * r / (p + r), OOV_R / OOV * 100, IV_R / IV * 100
```

将 2.9.8 节中的 Python 代码的最后一行改为：

```
print("P:%.2f R:%.2f F1:%.2f OOV-R:%.2f IV-R:%.2f" % prf(msr_gold, msr_output,
segment.trie))
```

此处 `segment.trie` 获取了分词器的字典树，恰好作为一部词典。运行后得到结果：

```
P:89.41 R:94.64 F1:91.95 OOV-R:2.58 IV-R:97.14
```

这与 SIGHAN05 官方脚本基本一致。从本章开始，我们记录每种分词算法的准确率，列入表 2-8。

表 2-8 中文分词算法在 MSR 语料库上的标准化评测结果

算法	P	R	F_1	R_{OOV}	R_{IV}
最长匹配	89.41	94.64	91.95	2.58	97.14

在后续章节中，我们还会实现许多新的分词算法，并使用这套方法分析它们的误差、比较优缺点。

2.10 字典树的其他应用

字典树除了用于中文分词之外，还可以用于任何需要词典与最长匹配的任务。在 HanLP 中，字典树被广泛用于停用词过滤、简繁转化和拼音转换等任务。

2.10.1 停用词过滤

汉语中有一类没有多少意义的词语，比如助词“的”、连词“以及”、副词“甚至”、语气词“吧”，称为**停用词**。一个句子去掉了停用词并不影响理解。停用词视具体任务的不同而不同，比如在网站系统中，一些非法的敏感词也视作停用词。因此，停用词过滤就是一个常见的预处理过程。

HanLP 提供了一个小巧的停用词词典，它位于 data/dictionary/stopwords.txt。该词典收录了常见的中英文无意义词汇（不含敏感词），每行一个词语，示例如下：

```
的
的确
的话
直到
相对而言
省得
```

我们可以用 `BinTrie`、`DoubleArrayTrie` 或 `AhoCorasickDoubleArrayTrie` 中的任意一个来存储词典。考虑到该词典中含有单字词语，用双数组字典树更划算。Java 版的加载代码如下（详见 com/hankcs/book/ch02/DemoStopwords.java）：

```java
/**
 * 从词典文件中加载停用词
 *
 * @param path 词典路径
 * @return 双数组字典树
 * @throws IOException
 */
static DoubleArrayTrie<String> loadStopwordFromFile(String path) throws IOException
{
    TreeMap<String, String> map = new TreeMap<String, String>();
    IOUtil.LineIterator lineIterator = new IOUtil.LineIterator(path);
    for (String word : lineIterator)
    {
        map.put(word, word);
    }

    return new DoubleArrayTrie<String>(map);
}

/**
 * 从参数构造停用词字典树
 *
 * @param words 停用词数组
 * @return 双数组字典树
 * @throws IOException
 */
static DoubleArrayTrie<String> loadStopwordFromWords(String... words) throws IOException
{
    TreeMap<String, String> map = new TreeMap<String, String>();
    for (String word : words)
    {
        map.put(word, word);
    }

    return new DoubleArrayTrie<String>(map);
}
```

对应的 Python 版为 tests/book/ch02/demo_stopwords.py：

```python
def load_from_file(path):
    """
    从词典文件中加载DoubleArrayTrie
    :param path: 词典路径
    :return: 双数组字典树
    """
    map = JClass('java.util.TreeMap')()  # 创建TreeMap实例
    with open(path) as src:
        for word in src:
```

```
            word = word.strip()  # 去掉Python读入的\n
            map[word] = word
    return JClass('com.hankcs.hanlp.collection.trie.DoubleArrayTrie')(map)


def load_from_words(*words):
    """
    从词汇构造双数组字典树
    :param words: 一系列词语
    :return:
    """
    map = JClass('java.util.TreeMap')()  # 创建TreeMap实例
    for word in words:
        map[word] = word
    return JClass('com.hankcs.hanlp.collection.trie.DoubleArrayTrie')(map)
```

加载停用词后，会得到一棵双数组字典树。现在针对分词结果，遍历每个词语，若它存在于字典树中，则删除。用 Java 实现如下：

```
/**
 * 去除分词结果中的停用词
 *
 * @param termList 分词结果
 * @param trie     停用词词典
 */
public static void removeStopwords(List<Term> termList, DoubleArrayTrie<String>
trie)
{
    ListIterator<Term> listIterator = termList.listIterator();
    while (listIterator.hasNext())
        if (trie.containsKey(listIterator.next().word))
            listIterator.remove();
}
```

相应的 Python 实现只需一行：

```
def remove_stopwords_termlist(termlist, trie):
    return [term.word for term in termlist if not trie.containsKey(term.word)]
```

在敏感词过滤的场景下，通常需要将敏感词替换为特定字符串，比如 **。此时可以先分词再替换，也可以不分词，利用 `parseLongestText` 接口直接查找敏感词并完成替换。后者工序更少，效率更高，其 Java 实现如下：

```
/**
 * 停用词过滤
```

```
 *
 * @param text        母文本
 * @param replacement 停用词统一替换为该字符串
 * @param trie        停用词词典
 * @return 结果
 */
public static String replaceStopwords(final String text, final String replacement,
DoubleArrayTrie<String> trie)
{
    final StringBuilder sbOut = new StringBuilder(text.length());
    final int[] offset = new int[]{0}; // ①
    trie.parseLongestText(text, new AhoCorasickDoubleArrayTrie.IHit<String>()
    {
        @Override
        public void hit(int begin, int end, String value)
        {
            if (begin > offset[0])
                sbOut.append(text.substring(offset[0], begin));
            sbOut.append(replacement);
            offset[0] = end;
        }
    });
    if (offset[0] < text.length())
        sbOut.append(text.substring(offset[0]));
    return sbOut.toString();
}
```

①处的 `offset` 数组模拟了 C 语言中的指针，用于在 `IHit` 接口中记录当前已替换的位置。由于 Python 无法实现 Java 接口，所以需要使用另一个等价的接口 `getLongestSearcher`：

```
def replace_stropwords_text(text, replacement, trie):
    searcher = trie.getLongestSearcher(JString(text), 0)
    offset = 0
    result = ''
    while searcher.next():
        begin = searcher.begin
        end = begin + searcher.length
        if begin > offset:
            result += text[offset: begin]
        result += replacement
        offset = end
    if offset < len(text):
        result += text[offset:]
    return result
```

`getLongestSearcher` 返回一个记录了搜索状态的“查询者”`searcher`，`searcher.`

next() 驱动下一次搜索并返回是否搜索到。当返回 True 时，通过 searcher.begin 和 searcher.length 获取模式串的起点和长度。

现在来试验一下停用词过滤的效果，Java 调用方法如下：

```
DoubleArrayTrie<String> trie = loadStopwordFromFile(HanLP.Config.
CoreStopWordDictionaryPath);
final String text = "停用词的意义相对而言无关紧要吧。";
HanLP.Config.ShowTermNature = false;
Segment segment = new DoubleArrayTrieSegment();
List<Term> termList = segment.seg(text);
System.out.println("分词结果: " + termList);
removeStopwords(termList, trie);
System.out.println("分词结果去掉停用词: " + termList);
trie = loadStopwordFromWords("的", "相对而言", "吧");
System.out.println("不分词去掉停用词: " + replaceStopwords(text, "**", trie));
```

相应的 Python 版为：

```
HanLP.Config.ShowTermNature = False
trie = load_from_file(HanLP.Config.CoreStopWordDictionaryPath)
text = "停用词的意义相对而言无关紧要吧。"
segment = DoubleArrayTrieSegment()
termlist = segment.seg(text)
print("分词结果: ", termlist)
print("分词结果去除停用词: ", remove_stopwords_termlist(termlist, trie))
trie = load_from_words("的", "相对而言", "吧")
print("不分词去掉停用词", replace_stropwords_text(text, "**", trie))
```

两者的运行结果都是：

```
分词结果: [停用, 词, 的, 意义, 相对而言, 无关紧要, 吧, 。]
分词结果去掉停用词: [停用, 词, 意义, 无关紧要]
不分词去掉停用词: 停用词**意义**无关紧要**。
```

如果用户经常对分词结果执行过滤的话，可以试试 HanLP 封装好的停用词词典 com.hankcs.hanlp.dictionary.stopword.CoreStopWordDictionary 提供的 apply 接口。调用示例分别位于 com/hankcs/demo/DemoStopWord.java 和 tests/demos/demo_stopword.py 中。

2.10.2 简繁转换

简繁转换指的是简体中文和繁体中文之间的相互转换，这其实是个很有学问的任务。谈起简繁转换，许多人以为是小意思，按字转换就行了。HanLP 也提供这样的朴素实现 CharTable，用来执行字符正规化（繁体→简体，全角→半角，大写→小写），Java 示例为：

```
System.out.println(CharTable.convert("愛聽４Ｇ")); // 输出 爱听4g
```

Python 示例为：

```
CharTable = JClass('com.hankcs.hanlp.dictionary.other.CharTable')
print(CharTable.convert('愛聽４Ｇ'))  # 输出 爱听4g
```

事实上，汉语历史悠久，地域复杂，发展至今在字符级别存在“一简对多繁”和“一繁对多简”的现象；在词语级别上存在“简繁分歧词”，在港澳台等地则存在“字词习惯不同”的情况。无论哪种情况，按字转换都易出错。为此，HanLP 实现了“简体”“繁体”“臺灣正體”“香港繁體”间的相互转换功能，力图将简繁转换做到极致。

HanLP 将中文分为简体 `s`、繁体 `t`、臺灣正體 `tw` 和香港繁體 `hk` 这 4 种，并支持任意两种间共计 $P(4,2)=12$ 种转换。其中，`t` 就是通俗意义上的繁体，在各地区通用，而 `tw` 与 `hk` 则是当地的特殊习惯。比如，简体“代码”的繁体是“代碼”，香港也使用“代碼”，但臺灣正體则是“程式碼”。这种现象称为**简繁分歧词**。

另外，一个简体字可能对应多个繁体字，需要根据词语来消歧。比如简体“发现一根白头发”的正确繁体应当是“發現一根白頭髮”，两个“发”的译法不同，如果译作“發現一根白頭發”，则说明译者的文化程度不高。这种现象称为**一简对多繁**，类似的还有**一繁对多简**。

这些语言现象启发我们不能按字转换，至少应该按词转换。相应地，HanLP 也维护这样 4 部转换词典：

```
data/dictionary/tc
├── s2t.txt
├── t2hk.txt
├── t2s.txt
└── t2tw.txt
```

文件按照“源语言 2 目标语言”命名，比如 t2tw.txt 负责将繁体翻译为臺灣正體。该文件示例如下：

```
PN結=PN接面
SQL注入=SQL隱碼攻擊
三極管=三極體
下拉列表=下拉選單
並行計算=平行計算
```

其他转换词典可以通过这 4 部自动推导，比如 tw2hk 的推导规则为：

- 逆转 t2tw 得到 tw2t
- 利用 tw2t 与 t2hk 得到 tw2hk

词典有了之后，如何定位词语并完成替换呢？这与中文分词一样，依然可以视作最长匹配来解决。HanLP 已经封装好了相关接口，Java 调用示例位于 com/hankcs/demo/DemoTraditionalChinese2SimplifiedChinese.java：

```
System.out.println(HanLP.convertToTraditionalChinese(""以后等你当上皇后，就能买草莓庆祝了"。发现一根白头发"));
System.out.println(HanLP.convertToSimplifiedChinese("憑藉筆記簿型電腦寫程式HanLP"));
// 简体转台湾繁体
System.out.println(HanLP.s2tw("hankcs在台湾写代码"));
// 台湾繁体转简体
System.out.println(HanLP.tw2s("在臺灣寫程式碼"));
// 简体转香港繁体
System.out.println(HanLP.s2hk("在香港写代码"));
// 香港繁体转简体
System.out.println(HanLP.hk2s("在香港寫代碼"));
// 香港繁体转台湾繁体
System.out.println(HanLP.hk2tw("hankcs在臺灣寫代碼"));
// 台湾繁体转香港繁体
System.out.println(HanLP.tw2hk("hankcs在香港寫程式碼"));

// 香港/台湾繁体和HanLP标准繁体的互转
System.out.println(HanLP.t2tw("hankcs在臺灣寫代碼"));
System.out.println(HanLP.t2hk("hankcs在臺灣寫代碼"));

System.out.println(HanLP.tw2t("hankcs在臺灣寫程式碼"));
System.out.println(HanLP.hk2t("hankcs在台灣寫代碼"));
```

Python 版位于 tests/demos/demo_traditional_chinese2simplified_chinese.py：

```
print(HanLP.convertToTraditionalChinese(""以后等你当上皇后，就能买草莓庆祝了"。发现一根白头发"))
print(HanLP.convertToSimplifiedChinese("憑藉筆記簿型電腦寫程式HanLP"))
# 简体转台湾繁体
print(HanLP.s2tw("hankcs在台湾写代码"))
# 台湾繁体转简体
print(HanLP.tw2s("hankcs在臺灣寫程式碼"))
# 简体转香港繁体
print(HanLP.s2hk("hankcs在香港写代码"))
# 香港繁体转简体
print(HanLP.hk2s("hankcs在香港寫代碼"))
# 香港繁体转台湾繁体
```

```
print(HanLP.hk2tw("hankcs在臺灣寫代碼"))
# 台湾繁体转香港繁体
print(HanLP.tw2hk("hankcs在香港寫程式碼"))

# 香港/台湾繁体和HanLP标准繁体的互转
print(HanLP.t2tw("hankcs在臺灣寫代碼"))
print(HanLP.t2hk("hankcs在臺灣寫代碼"))

print(HanLP.tw2t("hankcs在臺灣寫程式碼"))
print(HanLP.hk2t("hankcs在台灣寫代碼"))
```

两者的输出都是：

```
「以後等你當上皇后，就能買草莓慶祝了」。發現一根白頭髮
凭借笔记本电脑写程序HanLP
hankcs在臺灣寫程式碼
hankcs在台湾写代码
hankcs在香港寫代碼
hankcs在香港写代码
hankcs在臺灣寫程式碼
hankcs在香港寫代碼
hankcs在臺灣寫程式碼
hankcs在台灣寫代碼
hankcs在臺灣寫代碼
hankcs在臺灣寫代碼
```

目前，HanLP 的简繁转换已经得到了广泛应用，甚至被一些汉化组用来“简化”港台繁体版的游戏①。

2.10.3 拼音转换

拼音转换指的是将汉字转为拼音的过程（拼音转汉字则是输入法行业关注的应用话题，不在本书范围之类）。拼音转换涉及多音字的问题，依然需要按词转换。如果以拼音而非词性作为值，则本节介绍的最长匹配算法和各种数据结构则可以用于实现从字符串到拼音的转换。转换依然基于一本词典，HanLP 中的拼音词典位于 data/dictionary/pinyin/pinyin.txt：

```
重=zhong4,chong2
重载=chong2,zai3
重返=chong2,fan3
鸭绿江=ya1,lu4,jiang1
```

每行分别是由 = 隔开的汉字与拼音，若拼音数量多于汉字数量，则表示多音字。多音字默

① 比如 2016 年 NGA 玩家和社区帖子《[救世之树]steam 国际服汉化 07/28（台服繁体转简体）》。

认取第一个拼音，除非匹配到更长的词语。

此外，HanLP 还支持声母、韵母、音调、音标和输入法首字母与首声母功能。HanLP 能够识别多音字，也能给繁体中文注拼音。调用示例分别位于 com/hankcs/demo/DemoPinyin.java 和 tests/demos/demo_pinyin.py，限于版面，请读者自行查阅，两者的输出都如表 2-9 所示。

表 2-9　HanLP 的拼音转换功能

原文	重	载	不	是	重	任	！
拼音（数字音调）	chong2	zai3	bu2	shi4	zhong4	ren4	none5
拼音（符号音调）	chóng	zǎi	bú	shì	zhòng	rèn	none
拼音（无音调）	chong	zai	bu	shi	zhong	ren	none
声调	2	3	2	4	4	4	5
声母	ch	z	b	sh	zh	r	none
韵母	ong	ai	u	i	ong	en	none
输入法头	ch	z	b	sh	zh	r	none

2.11 总结

在这一章中，我们实现了字典树、首字散列之后二分的 `BinTrie`、双数组字典树、AC 自动机以及基于双数组字典树的 AC 自动机。基于这些高级数据结构，我们将词典分词的速度推向了千万字每秒的新高度。不仅是分词，这些数据结构还被用于关键词过滤、简繁转换和拼音转换。我们体会到了算法和抽象思维的力量，但算法和数据结构仅仅是一个 NLP 工程师的基本功，统计思维和机器学习才是 NLP 的核心。

我们实现的词典分词的准确率并不高，既无法区分歧义，也无法召回新词。接下来，本书会逐步介绍如何利用统计手法来实现更精准的 NLP 系统。

第3章 二元语法与中文分词

第2章我们实现了快而不准的词典分词，在后来的误差分析中得出词典分词无法消歧的结论。给定两种分词结果“商品 和服 务”以及“商品 和 服务”，词典分词不知道哪种更合理。

但人类是能够区分的，“商品 和 服务”听上去要自然得多。人类是如何做到的？我们从小到大读过很多句子，“商品 和 服务”这种解读的出现次数多于“商品 和服 务”。因此，我们断定前者是正确的解读。

能否让计算机也学会这种知识呢？当然可以，现在请读者天马行空地想象一下应该如何做。是否应该人工制定分词结果的优先级列表，然后硬编码到分词器中呢？不，那是程序员的思维，我们是自然语言处理工程师，我们期待分词器自己学习这种知识。是否应该制作一个语料库，里面的句子都是分好词的，然后统计一下所有切分方式的出现次数呢？恭喜答对了，欢迎步入统计自然语言处理的殿堂。

统计自然语言处理的核心话题之一，就是如何利用统计手法对语言建模。本章我们将学习第一个，也是最简单的一种统计语言模型。

3.1 语言模型

3.1.1 什么是语言模型

模型指的是对事物的数学抽象，那么**语言模型**（Language Model，LM）指的就是对语言现象的数学抽象。确切来讲，给定一个句子 $\boldsymbol{w}$，语言模型就是计算句子的出现概率 $p(\boldsymbol{w})$ 的模型。我们无法枚举全人类在过去、现在和将来生成的所有句子，只能采样一个小型的样本空间，称为语料库。于是，这个概率分布就统计自某个人工标注而成的语料库。

语料库建设并非高不可攀的工程，比如，现在就让我们来动手标注一个微型语料库 my_cws_corpus.txt。语料库中有且仅有如下3个句子：

```
商品 和 服务
商品 和服 物美价廉
服务 和 货币
```

这就是一个语料库，麻雀虽小五脏俱全。那么基于此语料库上的计数统计，我们可以估计世界上任意一个句子的概率：p(商品 和 服务)= $\frac{1}{3}$、p(商品 和服 物美价廉)= $\frac{1}{3}$、p(服务 和 货币)= $\frac{1}{3}$、其他句子的概率都为 0。因为样本空间大小为 3，这 3 次计数平均分给了 3 个句子，所以它们的概率都为 $\frac{1}{3}$。既然它们的概率之和为 1，那么其他句子的概率自然为 0 了。这就是语言模型，一目了然。虽然这个结论不符合实际场景，但它符合这个小型的样本空间。如果希望更准确地估计句子分布，一个立竿见影的方式就是增大样本数量。估算句子的分布是 NLP 中最基本的问题，如果模型能够分辨 p(商品 和 服务)>p(商品 和服 务)，分词器就能据此选择正确结果，机器翻译系统就能挑选更流畅的译文。

然而 $p(\boldsymbol{w})$ 的计算非常难：句子数量无穷无尽，无法枚举。即便是大型语料库，也只能“枚举”有限的数百万个句子。如果我们仔细观察，一本书中几乎没有完全相同的两个句子。这意味着几乎所有可见的句子的频次都是 1，导致它们的概率都一样，靠枚举也无法估计语料库之外的句子的概率，而实际遇到的句子大部分都在语料库之外——意味着它们的概率都被当作 0，这种现象被称为**数据稀疏**。枚举不可行，我们需要一种可计算的、更合理的概率估计方法。

考虑到句子由单词构成，句子无限，给定词表的话单词却是有限的，原因是句子几乎不重复，单词却一直在重复使用。于是我们从单词构成句子的角度出发去建模句子，把句子表示为单词列表 $\boldsymbol{w} = w_1 w_2 \cdots w_k$，每个 $w_t, t \in [1,k]$ 都是一个单词，然后定义语言模型：

$$
\begin{aligned}
p(\boldsymbol{w}) &= p(w_1 w_2 \cdots w_k) \\
&= p(w_1 | w_0) \times p(w_2 | w_0 w_1) \times \cdots \times p(w_{k+1} | w_0 w_1 w_2 \ldots w_k) \\
&= \prod_{t=1}^{k+1} p(w_t \mid w_0 w_1 \cdots w_{t-1})
\end{aligned}
\tag{3.1}
$$

其中，$w_0 = \text{BOS}$（Begin Of Sentence，有时也用 `<s>`），$w_{k+1} = \text{EOS}$（End Of Sentence，有时也用 `</s>`），是用来标记句子首尾的两个特殊“单词”，在 NLP 领域的文献和代码中经常出现。

也就是说，语言模型模拟人们说话的顺序：给定已经说出口的词语序列，预测下一个词语的后验概率。一个单词一个单词地乘上后验概率，我们就能估计任意一句话的概率。比如“商品 和 服务”的概率估计如下：

p(商品 和 服务)=p(商品 | BOS) p(和 | BOS 商品) p(服务 | BOS 商品 和) p(EOS | BOS 商品 和 服务)

以上面的语料库为例，手算一下“商品 和 服务”的概率。我们使用极大似然估计

（Maximum Likelihood Estimation，MLE）[1] 来计算每个后验概率，也即：

$$p(w_t \mid w_0 \cdots w_{t-1}) = p_{\mathrm{ML}}(w_t \mid w_0 \cdots w_{t-1}) = \frac{c(w_0 \cdots w_t)}{c(w_0 \cdots w_{t-1})}$$

其中，$c(w_0 \cdots w_t)$ 表示 $w_0 \cdots w_t$ 的计数（count）。

比如 p(商品 |BOS) 的估计只需统计语料库中“商品”作为第一个单词出现的次数 2，然后除以所有单词作为第一个单词的出现次数 3 即可，即 p(商品 |BOS)= $\frac{2}{3}$。p(和 |BOS 商品) 则需要统计“BOS 商品 和”的出现次数 1，除以“BOS 商品”的频次 2 即可，即 p(和 |BOS 商品)= $\frac{1}{2}$。同理 p(服务 |BOS 商品 和)= $\frac{1}{1}$、p(EOS|BOS 商品 和 服务)= $\frac{1}{1}$。整个句子的概率是四者的乘积：

$$p(\text{商品 和 服务}) = \frac{2}{3} \times \frac{1}{2} \times \frac{1}{1} \times \frac{1}{1} = \frac{1}{3}$$

与枚举的结果正巧一致。3 个词的句子尚可计算，然而随着句子长度的增大，语言模型会遇到如下两个问题。

(1) **数据稀疏**，指的是长度越大的句子越难出现，语料库中极有可能统计不到长句子的频次，导致 $p(w_k \mid w_1 w_2 \cdots w_{k-1})$ 为 0。比如 p(商品 和 货币)=0，同枚举一样，数据稀疏的问题依然没有得到妥善解决。

(2) **计算代价大**，k 越大，式 (3.1) 中需要存储的 $p(w_t \mid w_0 w_1 \cdots w_{t-1})$ 就越多，即便用上第 2 章的字典树索引，依然代价不菲。

3.1.2 马尔可夫链与二元语法

为了解决这两个问题，需要使用**马尔可夫假设**来简化语言模型：给定时间线上有一串事件顺序发生，假设每个事件的发生概率只取决于前一个事件，那么这串事件构成的因果链被称作**马尔可夫链**（Markov Chain）。

在语言模型中，第 t 个事件指的就是 w_t 作为第 t 个单词出现。也就是说，马尔可夫链假设每个单词现身的概率只取决于前一个单词：

$$p(w_t \mid w_0 w_1 \cdots w_{t-1}) = p(w_t \mid w_{t-1})$$

---

① 指的是一种估计概率分布参数的方法，目标是最大化数据集在该参数下被观测到的概率（likelihood，似然）。比如抛硬币试验结果为“正正反反反”，那么根据极大似然估计，该伯努利分布的参数就是 $P(x=\text{正})=\frac{2}{5}=0.4$。此时数据集在该参数下的似然函数为 $lik(p)=lik(0.4)=0.4^2\times(1-0.4)^3=0.034\ 56$。这就是该似然函数的极大值，因此称作极大似然。

基于此假设，式子一下子变短了不少。由于每次计算只涉及连续两个单词的二元接续，此时的语言模型称为**二元语法**（bigram）模型：

$$
\begin{aligned}
p(\boldsymbol{w}) &= p(w_1 w_2 \cdots w_k) \\
&= p(w_1 \mid w_0) \times p(w_2 \mid w_1) \times \cdots \times p(w_{k+1} \mid w_k) \\
&= \prod_{t=1}^{k+1} p(w_t \mid w_{t-1})
\end{aligned}
$$

由于语料库中二元接续的重复程度要高于整个句子的重复程度，所以缓解了数据稀疏的问题。另外，二元接续的总数量远远小于句子的数量，长度也更短，存储和查询也得到了解决。

利用二元语法模型，让我们来手算“商品 和 服务”的概率：

$$
\begin{aligned}
p(\text{商品 和 服务}) &= p(\text{商品} \mid \text{BOS})\, p(\text{和} \mid \text{商品})\, p(\text{服务} \mid \text{和})\, p(\text{EOS} \mid \text{服务}) \\
&= \frac{2}{3} \times \frac{1}{2} \times \frac{1}{2} \times \frac{1}{2} \\
&= \frac{1}{12}
\end{aligned}
$$

这次的概率比上次的 $\frac{1}{3}$ 要小一些，剩下的概率到哪里去了呢？来算算语料库之外的新句子 $p(\text{商品 和 货币})$ 就知道了：

$$
\begin{aligned}
p(\text{商品 和 货币}) &= p(\text{商品} \mid \text{BOS})\, p(\text{和} \mid \text{商品})\, p(\text{货币} \mid \text{和})\, p(\text{EOS} \mid \text{货币}) \\
&= \frac{2}{3} \times \frac{1}{2} \times \frac{1}{2} \times \frac{1}{1} \\
&= \frac{1}{6}
\end{aligned}
$$

原来剩下的概率分配给了语料库之外的句子，它们的概率终于不是 0 了，这样就缓解了一部分数据稀疏问题。

3.1.3 *n* 元语法

利用类似的思路，可以得到 ***n* 元语法**（n-gram）的定义：每个单词的概率仅取决于该单词之前的 $n-1$ 个单词。也即：

$$
p(\boldsymbol{w}) = \prod_{t=1}^{k+n-1} p\left(w_t \mid w_{t-n+1} \ldots w_{t-1}\right)
$$

特别地，当 $n=1$ 时的 n 元语法称为一元语法（unigram）；当 $n=3$ 时的 n 元语法称为三元语法（trigram）；$n \geqslant 4$ 时数据稀疏和计算代价又变得显著起来，实际工程中几乎不使用。另外，深度学习带来了一种递归神经网络语言模型（RNN Language Model），理论上可以记忆无限个单词，可以看作“无穷元语法”（∞-gram）。

3.1.4 数据稀疏与平滑策略

对于 n 元语法模型，n 越大，数据稀疏问题越严峻。即便是二元语法，许多二元接续靠语料库也统计不到。比如上述语料库中“商品 货币”的频次就为零。考虑到低阶 n 元语法更丰富，一个自然而然的解决方案就是利用低阶 n 元语法平滑高阶 n 元语法。所谓平滑，就是字面上的意思：使 n 元语法频次的折线平滑为曲线。我们不希望二元语法“商品 货币”的频次突然跌到零，因此用一元语法“商品”和（或）“货币”的频次去平滑它。

平滑策略是语言模型的研究课题之一，人们提出了许多方案，最简单的一种是线性插值法（linear interpolation），它定义新的二元语法概率为：

$$p(w_t|\ w_{t-1}) = \lambda p_{\text{ML}}(w_t|\ w_{t-1}) + (1-\lambda)p(w_t)$$

其中，$\lambda \in (0,1)$ 为常数平滑因子。通俗理解，线性插值就是劫富济贫的税赋制度，其中的 λ 就是个人所得税的税率。$p_{\text{ML}}(w_t|\ w_{t-1})$ 是税前所得，$p(w_t)$ 是社会福利。通过缴税，高收入（高概率）二元语法的一部分收入（概率）被移动到社会福利中。而零收入（语料库统计不到频次）的二元语法能够从社会福利中取得一点低保金，不至于饿死。低保金的额度与二元语法挣钱潜力成正比：二元语法中第二个词词频越高，它未来被统计到的概率也应该越高，因此它应该多拿一点。

类似地，一元语法也可以通过线性插值来平滑：

$$p(w_t) = \lambda p_{\text{ML}}(w_t) + (1-\lambda)\frac{1}{N}$$

其中，N 是语料库总词频。

3.2 中文分词语料库

语言模型只是一个函数的骨架，函数的参数需要在语料库上统计才能得到。为了满足实际工程需要，一个质量高、分量足的语料库必不可少。这一节介绍一些常用的中文分词语料库，为后面的参数统计提供样本。

统计中文分词自 20 世纪 90 年代发展至今，积累了一些标注语料库。由于分词标准难以统一，各大研究机构和企业纷纷制定了自己的规范独立发展。另一方面，中文分词是门槛最低的 NLP 任务，研究者众多。这些原因使得中文分词语料库呈现百家争鸣的繁荣景象。大大小小的语料库加起来有不下十种，总字数大约在数千万字。每个语料库都根据规范由语言学专家标注，包含大量人力物力成本，可谓黄金数据。除了商业售卖外，部分机构还慷慨地免费公开了部分语料供研究使用。

3.2.1　1998 年《人民日报》语料库 PKU

《人民日报》语料库由北大和富士通联合标注，可能是最著名的中文分词语料库了。引用富士通公司官方网站新闻介绍如下[①]：

> 北京大学计算语言学研究所和富士通研究开发中心有限公司，得到人民日报社新闻信息中心的许可，从 1999 年 4 月起，共同制作 1998 年全年 2600 万汉字的「人民日报标注语料库」。这项大规模的语言工程预计将在 2002 年 4 月底以前完成。
>
> 为了促进这个集中了众多专家智慧的「人民日报标注语料库」的广泛使用，为中文信息处理的发展作出实际的贡献，同时也为了进一步完善这个标注语料库，北京大学、富士通及人民日报社三方决定首先在大学、研究所等限定的范围内，从 2001 年 8 月 28 日起，有偿公开现已完成的 1998 年上半年的「人民日报标注语料库」(约 1,300 万字 = 约 730 万词)。公开范围将逐步扩大。计划明年公开 1998 年全年的「人民日报标注语料库」。为了便于人们了解「人民日报标注语料库」，三方还同时在各自的网站上免费公开 1 个月的「人民日报标注语料库」，欢迎广大研究人员自由下载。

《人民日报》语料库目前一共公开了 6 个月，其中 1 月份的 PKU98 语料还曾作为 SIGHAN05 比赛的标准数据集公开，你在学习第 2 章过程中已经下载过 icwb2-data.zip 这个文件，解压后即可得到 PKU 语料库：icwb2-data/training/pku_training.utf8 和 icwb2-data/gold/pku_test_gold.utf8[②] 两个文件。其中，pku_training.utf8 是**训练集**，用来训练模型的参数（统计 n 元语法语言模型的各种频次）；pku_test.utf8 是**测试集**，用来测验模型的最终准确率。在第 2 章，没有使用统计模型，因此没有训练环节。当时，词典分词直接使用了训练集中所有单词构成的词典 training_words.utf8。

用任意纯文本编辑器打开 pku_training.utf8，可以搜索到如下几个样例：

```
先  有  通货膨胀  干扰  ，  后  有  通货  紧缩  叫板
治疗  精神  分裂症  将  有  新药
2000年  诺贝尔  生理学  或  医学  奖得主  之一
本版  照片  由  王  成  、  高  山  、  孙  家驹  、  胡  斌  提供  。
```

---

① 参见 http://www.fujitsu.com/cn/about/resources/news/press-releases/2001/0829.html。

② 实际上 pku_training.utf8 是 1998 年 1 月份的《人民日报》，但根据文件内容推测，pku_test.utf8 年份在 2000 年之后。

观察这几个标注样例，有如下几个不合理之处。

(1) 前后标注不一致，“通货膨胀”作为一个词，而“通货紧缩”却作为两个词。

(2) 切分颗粒度太小，“精神分裂症”被切开了。

(3) 存在明显标注错误，比如“奖得主”。

(4) 所有姓名都被拆分为姓氏和名字，不符合习惯。

这些问题有的是因为分词标准的设计不符合大众习惯，另一些由语料库标注员的失误造成。错误的标注、前后不一致的标准会导致模型学习到噪声，准确率低。无论何种算法，PKU 语料库上的准确率普遍低于其他语料库。考虑到本书面向生产环境的初衷，不将 PKU 作为首选。

3.2.2 微软亚洲研究院语料库 MSR

不光学术界在标注语料库，工业界也普遍在进行标注。MSR 语料库由微软亚洲研究院标注并提供给 SIGHAN05 主办方，我们已经在第 2 章中使用过了。这里简要地比较一下 MSR 与 PKU。

(1) 标注一致性上 MSR 要优于 PKU，这一点可以通过历史文献报告的准确率佐证。

(2) 切分颗粒度上 MSR 要大于 PKU，MSR 的机构名称不予切分，而 PKU 则拆开了。

(3) MSR 中姓名作为一个整体，更符合习惯。

(4) MSR 量级是 PKU 的两倍。

综合上述原因，本书将 MSR 作为分词语料的首选，而不采用更流行的 PKU。

3.2.3 繁体中文分词语料库

SIGHAN05 中剩下的两份都是繁体中文语料库，分别是香港城市大学提供的 CITYU 和台湾中央研究院提供的 AS。按照 SIGHAN05 的命名习惯，训练集分别对应 icwb2-data/training/cityu_training.utf8 和 icwb2-data/training/as_training.utf8；测试集分别对应 icwb2-data/gold/cityu_test_gold.utf8 和 icwb2-data/gold/as_testing_gold.utf8。值得注意的是，其他语料库测试集以 test_gold.utf8 结尾，只有 AS 测试集以 testing_gold.utf8 结尾，可能是制作者的失误。

一般而言，繁体中文用户不必单独标注繁体中文分词语料库，而可以用 HanLP 提供的“字符正规化”功能将繁体字符转换为简体字符，然后像对待简体一样利用现有的简体语料库即可。不过，如同 2.10.2 节所言，简体和繁体之间还是存在不少差异。使用专门的本地语料库，对本地语言的建模将会更加精准。总之，短平快的解决方法不需要专门标注繁体中文语料库，追求精致的话则需要本地语料库。

3.2.4 语料库统计

作为数据科学从业者，我们要做的第一件事就是熟悉手头的数据。对语料库而言，就是统计语料库字数、词语种数和总词频等。首先明确这两个概念：**词语种数**指的是语料库中有多少个不重复的词语；而**总词频**指的是所有词语的词频之和。两者截然不同，分别用来衡量语料库用语的丰富程度和规模大小①。

那么，如何统计 MSR 的特点呢？用 Python 进行这项工作再合适不过了，代码如下（详见 tests/book/ch03/sighan05_statistics.py）：

```
def count_corpus(train_path: str, test_path: str):
    train_counter, train_freq, train_chars = count_word_freq(train_path)
    test_counter, test_freq, test_chars = count_word_freq(test_path)
    test_oov = sum(test_counter[w] for w in (test_counter.keys() - train_
    counter.keys()))
    return train_chars / 10000, len(train_counter) / 10000, train_freq /
    10000, train_chars / train_freq, test_chars / 10000, len(test_counter) /
    10000, test_freq / 10000, test_chars / test_freq, test_oov / test_freq * 100


def count_word_freq(train_path):
    f = Counter()
    with open(train_path) as src:
        for line in src:
            for word in re.compile("\\s+").split(line.strip()): # ①
                f[word] += 1
    return f, sum(f.values()), sum(len(w) * f[w] for w in f.keys())


if __name__ == '__main__':
    sighan05 = ensure_data('icwb2-data', 'http://sighan.cs.uchicago.edu/
    bakeoff2005/data/icwb2-data.zip')
    print('|语料库|字符数|词语种数|总词频|平均词长|字符数|词语种数|总词频|平均词长|OOV|')
    for data in 'pku', 'msr', 'as', 'cityu':
        train_path = os.path.join(sighan05, 'training', '{}_training.utf8'.format(data))
        test_path = os.path.join(sighan05, 'gold',
                                 ('{}_testing_gold.utf8' if data == 'as' else
                                 '{}_test_gold.utf8').format(data))
        print('|%s|%.0f万|%.0f万|%.0f万|%.1f|%.0f万|%.0f万|%.0f万|%.1f|%.2f%%|' % (
        (data,) + count_corpus(train_path, test_path)))
```

① 因此请读者尽量避免使用“你们语料库有多少词”之类笼统的表述，言者没有明确究竟在问什么，听者无法消歧。

①处使用正则表达式 `\\s+`（`\s` 表示空格，+ 表示至少一个）分隔每一行得到单词列表，接着统计了字符数、词语种数和总词频。字符数除以总词频得到平均词语长度，测试集中的 OOV 频次除以测试集总词频得到 OOV 比例。运行后得到表 3-1 和表 3-2。

表 3-1　中文分词语料库训练集统计

语料库	字符数	词语种数	总词频	平均词长
PKU	183 万	6 万	111 万	1.6
MSR	405 万	9 万	237 万	1.7
AS	837 万	14 万	545 万	1.5
CITYU	240 万	7 万	146 万	1.7

表 3-2　中文分词语料库测试集统计

语料库	字符数	词语种数	总词频	平均词长	OOV
PKU	17 万	1 万	10 万	1.7	5.75%
MSR	18 万	1 万	11 万	1.7	2.65%
AS	20 万	2 万	12 万	1.6	4.33%
CITYU	7 万	1 万	4 万	1.7	7.40%

分析两个表格中的数据，可以得出如下结论。

(1) 语料库规模 AS>MSR>CITYU>PKU。

(2) 从 OOV 的角度讲，语料库的难度 CITYU>PKU>AS>MSR。

(3) 汉语平均词语长度约为 1.7。有的读者可能会奇怪，为什么 MSR 的分词颗粒度更大，平均词长却不变呢？还记得齐夫定律吗？长词都是低频词，对平均词长的影响很小。

(4) 汉语常用词汇量约在 10 万这个量级。

还未正式动工，我们就统计到这么多有用的信息。可见作为数据科学从业者，深入自己的数据总归有好处。

3.3　训练

语料就绪之后，就可以训练模型了。读者或多或少都接触过训练的概念，这里给出正式的定义。**训练**（train）指的是，给定样本集（dataset，训练所用的样本集称为**训练集**）估计模型参数的过程。训练也称作编码（encoding），因为学习算法将知识以参数的形式编码（encode）到模型中。对于本章的二元语法模型，训练指的就是统计二元语法频次以及一元语法频次。有了频次，通过极大似然估计以及平滑策略，我们就可以估计任意句子的概率分布，亦即得到了语言模型。

本节先以我们自己标注的 my_cws_corpus.txt 为例，它的数据量更小、处理速度更快。这是我在写算法做工程时的习惯，先用小数据集调试，然后切换到大数据集，推荐读者一试。不过这么小的语料库当然无法实用，最后我们将在 MSR 数据集上进行大规模训练与标准化评测，与词典分词的结果做一番比较。

3.3.1 加载语料库

考虑到语料库的处理是 NLP 工程师日常工作之一，HanLP 提供了许多封装好的工具。对于空格分隔的分词语料库来讲，可以利用 HanLP 提供的 CorpusLoader.convert2SentenceList 加载。Java 示例如下（详见 com/hankcs/book/ch03/DemoCorpusLoader.java）：

```
List<List<IWord>> sentenceList = CorpusLoader.convert2SentenceList(CORPUS_PATH);
for (List<IWord> sentence : sentenceList)
    System.out.println(sentence);
```

这里 `CORPUS_PATH` 可以指向 MSR、PKU 等语料库，但此处先让它指向读者标注的 my_cws_corpus.txt 路径。其中 `convert2SentenceList` 返回 `List<List<IWord>>` 类型，每个 `List<IWord>` 都是一个句子，每个 `IWord` 都是一个单词。

对应的 Python 版如下：

```
sents = CorpusLoader.convert2SentenceList(corpus_path)
for sent in sents:
    print(sent)
```

结果都是：

```
[商品, 和, 服务]
[商品, 和服, 物美价廉]
[服务, 和, 货币]
```

3.3.2 统计一元语法

一元语法其实就是单词，如果把单词与词频写成纯文本格式，就得到了一部词频词典。有些语料库含有人工标注的词性，因此词典格式最好还要支持词性，这也就是 HanLP 词典格式的设计初衷。

在 HanLP 中，一元语法的统计功能由 DictionaryMaker 提供，二元语法的统计功能由 NGramDictionaryMaker 提供。语言模型由一元语法和二元语法构成，因此 HanLP 提供两者的包装类 NatureDictionaryMaker。Java 调用示例为（详见 com/hankcs/book/ch03/DemoNgramSegment.java）：

```
/**
 * 训练二元语法模型
 *
 * @param corpusPath 语料库路径
 * @param modelPath  模型保存路径
 */
public static void trainBigram(String corpusPath, String modelPath)
{
    List<List<IWord>> sentenceList = CorpusLoader.convert2SentenceList(corpusPath);
    for (List<IWord> sentence : sentenceList)
        for (IWord word : sentence)
            word.setLabel("n"); // 赋予每个单词一个虚拟的名词词性
    final NatureDictionaryMaker dictionaryMaker = new NatureDictionaryMaker();
    dictionaryMaker.compute(sentenceList);
    dictionaryMaker.saveTxtTo(modelPath); // data/test/my_cws_model
}
```

Python 调用代码如下：

```
def train_bigram(corpus_path, model_path):
    sents = CorpusLoader.convert2SentenceList(corpus_path)
    for sent in sents:
        for word in sent:
            word.setLabel("n")
    maker = NatureDictionaryMaker()
    maker.compute(sents)
    maker.saveTxtTo(model_path)  # tests/data/my_cws_model
```

加载语料后，此处为了兼容 HanLP 的词典格式，我们赋予了每个单词一个虚拟的 n 词性。本章中词性仅用作占位符，不起实际作用。然后创建了 NatureDictionaryMaker 对象，将所有句子传入 compute 方法完成统计。统计结果以 .txt 格式保存到 modelPath 指定的路径中。

运行后得到以下个文件。

(1) my_cws_model.txt：一元语法模型。

(2) my_cws_model.ngram.txt：二元语法模型。

(3) my_cws_model.tr.txt：与词性标注有关，暂时忽略。

打开 my_cws_model.txt，会看到如下内容：

```
和 n 2
和服 n 1
商品 n 2
始##始 begin 3
服务 n 2
末##末 end 3
物美价廉 n 1
货币 n 1
```

这就是标准的 HanLP 词典格式，每行分别为单词 词性 词性的频次。其中始 ## 始代表句子开头，末 ## 末代表句子结尾，与英文的 BOS/EOS 作用相同。

如果读者感兴趣的话，可以查看 `NatureDictionaryMaker` 的具体实现。在 `compute` 接口中，`NatureDictionaryMaker` 调用了 `DictionaryMaker` 的 `add` 方法。该方法将单词添加到一棵泛型 `BinTrie<Item>` 中，而 `Item` 就是存储词性和词频的结构。HanLP 的泛型设计解耦了数据结构与业务逻辑，使底层算法灵活地驱动了上层应用。

3.3.3 统计二元语法

`NatureDictionaryMaker` 已经完成了二元语法统计，直接查看二元语法训练结果（详见 my_cws_model.ngram.txt）：

```
和@服务 1
和@货币 1
和服@物美价廉 1
商品@和 1
商品@和服 1
始##始@商品 2
始##始@服务 1
服务@和 1
服务@末##末 1
物美价廉@末##末 1
货币@末##末 1
```

这里 @ 符号分隔开二元语法中的两个单词，空格后面是二元语法的频次。

该统计结果由 `NGramDictionaryMaker` 负责，关键代码如下（详见 com.hankcs.hanlp.corpus.dictionary.NatureDictionaryMaker#addToDictionary）：

```
// 制作n元语法词典
for (List<IWord> wordList : sentenceList)
{
    IWord pre = null;
    for (IWord word : wordList)
    {
        if (pre != null)
            nGramDictionaryMaker.addPair(pre, word);
        pre = word;
    }
}
```

Java 用户可以在 `for (IWord word : wordList)` 处下一个断点，就会看到 `wordList=[始##始/begin, 商品/n, 和/n, 服务/n, 末##末/end]`。可见 `NatureDictionaryMaker` 已经在句子首尾额外添加过两个特殊符号。

至此，我们就完成了二元语法模型的训练。这是读者训练的第一个模型，原理无非是词频统计，代码也不过寥寥数行。模型的存储形式是读者熟悉的 .txt，看上去和词典没什么两样。的确，统计方法和机器学习就是这么简单，这也是本书乃至 HanLP 一直倡导的主题。

模型和词典无非是形式上的不同而已，没有绝对区别。HanLP 项目将一元语法和二元语法存储为词典形式，是为了兼容词典分词模块。本书为了与历史文献一致，叙述抽象原理时尽量使用模型来称呼它们。

接下来介绍如何利用二元语法模型来分词。

3.4 预测

在机器学习和自然语言处理的语境下，**预测**（predict）指的是利用模型对样本（句子）进行推断的过程，在中文分词任务中也就是利用模型推断分词序列。有时候预测也称为解码（decode）。在中文分词任务中，我们已经训练了二元语法模型，要如何解码它呢？

HanLP 中二元语法的解码由 `ViterbiSegment` 分词器提供，本节一边介绍算法原理，一边介绍 `ViterbiSegment` 的工程实现。

3.4.1 加载模型

第一步当然是把磁盘上的模型加载到内存中。对于一元语法模型，HanLP 提供 `CoreDictionary` 类，对于二元语法模型则是 `CoreBiGramTableDictionary`。由于早期设计中系统仅需一套模型，所以它们都是静态工具类，对应全局唯一的模型。使用时不需要创建实例，只需修改配置文件中的模型路径即可。Java 示例如下（详见 com.hankcs.book.ch03.DemoNgramSegment#loadBigram）：

```
HanLP.Config.CoreDictionaryPath = MODEL_PATH + ".txt";
HanLP.Config.BiGramDictionaryPath = MODEL_PATH + ".ngram.txt";
System.out.println(CoreDictionary.getTermFrequency("商品"));
System.out.println(CoreBiGramTableDictionary.getBiFrequency("商品", "和"));
```

Python 示例如下（详见 tests.book.ch03.ngram_segment.load_bigram）：

```
def load_bigram(model_path):
    HanLP.Config.CoreDictionaryPath = model_path + ".txt"
    HanLP.Config.BiGramDictionaryPath = model_path + ".ngram.txt"
    CoreDictionary = SafeJClass('com.hankcs.hanlp.dictionary.CoreDictionary')
    CoreBiGramTableDictionary = SafeJClass('com.hankcs.hanlp.dictionary.
    CoreBiGramTableDictionary')
    print(CoreDictionary.getTermFrequency("商品"))
    print(CoreBiGramTableDictionary.getBiFrequency("商品", "和"))
```

在 main 函数中分别调用两段代码，输出都是：

```
2
1
```

此处我们直接调用 CoreDictionary.getTermFrequency 获取了“商品”的词频，调用 CoreBiGramTableDictionary.getBiFrequency 获取了“商品 和”的二元语法频次。

CoreDictionary 内部采用 DoubleArrayTrie 来存储词典，性能极高。CoreBiGramTableDictionary 却没有存储字符串形式的词语，而是先依赖 CoreDictionary 查询词语的 id，然后根据两个词语的 id 去查询二元语法频次。为了节省内存，我还设计了一种压缩算法，具体实现时仅仅用了两个整型数组（详见 com.hankcs.hanlp.dictionary.CoreBiGramTableDictionary）：

```
/**
 * pair[偶数n]表示key,pair[n+1]表示frequency
 */
static int pair[];
/**
 * 描述了词在pair中的范围，具体说来<br>
 * 给定一个词idA，从pair[start[idA]]开始的start[idA + 1] - start[idA]描述了一些接续的频次
 */
static int start[];
```

其中，pair 数组中每两个连续元素分别存储词语 idB 以及频次。但二元语法频次还需要另一个词语的 idA，它存储在 start 数组里。查询算法分为两步：

(1) index = pair.search(pair, from=start[idA], to=start[idA + 1] - start[idA], element=idB)

(2) c(A,B) = pair[index * 2 + 1]

第一步在 pair 数组的某个连续区间内搜索 idB，得到下标 index。该连续区间的起点是 start[idA]，终点是 start[idA + 1] - start[idA]。只要构建数组的时候保证有序，就能利用二分搜索算法快速查找。二分搜索算法如下（详见 com.hankcs.hanlp.dictionary.CoreBiGramTableDictionary#binarySearch）：

```
/**
 * 二分搜索，由于二元接续前一个词固定时，后一个词比较少，所以二分也能取得很高的性能
 * @param a 目标数组
 * @param fromIndex 开始下标
 * @param length 长度
 * @param key 词的id
 * @return 共现频次
 */
private static int binarySearch(int[] a, int fromIndex, int length, int key)
{
    int low = fromIndex;
    int high = fromIndex + length - 1;

    while (low <= high)
    {
        int mid = (low + high) >>> 1;
        int midVal = a[mid << 1];

        if (midVal < key)
            low = mid + 1;
        else if (midVal > key)
            high = mid - 1;
        else
            return mid; // 找到key
    }
    return -(low + 1);  // 没找到key
}
```

第二步根据 index 取得 A@B 的频次 pair[index * 2 + 1]，实现上利用速度最快的移位运算，代码如下（详见 com.hankcs.hanlp.dictionary.CoreBiGramTableDictionary#getBiFrequency (int, int)）：

```
/**
 * 获取共现频次
 * @param idA 第一个词的id
 * @param idB 第二个词的id
 * @return 共现频次
 */
public static int getBiFrequency(int idA, int idB)
{
    int index = binarySearch(pair, start[idA], start[idA + 1] - start[idA], idB);
    if (index < 0) return 0;
    index <<= 1;
    return pair[index + 1];
}
```

从代码清晰角度上讲，最好将 id 与频次存放在两个等长的数组中。但我试验发现，两个数组的反序列化将消耗双倍时间。早期版本的 HanLP 直接使用 `DoubleArrayTrie` 存储二元语法，内存占用很大、速度也不高。经过一番摸索，优化到目前的实现。正是因为随处都在优化算法、减少内存占用，HanLP 才能达到工业级的性能。自然语言处理的理论算法大同小异，面向生产环境的类库关心的是快准狠的实现。其他类库要么来自学术界，较少关心效率，要么直接用编程语言提供的 `dict` 和 `HashMap`，没有做优化。

`ViterbiSegment` 内部也通过这两个工具类读取模型，对于非算法爱好者，只需关心配置文件而无须关心实现细节。

3.4.2 构建词网

词网指的是句子中所有一元语法构成的网状结构，是 HanLP 工程上的概念。比如“商品和服务”这个句子，给定一元语法词典，我们将句子中所有单词找出来。起始位置（offset）相同的单词写作一行，得到如下词网：

```
0:[ ]
1:[商品]
2:[]
3:[和, 和服]
4:[服务]
5:[务]
6:[ ]
```

其中首尾（行 0 和行 6）分别对应始 ## 始和末 ## 末，此处写作空格。

词网的创建其实就是利用 `DoubleArrayTrie` 的 `Searcher` 扫描出句子中所有的一元语法及其位置而已，与词典分词的全切分概念类似。为了描述概念，特利用 Python 实现如下（详见 tests.book.ch03.ngram_segment.generate_wordnet）：

```
def generate_wordnet(sent, trie):
    """
    生成词网
    :param sent: 句子
    :param trie: 词典（一元语法）
    :return: 词网
    """
    searcher = trie.getSearcher(JString(sent), 0)
    wordnet = WordNet(sent)
    while searcher.next():
        wordnet.add(searcher.begin + 1, Vertex(sent[searcher.begin:searcher.
        begin + searcher.length], searcher.value, searcher.index))
    # 原子分词，保证图连通
    vertexes = wordnet.getVertexes()
    i = 0
    while i < len(vertexes):
        if len(vertexes[i]) == 0:  # 空白行
            j = i + 1
            for j in range(i + 1, len(vertexes) - 1):  # 寻找第一个非空行j
                if len(vertexes[j]):
                    break
            # 填充[i, j)之间的空白行
            wordnet.add(i, Vertex.newPunctuationInstance(sent[i - 1: j - 1]))
            i = j
        else:
            i += len(vertexes[i][-1].realWord)

    return wordnet
```

值得注意的是，词网必须保证从起点出发的所有路径都会连通到终点。细心的读者可能会发现，行 5 的务是一元语法中没有的词语，它就是为了保证词网连通而添加的单字词语。

在 HanLP 的 Java 代码中，词网的实现是 `WordNet`，里面每个词语存储为 `Vertex`。实现如下（详见 com.hankcs.hanlp.seg.WordBasedSegment#generateWordNet）：

```
/**
 * 生成一元词网
 *
 * @param wordNetStorage
 */
protected void generateWordNet(final WordNet wordNetStorage)
{
    final char[] charArray = wordNetStorage.charArray;
```

```
    // 核心词典查询
    DoubleArrayTrie<CoreDictionary.Attribute>.Searcher searcher = CoreDictionary.
    trie.getSearcher(charArray, 0);
    while (searcher.next())
    {
        wordNetStorage.add(searcher.begin + 1, new Vertex(new String
        (charArray, searcher.begin, searcher.length), searcher.value, searcher.
        index));
    }
    // 原子分词，保证图连通
    LinkedList<Vertex>[] vertexes = wordNetStorage.getVertexes();
    for (int i = 1; i < vertexes.length; )
    {
        if (vertexes[i].isEmpty())
        {
            int j = i + 1;
            for (; j < vertexes.length - 1; ++j)
            {
                if (!vertexes[j].isEmpty()) break;
            }
            wordNetStorage.add(i, quickAtomSegment(charArray, i - 1, j - 1));
            i = j;
        }
        else i += vertexes[i].getLast().realWord.length();
    }
}
```

相较于 Python 版，Java 实现要精细一些，考虑了不连通片段的拆分问题。比如不连通部分是英文和数字，则连续的英文为一个词语、连续的数字为另一个词语。这个过程称为原子分词（详见 com.hankcs.hanlp.seg.Segment#quickAtomSegment）：

```
protected List<AtomNode> quickAtomSegment(char[] charArray, int start, int end)
{
    List<AtomNode> atomNodeList = new LinkedList<AtomNode>();
    int offsetAtom = start;
    int preType = CharType.get(charArray[offsetAtom]);// ①
    int curType;
    while (++offsetAtom < end)
    {
        curType = CharType.get(charArray[offsetAtom]);
        if (curType != preType)
        {
            // 浮点数识别
            if (preType == CharType.CT_NUM && ",，.．".indexOf(charArray
            [offsetAtom]) != -1)
            {
```

```
                if (offsetAtom+1 < end)
                {
                    int nextType = CharType.get(charArray[offsetAtom+1]);
                    if (nextType == CharType.CT_NUM)
                    {
                        continue;
                    }
                }
            }
            atomNodeList.add(new AtomNode(new String(charArray, start,
            offsetAtom - start), preType));
            start = offsetAtom;
        }
        preType = curType;
    }
    if (offsetAtom == end)
        atomNodeList.add(new AtomNode(new String(charArray, start, offsetAtom
        - start), preType));

    return atomNodeList;
}
```

代码①处利用静态工具类 CharType 获取每个字符的类型，如果字符类型一致则合并为一整个原子节点，否则拆开。此处还对浮点数做了特殊处理，如果用户有其他需求（比如商品型号、ISBN、URL、E-mail 等的处理），可以 override 这个方法编写自己的合并规则。总之，NLP 的实践比较嘈杂（dirty），远没有普通教科书上所讲的那么单纯。为此，HanLP 进行了高度模块化的设计，以供用户按需拓展。

以上是词网中节点的创建逻辑，下面来看看这些节点如何彼此连接。按行索引的节点具有一个极佳的性质，那就是第 i 行的词语 w 与第 $i+\text{len}(w)$ 行的所有词语相连都能构成二元语法。举几个例子：第 0 行的始 ## 始写作空格，长度为 1，因此与第 1 行的商品相连构成二元语法始 ## 始 @ 商品；第 1 行的商品长度为 2，它与第 3 行的所有词语相连构成二元语法商品 @ 和、商品 @ 和服……以此类推，词网第 i 行中长 l 的单词与第 $i+l$ 行的所有单词互相连接，构成一个“词图”，如图 3-1 所示。

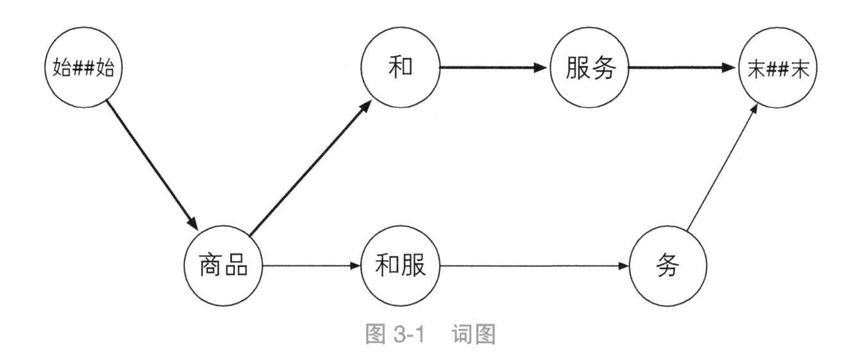

图 3-1 词图

从起点到终点的每条路径代表句子的一种分词方式，二元语法语言模型的解码任务就是找出其中最合理的那条路径（图 3-1 加粗的“商品 和 服务”路径）。

3.4.3 节点间的距离计算

如果我们赋予上述词图每条边以二元语法的概率作为距离，那么中文分词任务转换为有向无环图上的最长路径问题。

二元语法概率可以利用 MLE 辅以平滑策略得到，在中文分词里经常使用如下经验公式：

$$\hat{p}(w_t \mid w_{t-1}) = \lambda\left[\mu\frac{c(w_{t-1}w_t)}{c(w_{t-1})+1} + 1 - \mu\right] + (1-\lambda)\frac{c(w_t)}{N} \tag{3.2}$$

其中，$\lambda, \mu \in (0,1)$ 为两个不同的平滑因子，也即上式额外做了一次平滑。频次加一其实也是一种平滑策略，称为**加一平滑**或**拉普拉斯平滑**。

考虑到多个 (0,1) 之间的浮点数连续相乘之后会发生下溢出（等于 0），因此工程上经常对概率取负对数，将浮点数乘法转化为负对数之间的加法：

$$\prod_{t=1}^{k+1}\hat{p}(w_t \mid w_{t-1}) \to -\sum_{t=1}^{k+1}\log\hat{p}(w_t|w_{t-1}) \tag{3.3}$$

相应地，词图上的最长路径转化为负对数的最短路径。在 HanLP 的实现中位于 com.hankcs.hanlp.utility.MathUtility#calculateWeight：

```
/**
 * 从一个词到另一个词的花费
 *
 * @param from 前面的词
 * @param to   后面的词
 * @return 分数
 */
public static double calculateWeight(Vertex from, Vertex to)
```

```
{
    int frequency = from.getAttribute().totalFrequency;
    int nTwoWordsFreq = CoreBiGramTableDictionary.getBiFrequency(from.wordID,
    to.wordID);
    double value = -Math.log(dSmoothingPara * frequency / (MAX_FREQUENCY) +
    (1 - dSmoothingPara) * ((1 - dTemp) * nTwoWordsFreq / frequency + dTemp));
    return value;
}
```

其中，dSmoothingPara 对应 $1-\lambda$，dTemp 对应 $1-\mu$。

为图 3-1 的词图计算距离后如图 3-2 所示。

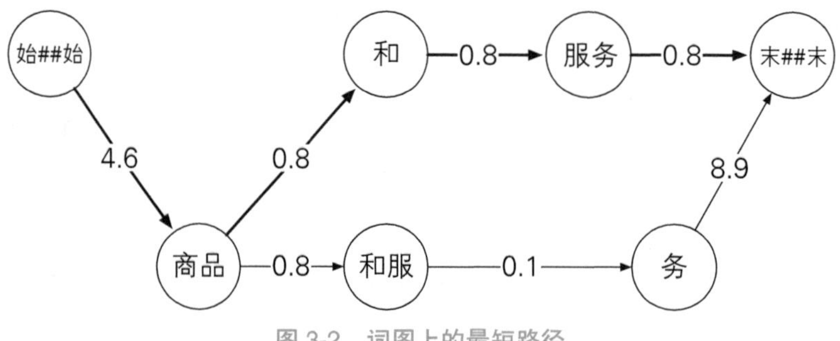

图 3-2　词图上的最短路径

观察图 3-2，从“商品”到“和”与“和服”的两条分岔路花费都是 0.8，决定两条路径长短的关键之处在于靠近终点“末 ## 末”的那个 8.9。可见我们无法贪心地选择最短边，必须设计一种全盘考虑的算法。

3.4.4　词图上的维特比算法

如何求解词图上的最短路径问题？假设文本长度为 n，则一共有 2^{n-1} 种切分方式，因为每 2 个字符间都有 2 种选择：切或不切。因此暴力枚举的复杂度是 $O(2^{n-1})$，不可行。

如果用动态规划的思路设计算法，在遍历的过程中，维护记录到某个节点时的最短路径，则可以节省许多运算。图上的最短路径算法有许多种，读者应当已经在算法课上学过 Bellman-Ford 和 Dijkstra 算法。在自然语言处理领域，我们处理的是图的一种特例：由马尔可夫链构成的网状图，该特例上的最短路径算法称为**维特比算法**（Viterbi Algorithm）[①]。

① 有基础的读者可能会质疑：维特比算法应当指的是求解隐马尔可夫模型（HMM）过程最大后验概率时的算法，二元语法分词没有隐状态，不应当如此称呼。这种观点不正确，因为二元语法可视作隐马尔可夫模型的特例。只需将 IV 视作隐状态，词网中的词语视作显状态，只不过 IV 隐状态到显状态的发射概率为 1 而已。另外，在命名实体识别时，可以赋予 OOV 小于 1 的发射概率，此时的 n 元语法就更像 HMM 了。更多细节，请参考中国科学院计算技术研究所刘群老师的论文《基于层叠隐马模型的汉语词法分析》，以及日本奈良先端科学技术大学院大学 Graham Neubig 教授的讲义 *NLP Programming Tutorial 4-Word Segmentation*。

维特比算法分为前向（forward）和后向（backward）两个步骤。

(1) **前向**：由起点出发从前往后遍历节点，更新从起点到该节点的最小花费以及前驱指针。

(2) **后向**：由终点出发从后往前回溯前驱指针，取得最短路径。

用 Python 描述如下（详见 tests.book.ch03.ngram_segment.viterbi）：

```
def viterbi(wordnet):
    nodes = wordnet.getVertexes()
    # 前向遍历
    for i in range(0, len(nodes) - 1):
        for node in nodes[i]:
            for to in nodes[i + len(node.realWord)]:
                to.updateFrom(node)  # 根据距离公式计算节点距离，并维护最短路径上的前
                                       驱指针from
    # 后向回溯
    path = []  # 最短路径
    f = nodes[len(nodes) - 1].getFirst()  # 从终点回溯
    while f:
        path.insert(0, f)
        f = f.getFrom()  # 按前驱指针from回溯
    return [v.realWord for v in path]
```

各部分代码的作用已由注释注明，不再赘述。值得一提的是，每个 node 都维护着从起点到自己的最小花费，以及相应的前驱指针 `from`。`updateFrom` 负责维护这两个成员，此处没有在代码中展示，感兴趣的读者可参考 Java 代码，详见 com.hankcs.hanlp.seg.common.Vertex#updateFrom。

对应的 Java 实现如下（详见 com.hankcs.hanlp.seg.Viterbi.ViterbiSegment#viterbi）：

```
private static List<Vertex> viterbi(WordNet wordNet)
{
    // 避免生成对象，优化速度
    LinkedList<Vertex> nodes[] = wordNet.getVertexes();
    LinkedList<Vertex> vertexList = new LinkedList<Vertex>();
    for (Vertex node : nodes[1])
    {
        node.updateFrom(nodes[0].getFirst());
    }
    for (int i = 1; i < nodes.length - 1; ++i)
    {
        LinkedList<Vertex> nodeArray = nodes[i];
        if (nodeArray == null) continue;
        for (Vertex node : nodeArray)
        {
            if (node.from == null) continue;
```

```
            for (Vertex to : nodes[i + node.realWord.length()])
            {
                to.updateFrom(node);
            }
        }
    }
    Vertex from = nodes[nodes.length - 1].getFirst();
    while (from != null)
    {
        vertexList.addFirst(from);
        from = from.from;
    }
    return vertexList;
}
```

现在来做个阶段性测试，我们在 my_cws_corpus.txt 上训练模型、为商品和服务创建词图、最后运行维特比算法。Python 调用代码为（详见 tests.book.ch03.ngram_segment）：

```
def load_bigram(model_path):
    HanLP.Config.CoreDictionaryPath = model_path + ".txt"
    HanLP.Config.BiGramDictionaryPath = model_path + ".ngram.txt"
    sent = '商品和服务'
    wordnet = generate_wordnet(sent, CoreDictionary.trie)
    print(viterbi(wordnet))
    return ViterbiSegment().enableAllNamedEntityRecognize(False).
    enableCustomDictionary(False)

if __name__ == '__main__':
    corpus_path = my_cws_corpus()
    model_path = os.path.join(test_data_path(), 'my_cws_model')
    train_bigram(corpus_path, model_path)
    load_bigram(model_path)
```

输出：

```
[' ', '商品', '和', '服务', ' ']
```

Java 测试代码为（详见 com.hankcs.book.ch03. DemoNgramSegment#loadBigram）：

```
public static Segment loadBigram(String modelPath)
{
    HanLP.Config.enableDebug();
    HanLP.Config.ShowTermNature = false;
    HanLP.Config.CoreDictionaryPath = modelPath + ".txt";
    HanLP.Config.BiGramDictionaryPath = modelPath + ".ngram.txt";
    System.out.println(CoreDictionary.getTermFrequency("商品"));
```

```
    System.out.println(CoreBiGramTableDictionary.getBiFrequency("商品", "和"));
    Segment segment = new DijkstraSegment();// ①
    System.out.println(segment.seg("商品和服务"));
    return new ViterbiSegment().enableAllNamedEntityRecognize(false).
    enableCustomDictionary(false);
}
```

Java 代码在①处利用 DijkstraSegment 加载二元语法模型，顾名思义 DijkstraSegment 使用 Dijkstra 算法求解最短路径，它的调试信息更丰富。运行后输出：

```
粗分词图：========按终点打印========
to:  1, from:  0, weight:04.60, word:始##始@商品
to:  2, from:  1, weight:00.80, word:商品@和
to:  3, from:  1, weight:00.80, word:商品@和服
to:  4, from:  2, weight:00.80, word:和@服务
to:  5, from:  3, weight:00.11, word:和服@务
to:  6, from:  4, weight:00.80, word:服务@末##末
to:  6, from:  5, weight:08.88, word:务@末##末

粗分结果[商品, 和, 服务]
[商品, 和, 服务]
```

也许读者认为这没有什么稀奇的，毕竟模型已经在语料库中见过商品 和 服务这个样本了。为此，我们来试验一个新样本：sent ='货币和服务'或 segment.seg("货币和服务")，发现输出都是 [货币 , 和 , 服务]。结果依然是正确的，可见我们的二元语法模型具备一定的泛化能力。

至此，我们走通了语料标注、训练模型、预测分词结果的完整流程，并且初步体验了统计自然语言处理的魅力。

3.4.5 与用户词典的集成

语料库需要人工标注，规模总归有限，训练出来的一元语法模型词汇量也有限，导致词网中根本不可能出现 OOV。特别是行业语料、互联网语料的缺乏，导致几乎所有的专业术语、网络新词都成为 OOV，给二元语法分词带来了巨大的挑战。

而词典往往廉价易得，资源丰富。利用统计模型的消歧能力，辅以用户词典处理新词，是提高分词器准确率的有效方式。在使用词典之前，首先必须明白，词典不是万能的。这一点已经在第 2 章中解释过，此处再做一个强调。

在 HanLP 的 Issues 区，经常有用户提问为什么词典中的词语“分不出来”。这是因为算法**不保证**词典中的词语一定分出来，世界上根本**不存在**这样的算法。很多人不理解这个问题，以为用户词典中的词语一定会分出来。事实上，这个需求是**自相矛盾**的，稍微思考一下就能明白。

假如用户词典中一共3个词语：商品、和服、服务，那么商品和服务到底怎么切分才能满足这些用户呢？无论怎么分词，这3个词语都不可能同时出现。

那么HanLP中的词典到底起什么作用呢？HanLP中的所有分词器都支持用户词典，还支持2档用户词典优先级。

(1) **低优先级**下，分词器首先在不考虑用户词典的情况下由统计模型预测分词结果，最后将该结果按照用户词典合并。比如统计分词结果商品 和 服务 员，用户词典中有和服与服务员两个词，那么合并结果为商品 和 服务员，即便用户词典中有和服也并不影响。合并代码位于com.hankcs.hanlp.seg.Segment#combineByCustomDictionary，读者感兴趣的话可以读一读。用户词典同时支持静态词典文件和动态代码插入两种方式来引入新词语。用户词典通过com.hankcs.hanlp.seg.Segment#enableCustomDictionary开启，默认低优先级。

(2) **高优先级**下，分词器优先考虑用户词典，但具体实现由分词器子类自行决定。在二元语法分词器 `ViterbiSegment` 和 `DijkstraSegment` 中，采用干预词网生成的方式实现：

```
/**
 * 生成一元词网
 *
 * @param wordNetStorage
 */
protected void generateWordNet(final WordNet wordNetStorage)
{
    ...
    // 核心词典查询
    ...
    // 强制用户词典查询
    if (config.forceCustomDictionary)
    {
        CustomDictionary.parseText(charArray, new AhoCorasickDoubleArrayTrie.
        IHit<CoreDictionary.Attribute>()
        {
            @Override
            public void hit(int begin, int end, CoreDictionary.Attribute value)
            {
                wordNetStorage.add(begin + 1, new Vertex(new String(charArray,
                begin, end - begin), value));
            }
        });
    }
    // 原子分词，保证图连通
    ...
}
```

也就是先扫描一遍用户词典，将句子中出现过的所有用户词语加入词网中。于是，高优先级下词网中可能含有用户词典提供的词汇。用户词语的一元语法词频由用户提供，但二元语法频次依然缺失。为了参与统计模型的运算，它们的二元语法频次由程序“伪造”为与一元语法词频相同。这样用户就可以通过词频来进一步干预每个用户词语的优先级。

中文分词不等价于收集词典，词典无法解决中文分词。举个例子，也许读者以为往词典中添加“川普”，并且用户词典优先级最高的话，就可以解决眼前的“普京与川普通话”这个句子。但在读者没注意到的地方，有更多类似“四川普通话”“银川普通高考”“唐纳德·川普”（本该是一个词）的句子会发生错误。HanLP 坚持的是以统计为主，规则词典为辅的思路，力争做到即使用户加入“川普”这样的词条，仍然能区分“四川普通人”这样的效果。

现在让我们试验一下用户词典的使用，Java 示例如下（详见 com.hankcs.book.ch03.DemoCustomDictionary）：

```
Segment segment = new DijkstraSegment();
final String sentence = "社会摇摆简称社会摇";
segment.enableCustomDictionary(false);
System.out.println("不挂载词典：" + segment.seg(sentence));
CustomDictionary.insert("社会摇", "nz 100");
segment.enableCustomDictionary(true);
System.out.println("低优先级词典：" + segment.seg(sentence));
segment.enableCustomDictionaryForcing(true);
System.out.println("高优先级词典：" + segment.seg(sentence));
```

对应 Python 版 tests/book/ch03/demo_custom_dict.py：

```
segment = ViterbiSegment()
sentence = "社会摇摆简称社会摇"
segment.enableCustomDictionary(False)
print("不挂载词典：", segment.seg(sentence))
CustomDictionary.insert("社会摇", "nz 100")
segment.enableCustomDictionary(True)
print("低优先级词典：", segment.seg(sentence))
segment.enableCustomDictionaryForcing(True)
print("高优先级词典：", segment.seg(sentence))
```

两者输出都是：

```
不挂载词典：[社会/n, 摇摆/v, 简称/v, 社会/n, 摇/v]
低优先级词典：[社会/n, 摇摆/v, 简称/v, 社会摇/nz]
高优先级词典：[社会摇/nz, 摆/v, 简称/v, 社会摇/nz]
```

可见，用户词典的高优先级未必是件好事，HanLP 中的用户词典默认低优先级，做项目时请读者在理解上述说明的情况下根据实际需求自行开启高优先级。在用户词典中的词语一定需要分出来的场景下（比如知识图谱中的词条），则可以开启高优先级。或者当用户词典中的词语长度较长，不容易产生歧义的情况下，也不妨开启高优先级。

3.5 评测

按照 NLP 任务的一般流程，我们已经完成了语料标注和模型训练，本节进行最后一道工序：标准化评测。

3.5.1 标准化评测

依然利用 SIGHAN05 提供的 MSR 语料库进行标准化评测。评测分为训练、预测、计算准确率 3 步。Python 评测程序为 tests/book/ch03/eval_bigram_cws.py：

```
train_bigram(msr_train, msr_model)  # 训练
segment = load_bigram(msr_model)  # 加载
result = CWSEvaluator.evaluate(segment, msr_test, msr_output, msr_gold, msr_
dict)  # 预测打分
print(result)
```

Java 评测程序为 com/hankcs/book/ch03/EvaluateBigram.java：

```
trainBigram(TRAIN_PATH, MODEL_PATH);
Segment segment = loadBigram(MODEL_PATH);
CWSEvaluator.Result result = evaluate(segment, TEST_PATH, OUTPUT_PATH, GOLD_
PATH, TRAIN_WORDS);
System.out.println(result);
```

两者的输出都是：

```
P:92.3 R:96.6 F1:94.4 OOV-R:2.6 IV-R:99.1
```

3.5.2 误差分析

将二元语法与词典分词的成绩汇总后如表 3-3 所示。

表 3-3 中文分词算法在 MSR 语料库上的标准化评测结果

算法	P	R	F_1	R_{oov}	R_{IV}
最长匹配	89.41	94.64	91.95	2.58	97.14
二元语法	**92.38**	**96.70**	**94.49**	2.58	**99.26**

相较于词典分词，二元语法在精确率、召回率及 IV 召回率上全面胜出，最终 F_1 值提高了 2.5%，成绩的提高主要受惠于消歧能力的提高。同时，我们也注意到 OOV 召回率没有任何提升。这是因为词网中几乎所有的中文词语都来自于训练集词典，自然无法召回新词。

下面来比较一下预测输出 msr_bigram_output.txt 与标准答案 msr_test_gold.utf8 的差别。Linux 和 macOS 用户可以利用 `diff` 命令比较这两个文本文件，Windows 用户可利用一些 GUI 工具。选取其中几个样本列入表 3-4。

表 3-4 二元语法算法在 MSR 测试集上的失误样本

预测输出	标准答案
王 思 斌 ， 男 ， １ ９ ４ ９年 １ ０月 生 。	王思斌 ， 男 ， １ ９ ４ ９年 １ ０月 生 。
山东 桓台县 起 凤 镇 穆 寨 村 妇女 穆 玲 英	山东 桓台县 起凤镇 穆寨村 妇女 穆玲英
现 为 中国 艺术 研究院 中国 文化 研究所 研究员 。	现 为 中国艺术研究院中国文化研究所 研究员 。
我们 的 父母 重 男 轻 女	我们 的 父母 重男轻女
北京 输 气管 道 工程	北京 输 气 管道 工程

观察表 3-4，前 4 个样本的失误分别由人名、地名和机构名等 OOV 无法识别造成，最后一个则是消歧失误。这验证了成绩单中的各项报告：消歧能力尚可，OOV 召回能力太低。

3.5.3 调整模型

上述前 4 个样本都可以通过用户词典来弥补，即在 data/dictionary/custom/CustomDictionary.txt 添加：

```
王思斌 nr 1
起凤镇 ns 1
穆寨村 ns 1
穆玲英 nr 1
中国艺术研究院中国文化研究所 nt 1
重男轻女 i 1
```

这里每个单词后面的词性将会在第 7 章详细介绍，对分词影响不大。词性后面的频次越大越容易切分，建议先选取一个较小的值，若不够再逐步增加。然后删除缓存 data/dictionary/

custom/CustomDictionary.txt.bin，并启用分词器的用户词典 `segment.enableCustomDictionary(true)`，启动程序静待缓存重新生成。此外，用户甚至还可以将上述词条加入核心词典中，因为 HanLP 的用户词典和核心词典格式完全相同。

但表 3-4 中的第 5 个句子则无法通过一元语法词典解决，因为“输”“气”“管道”3 个词语已经在核心词典里，只是没有被输出而已。我们可以创建易于调试的 `DijkstraSegment`，并打开调试模式，追踪分词过程。Java 示例如下（详见 com.hankcs.book.ch03.DemoAdjustModel#main）：

```
Segment segment = loadBigram(MSR.MODEL_PATH, false, false);
System.out.println(CoreDictionary.contains("管道"));
String text = "北京输气管道工程";
HanLP.Config.enableDebug();
System.out.println(segment.seg(text));
```

Python 示例如下（详见 tests/book/ch03/adjust_model.py）：

```
segment = load_bigram(model_path=msr_model, verbose=False, ret_viterbi=False)
assert CoreDictionary.contains("管道")
text = "北京输气管道工程"
HanLP.Config.enableDebug()
print(segment.seg(text))
```

两者的输出都是：

```
粗分词图：========按终点打印========
to:  1, from:  0, weight:04.60, word:始##始@北
to:  2, from:  0, weight:04.60, word:始##始@北京
to:  3, from:  1, weight:11.55, word:北@京
to:  4, from:  2, weight:11.07, word:北京@输
to:  4, from:  3, weight:11.47, word:京@输
to:  5, from:  4, weight:11.55, word:输@气
to:  6, from:  4, weight:11.55, word:输@气管
to:  7, from:  5, weight:11.54, word:气@管
to:  8, from:  5, weight:11.54, word:气@管道
to:  9, from:  6, weight:11.61, word:气管@道
to:  9, from:  7, weight:11.50, word:管@道
to: 10, from:  8, weight:11.60, word:管道@工
to: 10, from:  9, weight:11.45, word:道@工
to: 11, from:  8, weight:11.60, word:管道@工程
to: 11, from:  9, weight:11.45, word:道@工程
to: 12, from: 10, weight:11.54, word:工@程
to: 13, from: 11, weight:06.40, word:工程@末##末
to: 13, from: 12, weight:11.60, word:程@末##末
```

这份调试输出是词网中所有边的列表：第一列 to 是边的终点，第二列 from 是边的起点，第三列 weight 是边的花费，第四列 word 是二元语法。我们希望分词器选择“北京 输 气 管道 工程”这条路径，该路径包含的二元语法分别有：

```
to:  4, from:  2, weight:11.07, word:北京@输
to:  5, from:  4, weight:11.55, word:输@气
to:  8, from:  5, weight:11.54, word:气@管道
to: 11, from:  8, weight:11.60, word:管道@工程
```

而错误结果“北京 输 气管 道”的路径为：

```
to:  4, from:  2, weight:11.07, word:北京@输
to:  6, from:  4, weight:11.55, word:输@气管
to:  9, from:  6, weight:11.61, word:气管@道
to: 11, from:  9, weight:11.45, word:道@工程
```

两条路径的分岔口在于“输”到底往“气”走还是往“气管”走，模型给出的花费都是 11.55。决定路径长短的关键之处在于“管道 @ 工程”比“道 @ 工程”的花费多太多（$11.60-11.45=0.15$），而“气 @ 管道”比“气管 @ 道”花费小不了多少 $11.54-11.61=-0.07$。我们想走前一个路径，那就应该让这条路径上的花费尽量小。根据式 (3.2) 和式 (3.3)，花费与二元语法频次负相关。为此需要编辑二元语法模型 .ngram.txt，增加下列二元语法及频次：

```
输@气 1
气@管道 1
管道@工程 1
```

然后删除对应的缓存文件 .ngram.txt.table.bin 即可。二元语法模型的路径可以通过 HanLP.Config.BiGramDictionaryPath 获取，读者可以打印该变量得到文件位置。再次运行就能得到正确结果了：

```
WARNING: 尝试载入缓存文件msr_bigram_model.ngram.txt.table.bin发生异常[java.
io.FileNotFoundException: msr_bigram_model.ngram.txt.table.bin (No such file
or directory)]，下面将载入源文件并自动缓存……
粗分词图：========按终点打印========
to:  1, from:  0, weight:04.60, word:始##始@北
to:  2, from:  0, weight:04.60, word:始##始@北京
to:  3, from:  1, weight:11.55, word:北@京
to:  4, from:  2, weight:11.07, word:北京@输
to:  4, from:  3, weight:11.47, word:京@输
to:  5, from:  4, weight:05.04, word:输@气
to:  6, from:  4, weight:11.55, word:输@气管
```

```
to:  7, from:  5, weight:11.54, word:气@管
to:  8, from:  5, weight:05.25, word:气@管道
to:  9, from:  6, weight:11.61, word:气管@道
to:  9, from:  7, weight:11.50, word:管@道
to: 10, from:  8, weight:11.60, word:管道@工
to: 10, from:  9, weight:11.45, word:道@工
to: 11, from:  8, weight:03.77, word:管道@工程
to: 11, from:  9, weight:11.45, word:道@工程
to: 12, from: 10, weight:11.54, word:工@程
to: 13, from: 11, weight:06.40, word:工程@末##末
to: 13, from: 12, weight:11.60, word:程@末##末

粗分结果[北京/n, 输/n, 气/n, 管道/n, 工程/n]
```

比较两份调试输出，发现正确路径上每条边的花费已经降低到个位数了，人工调整取得了成功，最终得到了正确的结果。另外，如果二元语法模型中已经存在某个二元语法，直接将后面的频次增大一点就可以，具体增大多少可以一点点地尝试。

任何语料任何模型都不是完美的，HanLP 独特的“人工调整模型”技巧可以在不重新训练模型的情况下快速调整线上模型的分词结果。事实上，这种人工调整与**增量训练**本质上是一致的：如果我们往语料库中新增一句“输 气 管道 工程”并重新训练，也能得到完全一致的二元语法模型。人工调整只不过让这个过程更快、成本更低而已。随着用户调整二元语法越多，二元语法模型就越符合用户的领域习惯。但任何“黑魔法”都有缺陷：人工新增二元语法的时候一元语法并没有得到更新，用户指定的频次也未必符合统计规律，可能产生一些副作用。

总之，除非万不得已，否则尽量用语料标注与统计方法解决问题。

3.6 日语分词

不光是中文，统计方法适用于所有人类语言。曾经有不少用户询问我，HanLP 可以处理英文、日文吗？

当然可以，只要你有对应的语料，HanLP 就能支持任意语言。一般而言，英文分词基于规则，甚至直接用空格分隔也能取得不错的效果，没有多少技巧。而日语、阿拉伯语等语种则需要借助统计模型来处理。本节以日文为例，讲解如何将 HanLP 拓展到其他语种。

3.6.1 日语分词语料

日语语料库建设要早于中文，其中最著名的京都大学文本语料库（京都大学テキストコー

パス）建设工程始于 1996 年 1 月，素材是来自 1995 年的《每日新闻》共计约 4 万篇文章。经过长期的人工标注分词与词性，京都大学黑橋・河原研究室于 1997 年 9 月份完成 1 万篇文档并随即发布 1.0 版。最新 4.0 版则于 2005 年 4 月份发布，包含全部 4 万篇文章（约 95 万词）。京都大学提供了语料库的完整标注免费下载，但素材的版权属于每日新闻社，需要单独购买。

版权宽松的日语语料库有 Google 制作发布的 UD_Japanese-GSD[①]，我已将其转换为 HanLP 兼容的语料格式，用作本节的训练集。

3.6.2 训练日语分词器

用户无须关心语料下载，直接运行示例代码即可自动下载并完成训练，Python 代码如下（详见 tests/book/ch03/japanese_segment.py）：

```
train_bigram(jp_corpus, jp_bigram)  # 训练
segment = load_bigram(jp_bigram, verbose=False)  # 加载
print(segment.seg('自然言語処理入門という本が面白いぞ！'))  # 日语分词
```

Java 代码如下（详见 com.hankcs.book.ch03.DemoJapaneseSegment）：

```
trainBigram(CORPUS_PATH, MODEL_PATH);
Segment segment = loadBigram(MODEL_PATH); // data/test/jpcorpus/jp_bigram
System.out.println(segment.seg("自然言語処理入門という本が面白いぞ！"));
```

两者的输出都是：

```
[自然/NOUN, 言語/NOUN, 処理/NOUN, 入門/NOUN, という/ADP, 本/NOUN, が/ADP, 面白い/
ADJ, ぞ/PART, ！/w]
```

这句话的意思是：自然（自然）言語（语言）処理（处理）入門（入门）という（这本）本（书）が（是）面白い（挺有趣的）ぞ（哟）！

打开 jp_bigram.txt，依然是熟悉的 HanLP 词典格式，但语言已经切换为日语：

```
受け入れ VERB 4 NOUN 2
つかみ NOUN 1 VERB 1
奇妙 ADJ 1 NOUN 1
奇跡 NOUN 1
プロ野球 NOUN 4
```

① https://github.com/UniversalDependencies/UD_Japanese-GSD（采用“CC BY-NC-SA 3.0 署名-非商业性使用-相同方式共享”授权）。

虽然读者并不一定是日语专家，但通过 1 行代码，也能很快训练出一个可用的日语分词器。这再次体现了统计自然语言处理的魅力：我们并不一定是专家，但通过机器学习也能设计出专业系统。类似地，统计机器翻译也并不需要 NLP 工程师精通八国语言。只要有语料库，我们 NLP 工程师就能教机器完成相应的任务。

3.7 总结

这一章读者正式踏入了统计自然语言处理的瑰丽殿堂，掌握了 NLP 中最重要的概念之一——语言模型。

为了学习语言模型的参数，你亲自动手标注了一份微型语料库。在这份语料库上，我们使用极大似然法估计了二元语法模型的参数，捕捉了词语二元接续的统计知识。统计方法中，数据稀疏是永恒的问题，为此我们尝试了平滑策略。为了搜索最大概率的分词序列，我们将中文分词转化为有向无环图上的最短路问题。为了高效求解词网上的最短路，我们学习并实现了维特比算法。

相较于词典分词，二元语法分词器在 MSR 语料库上 F_1 值提高了 2.5%。通过误差分析，二元语法分词暴露了一些问题。为了解决问题，我们了解到词典不是万能的，并学习了 HanLP 独特的“黑魔法”——模型调整。作为统计手法的余兴节目，我们还轻松地训练了一个日语分词器，将 HanLP 拓展到了一门全新的语种，体验了统计模型的泛用性。

然而 OOV 召回依然是 n 元语法模型的硬伤，我们需要更强大的统计模型。

第4章 隐马尔可夫模型与序列标注

第 3 章的 n 元语法模型从词语接续的流畅度出发，为全切分词网中的二元接续打分，进而利用维特比算法求解似然概率最大的路径。这种词语级别的模型无法应对 OOV 问题：OOV 在最初的全切分阶段就已经不可能进入词网了，更何谈召回。

人类是如何辨认新词汇的呢？生活中新词与术语层出不穷，但我们可以从字面和语境猜测含义。比如这句话：

> 头上戴着**束发嵌宝紫金冠**，齐眉勒着**二龙抢珠金抹额**[①]

加粗词语是现代人相对陌生的两个“新词”，但我们依然认识它们。当读者读到“戴着”时，心里就已经开始期待一个描述帽饰的名词了。另外，既然存在“披肩”这样的构词法，那么“抹额”的含义也就不难猜测了。人类不需要死记硬背整部词典，而拥有动态组词的能力，生搬硬套现代汉语词典的话，反而查不到这两个饰品词汇。

这说明词语级别的模型天然缺乏 OOV 召回能力，我们需要更细颗粒度的模型。比词语更细的颗粒就是字符，如果字符级模型能够掌握汉字组词的规律，那么它就能够由字构词、动态地识别新词汇，而不局限于词典了。

具体说来，只要将每个汉字组词时所处的位置（首尾等）作为标签，则中文分词就转化为给定汉字序列找出标签序列的问题。一般而言，由字构词是“序列标注”模型的一种应用。在所有“序列标注”模型中，隐马尔可夫模型是最基础的一种。本章先介绍序列标注问题的定义及应用，然后讲述并实现隐马尔可夫模型，最终将其应用到中文分词上去。

4.1 序列标注问题

序列标注（tagging）指的是给定一个序列 $\boldsymbol{x}=x_1x_2\cdots x_n$，找出序列中每个元素对应标签 $\boldsymbol{y}=y_1y_2\cdots y_n$ 的问题。其中，y 所有可能的取值集合称为**标注集**（tagset）。比如，输入一个自然数序列，输出它们的奇偶性，按顺序排列成另一个序列。此时标注集为 { 奇 , 偶 }，标注过程

① 语出《红楼梦》第三回对贾宝玉的肖像描写。

如图 4-1 所示。

图 4-1 序列标注的最简示例

数字奇偶性的判断只取决于当前元素，这是最简单的情况。然而，大多数情况下，需要考虑前后元素以及之前的标签才能决定当前标签。比如扑克牌游戏“小猫钓鱼”中，双方轮流出牌，第一次出现相同牌时出牌人收走相同两张牌之间的所有牌。如果将出牌顺序记录为序列 $\boldsymbol{x}$，出牌后是否应当收牌作为标签序列 $\boldsymbol{y}$，那么游戏就转化为序列标注问题了，如图 4-2 所示。

图 4-2 小猫钓鱼转化为序列标注问题

注意这三次出 3 时是否收牌的标签都不一样，因为根据游戏规则，只有第二次出 3 时桌上才有相同牌，而第三次出 3 时前两次的已经被收走了，所以第三次不会触发收牌。

求解序列标注问题的模型一般称为**序列标注器**（tagger），通常由模型从一个标注数据集 $\{X,Y\}=\{(\boldsymbol{x}^{(i)},\boldsymbol{y}^{(i)})\},i=1,\cdots,K$ 中学习相关知识后再进行预测。在 NLP 问题中，$\boldsymbol{x}$ 通常是字符或词语，而 $\boldsymbol{y}$ 则是待预测的组词角色或词性等标签。无论是第 3 章介绍的中文分词、第 7 章中的词性标注还是第 8 章中的命名实体识别，都可以转化为序列标注问题。

4.1.1 序列标注与中文分词

考虑一个字符序列（字符串）$\boldsymbol{x}$，想象切词器真的是在拿刀切割字符串。那么每个字符 x_i 在分词时无非充当如下两种角色：要么在 i 之后切开，要么跳过不切。如此，中文分词转化为标注集为 { 切 , 过 } 的序列标注问题，如图 4-3 所示。

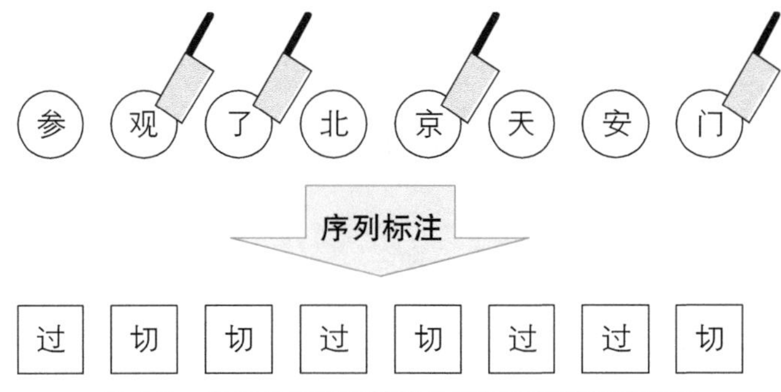

图 4-3 中文分词问题转换为切与不切的标注问题

只要标注器正确标注每个字符切与不切，分词器就能够按照指示切割出正确结果。可以将标注序列看作中文分词的中间结果，往后则是纯粹的字符串分割逻辑。

分词标注集并非只有一种。为了捕捉汉字分别作为词语首尾（**B**egin、**E**nd）、词中（**M**iddle）以及单字成词（**S**ingle）时不同的成词概率，人们提出了 {B,M,E,S} 这种最流行的标注集，如图 4-4 所示。

图 4-4 中文分词序列标注的 BMES 标注集

标注后，分词器将最近两个 BE 标签对应区间内的所有字符合并为一个词语，S 标签对应字符作为单字词语，按顺序输出即完成分词过程。

4.1.2 序列标注与词性标注

词性标注任务是一个天然的序列标注问题：$\boldsymbol{x}$ 是单词序列，$\boldsymbol{y}$ 是相应的词性序列，如图 4-5 所示。

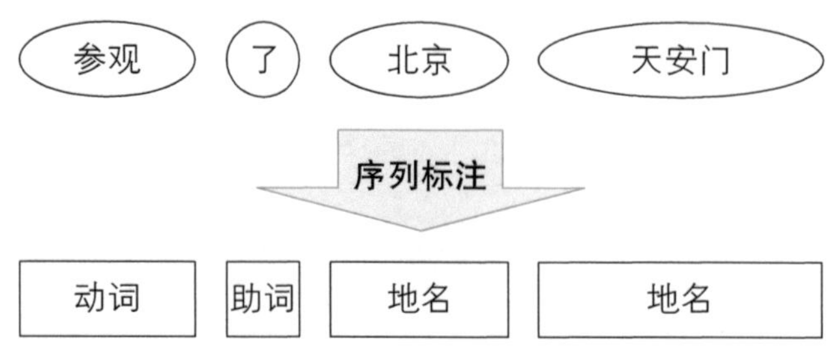

图 4-5 词性标注是天然的序列标注问题

词性标注集同样不是唯一的，人们根据需要制定了不同的标注集。其中最著名的当数 863 标注集和北大标注集，前者词性数量要少一些，颗粒度要大一些。本书将在第 7 章中详细介绍这些标注集和相应语料库。

词性标注与“小猫钓鱼”类似，需要综合考虑前后的单词与词性才能决定当前单词的词性。比如副词容易接续动词，“的”字之后容易出现名词。这里的“容易”其实意味着较大的概率，需要使用概率模型去模拟。

4.1.3 序列标注与命名实体识别

所谓命名实体，指的是现实存在的实体，比如人名、地名和机构名。命名实体是 OOV 的主要组成部分，往往也是句子中最令人关注的成分。命名实体的数量是无穷的，因为世界上每种事物都需要一个名字代表自身。比如每颗星星、每种蛋白质都有自己的名称，宇宙中的星星和蛋白质显然不可数。

简短的人名和地名可以通过中文分词切分，然后通过词性标注来确定所属类别。但地名和机构名常常由多个单词组成（称为**复合词**），较难识别。由于复合词的丰度较小，导致分词器和词性标注器很难一步到位地将其识别出来，这时常常在分词和词性标注的中间结果之上进行召回。

考虑到字符级别中文分词和词语级别命名实体识别有着类似的特点，都是组合短单位形成长单位的问题。所以命名实体识别可以复用 BMES 标注集，并沿用中文分词的逻辑，只不过标注的对象由字符变为单词而已。唯一不同的是，命名实体识别还需要确定实体所属的类别。这个额外的要求依然是个标注问题，可以通过将命名实体类别附着到 BMES 标签来达到目的。比如，构成地名的单词标注为“B/M/E/S- 地名”，以此类推。对于那些不构成命名实体的单词，则统一标注为 O（**O**utside），即复合词之外。一个典型样本如图 4-6 所示。

图 4-6 命名实体识别转化为序列标注问题

图 4-6 后续过程中，命名实体识别模块根据标注结果，将“北京”和“天安门”作为首尾组合成词，并且标注为地名。

总之，序列标注问题是 NLP 中最常见的问题之一。许多应用任务都可以变换思路，转化为序列标注来解决。所以一个准确的序列标注模型非常重要，直接关系到 NLP 系统的准确率。机器学习领域为 NLP 提供了许多标注模型，本着循序渐进的原则，本章介绍其中最基础的一个——隐马尔可夫模型。

4.2 隐马尔可夫模型

隐马尔可夫模型（Hidden Markov Model，HMM）是描述两个时序序列联合分布 $p(\boldsymbol{x},\boldsymbol{y})$ 的概率模型：$\boldsymbol{x}$ 序列外界可见（外界指的是观测者），称为**观测序列**（observation sequence）；$\boldsymbol{y}$ 序列外界不可见，称为**状态序列**（state sequence）。比如观测 x 为单词，状态 y 为词性，我们需要根据单词序列去猜测它们的词性。隐马尔可夫模型之所以称为“隐”，是因为从外界来看，状态序列（例如词性）隐藏不可见，是待求的因变量。从这个角度来讲，人们也称状态为**隐状态**（hidden state），而称观测为**显状态**（visible state）。隐马尔可夫模型之所以称为“马尔可夫模型”，是因为它满足马尔可夫假设。接下来让我们先复习一下马尔可夫假设，然后再过渡到隐马尔可夫模型的详细介绍。

4.2.1 从马尔可夫假设到隐马尔可夫模型

在第 3 章语言模型中，我们曾讲过**马尔可夫假设**：每个事件的发生概率只取决于前一个事件。将满足该假设的连续多个事件串联在一起，就构成了**马尔可夫链**。在 NLP 的语境下，可以将事件具象为单词，于是马尔可夫模型就具象为二元语法模型。

在此基础之上，隐马尔可夫模型理解起来就并不复杂了：它的马尔可夫假设作用于状态序列，假设①当前状态y_t仅仅依赖于前一个状态y_{t-1}，连续多个状态构成**隐马尔可夫链$\boldsymbol{y}$**。有了隐马尔可夫链，如何与观测序列$\boldsymbol{x}$建立联系呢？隐马尔可夫模型做了第二个假设：②任意时刻的观测x_t只依赖于该时刻的状态y_t，与其他时刻的状态或观测独立无关。如果用箭头表示事件的依赖关系（箭头终点是结果，依赖于起点的因缘），则隐马尔可夫模型可以表示为图 4-7。

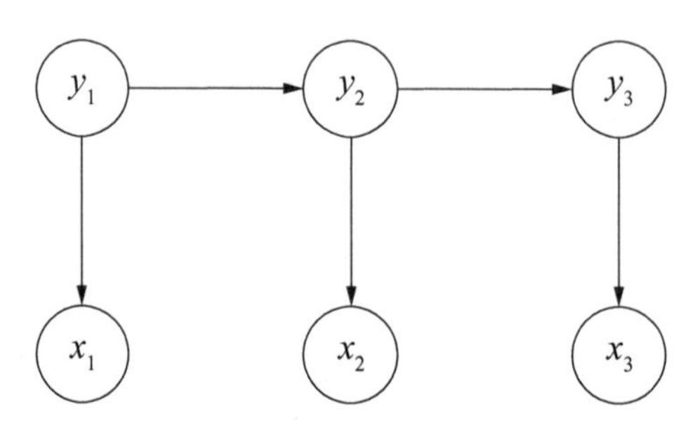

图 4-7 隐马尔可夫模型状态序列与观测序列的依赖关系

这张图也许有一丝违和感，按通常理解，应当是x决定y，而不是反过来。这是由于在联合概率分布$p(\boldsymbol{x},\boldsymbol{y})$中，两个随机变量并没有固定的先后与因果关系，即$p(\boldsymbol{x},\boldsymbol{y})=p(\boldsymbol{y},\boldsymbol{x})$。从贝叶斯定理的角度来讲，联合分布完全可以做两种等价变换：

$$\begin{aligned}p(\boldsymbol{x},\boldsymbol{y}) &= p(\boldsymbol{x})p(\boldsymbol{y} \mid \boldsymbol{x})\\ &= p(\boldsymbol{y})p(\boldsymbol{x} \mid \boldsymbol{y})\end{aligned}$$

隐马尔可夫模型只不过在假设②中采用了后一种变换而已，即假定先有状态，后有观测，取决于两个序列的可见与否。这种因果关系在现实生活中也能找到例子，比如写文章可以想象为先在脑海中构思好一个满足语法的词性序列，然后再将每个词性填充为具体的词语。

状态与观测之间的依赖关系确定之后，隐马尔可夫模型利用三个要素来模拟时序序列的发生过程——即初始状态概率向量、状态转移概率矩阵和发射概率矩阵（也称作观测概率矩阵），在接下来的三个小节中分别介绍。

4.2.2 初始状态概率向量

系统启动时进入的第一个状态y_1称为**初始状态**，假设y有N种可能的取值，即$y \in \{s_1,\cdots,s_N\}$，那么y_1就是一个独立的离散型随机变量，由$p(y_1 \mid \boldsymbol{\pi})$描述。其中$\boldsymbol{\pi}=(\pi_1,\cdots,\pi_N)^{\mathrm{T}},0\leqslant\pi_i\leqslant1,\sum_{i=1}^{N}\pi_i=1$是概率分布的参数向量，称为**初始状态概率向量**。让我们把它添加到示意图上，如图 4-8 虚线所示。

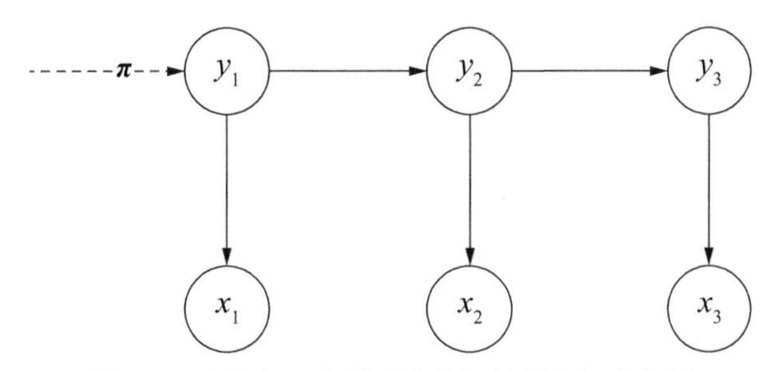

图 4-8 隐马尔可夫模型中的初始状态概率向量

给定 $\boldsymbol{\pi}$，初始状态 y_1 的取值分布就确定了。比如中文分词问题采用 $\{B, M, E, S\}$ 标注集时，y_1 所有可能的取值及对应概率如下：

$$
\begin{aligned}
p(y_1 = \mathrm{B}) &= 0.7 \\
p(y_1 = \mathrm{M}) &= 0 \\
p(y_1 = \mathrm{E}) &= 0 \\
p(y_1 = \mathrm{S}) &= 0.3
\end{aligned}
$$

那么此时隐马尔可夫模型的初始状态概率向量为 $\boldsymbol{\pi} = [0.7, 0, 0, 0.3]$。注意标签 M 和 E 的概率为 0，因为句子第一个字符不可能成为单词的中部或尾部。另外，$p(y_1 = \mathrm{B}) > p(y_1 = \mathrm{S})$，也说明句子第一个词是单字的可能性要小一些。

4.2.3 状态转移概率矩阵

y_t 确定之后，如何转移到 y_{t+1} 呢？根据马尔可夫假设，$t+1$ 时的状态仅仅取决于 t 时的状态。既然一共有 N 种状态，那么从状态 s_i 到状态 s_j 的概率就构成了一个 $N \times N$ 的方阵，称为**状态转移概率矩阵 $\boldsymbol{A}$**：

$$
\boldsymbol{A} = [p(y_{t+1} = s_j \mid y_t = s_i)]_{N \times N}
$$

其中下标 i、j 分别表示状态的第 i、j 种取值，比如我们约定 1 表示标注集中的 B，依序类推。

将状态转移概率矩阵的作用范围添加到示意图上，得到图 4-9。

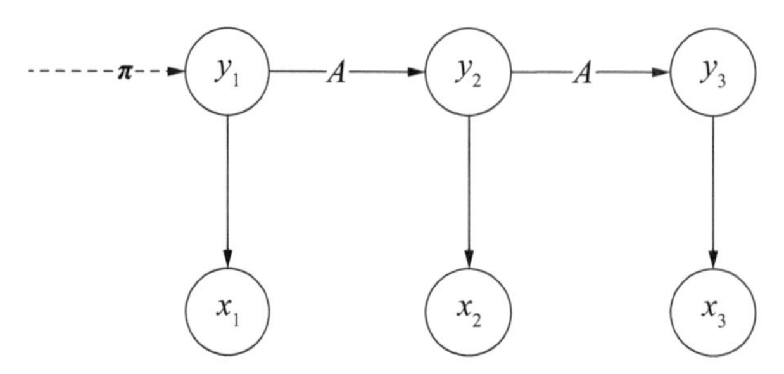

图 4-9 隐马尔可夫模型中的状态转移概率矩阵

状态转移概率的存在有其实际意义，在中文分词中，标签 B 的后面不可能是 S，于是只需赋予 $p(y_{t+1}=\mathrm{S} \mid y_t=\mathrm{B})=0$ 就可以模拟这种禁止转移的需求。此外，汉语中的长词相对较少，于是隐马尔可夫模型可以通过较小的 $p(y_{t+1}=\mathrm{M} \mid y_t=\mathrm{M})$ 来模拟该语言现象。同样，词性标注中的“形容词→名词”“副词→动词”也可以通过状态转移概率来模拟。值得一提的是，这些概率分布的参数都不需要程序员手动赋予，而是通过语料库上的统计自动学习。

4.2.4 发射概率矩阵

有了状态 y_t 之后，如何确定观测 x_t 的概率分布呢？根据隐马尔可夫假设②，当前观测 x_t 仅仅取决于当前状态 y_t。也就是说，给定每种 y，x 都是一个独立的离散型随机变量，其参数对应一个向量。假设观测 x 一共有 M 种可能的取值，即 $x \in \{o_1, \cdots o_M\}$，则 x 的概率分布参数向量维度为 M。由于 y 一共有 N 种，所以这些参数向量构成了 $N \times M$ 的矩阵，称为**发射概率矩阵 $\boldsymbol{B}$**。

$$\boldsymbol{B} = [p(x_t = o_j \mid y_t = s_i)]_{N \times M}$$

其中，第 i 行 j 列的元素下标 i 和 j 分别代表状态和观测的第 i 种和第 j 种取值，比如我们约定 $j=1$ 表示字符集中的“阿”。此时 $p(x_1=\text{阿} \mid y_1=\mathrm{B})$ 对应矩阵中左上角第一个元素。如果字符集大小为 1000 的话，则 $\boldsymbol{B}$ 就是一个 4×1000 的矩阵。

将发射概率矩阵 $\boldsymbol{B}$ 的作用范围添加到示意图上，得到图 4-10。

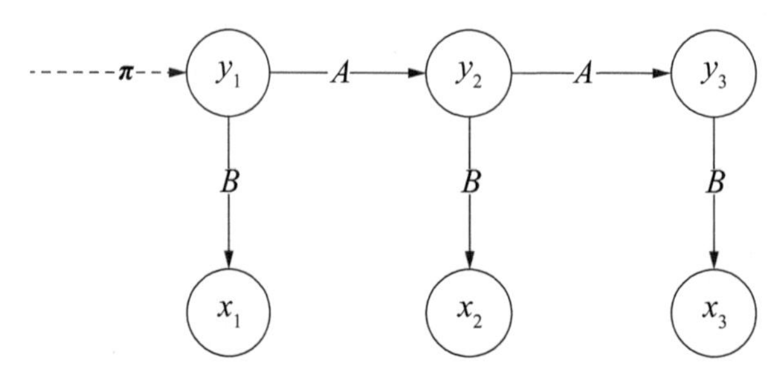

图 4-10 隐马尔可夫模型中的发射概率矩阵

发射（emission）概率矩阵是一个非常形象的术语：将y_t想象为不同的彩弹枪，x_t想象为不同颜色的子弹，则根据y_t确定x_t的过程就像拔枪发射彩弹一样。不同的彩弹枪弹仓内的每种彩弹比例不同，导致有些彩弹枪更容易发射红色彩弹，另一些更容易发射绿色彩弹。

发射概率在中文分词中也具备实际意义，有些字符构词时的位置比较固定。比如作为词首的话（一把名为词首的彩弹枪），不容易观测到（发射出）“忑”，因为“忑”一般作为“忐忑”的词尾出现。通过赋予$p(x_1=\text{忑} \mid y_1=\text{B})$较低的概率，隐马尔可夫模型可以有效地防止“忐忑”被错误切开。

初始状态概率向量、状态转移概率矩阵与发射概率矩阵被称为隐马尔可夫模型的**三元组**$\lambda=(\boldsymbol{\pi},\boldsymbol{A},\boldsymbol{B})$，只要三元组确定了，隐马尔可夫模型就确定了。有了隐马尔可夫模型之后，如何使用呢？

4.2.5 隐马尔可夫模型的三个基本用法

隐马尔可夫模型的作用并不仅限于预测标注序列，它一共解决如下三个问题。

(1) 样本生成问题：给定模型$\lambda=(\boldsymbol{\pi},\boldsymbol{A},\boldsymbol{B})$，生成满足模型约束的样本，即一系列观测序列及其对应的状态序列$\{(\boldsymbol{x}^{(i)},\boldsymbol{y}^{(i)})\}$。

(2) 模型训练问题：给定训练集$\{(\boldsymbol{x}^{(i)},\boldsymbol{y}^{(i)})\}$，估计模型参数$\lambda=(\boldsymbol{\pi},\boldsymbol{A},\boldsymbol{B})$。

(3) 序列预测问题：已知模型参数$\lambda=(\boldsymbol{\pi},\boldsymbol{A},\boldsymbol{B})$，给定观测序列$\boldsymbol{x}$，求最可能的状态序列$\boldsymbol{y}$。

读者也许最关心第三个问题，但前两个问题也很重要。熟练掌握样本生成问题，可以巩固对隐马尔可夫模型的基本流程的理解①，而模型训练更是直接关系到最后的预测问题。接下来的几个小节将同步介绍这些问题的解决原理与具体实现。

4.3 隐马尔可夫模型的样本生成

4.3.1 案例——医疗诊断

设想如下案例：某医院招标开发“智能”医疗诊断系统，用来辅助感冒诊断。已知①来诊者只有两种状态：要么健康，要么发烧。②来诊者不确定自己到底是哪种状态，只能回答感觉头晕、体寒或正常。医院认为，③感冒这种病，只跟病人前一天的状态有关，并且，④当天的

① 隐马尔可夫模型的样本生成与后面的序列预测息息相关，甚至可以用来检验模型训练实现正确与否。虽然多数 NLP 书籍对此鲜有涉及，但我认为有必要了解。

病情决定当天的身体感觉。有位来诊者的病历卡上完整地记录了最近 T 天的身体感受（头晕、体寒或正常），请预测这 T 天的身体状态（健康或发烧）。由于医疗数据属于机密隐私，医院无法提供训练数据，但根据医生经验，感冒发病的规律如图 4-11 所示。

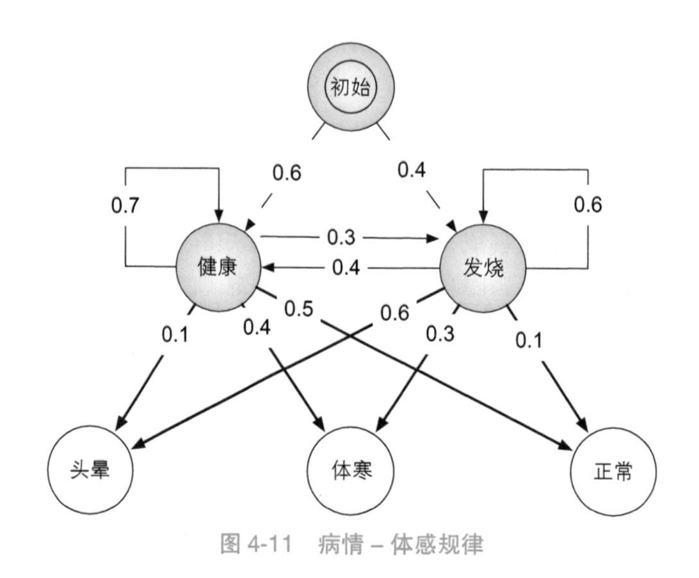

图 4-11 病情 – 体感规律

从上往下看，一个人从初始状态出发，有 0.4 的概率进入发烧状态。发烧后的第二天有 0.6 的概率继续发烧，但发烧状态下也可能以 0.1 概率表现正常。要求设计算法，生成训练样本，作为下一阶段的测试数据。

根据已知条件①②，病情状态（健康、发烧）可作为隐马尔可夫模型的隐状态（图 4-11 中蓝色状态），而身体感受（头晕、体寒或正常）可作为隐马尔可夫模型的显状态（图中白色状态）。条件③符合隐马尔可夫模型假设一，条件④符合隐马尔可夫模型假设二。这个案例其实描述了一个隐马尔可夫模型，并且参数已经给定（参见图 4-11）。其中，虚线对应初始状态概率向量，实线对应状态转移概率矩阵，加粗实线对应发射概率矩阵。

隐马尔可夫模型在 HanLP 中的实现称为 `FirstOrderHiddenMarkovModel`，本案例中的隐马尔可夫模型用 Java 描述如下（详见 com/hankcs/hanlp/model/hmm/FirstOrderHiddenMarkovModelTest.java）：

```
/**
 * 隐状态
 */
enum Status
{
```

```
    Healthy,
    Fever,
}
/**
 * 显状态
 */
enum Feel
{
    normal,
    cold,
    dizzy,
}
/**
 * 初始状态概率向量
 */
static float[] start_probability = new float[]{0.6f, 0.4f};
/**
 * 状态转移概率矩阵
 */
static float[][] transition_probability = new float[][]{
    {0.7f, 0.3f},
    {0.4f, 0.6f},
};
/**
 * 发射概率矩阵
 */
static float[][] emission_probability = new float[][]{
    {0.5f, 0.4f, 0.1f},
    {0.1f, 0.3f, 0.6f},
};
/**
 * 某个病人的观测序列
 */
static int[] observations = new int[]{normal.ordinal(), cold.ordinal(),
dizzy.ordinal()};

FirstOrderHiddenMarkovModel givenModel = new FirstOrderHiddenMarkovModel(sta
rt_probability, transition_probability, emission_probability);
```

用 Python 描述如下（详见 tests/book/ch04/doctor_hmm.py）：

```
states = ('Healthy', 'Fever')
start_probability = {'Healthy': 0.6, 'Fever': 0.4}
transition_probability = {
    'Healthy': {'Healthy': 0.7, 'Fever': 0.3},
    'Fever': {'Healthy': 0.4, 'Fever': 0.6},
}
```

```
emission_probability = {
    'Healthy': {'normal': 0.5, 'cold': 0.4, 'dizzy': 0.1},
    'Fever': {'normal': 0.1, 'cold': 0.3, 'dizzy': 0.6},
}
observations = ('normal', 'cold', 'dizzy')

A = convert_map_to_matrix(transition_probability, states_label_index, states_
label_index) # ①
B = convert_map_to_matrix(emission_probability, states_label_index, observations_
label_index)
observations_index = convert_observations_to_index(observations, observations_
label_index)
pi = convert_map_to_vector(start_probability, states_label_index)

given_model = FirstOrderHiddenMarkovModel(pi, A, B)
```

由于 Python 并没有 enum 类型，所以概率向量或矩阵都用 `dict` 来模拟，相应地在①处做了转换。转换后的 `A`、`B` 和 `pi` 就是 Java 兼容的数组了，可以直接传入 `FirstOrderHiddenMarkovModel` 构造隐马尔可夫模型。

模型给定后，还需要训练样本才能完成监督学习。由于院方禁止隐私数据的外泄，所以我们只能自己写算法生成样本了。

4.3.2 样本生成算法

考虑长 T 的样本序列，它的生成过程就是沿着隐马尔可夫链走 T 步。

(1) 根据初始状态概率向量采样第一个时刻的状态 $y_1 = s_i$，即 $y_1 \sim \boldsymbol{\pi}$。

(2) y_t 采样结束得到 s_i 后，根据状态转移概率矩阵第 i 行的概率向量 $\boldsymbol{A}_{i,:}$ 采样下一时刻的状态 y_{t+1}，即 $y_{t+1} \sim \boldsymbol{A}_{i,:}$。

(3) 对每个 $y_t = s_i$，根据发射概率矩阵的第 i 行 $\boldsymbol{B}_{i,:}$ 采样 x_t，即 $x_t \sim \boldsymbol{B}_{i,:}$。

(4) 重复步骤 (2) 共计 $T-1$ 次，重复步骤 (3) 共计 T 次，输出序列 $\boldsymbol{x}$ 与 $\boldsymbol{y}$。

在 HanLP 中的实现对应 com.hankcs.hanlp.model.hmm.FirstOrderHiddenMarkovModel#generate：

```
/**
 * 生成样本序列
 *
 * @param length 序列长度
 * @return 序列
 */
public int[][] generate(int length)
```

```
{
    ...
    int xy[][] = new int[2][length];
    xy[1][0] = drawFrom(pi); // 采样首个隐状态
    xy[0][0] = drawFrom(B[xy[1][0]]); // 根据首个隐状态采样它的显状态
    for (int t = 1; t < length; t++)
    {
        xy[1][t] = drawFrom(A[xy[1][t - 1]]);
        xy[0][t] = drawFrom(B[xy[1][t]]);
    }
    return xy;
}
```

其中，`xy` 即为样本序列，采用二维数组存储。约定 `xy[0][t]` 表示 x_t，`xy[1][t]` 表示 y_t。`drawFrom` 函数作用为给定离散型随机变量的概率向量，采样一个变量值。无论是时刻 1 还是之后的时刻 t，都是先采样隐状态，然后采样下一个隐状态；对每个隐状态，都仅仅根据发射概率矩阵 $\boldsymbol{B}$ 来采样显状态。

考虑到实际运用时往往要生成多个样本序列，所以 HanLP 还封装了一个生成 `size` 个指定长度区间内样本序列的函数（详见 com.hankcs.hanlp.model.hmm.HiddenMarkovModel#generate(int, int, int)）：

```
/**
 * 生成样本序列
 *
 * @param minLength 序列最低长度
 * @param maxLength 序列最高长度
 * @param size      需要生成多少个
 * @return          样本序列集合
 */
public List<int[][]> generate(int minLength, int maxLength, int size)
```

来试试生成 2 个样本序列，长度介于 3 和 5 之间，用 Java 实现如下（详见 com.hankcs.hanlp.model.hmm.FirstOrderHiddenMarkovModelTest#testGenerate）：

```
for (int[][] sample : givenModel.generate(3, 5, 2))
{
    for (int t = 0; t < sample[0].length; t++)
        System.out.printf( "%s/%s ", Feel.values()[sample[0][t]], Status.
        values()[sample[1][t]]);
    System.out.println();
}
```

相应的 Python 实现如下：

```
for O, S in given_model.generate(3, 5, 2):
    print(" ".join((observations_index_label[o] + '/' + states_index_
    label[s]) for o, s in zip(O, S)))
```

运行后的结果可能是：

```
cold/Healthy normal/Healthy dizzy/Fever dizzy/Fever
dizzy/Fever normal/Healthy normal/Healthy
```

由于随机数的原因，每次运行结果都是随机的，但一定满足给定隐马尔可夫模型的约束。如何证明这一点呢？可通过训练来验证：给定模型 P，利用 P 生成的大量样本训练新模型 Q，如果 P 和 Q 的参数一致，则生成算法和训练算法有极大概率都是正确的。于是，我们在下一节实现训练算法。

4.4 隐马尔可夫模型的训练

根据训练数据是否有标注（是否记录了隐状态 $\boldsymbol{y}$），数据可分为完全数据和非完全数据，相应的训练算法分为监督学习和无监督学习①。既然本案例的样本是完全数据，那么就应该利用监督学习来估计模型参数。

在监督学习中，我们利用极大似然法来估计隐马尔可夫模型的参数。隐马尔可夫模型参数指的就是三元组 $(\boldsymbol{\pi}, \boldsymbol{A}, \boldsymbol{B})$，本节的三个小节分别同步介绍三者的训练原理和实现。

4.4.1 转移概率矩阵的估计

记样本序列在时刻 t 处于状态 s_i，时刻 $t+1$ 转移到状态 s_j。统计这样的转移频次计入矩阵元素 $\boldsymbol{A}_{i,j}$，则根据极大似然估计，从 s_i 到 s_j 的转移概率 $a_{i,j}$ 可估计为矩阵第 i 行频次的归一化：

$$\hat{a}_{i,j} = \frac{\boldsymbol{A}_{i,j}}{\sum_{j=1}^{N} \boldsymbol{A}_{i,j}}, \qquad i, j = 1, 2, \cdots, N$$

该公式的实现对应 com.hankcs.hanlp.model.hmm.HiddenMarkovModel#estimateTransitionProbability：

① 隐马尔可夫模型参数的无监督学习可由 EM 算法实现，称作 Baum-Welch 算法。有兴趣的读者欢迎参考李航博士的《统计学习方法》第 10 章或我的博客 http://www.hankcs.com/ml/hidden-markov-model.html。

```
/**
 * 利用极大似然估计转移概率
 *
 * @param samples   训练样本集
 * @param max_state 状态的最大下标，等于N-1
 */
protected void estimateTransitionProbability(Collection<int[][]> samples, int
max_state)
{
    transition_probability = new float[max_state + 1][max_state + 1];
    for (int[][] sample : samples)
    {
        int prev_s = sample[1][0];
        for (int i = 1; i < sample[0].length; i++)
        {
            int s = sample[1][i];
            ++transition_probability[prev_s][s];
            prev_s = s;
        }
    }
    for (int i = 0; i < transition_probability.length; i++)
        normalize(transition_probability[i]); // ①
}
```

其中 `transition_probability` 就是矩阵 $\boldsymbol{A}$，①处的 `normalize` 方法将一个离散型随机变量的频次向量归一化为概率分布。

4.4.2 初始状态概率向量的估计

初始状态其实可以看作状态转移的一种特例，即 y_1 是由 BOS 转移而来。所以从 BOS 到 y_1 的转移频次只有一行，即统计 y_1 的所有取值的频次记作向量 $\boldsymbol{c}$，然后用类似的方法归一化：

$$\hat{\pi}_i = \frac{\boldsymbol{c}_i}{\sum_{i=1}^{N}\boldsymbol{c}_i}, \qquad i = 1, 2, \cdots, N$$

上式的实现位于 com.hankcs.hanlp.model.hmm.HiddenMarkovModel#estimateStartProbability：

```
/**
 * 估计初始状态概率向量
 *
 * @param samples   训练样本集
 * @param max_state 状态的最大下标
 */
protected void estimateStartProbability(Collection<int[][]> samples, int max_state)
{
    start_probability = new float[max_state + 1];
```

```
    for (int[][] sample : samples)
    {
        int s = sample[1][0];
        ++start_probability[s];
    }
    normalize(start_probability);
}
```

start_probability 指的就是向量 $\boldsymbol{\pi}$ 。

4.4.3 发射概率矩阵的估计

统计样本中状态为 s_i 且观测为 o_j 的频次，计入矩阵元素 $\boldsymbol{B}_{i,j}$ ，则状态 s_i 发射观测 o_j 的概率估计为：

$$\hat{b}_{ij} = \frac{\boldsymbol{B}_{i,j}}{\sum_{j=1}^{M} \boldsymbol{B}_{i,j}}, \qquad i = 1,2,\cdots,N; j = 1,2,\cdots,M$$

上式的实现位于 com.hankcs.hanlp.model.hmm.HiddenMarkovModel#estimateEmissionProbability：

```
/**
 * 估计状态发射概率
 *
 * @param samples   训练样本集
 * @param max_state 状态的最大下标
 * @param max_obser 观测的最大下标
 */
protected void estimateEmissionProbability(Collection<int[][]> samples, int
max_state, int max_obser)
{
    emission_probability = new float[max_state + 1][max_obser + 1];
    for (int[][] sample : samples)
    {
        for (int i = 0; i < sample[0].length; i++)
        {
            int o = sample[0][i];
            int s = sample[1][i];
            ++emission_probability[s][o];
        }
    }
    for (int i = 0; i < transition_probability.length; i++)
        normalize(emission_probability[i]);
}
```

emission_probability 对应矩阵 $\boldsymbol{B}$ 。

4.4.4 验证样本生成与模型训练

完整的训练过程同时调用了这三个方法，位于 com.hankcs.hanlp.model.hmm.HiddenMarkovModel#train：

```
/**
 * 训练
 *
 * @param samples 数据集 int[i][j] i=0为观测,i=1为状态,j为时序轴
 */
public void train(Collection<int[][]> samples)
{
    if (samples.isEmpty()) return;
    int max_state = 0;
    int max_obser = 0;
    for (int[][] sample : samples)
    {
        if (sample.length != 2 || sample[0].length != sample[1].length) throw
        new IllegalArgumentException("非法样本");
        for (int o : sample[0])
            max_obser = Math.max(max_obser, o);
        for (int s : sample[1])
            max_state = Math.max(max_state, s);
    }
    estimateStartProbability(samples, max_state);
    estimateTransitionProbability(samples, max_state);
    estimateEmissionProbability(samples, max_state, max_obser);
    toLog();
}
```

最后一句 toLog 方法将所有概率参数取了对数，这样就可以用加法代替乘法，防止浮点数下溢出了。

按照测试驱动的开发范式，让我们做一个实验：利用给定的隐马尔可夫模型 P 生成十万个样本，在这十万个样本上训练新模型 Q，比较新旧模型参数是否一致。

Java 实现如下（详见 com.hankcs.hanlp.model.hmm.FirstOrderHiddenMarkovModelTest#testTrain）：

```
public void testTrain() throws Exception
{
    FirstOrderHiddenMarkovModel givenModel = new FirstOrderHiddenMarkovModel
    (start_probability, transition_probability, emission_probability);
    FirstOrderHiddenMarkovModel trainedModel = new FirstOrderHiddenMarkovModel();
    trainedModel.train(givenModel.generate(3, 10, 100000));
    assertTrue(trainedModel.similar(givenModel));
}
```

其中，givenModel 是给定参数的模型，trainedModel 是由给定模型生成样本训练而来的新模型，而 similar 方法用于比较两个模型参数误差是否在给定误差范围内。

对应的 Python 版本如下（详见 tests/book/ch04/doctor_hmm.py）：

```
trained_model = FirstOrderHiddenMarkovModel()
trained_model.train(given_model.generate(3, 10, 100000))
assert trained_model.similar(given_model)
```

运行后断言一般都成立，由于随机数，仅有小概率发生失败。

截止本节，读者已经实现了隐马尔可夫模型的样本生成和模型训练算法，接下来进入最实用的预测环节。

4.5　隐马尔可夫模型的预测

隐马尔可夫模型最具实际意义的问题当属序列标注了：给定观测序列，求解最可能的状态序列及其概率。在医疗诊断系统中，假定来了一位病人，他最近三天的身体感受是：正常、体寒、头晕，请预测他这三天最可能的健康状态和相应概率。

4.5.1　概率计算的前向算法

循序渐进地解决问题，先不考虑最大概率的问题。给定观测序列 $\boldsymbol{x}$ 和一个状态序列 $\boldsymbol{y}$，如何估计两者的联合概率 $p(\boldsymbol{x},\boldsymbol{y})$ 呢？只要能解决这个问题，最大概率无非是对所有 $(\boldsymbol{x},\boldsymbol{y})$ 的搜索罢了。

顺着隐马尔可夫链走（图 4-10），首先 $t=1$ 时初始状态没有前驱状态，其发生概率由 $\boldsymbol{\pi}$ 决定，即：

$$p(y_1=s_i)=\boldsymbol{\pi}_i \tag{4.1}$$

接着对 $t\geqslant 2$，状态 y_t 由前驱状态 y_{t-1} 转移而来，其转移概率由矩阵 $\boldsymbol{A}$ 决定，即：

$$p(y_t=s_j \mid y_{t-1}=s_i)=\boldsymbol{A}_{i,j} \tag{4.2}$$

所以状态序列的概率为式 (4.1) 和式 (4.2) 的乘积：

$$p(\boldsymbol{y})=p(y_1,\cdots,y_T)=p(y_1)\prod_{t=2}^{T}p(y_t \mid y_{t-1}) \tag{4.3}$$

最后，对于每个 $y_t = s_i$，都会“发射”一个 $x_t = o_j$，其发射概率由矩阵 $\boldsymbol{B}$ 决定，即：

$$p\left(x_t = o_j \mid y_t = s_i\right) = \boldsymbol{B}_{i,j} \tag{4.4}$$

那么给定长 T 的状态序列 $\boldsymbol{y}$，对应 $\boldsymbol{x}$ 的概率就是式 (4.4) 的累积形式：

$$p\left(\boldsymbol{x} \mid \boldsymbol{y}\right) = \prod_{t=1}^{T} p\left(x_t \mid y_t\right)$$

上式乘上式 (4.3)，得到显隐状态序列的联合概率：

$$\begin{aligned} p\left(\boldsymbol{x}, \boldsymbol{y}\right) &= p\left(\boldsymbol{y}\right) p\left(\boldsymbol{x} \mid \boldsymbol{y}\right) \\ &= p\left(y_1\right) \prod_{t=2}^{T} p\left(y_t \mid y_{t-1}\right) \prod_{t=1}^{T} p\left(x_t \mid y_t\right) \end{aligned} \tag{4.5}$$

将其中的每个 x_t, y_t 对应上实际发生序列的 s_i, o_j，就能代入 $(\boldsymbol{\pi}, \boldsymbol{A}, \boldsymbol{B})$ 中的相应元素，从而计算出任意序列的概率了。

4.5.2 搜索状态序列的维特比算法

理解了式 (4.5) 之后，找寻最大概率所对应的状态序列无非是一个搜索问题。具体说来，将每个状态作为有向图中的一个节点，节点间的距离由转移概率决定，节点本身的花费由发射概率决定。那么所有备选状态构成一幅有向无环图，待求的概率最大的状态序列就是图中的最长路径[①]，此时的搜索算法称为**维特比算法**，如图 4-12 所示。

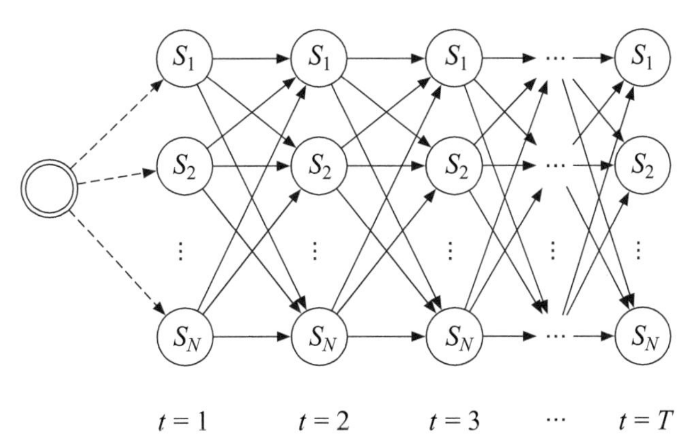

图 4-12　隐马尔可夫模型中的维特比算法

上图从左往右时序递增，虚线由初始状态概率决定，实线则是转移概率。由于受到观测序列的约束，不同状态发射观测的概率不同，所以每个节点本身也必须计算自己的花费，由发射

① 如果对概率取对数，则为最长路径；如果取对数的相反数（负对数），则为最短路径。

概率决定。所有备选状态连起来构成一幅网状图①，起点给定，终点固定为 $t=T$ 时刻的 N 个状态中的任意一个。

如何搜索网状图呢？暴力解法是枚举每个时刻的 N 种备选状态，由于一共有 T 个时刻，所以复杂度是 $O(N^T)$。如果使用下面介绍的动态规划记住截至当前时刻最短的前 N^2 条路径的话，则可以将复杂度降低到 $O(TN^2)$。

根据图论，假设最优路径为 $\boldsymbol{y}^*$，其中从起点到时刻 t 的一段最优路径是 $y_1^*,\cdots,y_t^*$，则这部分路径对 $y_t^*,\cdots,y_T^*$ 的选取来讲一定也是最优的。该结论可以用反证法推导：假设存在另一条局部路径 $y_1',\cdots,y_t'$ 优于 $y_1^*,\cdots,y_t^*$，那么将它与 $y_t^*,\cdots,y_T^*$ 拼接起来会得到另一条更优的全局最优路径，与 $\boldsymbol{y}^*$ 的定义矛盾。

又由于 y_{t+1} 仅依赖于 y_t，所以网状图可以动态规划地搜索：定义二维数组 $\boldsymbol{\delta}_{t,i}$ 表示在时刻 t 以 s_i 结尾的所有局部路径的最大概率，从 $t=1$ 逐步递推到 $t=T$。每次递推都在上一次的 N 条局部路径中挑选，所以复杂度为 $O(TN)$。为了追踪最优路径，我们还必须记录每个状态的前驱：定义另一个二维数组 $\boldsymbol{\psi}_{t,i}$，下标定义与 $\boldsymbol{\delta}$ 相同，存储局部最优路径末状态 y_t 的前驱状态。于是维特比算法用白话描述如下所示。

维特比算法

(1) 初始化，$t=1$ 时初始最优路径的备选由 N 个状态组成，它们的前驱为空。

$$\begin{aligned} \boldsymbol{\delta}_{1,i} &= \boldsymbol{\pi}_i \boldsymbol{B}_{i,o_1}, \qquad i=1,\cdots,N \\ \boldsymbol{\psi}_{1,i} &= 0, \qquad i=1,\cdots,N \end{aligned} \tag{4.6}$$

(2) 递推，$t \geqslant 2$ 时每条备选路径像贪吃蛇一样吃入一个新状态，长度增加一个单位，根据转移概率和发射概率计算花费。找出新的局部最优路径，更新两个数组。

$$\begin{aligned} \boldsymbol{\delta}_{t,i} &= \max_{1\leqslant j\leqslant N}\left(\delta_{t-1,j}\boldsymbol{A}_{j,i}\right)\boldsymbol{B}_{i,o_t}, \qquad i=1,\cdots,N \\ \boldsymbol{\psi}_{t,i} &= \arg\max_{1\leqslant j\leqslant N}\left(\delta_{t-1,j}\boldsymbol{A}_{j,i}\right), \qquad i=1,\cdots,N \end{aligned} \tag{4.7}$$

(3) 终止，找出最终时刻 $\boldsymbol{\delta}_{t,i}$ 数组中的最大概率 p^*，以及相应的结尾状态下标 i_T^*。

$$\begin{aligned} p^* &= \max_{1\leqslant i\leqslant N} \boldsymbol{\delta}_{T,i} \\ i_T^* &= \arg\max_{1\leqslant i\leqslant N} \boldsymbol{\delta}_{T,i} \end{aligned} \tag{4.8}$$

(4) 回溯，根据前驱数组 $\boldsymbol{\psi}$ 回溯前驱状态，取得最优路径状态下标 $\boldsymbol{i}^*=i_1^*,\cdots,i_T^*$。

$$i_t^* = \boldsymbol{\psi}_{t+1,i_{t+1}^*}, \qquad t=T-1,T-2,\cdots,1 \tag{4.9}$$

① “网状图”并非术语，是一个形象的表述。

下面对照上述算法公式，分 4 段代码介绍 HanLP 中的实现（详见 com.hankcs.hanlp.model.hmm.FirstOrderHiddenMarkovModel#predict）：

```
/**
 * 预测（维特比算法）
 *
 * @param o 观测序列
 * @param s 预测状态序列（需预先分配内存）
 * @return 概率的对数，可利用 (float) Math.exp(maxScore) 还原
 */
public float predict(int[] observation, int[] state)
{
    final int time = observation.length; // 序列长度
    final int max_s = start_probability.length; // 状态种数

    float[] score = new float[max_s];

    // path[t][s] := 第t个时刻在当前状态是s时，前一个状态是什么
    int[][] path = new int[time][max_s];
```

代码中 score 和接下来将会出现的 pre 数组共同组成 δ 数组。第一个时刻根据式 (4.6) 初始概率向量和发射概率矩阵得到首个隐状态各种取值及概率：

```
// 第一个时刻，使用初始概率向量乘以发射概率矩阵                    （接上段代码）
for (int cur_s = 0; cur_s < max_s; ++cur_s)
{
    score[cur_s] = start_probability[cur_s] + emission_probability[cur_s]
    [observation[0]];// ①
}
```

第二个时刻根据式 (4.7) 则需要同时考虑上一个时刻的概率、转移概率以及发射概率：

```
// 第二个时刻，使用前一个时刻的概率向量乘以一阶转移矩阵乘以发射概率矩阵   （接上段代码）
float[] pre = new float[max_s];
for (int t = 1; t < observation.length; t++)// ②
{
    // swap(now, pre)
    float[] _ = pre;
    pre = score;
    score = _;
    // end of swap
    for (int s = 0; s < max_s; ++s)
    {
        score[s] = Integer.MIN_VALUE;
        for (int f = 0; f < max_s; ++f)
```

```
        {
            float p = pre[f] + transition_probability[f][s] + emission_
            probability[s][observation[t]];
            if (p > score[s])
            {
                score[s] = p;
                path[t][s] = f;
            }
        }
    }
}
```

仔细观察式 (4.7)，状态转移仅仅利用了前一个时刻的状态 y_{t-1}，所以算法不必记住那么久之前的分数（概率），只需记住前一个时刻的分数即可。于是，HanLP 利用了滚动数组[①] 的技巧，用 `pre` 数组存储前一个时刻的分数，与当前分数 `score` 交替滚动，节省了一些内存。

`link` 数组对应 ψ 数组，由于需要追踪每个时刻的最优路径，所以无法利用滚动数组技巧。

两个数组推导到最终时刻后，利用式 (4.8) 和式 (4.9) 进行反向回溯，得到最佳路径及其概率。

（接上段代码）

```
    float max_score = Integer.MIN_VALUE;
    int best_s = 0;
    for (int s = 0; s < max_s; s++)// ③
    {
        if (score[s] > max_score)
        {
            max_score = score[s];
            best_s = s;
        }
    }

    for (int t = path.length - 1; t >= 0; --t)// ④
    {
        state[t] = best_s;
        best_s = path[t][best_s];
    }

    return max_score;
}
```

代码①对应算法步骤 (1)，由于提前对概率取了对数，所以乘法改用加法。循环②对应步骤 (2)，循环③对应步骤 (3)，循环④对应步骤 (4)。

回到最初的医疗诊断案例，利用维特比算法，给定隐马尔可夫模型与观测序列“正常、体

① 滚动数组是实现动态规划时常用的技巧，感兴趣的读者可以参考巫泽俊译著《挑战程序设计竞赛》2.3 节。

寒、头晕”，病人这三天最可能的健康状态和相应概率就可以预测了。用 Java 实现如下（详见 com.hankcs.hanlp.model.hmm.FirstOrderHiddenMarkovModelTest#evaluateModel）：

```
int[] pred = new int[observations.length];
float prob = (float) Math.exp(model.predict(observations, pred));// ①
int[] answer = {Healthy.ordinal(), Healthy.ordinal(), Fever.ordinal()};
assertEquals(Arrays.toString(answer), Arrays.toString(pred));// ②
assertEquals("0.015", String.format("%.3f", prob));// ③
```

代码①调用 `predict` 方法预测最优状态序列存入 `pred` 数组，返回最大概率的对数，取指数后还原存入 `prob` 变量。代码②要求预测结果是“健康、健康、发烧”，代码③要求预测结果与正确答案在三位小数点内保持一致。正确答案由我手算而来，我在学习维特比算法时曾经手算过这个例子。所谓算法就是解决问题的步骤，如果读者能够手算，则一定能够将手算步骤写成计算机算法。如果手算错误，则说明理解有偏差。有兴趣的读者可以试试在 `predict` 方法内下断点，将算法单步一遍，比较程序与手算的中间结果。

这个例子相应的 Python 实现如下：

```
pred = JArray(JInt, 1)([0, 0, 0])# ①
prob = given_model.predict(observations_index, pred)
print( " ".join((observations_index_label[o] + '/' + states_index_label[s])
for o, s in zip(observations_index, pred)) + " {:.3f}".format(np.math.
exp(prob)))
```

代码①创建了 Java 整型数组，用来存储预测路径。运行结果为：

```
normal/Healthy cold/Healthy dizzy/Fever 0.015
```

观察该结果，“/” 隔开观测和状态，最后的 `0.015` 是序列的联合概率，与正确答案一致。这个案例同时验证了生成、训练、预测算法的正确性。

医疗诊断是一个玩具案例，如果将观测换成字符，状态换成 {B,M,E,S}，我们就能应用隐马尔可夫模型驱动中文分词了。

4.6 隐马尔可夫模型应用于中文分词

HanLP 已经实现了基于隐马尔可夫模型的中文分词器 `HMMSegmenter`，并且实现了训练接口。虽然终端用户不必关心实现细节，但作为本书读者，深入细节有助于掌握 NLP 系统的设计。

在开始中文分词任务前，有一些细微的工序待处理。也就是将标注集 {B,M,E,S} 映射为连续的整型 id，将字符映射为另一套连续 id，这些映射在 NLP 的代码中习惯上称作**词表**（vocabulary）或**标注集**（tagset）。

4.6.1 标注集

幸运的是，HanLP 已经实现了 {B,M,E,S} 标签到整型的映射，称为 `CWSTagSet`。HanLP 还实现了用于词性标注的 `POSTagSet` 以及用于命名实体识别的 `NERTagSet`。对其他标注任务，读者还可以实现自己的标注集。通过替换标注集，用户可以无缝地利用 HanLP 实现的众多序列标注模型，包括隐马尔可夫模型在内。

这些标注集的架构设计如图 4-13 所示。

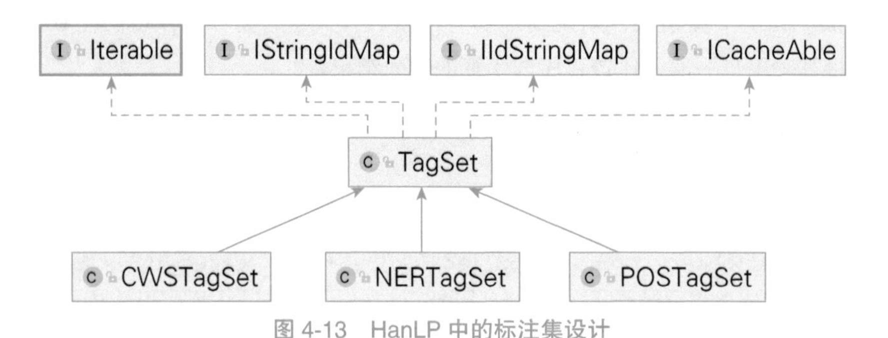

图 4-13 HanLP 中的标注集设计

TagSet 实现了标签与 id 之间的遍历、双向映射接口，以及序列化接口。本节我们关注 `CWSTagSet`：

```
public class CWSTagSet extends TagSet
{
    public final int B;
    public final int M;
    public final int E;
    public final int S;

    public CWSTagSet()
    {
        B = add("B");
        M = add("M");
        E = add("E");
        S = add("S");
    }
}
```

HanLP 选择用成员存储 {B,M,E,S} 的 id 是为了提高运行时效率，因为整型比较快于字符串比较。另外，成员变量对程序员更加友好。

4.6.2 字符映射

字符作为观测变量，必须是整型才可被隐马尔可夫模型接受。HanLP 实现了从字符串形式到整型的映射，称为 Vocabulary 词表（虽然在中文分词中用于存储字符，但在其他任务中会存储单词，比如词性标注）。代码如下所示：

```
public class Vocabulary implements IStringIdMap
{
    private BinTrie<Integer> trie;// ①
    boolean mutable;// ②
    private static final int UNK = 0;// ③

    public Vocabulary(BinTrie<Integer> trie, boolean mutable)
    {
        this.trie = trie;
        this.mutable = mutable;
    }

    public Vocabulary()
    {
        this(new BinTrie<Integer>(), true);
        trie.put("\t", UNK);
    }

    @Override
    public int idOf(String string)
    {
        Integer id = trie.get(string);
        if (id == null)
        {
            if (mutable)// ④
            {
                id = trie.size();
                trie.put(string, id);
            }
            else
                id = UNK;
        }
        return id;
    }
}
```

其中，①处是我们熟悉的字典树，存储字符以及 id。②处的 `mutable` 成员负责控制词表是否只读：在只读状态下将 OOV 映射为一个特殊的 id，即③处的 `UNK`（unknown，NLP 系统中另一个常客）；在可写状态下为 OOV 分配新 id，也即④处的逻辑。

在模型训练的时候，词表是可写的，为训练集中的所有字符（单词）分配 id。但在预测时，我们不能假设所有字符（单词）都是 IV。此时，对 OOV 我们统一映射为 UNK。

4.6.3 语料转换

对于《人民日报》格式的语料库，我们必须转换为 $(\boldsymbol{x}, \boldsymbol{y})$ 二元组才能训练隐马尔可夫模型。幸运的是，HanLP 已经实现了自动转换逻辑，位于 com.hankcs.hanlp.model.hmm.HMMSegmenter#convertToSequence：

```
@Override
 protected List<String[]> convertToSequence(Sentence sentence)
{
    List<String[]> charList = new LinkedList<String[]>();
    for (Word w : sentence.toSimpleWordList())
    {
        String word = CharTable.convert(w.value);// ①
        if (word.length() == 1)
        {
            charList.add(new String[]{word, "S"});
        }
        else
        {
            charList.add(new String[]{word.substring(0, 1), "B"});
            for (int i = 1; i < word.length() - 1; ++i)
            {
                charList.add(new String[]{word.substring(i, i + 1), "M"});
            }
            charList.add(new String[]{word.substring(word.length() - 1), "E"});
        }
    }
    return charList;
}
```

该函数负责将语料库中的一个句子 `Sentence` 转换为二元组 `String[]`。二元组的第一个元素是字符，第二个元素是 {B,M,E,S} 标签。①处执行了字符正规化，因为部分语料库可能习惯使用繁体和全角。

终端用户不必关注转换细节，因为该 `protected` 方法自动执行。感兴趣的话，读者将会在后续章节了解到如何 `override` 该方法来实现词性标注和命名实体识别。

4.6.4 训练

HMMSegmenter 提供 train 接口，接受《人民日报》格式语料库的路径，训练出的模型存储在 HiddenMarkovModel 类型的成员变量 model 中。HMMSegmenter 的成员还包括前两节介绍的标注集 CWSTagSet 和词表 Vocabulary。创建了三者的实例之后，训练逻辑如下所示（详见 com.hankcs.hanlp.model.hmm.HMMTrainer#train）：

```
public void train(String corpus) throws IOException
{
    final List<List<String[]>> sequenceList = new LinkedList<List<String[]>>();
    IOUtility.loadInstance(corpus, new InstanceHandler()// ①
    {
        @Override
        public boolean process(Sentence sentence)
        {
            sequenceList.add(convertToSequence(sentence));
            return false;
        }
    });

    Vocabulary vocabulary = getVocabulary();
    TagSet tagSet = getTagSet();

    List<int[][]> sampleList = new ArrayList<int[][]>(sequenceList.size());
    for (List<String[]> sequence : sequenceList)// ②
    {
        int[][] sample = new int[2][sequence.size()];
        int i = 0;
        for (String[] os : sequence)
        {
            sample[0][i] = vocabulary.idOf(os[0]);
            sample[1][i] = tagSet.idOf(os[1]);
            ++i;
        }
        sampleList.add(sample);
    }

    model.train(sampleList);// ③
    vocabulary.mutable = false;// ④
}
```

代码①将语料库中的每个句子转换为字符串形式的二元组，②处将字符串映射为相应的 id。③处执行训练，训练完毕后在④处将词表置为只读。

我们依然利用 MSR 语料库训练模型，训练代码位于 com.hankcs.book.ch04.CWS_

HMM#trainHMM：

```
private static Segment trainHMM(HiddenMarkovModel model) throws IOException
{
    HMMSegmenter segmenter = new HMMSegmenter(model);// ①
    segmenter.train(MSR.TRAIN_PATH);
    return segmenter.toSegment();// ②
}
```

该函数在①处要求用户传入一个空白的 HiddenMarkovModel 以创建分词器，这样用户就可以控制隐马尔可夫模型的实现了。②处将分词器转换为 Segment 接口，以兼容评测方法。我们将在后续小节中尝试更高阶的隐马尔可夫模型，但这里先传入一阶隐马尔可夫模型：

```
Segment hmm = trainHMM(new FirstOrderHiddenMarkovModel());
```

对应的 Python 代码为 tests/book/ch04/hmm_cws.py：

```
def train(corpus, model):
    segmenter = HMMSegmenter(model)
    segmenter.train(corpus)
    return segmenter.toSegment()

if __name__ == '__main__':
    segment = train(msr_train, FirstOrderHiddenMarkovModel())
```

4.6.5 预测

训练完隐马尔可夫模型后，模型的预测结果是 {B,M,E,S} 标签序列。分词器必须根据标签序列的指示，将字符序列转换为单词序列。

由于任何模型的输出都不可能完全合法，比如 B 的下一个标签可能被误标为 S，所以一个健壮的分词器必须兼容这些非法的序列。考虑到 {B,M,E,S} 标注集中 B 和 S 类似于“切断”指令，而 M 与 E 类似于“连接”指令，我们可以采用如下切分规则。

(1) 初始化单词链表 L 与单词缓冲区 W 为空白，即 [] 与 ""。

(2) 逐个读入字符 x 与标签 y，若 $y = \text{B or S}$ 且 W 非空，则切断，即 $L+=W, W=[]$。将字符 x 存入缓冲区，即 $W+=x$。

(3) 检查 W 是否为空白，若非空白则 $L+=W$。

在 HanLP 中实现如下（详见 com.hankcs.hanlp.model.hmm.HMMSegmenter#segment）：

```
public void segment(String text, String normalized, List<String> output)
{
    int[] obsArray = new int[text.length()];
    for (int i = 0; i < obsArray.length; i++)
    {
        obsArray[i] = vocabulary.idOf(normalized.substring(i, i + 1));
    }
    int[] tagArray = new int[text.length()];
    model.predict(obsArray, tagArray);
    StringBuilder result = new StringBuilder();
    result.append(text.charAt(0));

    for (int i = 1; i < tagArray.length; i++)
    {
        if (tagArray[i] == tagSet.B || tagArray[i] == tagSet.S)
        {
            output.add(result.toString());
            result.setLength(0);
        }
        result.append(text.charAt(i));
    }
    if (result.length() != 0)
    {
        output.add(result.toString());
    }
}
```

我们可以验证一下 segment 接口的正确性，Java 测试代码为：

```
System.out.println(segmenter.segment("商品和服务"));
```

Python 测试代码为：

```
print(segmenter.segment('商品和服务'))
```

两者的结果都是 [商品, 和, 服务]。

4.6.6 评测

复用之前的评测程序，在 MSR 测试集上对隐马尔可夫模型分词器执行标准化评测。Java 代码如下（详见 com/hankcs/book/ch04/CWS_HMM.java）：

```
CWSEvaluator.Result result = CWSEvaluator.evaluate(hmm, MSR.TEST_PATH, MSR.
OUTPUT_PATH, MSR.GOLD_PATH, MSR.TRAIN_WORDS);
System.out.println(result);
```

对应 Python 代码如下：

```
result = CWSEvaluator.evaluate(segment, msr_test, msr_output, msr_gold, msr_dict)
print(result)
```

传入训练完毕的隐马尔可夫模型分词器，得到如下结果：

```
P:78.49 R:80.38 F1:79.42 OOV-R:41.11 IV-R:81.44
```

4.6.7 误差分析

结果不如人意，F_1 值只有 79.42%，甚至不如词典分词。但 R_{OOV} 的确提高到了 41.11%，这说明几乎有一半的 OOV 都被正确地召回了，拖累成绩的反而是 IV 的大量错误。

IV 记不住，说明模型太简单了，在机器学习中称为**欠拟合**。也许，我们可以通过增加模型复杂度来解决问题。

4.7 二阶隐马尔可夫模型 *

如果隐马尔可夫模型中每个状态仅依赖于前一个状态，则称为**一阶**；如果依赖于前两个状态，则称为**二阶**。既然一阶隐马尔可夫模型过于简单，是否可以切换到二阶来提高分数呢？本节就来实现二阶的隐马尔可夫模型，并替换一阶隐马尔可夫模型驱动分词器。

基于 HanLP 的模块化设计思想，我们并不需要从零开始。而是编写 `HiddenMarkovModel` 的子类 `SecondOrderHiddenMarkovModel`，与上一节的 `FirstOrderHiddenMarkovModel` 放在一起的 UML 图如图 4-14 所示。

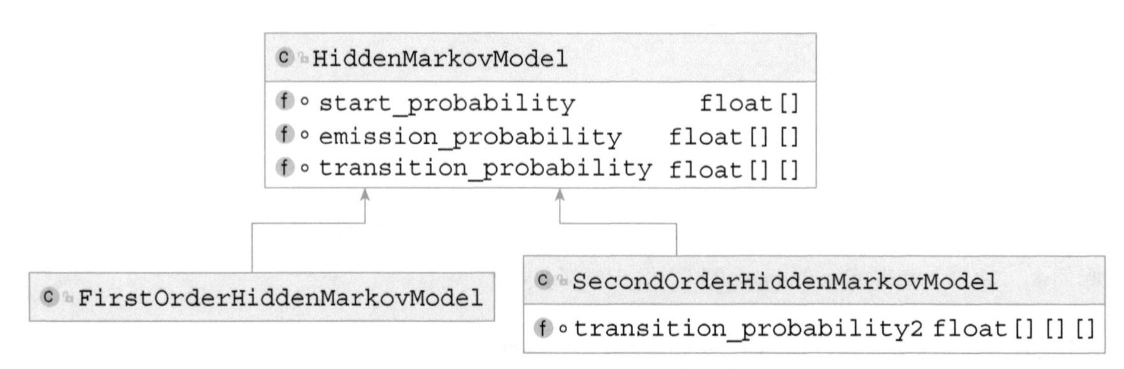

图 4-14 两种隐马尔可夫模型的设计

比较一阶和二阶隐马尔可夫模型，在内部数据成员上有两个区别：

由于二阶隐马尔可夫模型中，y_t 依赖于 y_{t-1} 和 y_{t-2}，所以二阶隐马尔可夫模型中的转移概率是三维的张量（tensor），而不再是二维的矩阵。所以 `SecondOrderHiddenMarkovModel` 多了一个三维数组 `transition_probability2`。其定义为，`transition_probability2[i][j][k]` 表示 $p(y_t = s_k \mid y_{t-2} = s_i \text{ and } y_{t-1} = s_j)$。

另外，在递推 y_2 时，前面仅存在 y_1，此时 y_2 仅依赖于 y_1，转移张量退化为转移矩阵。于是二阶隐马尔可夫模型依然复用成员变量 `transition_probability` 的定义，只不过仅用于 y_2 的递推。

4.7.1 二阶转移概率张量的估计

训练时，初始状态概率向量和发射概率矩阵的估计与一阶隐马尔可夫模型完全一致。唯一不同之处在于二阶转移概率张量的估计，因为二阶隐马尔可夫模型的依赖假设发生了改变。转移张量 $\boldsymbol{A}$ 的估计方法依然是极大似然，只不过多出一个维度：$t \geqslant 3$ 时，将序列三元语法片段 $(y_{t-2} = s_i, y_{t-1} = s_j, y_t = s_k)$ 的频次按下标 (i, j, k) 计入张量 $\boldsymbol{A}_{i,j,k}$，归一化后得到 $\hat{p}(y_t = s_k \mid y_{t-2} = s_i \text{ and } y_{t-1} = s_j)$：

$$\hat{a}_{i,j,k} = \frac{\boldsymbol{A}_{i,j,k}}{\sum_{k=1}^{N} \boldsymbol{A}_{i,j,k}}, \qquad i, j = 1, 2, \cdots, N$$

$t = 2$ 时，将二元语法片段 $(y_{t-1} = s_i, y_t = s_j)$ 的频次计入 $\boldsymbol{A}_{i,j}$，与一阶隐马尔可夫模型的估计方法相同。

两者的实现方法如下：

```
@Override
protected void estimateTransitionProbability(Collection<int[][]> samples, int
max_state)
{
    transition_probability = new float[max_state + 1][max_state + 1];
    transition_probability2 = new float[max_state + 1][max_state + 1][max_
    state + 1];
    for (int[][] sample : samples)
    {
        int prev_s = sample[1][0];
        int prev_prev_s = -1;
        for (int i = 1; i < sample[0].length; i++)
        {
            int s = sample[1][i];
```

```
                if (i == 1)
                    ++transition_probability[prev_s][s];
                else
                    ++transition_probability2[prev_prev_s][prev_s][s];
                prev_prev_s = prev_s;
                prev_s = s;
            }
        }
        for (float[] p : transition_probability)
            normalize(p);
        for (float[][] pp : transition_probability2)
            for (float[] p : pp)
                normalize(p);
    }
```

这是训练时唯一需要 override 的方法，模块化设计就是如此简单。

4.7.2 二阶隐马尔可夫模型中的维特比算法

解码时的维特比算法也必须考虑前两个状态。为此，我们同样需要拓展一阶维特比算法中的 $\boldsymbol{\delta}$ 数组为三维，定义 $\boldsymbol{\delta}_{t,i,j}$ 表示时刻 t 时，以 (s_i, s_j) 结尾的路径的最大概率。相应地，定义前驱数组 $\boldsymbol{\psi}_{t,i,j}$ 表示 y_{t-2}。

递推时，双重循环遍历所有可能的 (s_i, s_j)，维护两个数组：

$$
\begin{aligned}
\boldsymbol{\delta}_{t,i,j} &= \max_{1 \leqslant k \leqslant N}\left(\boldsymbol{\delta}_{t-2,k,i}\boldsymbol{A}_{k,i,j}\right)\boldsymbol{B}_{j,o_t}, \qquad i,j=1,\cdots,N \\
\boldsymbol{\psi}_{t,i,j} &= \arg\max_{1 \leqslant k \leqslant N}\left(\boldsymbol{\delta}_{t-2,k,i}\boldsymbol{A}_{k,i,j}\right), \qquad i,j=1,\cdots,N
\end{aligned}
\tag{4.10}
$$

具体实现时，将 score 和 path 数组增加一维。然后第一个时刻作如下初始化：

```
@Override
public float predict(int[] observation, int[] state)
{
    ...
    float[][] score = new float[max_s][max_s];
    float[] first = new float[max_s];

    // link[i][s][t] := 第i个时刻在前一个状态是s，当前状态是t时，前两个状态是什么
    int[][][] link = new int[time][max_s][max_s];
    // 第一个时刻，使用初始概率向量乘以发射概率矩阵
    for (int cur_s = 0; cur_s < max_s; ++cur_s)
    {
        first[cur_s] = start_probability[cur_s] + emission_probability[cur_s]
        [observation[0]];
    }
```

第二个时刻也需要特别处理：

（接上段代码）

```
...
// 第二个时刻，使用前一个时刻的概率向量乘以一阶转移矩阵乘以发射概率矩阵
for (int f = 0; f < max_s; ++f)
{
    for (int s = 0; s < max_s; ++s)
    {
        float p = first[f] + transition_probability[f][s] + emission_probability
        [s][observation[1]];
        score[f][s] = p;
        link[1][f][s] = f;
    }
}
```

从第三个时刻开始利用式 (4.10) 推导：

（接上段代码）

```
// 从第三个时刻开始，使用前一个时刻的概率矩阵乘以二阶转移张量乘以发射概率矩阵
float[][] pre = new float[max_s][max_s];
for (int i = 2; i < observation.length; i++)
{
    // swap(now, pre)
    for (int s = 0; s < max_s; ++s)// ①
    {
        for (int t = 0; t < max_s; ++t)
        {
            score[s][t] = Integer.MIN_VALUE;
            for (int f = 0; f < max_s; ++f)
            {
                float p = pre[f][s] + transition_probability2[f][s][t] +
                emission_probability[t][observation[i]];
                if (p > score[s][t])
                {
                    score[s][t] = p;
                    link[i][s][t] = f;
                }
            }
        }
    }
}
```

代码看上去很长，实际上主体与一阶维特比算法类似。阅读时记住代码中的缩写 `f`、`s` 和 `t` 分别按顺序表示三元语法中的三个状态（first、second、third，也等同于 i, j, k），然后对照式 (4.10) 理解。

最终利用三维 `path` 数组回溯最优路径：

（接上段代码）

```
    float max_score = Integer.MIN_VALUE;
    int best_s = 0, best_t = 0;
    for (int s = 0; s < max_s; s++)
    {
        for (int t = 0; t < max_s; t++)
        {
            if (score[s][t] > max_score)
            {
                max_score = score[s][t];
                best_s = s;
                best_t = t;
            }
        }
    }

    for (int i = link.length - 1; i >= 0; --i)
    {
        state[i] = best_t;
        int best_f = link[i][best_s][best_t];
        best_t = best_s;
        best_s = best_f;
    }

    return max_score;
}
```

与一阶维特比算法最大的不同在于第三个时刻开始后在①处执行的双重遍历，一是遍历 `s,t` 的所有组合；一是对每种组合进行 `f` 的遍历，找出以每种 `s,t` 结尾路径的最大概率。

4.7.3　二阶隐马尔可夫模型应用于中文分词

由于一阶二阶隐马尔可夫模型都继承自 `HiddenMarkovModel`，所以我们可以轻松地替换具体实现，只需创建二阶隐马尔可夫模型的实例即可。Java 实现如下（详见 com.hankcs.book.ch04.CWS_HMM）：

```
Segment hmm = trainHMM(new SecondOrderHiddenMarkovModel());
```

Python 实现如下（详见 tests/book/ch04/hmm_cws.py）：

```
segment = train(msr_train, SecondOrderHiddenMarkovModel())
```

然后执行标准化评测，得到如下结果：

```
P:78.34 R:80.01 F1:79.16 OOV-R:42.06 IV-R:81.04
```

与之前的评测结果汇总如表 4-1 所示。

表 4-1 中文分词算法在 MSR 语料库上的标准化评测结果

算法	P	R	F_1	R_{OOV}	R_{IV}
最长匹配	89.41	94.64	91.95	2.58	97.14
二元语法	**92.38**	**96.70**	**94.49**	2.58	**99.26**
一阶隐马尔可夫模型	78.49	80.38	79.42	41.11	81.44
二阶隐马尔可夫模型	78.34	80.01	79.16	**42.06**	81.04

可以看到，二阶隐马尔可夫模型的 R_{OOV} 有少许提升，但综合 F_1 反而下降了。这说明增加隐马尔可夫模型的阶数并不能提高分词器的准确率，单靠提高转移概率矩阵的复杂度并不能提高模型的拟合能力，我们需要从别的方面想办法。目前市面上一些开源分词器仍然停留在一阶隐马尔可夫模型的水平，比如著名的结巴分词，它们的准确率也只能达到 80% 左右。

4.8 总结

这一章我们想解决的问题是新词识别，为此从词语级模型切换到字符级模型，将中文分词任务转换为序列标注问题。作为新手起步，我们尝试了最简单的序列标注模型——隐马尔可夫模型。隐马尔可夫模型的基本问题有三个：样本生成、参数估计、序列预测，我们从理论公式到算法代码逐一将其突破。

然而隐马尔可夫模型用于中文分词的效果并不理想，虽然召回了一半的 OOV，但综合 F_1 甚至低于词典分词。哪怕升级到二阶隐马尔可夫模型，F_1 值依然没有提升。看来朴素的隐马尔可夫模型不适合中文分词，我们需要更高级的模型。

话说回来，隐马尔可夫模型作为入门模型，比较容易上手，同时也是许多高级模型的基础。打好基础，我们才能挑战高级模型。

第5章　感知机分类与序列标注

第 4 章我们利用隐马尔可夫模型实现了第一个基于序列标注的中文分词器，然而效果并不理想。事实上，隐马尔可夫模型假设人们说的话仅仅取决于一个隐藏的 $\{B,M,E,S\}$ 序列，这个假设太单纯了，不符合语言规律。语言不是由这么简单的标签序列生成，语言含有更多特征，而隐马尔可夫模型没有捕捉到。隐马尔可夫模型能捕捉的特征仅限于两种：其一，前一个标签是什么；其二，当前字符是什么。

为了利用更多的特征，**线性模型**（linear model）应运而生。线性模型由两部分构成：一系列用来提取特征的特征函数 ϕ，以及相应的权重向量 $\boldsymbol{w}$。也许读者还记得第 1 章中的人名性别预测问题，当时我们利用一系列特征模板抽取了人名的特征向量，这些特征模板就充当了特征函数的角色。而当时我们推导的训练算法，就是感知机算法。

本章将深入讲解感知机算法的原理，以及在分类和序列标注上的应用。在分类问题的应用部分，我们将把性别识别问题写成代码。在序列标注应用部分，我们将实现基于感知机的中文分词器。由于感知机序列标注基于分类，并且分类问题更简单，所以我们先学习分类问题。

5.1　分类问题

5.1.1　定义

分类（classification）指的是预测样本所属类别的一类问题。形式化表述，分类问题的目标就是给定输入样本 $\boldsymbol{x}$，将其分配给 K 种类别 $\mathcal{C}_k$ 中的一种，其中 $k=1,\cdots,K$。如果 $K=2$，则称为**二分类**（binary classification），否则称为**多分类**（multiclass classification）。比如第 1 章所讲的性别预测问题，目标是判断姓名属于 {男,女} 中的哪一种，这是典型的二分类问题。

正如二进制可以表示任意进制一样，二分类也可以解决任意类别数的多分类问题。具体说来，有 one-vs-one 和 one-vs-rest（也称为 one-vs-all）两种方案。两种方案都可以想象为 K 种类别参加球赛。

- one-vs-one：进行多轮二分类，每次区分两种类别 $\mathcal{C}_i$ 和 $\mathcal{C}_j$。一共进行 $\binom{K}{2}$ 次二分类，理想情况下有且仅有一种类别 $\mathcal{C}_k$ 每次都胜出，于是预测结果为 $\mathcal{C}_k$。
- one-vs-rest：依然是多轮二分类，每次区分类别 $\mathcal{C}_i$ 与非 $\mathcal{C}_i$。一共进行 K 次二分类。理想情

况下模型给予C_k的分数是所有K次分类中的最高值，于是预测结果为C_k。

可见二分类是分类问题的基础，任何分类模型只要能解决二分类，就能用于多分类。无论哪种策略，有多少次分类就需要多少个二分类模型。从这个角度讲，one-vs-rest 成本更低。但 one-vs-rest 正负样本数量不均匀，也会降低分类准确率。

5.1.2 应用

分类问题的应用场景可不仅仅是分类，许多问题（NLP 问题、机器学习问题、现实生活中的问题）都可以转化为分类问题。

在 NLP 领域，绝大多数任务可以用分类来解决。文本分类天然就是一个分类问题。关键词提取时，对文章中的每个单词判断是否属于关键词，于是转化为二分类问题。在指代消解问题中，对每个代词和每个实体判断是否存在指代关系，又是一个二分类问题。在语言模型中，将词表中每个单词作为一种类别，给定上文预测接下来要出现的单词。

在机器学习中，分类模型可以用来预测天气阴晴雨雪、照片对应哪种事物、声波是否由某个人发出……就连自动驾驶、电子竞技、象棋围棋等复杂活动中的每个步骤的决策，都可以抽象为分类问题。

可见，分类是机器学习和 NLP 的常用思路。那么常用的分类模型有哪些呢？

5.2 线性分类模型与感知机算法

线性模型（linear model）是传统机器学习方法中最简单最常用的分类模型，用一条线性的直线或高维平面将数据一分为二。线性模型由特征函数 ϕ，以及相应的权重向量 $\boldsymbol{w}$ 组成。

HanLP 已经实现了线性模型 `LinearModel`，将特征函数和特征权重作为两个成员：

```
public class LinearModel implements ICacheAble
{
    /**
     * 特征映射
     */
    public FeatureMap featureMap;
    /**
     * 特征权重
     */
    public float[] parameter;
}
```

其中，FeatureMap 负责将字符串形式的特征映射为独一无二的特征 id，记作 i；而特征权重则存储着每个特征的权重 w_i。要利用 LinearModel 做分类，必须创建一个分类器。在 HanLP 中，有这样一个简单的感知机分类器：

```
public abstract class PerceptronClassifier
{
    LinearModel model;
}
```

为了利用 PerceptronClassifier 分类样本，必须先将样本表示为向量才行。

5.2.1 特征向量与样本空间

在第 1 章中，我们将“沈雁冰”这个样本表示为向量 $\boldsymbol{x}^{(1)}=[1,1]$，将“冰心”表示为向量 $\boldsymbol{x}^{(2)}=[0,1]$。这种描述样本特征的向量称为**特征向量**，构造特征向量的过程称为**特征提取**。还记得特征是如何提取的吗？二维特征向量含有两个特征，分别由下列函数提取：

```
int feature1(String name)
{
    return name.contains("雁") ? 1 : 0;
}
int feature2(String name)
{
    return name.contains("冰") ? 1 : 0;
}
```

用来提取每种特征的函数称为**特征函数**。在线性模型中，特征函数的输出一般是二进制的 1 或 0，表示样本是否含有该特征。所以特征函数也是**指示函数**（indicator function）的一个实例。

在 PerceptronClassifier 中，特征提取接口位于：

```
/**
 * 特征提取
 *
 * @param text        文本
 * @param featureMap  特征映射
 * @return            特征向量
 */
protected abstract List<Integer> extractFeature(String text,
FeatureMap featureMap);
```

这是一个抽象方法，因为每个具体问题的特征提取都是不同的，需要根据具体问题创建子类具体实现。代码返回的特征向量还用到了一个小技巧。由于特征向量中每个元素 $x_i\in\{0,1\}$，且 1 的数量更少，所以只需记录 $x_i = 1$ 的那些下标 i 即可。于是实现上并不需要真的创建一个超长的二进制向量，这样内存更省，计算量更小。

回到人名分类问题上，将这两个特征向量放入二维平面，如图 5-1 所示。

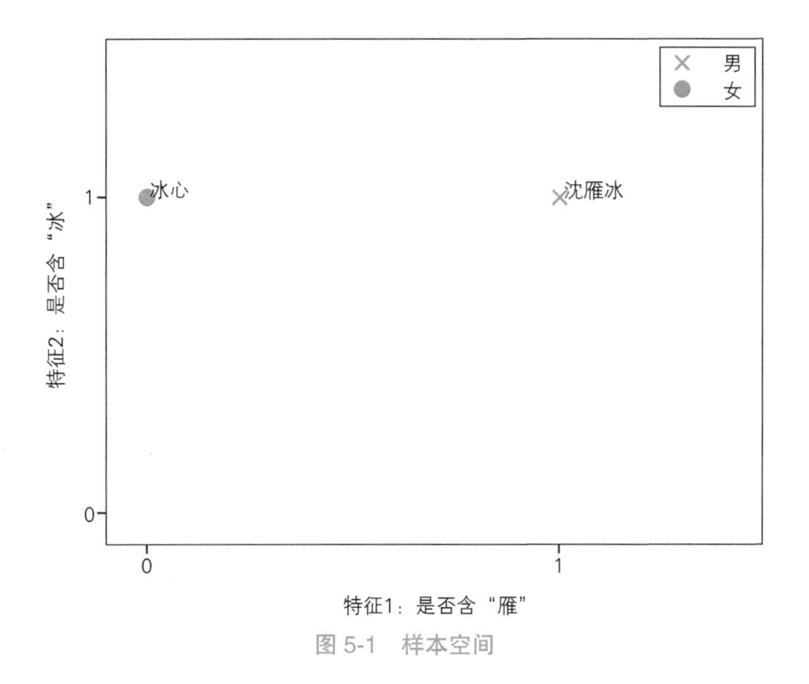

图 5-1　样本空间

样本分布的空间称作**样本空间**。收集大量样本后，可能得到一个密集的样本空间，如图 5-2 所示。

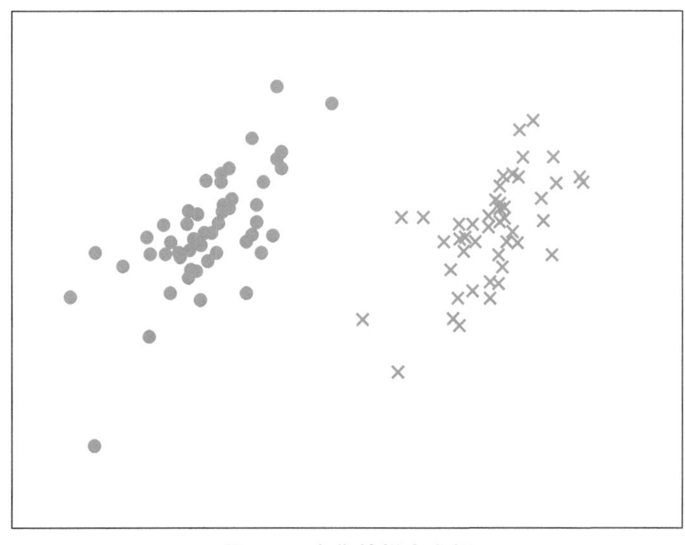

图 5-2　密集的样本空间

一旦将数据转换为**特征向量**，那么分类问题就转换为对样本空间的分割了。剩下的就是一个纯数学问题，从此与具体实体解耦。比如，一旦将 100×200 像素的图片按每个像素的灰度值表示为 20000 维的浮点数向量，后面的算法就不关图片什么事了，完全可以交给任何一个分类模型做图像识别。掌握这种抽象思维很重要，可以将我们从错综复杂的现实世界解脱出来，进入单纯的数学空间。

用数学语言严谨地描述，定义特征向量为 $\boldsymbol{x}=[x_1,\cdots,x_D]\in\mathbb{R}^{1\times D}$，第 i 个样本的特征为 $\boldsymbol{x}^{(i)}$，相应的标签为 $y^{(i)}$。则训练集可以表示为 M 个二元组 $(\boldsymbol{x}^{(i)},y^{(i)}),i=1,\cdots,M$，测试集则是一系列标签未知的样本点 $\boldsymbol{x}$。

现在样本点有了，如何对它们进行分类呢？

5.2.2 决策边界与分离超平面

观察图 5-1，这两个样本可以被一条直线分开，如图 5-3 所示。

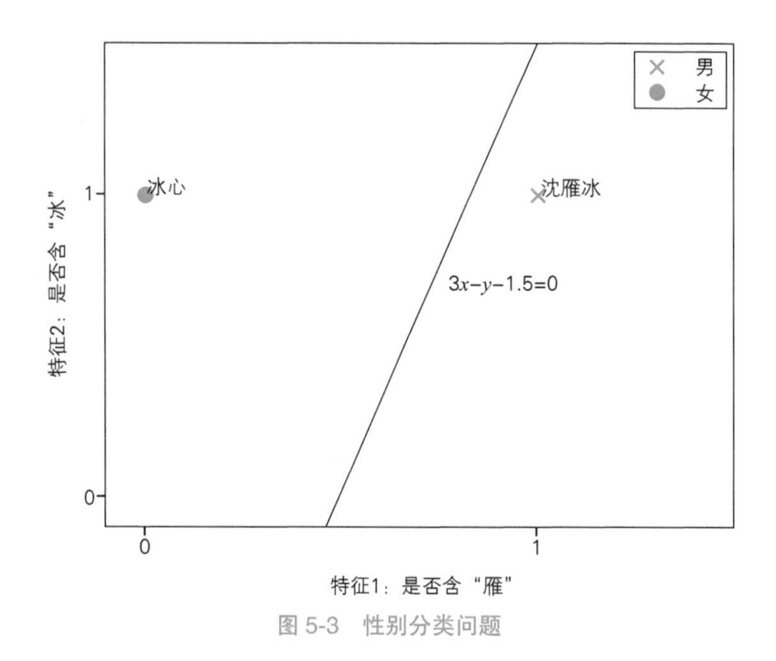

图 5-3 性别分类问题

直线将平面分割为两部分，分别对应男女。对于任何姓名，计算它落入哪个区域，就能预测它的性别。这样的区域称为**决策区域**（decision region），它们的边界称为**决策边界**（decision boundary）。二维空间中，如果决策边界是直线，则称产生该决策边界的模型为**线性分类模型**[①]。推广开来，三维空间中的线性模型用平面做决策，任意维度空间中的线性决策边界统称为**分离超平面**（separating hyperplane）。

如何表示分离超平面？二维空间中是直线方程 $w_1x_1 + w_2x_2 + b = 0$，推广到 D 维空间，分离超平面的方程为：

$$\sum_{i=1}^{D} \boldsymbol{w}_i \boldsymbol{x}_i + b = 0$$

其中，$\boldsymbol{w}$ 是权重，b 是偏置（截距）。为了记号的简洁美观，我们可以将 b 也看成一个权重，相应地，在特征向量尾部添加一个 1，即：

$$\boldsymbol{w} = [w_1, \cdots, w_D, b]$$
$$\boldsymbol{x} = [x_1, \cdots, x_D, 1]$$

于是分离超平面的方程简化为权重向量和特征向量的内积形式：

$$\boldsymbol{w} \cdot \boldsymbol{x} = 0$$

比如图 5-2 中的直线方程为 $3x_1 - x_2 - 1.5 = 0$，那么简化后的权重向量就是 $\boldsymbol{w} = [3, -1, -1.5]$，相应地“沈雁冰”的特征向量则是 $\boldsymbol{x} = [1,1,1]$。

有了决策边界的方程之后，线性模型使用方程左边的符号来作为最终决策，即：

$$\hat{y} = \text{sign}(\boldsymbol{w} \cdot \boldsymbol{x}) = \begin{cases} -1, & \boldsymbol{w} \cdot \boldsymbol{x} \leqslant 0 \\ 1, & \boldsymbol{w} \cdot \mathbf{x} > 0 \end{cases}$$

在 LinearModel 中，实现如下：

```
/**
 * 分离超平面解码
 *
 * @param x 特征向量
 * @return sign(wx)
 */
public int decode(Collection<Integer> x)
{
    float y = 0;
    for (Integer f : x)
        y += parameter[f];
```

① 这是个浅显但不严密的定义。线性回归模型的定义才是线性方程 $y(\boldsymbol{x}) = \boldsymbol{wx} + w_0$。为了用于分类问题，必须再嵌套一个激活函数 $f(\cdot)$，即 $y(\boldsymbol{x}) = f(\boldsymbol{wx} + w_0)$；然后令其等于一个常数 c 才能得到决策边界。比如在性别分类问题中，我们采用的激活函数是 $f(z) = z$，常数 $c = 0$。如果激活函数不是线性的，此时决策边界就不是线性的。但只要关于参数 $\boldsymbol{w}$ 是线性的，则模型依然是线性模型。

```
    return y < 0 ? -1 : 1;
}
```

如果数据集中所有样本都可以被分离超平面分割，则称该数据集**线性可分**，比如图 5-4 所示的线性可分数据集。

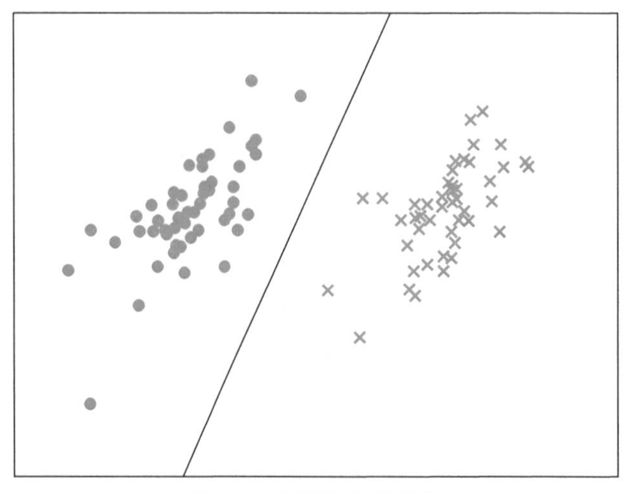

图 5-4　线性可分数据集

当然，也存在许多线性不可分的数据集，此时的决策边界为曲面（曲线），如图 5-5 所示。

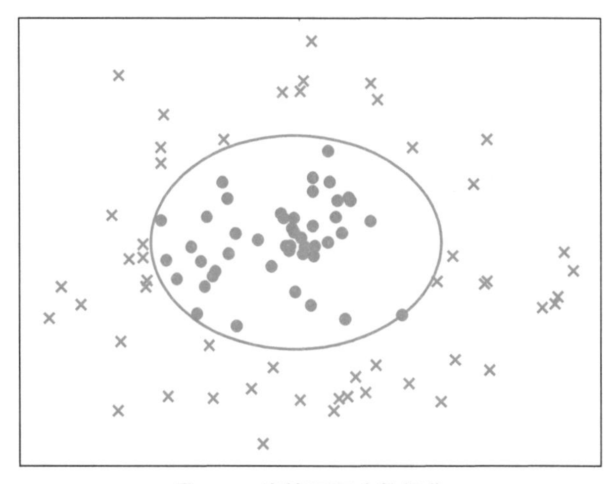

图 5-5　线性不可分数据集

对于线性不可分的数据，依然可以利用线性模型分类。要么定义更多特征，要么使用一种特殊的函数[①]将数据映射到高维空间中去。两种方法都增加了样本空间的维度，一般而言，维度越高，数据越容易呈现线性可分性。

5.2.3 感知机算法

有了特征向量和样本空间，到底如何找出分离超平面呢？这个问题等价于，给定训练集，如何训练线性模型？线性模型的训练算法有多种，这里介绍最简单的感知机算法。

回顾一下二元语法和隐马尔可夫模型的学习算法，它们是计数式的训练算法：统计训练集上各事件的发生次数，然后利用极大似然估计归一化频次后得到相关概率，这些概率就是学习到的模型参数。

感知机算法（Perceptron Algorithm）则是一种迭代式的算法：在训练集上运行多个迭代，每次读入一个样本，执行预测，将预测结果与正确答案进行对比，计算误差，根据误差更新模型参数。读者也许还记得第 1 章中对模型参数与优先级的类比，当时描述的实际上就是感知机算法。现在用更严谨的语言描述如下。

感知机算法

(1) 读入训练样本 $(\boldsymbol{x}^{(i)}, y^{(i)})$，执行预测 $\hat{y} = \text{sign}(\boldsymbol{w} \cdot \boldsymbol{x}^{(i)})$。

(2) 如果 $\hat{y} \neq y^{(i)}$，则更新参数 $\boldsymbol{w} \leftarrow \boldsymbol{w} + y^{(i)}\boldsymbol{x}^{(i)}$。

这就是感知机算法，直截了当。

在训练集的每个样本上执行步骤 (1) 和 (2) 称作一次**在线学习**，把训练集完整地学习一遍称作一次**迭代**（epoch）。具体需要迭代多少次，往往是人工指定的一个参数。人工指定的参数在机器学习中称作**超参数**（hyperparameter）。

在 `LinearModel` 中，感知机算法的主循环实现如下：

```
/**
 * 朴素感知机训练算法
 *
 * @param instanceList 训练实例
 * @param featureMap   特征函数
 * @param maxIteration 训练迭代次数
 */
private static LinearModel trainNaivePerceptron(List<Instance> instanceList,
FeatureMap featureMap, int maxIteration)
```

① 熟悉支持向量机（SVM）的读者也许知道这种基函数（basis function）。

```
{
    LinearModel model = new LinearModel(featureMap, new float[featureMap.size()]);
    for (int it = 0; it < maxIteration; ++it)
    {
        for (Instance instance : instanceList)
        {
            int y = model.decode(instance.x);
            if (y != instance.y) // 误差反馈
                model.update(instance.x, instance.y);// ①
        }
    }
    return model;
}
```

其中，代码①处的 `update` 方法对应步骤 (2)，实现如下：

```
/**
 * 参数更新
 *
 * @param x 特征向量
 * @param y 正确答案
 */
public void update(Collection<Integer> x, int y)
{
    assert y == 1 || y == -1 : "感知机的标签y必须是±1";
    for (Integer f : x)
        parameter[f] += y;
}
```

感知机算法两句话就说完了，为什么它有效呢？本节先给出通俗易懂的解释。

试想预测结果 $\hat{y}=-1$，说明 $\boldsymbol{w}\cdot\boldsymbol{x}^{(i)}<0$。若正确答案 $y^{(i)}=1$，则理想情况下应当有 $\boldsymbol{w}\cdot\boldsymbol{x}^{(i)}>0$，需要想办法增大 $\boldsymbol{w}\cdot\boldsymbol{x}^{(i)}$。由于 $\boldsymbol{x}^{(i)}$ 向量中每个元素 $x_d\in\{0,1\}$ 非负，那么只要增大相应的 w_d，两者的乘积就会变大，即推导出算法步骤 (2) 中的 $\boldsymbol{w}\leftarrow\boldsymbol{w}+y^{(i)}\boldsymbol{x}^{(i)}$。对 $\hat{y}=1$ 且 $y^{(i)}=-1$ 的情况，也是同样的道理。

从仿生学的角度讲，一个感知机就是一个神经元，如图 5-6 所示。

$\boldsymbol{w}\cdot\boldsymbol{x}$ 是刺激的强度，若刺激足够强烈，则神经元激活输出 1；否则保持抑制，用 −1 表示。二进制特征向量中某个元素 $x_d=1$ 时代表第 d 个突触被激活了，权重向量中的 w_d 表示该突触对刺激程度的正负影响。如果神经元本应激活而未激活，说明激活的那些突触没有给予神经元足够的正刺激，于是把这些突触的权重往正方向推一些就能修复它们。

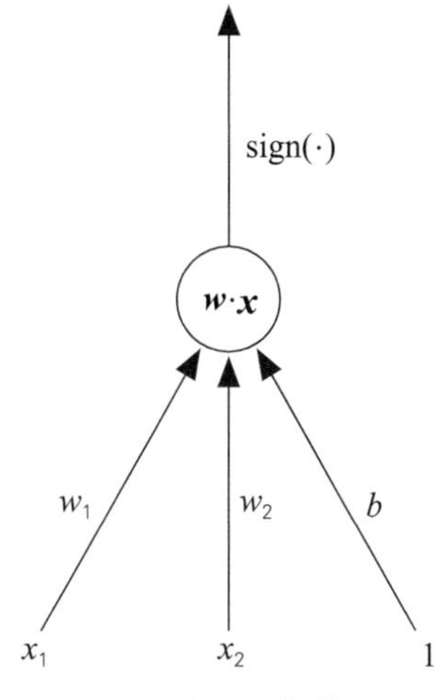

图 5-6 感知机与神经元

为了深刻地理解感知机算法原理，则必须了解损失函数等概念。

5.2.4 损失函数与随机梯度下降 *

从数值优化的角度来讲，迭代式机器学习算法都在优化（减小）一个损失函数（loss function）。**损失函数** $J(\boldsymbol{w})$ 用来衡量模型在训练集上的错误程度，自变量是模型参数 $\boldsymbol{w}$，因变量是一个标量，表示模型在训练集上的损失的大小。给定样本，其特征向量 $\boldsymbol{x}^{(i)}$ 只是常数，对 $J(\boldsymbol{w})$ 求导，得到一个梯度向量 $\Delta\boldsymbol{w}$，它的反方向一定是当前位置损失函数减小速度最快的方向。如果参数点 $\boldsymbol{w}$ 反方向移动就会使损失函数减小。即 $\boldsymbol{w} \leftarrow \boldsymbol{w} - \alpha\Delta\boldsymbol{w}$，$\alpha$ 为 $[0,1)$ 之间的一个常数，称为**学习率**。如果算法每次迭代随机选取部分样本，计算损失函数的梯度，让参数反向移动，则称作**随机梯度下降**（Stochastic Gradient Descent，SGD）。另一些情景下，我们希望最大化一个**目标函数**（objective function），此时参数更新方向就是梯度方向。亦即让参数加上梯度，目标函数就会增大，称作**随机梯度上升**（Stochastic Gradient Ascend）。

举个最简单的例子，就以抛物线 w^2 为例。假设损失函数为 $J(w) = w^2$，在 $w=1$ 时梯度为标量 $\Delta w = \dfrac{\mathrm{d}J}{\mathrm{d}w} = 2w = 2$，它的方向朝着正无穷；如果参数反向移动，即往负无穷变动，取学习率 $\alpha = 0.5$，即 $w \leftarrow 1 - 0.5 \times 2 = 0$，则 $J(0) = 0 < J(1) = 1$，马上减小了；若顺着梯度移动，则函数值上升。这个过程如图 5-7 所示。

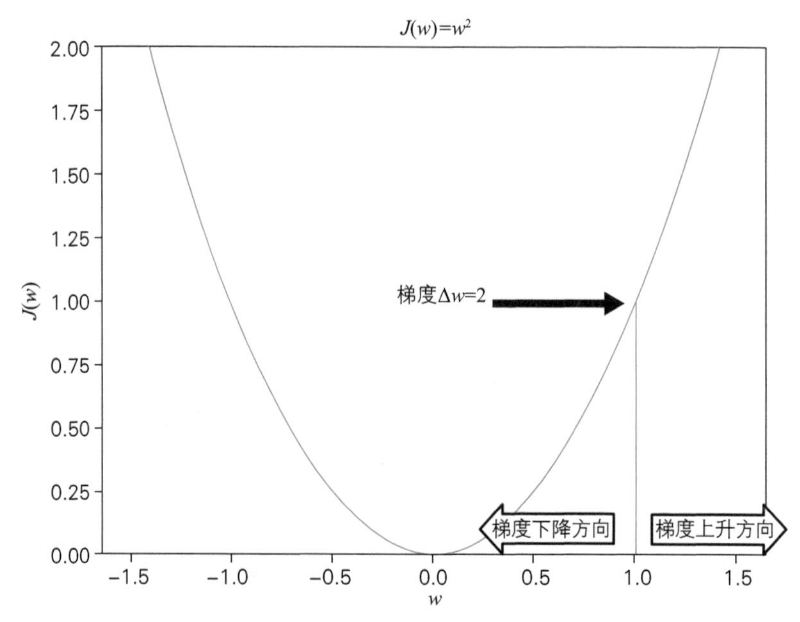

图 5-7　单变量损失函数的梯度下降与梯度上升

推广到多变量损失函数，梯度下降方向成为一个多维向量，如图 5-8 所示。

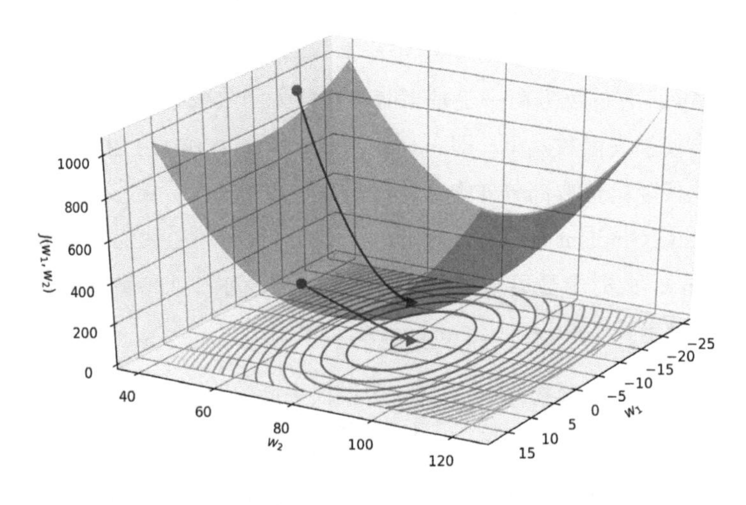

图 5-8　多变量损失函数的梯度下降

图 5-8 曲面为损失函数的图像，图像上的箭头为随机梯度下降过程中每次迭代时参数与损失构成的路径，底部 $w_1 - w_2$ 平面上显示了它们的投影，投影中的箭头指向梯度下降的方向。多轮迭代之后损失函数顺着梯度下降的方向抵达函数极小值，即图像的底部。

具体到我们的线性模型，感知机的损失函数就是误分类点到超平面的距离，即所谓的感知机准则函数（perceptron criterion）[①]：

$$J\left(\boldsymbol{w}\right)=\frac{1}{N}\sum_{i=1}^{N}\max\left(0,-y^{(i)}\boldsymbol{w}\cdot\boldsymbol{x}^{(i)}\right) \tag{5.1}$$

那么感知机算法其实是随机梯度下降算法的特例，其更新量 $y^{(i)}\boldsymbol{x}^{(i)}$ 就是式 (5.1) 的“负梯度”（如果将其视作连续可导的话）。

从决策边界的角度讲，感知机算法将分离超平面朝误分类样本的方向推动。这时候问题来了，假如数据本身线性不可分，感知机损失函数收敛吗？很遗憾，感知机算法不收敛。当数据集线性不可分时，每次迭代分离超平面都会剧烈振荡。前面提到过，感知机是个在线学习模型，学习一个训练实例后，就可以更新整个模型。假设有 10 000 个实例，模型在前 9999 个实例的学习中都完美地得到正确答案，说明此时的模型接近完美了。可是最后一个实例是个噪声点，朴素感知机模型预测错误后直接修改了模型，导致前面 9999 个实例预测错误，模型训练前功尽弃。怎么办呢？

解决方案有很多：

(1) 创造更多特征，将样本映射到更高维空间，使其线性可分；

(2) 切换到其他训练算法，比如支持向量机等；

(3) 对感知机算法打补丁，使用投票感知机或平均感知机。

本章介绍其中最简单的方案，即投票感知机和平均感知机。

5.2.5 投票感知机和平均感知机

既然每次迭代都产生一个新模型，不知道哪个更好。那么让新模型与旧模型决斗：在另一个样本集上评估一下每个模型的准确率，若新模型更准则替代旧模型，否则不更新？这么做存在漏洞，因为一般而言新模型总是比旧模型更准。再改进一下，每次迭代的模型都保留，准确率也保留。预测时每个模型都给出自己的结果，乘以它的准确率加权平均值作为最终结果，这样的补丁算法称为**投票感知机**。因为每正确预测一个样本，该模型就得了一票，票数最多的模型对结果的影响最大。

投票感知机要求存储多个模型及加权，计算开销较大。更实际的做法是**平均感知机**，取多个模型的权重的平均。其优势在于预测时不再需要保存多个模型，而是在训练结束后将所有模

① 一种类似于合页损失（hinge loss）的函数。

型平均，只保留平均后的模型。

平均感知机在实现上也有技巧，那就是训练时也不保留多个模型，而是记录模型中每个参数在所有迭代时刻的总和 $\text{sum}_d = \sum_t^T w_d^{(t)}$。将总和除以迭代次数，就能得到该参数的平均值 $w_d = \frac{\text{sum}_d}{T}$。但如何累计权重也是个技术活。对于大部分训练实例，都只会引起特定的几个权重变化，其他特征函数的权重都不会变化。假设一共 1 万个参数，迭代 100 次就得执行 100 万次加法，效率负担很重。因此我们不应该盲目地将这些不变的权重也累加起来。

为此，进一步优化算法，记录每个参数 w_d 上次更新的时间戳 t_1。当我们在 t_2 时刻再次更新它的时候，它的累加值的增量就可以用一次乘法来解决了：$\text{sum}_d \leftarrow \text{sum}_d + (t_2 - t_1) \times w_d^{(t_1)}$。于是，对 w_i 来讲从 t_1 到 t_2 之间都不需要再做加法了，一下子节省了不少时间。

总结一下，平均感知机算法形式化描述如下。

平均感知机算法

(1) 为每个参数 w_d 初始化累计量 $\text{sum}_d = 0$，上次更新时刻 $\text{time}_d = 0$，当前时刻 $t = 0$。

(2) $t \leftarrow t + 1$，读入训练样本 $(\boldsymbol{x}^{(i)}, y^{(i)})$，执行预测 $\hat{y} = \text{sign}(\boldsymbol{w} \cdot \boldsymbol{x}^{(i)})$。

(3) 如果 $\hat{y} \neq y^{(i)}$，则对所有需更新（即 $\boldsymbol{x}_d^{(i)} \neq 0$）的 w_d 执行：

- 更新 $\text{sum}_d \leftarrow \text{sum}_d + (t - \text{time}_d) \times w_d$
- 更新 $\text{time}_d \leftarrow t$
- 更新 $w_d \leftarrow w_d + y^{(i)} \boldsymbol{x}^{(i)}$

(4) 训练指定迭代次数后计算平均值：$w_d = \frac{\text{sum}_d}{T}$。

在 PerceptronClassifier 中，平均感知机算法的主循环实现如下：

```
/**
 * 平均感知机训练算法
 *
 * @param instanceList 训练实例
 * @param featureMap   特征函数
 * @param maxIteration 训练迭代次数
 */
private static LinearModel trainAveragedPerceptron(List<Instance> instanceList,
FeatureMap featureMap, int maxIteration)
{
    float[] parameter = new float[featureMap.size()];
```

```
    double[] sum = new double[featureMap.size()];
    int[] time = new int[featureMap.size()];

    AveragedPerceptron model = new AveragedPerceptron(featureMap, parameter);
    int t = 0;
    for (int it = 0; it < maxIteration; ++it)
    {
        for (Instance instance : instanceList)
        {
            ++t;
            int y = model.decode(instance.x);
            if (y != instance.y) // 误差反馈
                model.update(instance.x, instance.y, sum, time, t);// ①
        }
    }
    model.average(sum, time, t);
    return model;
}
```

其中，①处每个参数更新的具体实现如下：

```
/**
 * 根据答案和预测更新参数
 *
 * @param index     特征向量的下标
 * @param value     更新量
 * @param total     权重向量总和
 * @param timestamp 每个权重上次更新的时间戳
 * @param current   当前时间戳
 */
private void update(int index, float value, double[] total, int[] timestamp,
int current)
{
    int passed = current - timestamp[index];
    total[index] += passed * parameter[index];
    parameter[index] += value;
    timestamp[index] = current;
}
```

最后的平均实现如下：

```
public void average(double[] total, int[] timestamp, int current)
{
    for (int i = 0; i < parameter.length; i++)
        parameter[i] = (float) ((total[i] + (current - timestamp[i]) *
        parameter[i]) / current);
}
```

在实践中，大多数情况下平均感知机算法大约能提高几个百分点的准确率。

5.3 基于感知机的人名性别分类

感知机算法虽然简单，但非常有效。本节就来演示如何将纸上的公式和算法实现出来，做一个实际的应用。应用目标就是实现从第 1 章贯穿到本章的人名性别分类问题。

解决该问题是思路依然是读者熟悉的监督学习流程：

(1) 标注人名分类语料库；

(2) 利用感知机算法训练线性模型；

(3) 利用线性模型给人名分类，评估准确率。

5.3.1 人名性别语料库

为了节省大家的时间，笔者整理了一份人名性别语料库 `cnname`，以 GPL-3.0① 协议授权发布。读者运行配套代码即可自动下载，存储路径为 data/test/cnname。

语料格式为逗号分隔的 .csv 文件，第一列为姓名，第二列为性别。示例如下：

```
赵伏琴,女
钱沐杨,男
孙竹珍,女
李潮阳,男
```

5.3.2 特征提取

为了提取特征，首先写一个 `PerceptronClassifier` 的子类 `PerceptronNameGenderClassifier`，实现 `extractFeature` 方法：

```java
public class PerceptronNameGenderClassifier extends PerceptronClassifier
{
    @Override
    protected List<Integer> extractFeature(String text, FeatureMap featureMap)
    {
        List<Integer> featureList = new LinkedList<Integer>();
```

① GNU General Public License v3.0：可商业使用，可二次发布。但使用了该作品的项目也必须开源，且必须采用相同授权协议。正因为这种特点，所以 GPL 被戏称为“病毒式”协议。我之所以在许多开源项目中采用 GPL 协议，初衷就是为了像病毒一样传播开源精神。

```
        String givenName = extractGivenName(text);
        // 特征模板 1: g[0]
        addFeature("1" + givenName.substring(0, 1), featureMap, featureList);
        // 特征模板 2: g[1]
        addFeature("2" + givenName.substring(1), featureMap, featureList);
        return featureList;
    }
}
```

此处使用了两个特征模板：名字的第一个字和第二个字。两个特征模板产生两种特征，而非两个特征。通过遍历大量人名样本，该特征模板会产生很多个人名常用字特征。

另外，extractGivenName 函数负责去掉姓名的姓氏，仅返回名字。为了方便处理，对于单字名字，则统一用“_”补齐：

```
/**
 * 去掉姓氏，截取中国人名中的名字
 *
 * @param name 姓名
 * @return 名
 */
public static String extractGivenName(String name)
{
    if (name.length() <= 2)
        return "_" + name.substring(name.length() - 1);
    else
        return name.substring(name.length() - 2);

}
```

5.3.3 训练

直接调用 PerceptronClassifier 的训练接口：

```
/**
 * 训练
 *
 * @param corpus             语料库
 * @param maxIteration       最大迭代次数
 * @param averagePerceptron 是否使用平均感知机算法
 * @return 模型在训练集上的准确率
 */
public BinaryClassificationFMeasure train(String corpus, int maxIteration,
boolean averagePerceptron)
```

指定语料路径、迭代次数、是否使用平均感知机算法这三个参数，我们就能轻松地训练出一个线性模型了。Java 代码如下（详见 com.hankcs.book.ch05.NameGenderClassification）：

```
PerceptronNameGenderClassifier classifier = new PerceptronNameGenderClassifier();
System.out.println("训练集准确率：" + classifier.train(TRAINING_SET, 10));
```

对应 Python 版如下 tests/book/ch05/classify_name.py：

```
classifier = PerceptronNameGenderClassifier()
print('训练集准确率：', classifier.train(TRAINING_SET, 10, averaged_perceptron))
```

两者运行结果都是：

```
训练集准确率：P=84.52 R=86.13 F1=85.32
```

训练得到的模型可以保存到硬盘，还可以导出文本形式以供调试用。Java 示例如下：

```
LinearModel model = classifier.getModel();
System.out.printf( "特征数量：%d\n", model.parameter.length);
model.save(MODEL, model.featureMap.entrySet(), 0, true);
```

对应 Python 示例如下：

```
model = classifier.getModel()
print('特征数量：', len(model.parameter))
model.save(MODEL, model.featureMap.entrySet(), 0, True)
```

运行结果都是特征数量：`9089`，同时模型保存到了 data/test/cnname.bin 和 data/test/cnname.bin.txt。后者是文本形式的模型，可用文本编辑器打开。

5.3.4 预测

训练后的分类器就可以立刻执行分类，我们也可以加载磁盘中的模型，这样就不必重复训练了。分类接口是 `predict`，Java 调用示例如下：

```
PerceptronNameGenderClassifier classifier = new PerceptronNameGenderClassifier
(MODEL);
String[] names = new String[]{"赵建军", "沈雁冰", "陆雪琪", "李冰冰"};
for (String name : names)
    System.out.printf("%s=%s\n", name, classifier.predict(name));
```

Python 示例如下：

```
classifier = PerceptronNameGenderClassifier(model)
for name in "赵建军", "沈雁冰", "陆雪琪", "李冰冰":
    print('%s=%s' % (name, classifier.predict(name)))
```

两者的运行结果都是：

```
赵建军=男
沈雁冰=男
陆雪琪=女
李冰冰=女
```

注意到“沈雁冰”和“李冰冰”这两个名字都含有“冰”，却能够被正确分类。下面来探究一下线性模型是如何做到的，用文本编辑器打开 data/test/cnname.bin.txt，截取一个片段如下：

```
1冰  -1.0
2冰  0.0
1雁  2.0
```

第一列和第二列分别是特征及其权重。仔细观察，1 雁的权重是 2，而 2 冰的权重是 0。在分类“沈雁冰”时，“雁”对男性结论的贡献大于对女性的贡献，所以最终结论是男性。另外，由 1 冰 =-1 可知，当“冰”作为名字第一个字时，它带有强烈的女性特质。

我们没有硬编码任何汉字的男女性优先级，但通过感知机算法，这些“优先级”被线性模型自动学习到了。这就是统计方法和机器学习的魅力所在。该分类器到底准确率如何？这需要通过标准化的评测得出。

5.3.5 评测

为了衡量分类器的准确率，本节按照第 1 章介绍二分类混淆矩阵，在测试集上统计 TP、FP、FN 的数量，计算出 P、R、F_1 值。分类器已经实现了这样的评测接口，直接传入测试集路径即可。Java 示例如下：

```
System.out.println("测试集准确率：" + classifier.evaluate(TESTING_SET));
```

对应 Python 版如下：

```
print('测试集准确率：', classifier.evaluate(TESTING_SET))
```

两者输出都是：

```
P=83.22 R=83.34 F1=83.28
```

也就是说，朴素感知机算法训练出来的线性模型在测试集上的 F_1 值为 83.28%，稍微低于训练集。这是正常现象，因为测试时模型是在拿经验去预测未知数据，失误更频繁完全是合理的。不过，这个准确率还有提升的空间。

另外，由于训练过程中随机打乱了样本集的顺序，所以每次运行结果都有所波动。

5.3.6　模型调优

在机器学习工程中，提高系统准确率无非有如下三种措施：

- 特征工程，即修改特征模板
- 切换训练算法
- 收集标注更多数据

本节我们关注前两种方法：其一，我们 override 特征提取方法，使用自己的特征模板。其二，我们切换到更高级的平均感知机算法。

在特征工程上，也许名字中的汉字与其位置没有关系，特征模板是否可以简化？于是我们编写分类器的子类，override 特征提取方法，尝试去掉位置标记符，这称为简单特征模板，如 com.hankcs.book.ch05.CheapFeatureClassifier 所示：

```
public class CheapFeatureClassifier extends PerceptronNameGenderClassifier
{
    @Override
    protected List<Integer> extractFeature(String text, FeatureMap featureMap)
    {
        List<Integer> featureList = new LinkedList<Integer>();
        String givenName = extractGivenName(text);
        // 特征模板 1：g[0]，与位置无关
        addFeature(givenName.substring(0, 1), featureMap, featureList);
        // 特征模板 2：g[1]，与位置无关
        addFeature(givenName.substring(1), featureMap, featureList);
        return featureList;
    }
}
```

另一方面，也许名字合在一起更能体现性别，于是我们设计一种更复杂的特征模板，一共三种特征：

```
public class RichFeatureClassifier extends PerceptronNameGenderClassifier
{
    @Override
```

```
    protected List<Integer> extractFeature(String text, FeatureMap featureMap)
    {
        List<Integer> featureList = new LinkedList<Integer>();
        String givenName = extractGivenName(text);
        // 特征模板 1: g[0]
        addFeature("1" + givenName.substring(0, 1), featureMap, featureList);
        // 特征模板 2: g[1]
        addFeature("2" + givenName.substring(1), featureMap, featureList);
        // 特征模板 3: g
        addFeature("3" + givenName, featureMap, featureList);
        return featureList;
    }
}
```

当然，特征工程是个见仁见智的问题，读者也可以提出自己的特征模板。具体优劣，通过实验对比。

验证特征模板与训练算法的不同组合方式，将实验结果汇总，如表 5-1 所示。

表 5-1 人名性别分类器在训练集上的准确率

组合	特征数量	P	R	F_1
朴素感知机+简单特征	5k	81.75	81.24	81.49
平均感知机+简单特征	5k	90.88	79.41	84.76
朴素感知机+标准特征	9k	83.22	83.34	83.28
平均感知机+标准特征	9k	90.80	80.47	85.32
朴素感知机+复杂特征	15k	87.30	**89.33**	**88.30**
平均感知机+复杂特征	15k	**92.13**	80.78	86.08

分析表 5-1，可以发现随着特征模板的复杂化，特征数量也随之增多，模型准确率也在上升。当特征较少时，平均感知机的准确率要比朴素感知机高出 2%~3%，但特征较多时则不然。这验证了感知机收敛性的理论：当特征较少时，数据线性不可分，所以平均感知机的收敛性带来了准确率提升；当特征较多时，数据倾向于线性可分，平均感知机的优势便丧失了。同时，特征越多，相应地参数也越多，训练和解码的开销也越大。

总之，任何调优手段都是一把双刃剑。掌握原理，分析利害，我们才能在具体项目中具体分析，选择最佳的平衡。

5.4　结构化预测问题

自然语言处理问题大致可分为两类，一种是分类问题，另一种就是结构化预测问题。本节读者将了解到，序列标注只是结构化预测的一个特例，对感知机稍作拓展，分类器就能支持结构化预测。

5.4.1　定义

还记得结构化的定义吗？信息的层次结构特点称作结构化。那么**结构化预测**（structured prediction）则是预测对象结构的一类监督学习问题。相应的模型训练过程称作**结构化学习**（structured learning）。分类问题的预测结果是一个决策边界，回归问题的预测结果是一个实数标量，而结构化预测的结果则是一个完整的结构。可见，结构化预测难度更高。

自然语言处理中有许多任务是结构化预测，比如序列标注预测结构是一整个序列，句法分析预测结构是一棵句法树，机器翻译预测结构是一段完整的译文。这些结构由许多部分构成，最小的部分虽然也是分类问题（比如中文分词时每个字符分类为 $\{B,M,E,S\}$ ），但必须考虑结构整体的合理程度。所谓合理程度，通常用模型给出的分值或概率衡量。

5.4.2　结构化预测与学习的流程

结构化预测的过程就是给定一个模型 λ 及打分函数 $\text{score}_\lambda(\cdot)$ ，利用打分函数给一些备选结构打分，选择分数最高的结构作为预测输出，如下式所示：

$$\hat{\boldsymbol{y}} = \arg\max_{y \in Y} \text{score}_\lambda(\boldsymbol{x}, \boldsymbol{y}) \tag{5.2}$$

其中， Y 是备选结构的集合。备选结构可以是解空间的全集，也可以是一个子集。

既然结构化预测就是搜索得分最高的结构 $\hat{y}$ ，那么结构化学习的目标就是想方设法让正确答案 $\boldsymbol{y}^{(i)}$ 的得分最高。如此 $\hat{y} = \boldsymbol{y}^{(i)}$ ，这次预测就是正确的。如何达到这个目标？不同的模型有不同的算法，对于线性模型，训练算法为结构化感知机。

5.5　线性模型的结构化感知机算法

5.5.1　结构化感知机算法

要让线性模型支持结构化预测，根据式 (5.2) ，必须先设计打分函数。打分函数的输入有两个缺一不可的参数：特征 $\boldsymbol{x}$ 和结构 $\boldsymbol{y}$。但之前介绍的线性模型的“打分函数”只接受一个自变量 $\boldsymbol{x}$：

$$f(\boldsymbol{x}) = \boldsymbol{w} \cdot \boldsymbol{x}$$

怎么把 $\boldsymbol{y}$ 也考虑进去呢？做法是定义新的特征函数 $\phi(\boldsymbol{x}, \boldsymbol{y})$，把结构 $\boldsymbol{y}$ 也作为一种特征，输出新的“结构化特征向量” $\phi(\boldsymbol{x}, \boldsymbol{y}) \in \mathbb{R}^{D \times 1}$。新特征向量与权重向量做点积后，就得到一个标量，将其作为分数：

$$\text{score}(\boldsymbol{x}, \boldsymbol{y}) = \boldsymbol{w} \cdot \phi(\boldsymbol{x}, \boldsymbol{y})$$

打分函数有了，取分值最大的结构作为预测结果，得到结构化预测函数：

$$\hat{\boldsymbol{y}} = \arg\max_{\mathbf{y} \in Y} \left(\boldsymbol{w} \cdot \phi(\boldsymbol{x}, \boldsymbol{y}) \right)$$

预测函数与线性分类器的决策函数很像，都是权重向量点积特征向量。那么感知机算法也可以拓展复用，得到线性模型的结构化学习算法。

结构化感知机算法

(1) 读入样本 $(\boldsymbol{x}^{(i)}, \boldsymbol{y}^{(i)})$，执行结构化预测 $\hat{y} = \arg\max_{y \in Y} (\boldsymbol{w} \cdot \phi(\boldsymbol{x}^{(i)}, \boldsymbol{y}))$。

(2) 与正确答案对比，若 $\hat{\boldsymbol{y}} \neq \boldsymbol{y}^{(i)}$，则更新参数：奖励正确答案触发的特征函数的权重 $\boldsymbol{w} \leftarrow \boldsymbol{w} + \phi(\boldsymbol{x}^{(i)}, \boldsymbol{y}^{(i)})$，惩罚错误结果触发的特征函数的权重 $\boldsymbol{w} \leftarrow \boldsymbol{w} - \phi(\boldsymbol{x}^{(i)}, \hat{\boldsymbol{y}})$。奖惩可以合并到一个式子里：$\boldsymbol{w} \leftarrow \boldsymbol{w} + \phi(\boldsymbol{x}^{(i)}, \boldsymbol{y}^{(i)}) - \phi(\boldsymbol{x}^{(i)}, \hat{\boldsymbol{y}})$，还可以调整学习率：$\boldsymbol{w} \leftarrow \boldsymbol{w} + \alpha(\phi(\boldsymbol{x}^{(i)}, \boldsymbol{y}^{(i)}) - \phi(\boldsymbol{x}^{(i)}, \hat{\boldsymbol{y}}))$。

相较于感知机算法，结构化感知机的不同点无非在于①修改了特征向量，②参数更新赏罚分明。在 HanLP 中，结构化感知机的成员变量也与感知机一致，只是要求上层应用负责提取结构化特征，并且调用重载的参数更新方法。关键代码位于 com.hankcs.hanlp.model.perceptron.model.StructuredPerceptron#update：

```
/**
 * 在线学习
 *
 * @param instance 样本
 */
public void update(Instance instance)
{
    int[] guessLabel = new int[instance.length()];
    viterbiDecode(instance, guessLabel);
    TagSet tagSet = featureMap.tagSet;
    for (int i = 0; i < instance.length(); i++)
    {
        ...
```

```
            update(goldFeature, predFeature);
        }
    }
    /**
     * 根据答案和预测更新参数
     *
     * @param goldIndex     答案的特征函数
     * @param predictIndex 预测的特征函数
     */
    public void update(int[] goldIndex, int[] predictIndex)
    {
        for (int i = 0; i < goldIndex.length; ++i)
        {
            if (goldIndex[i] == predictIndex[i])
                continue;
            else // 预测与答案不一致
            {
                parameter[goldIndex[i]]++; // 奖励正确的特征函数（将它的权重加一）
                parameter[predictIndex[i]]--; // 惩罚招致错误的特征函数（将它的权重减一）
            }
        }
    }
```

5.5.2 结构化感知机与序列标注

掌握了结构化感知机之后，本节介绍如何用它来实现序列标注。序列标注最大的结构特点就是标签相互之间的依赖性。在隐马尔可夫模型中，这种依赖性利用初始状态概率向量和状态转移概率矩阵来体现。在线性模型中，如何描述这种依赖性？

答案是利用特征。对序列中的连续标签提取如下**转移特征**：

$$\phi_k(y_{t-1}, y_t) = \begin{cases} 1, & y_{t-1} = s_i \text{ 且 } y_t = s_j \\ 0, & \text{其他} \end{cases} \qquad i = 0, \cdots, N; j = 1, \cdots, N$$

其中，y_t 为序列第 t 个标签，s_i 为标注集第 i 种标签，N 为标注集大小。定义 $s_0 = \text{BOS}$，表示序列第一个元素之前的虚拟标签，用来模拟隐马尔可夫模型中的初始状态转移概率。$k = i \times N + j$ 为转移特征的编号，由于 s_0 的存在，所以一共有 $(N+1) \times N$ 种转移特征。

类比于隐马尔可夫模型，将隐马尔可夫模型的初始状态概率向量和状态转移概率矩阵层叠起来，恰好也是 $\mathbb{R}^{(N+1)\times N}$ 的矩阵。该矩阵与转移特征所起的作用是一致的，两者都捕捉了从“状态”到另一个“状态”的转移规律。

单独观察序列每个位置（时刻）的输出随机变量 y_t 和输入随机变量 $\boldsymbol{x}_t$，它也是有许多特征的。于是定义每个时刻的**状态特征**为：

$$\phi_l(\boldsymbol{x}_t, y_t) = \begin{cases} 1 \\ 0 \end{cases}$$

具体状态特征在什么时候为 1，与具体问题的特征模板有关。比如中文分词中的一个状态特征可能是当前字符是否是数字，当前字符是否与前一个字符相同等。总之，状态特征只与当前的状态有关，与之前的状态无关。

再次类比于隐马尔可夫模型，发射概率矩阵与结构化感知机的状态特征道理相同。两者都在模拟“状态”与“观测”的相互联系。

于是，结构化感知机的特征函数就是转移特征和状态特征的合集：

$$\phi = [\phi_k; \phi_l] \qquad k = 1, \cdots, N^2 + N; l = N^2 + N + 1, \cdots$$

为了简洁美观，我们统一让所有特征函数都接受 $\boldsymbol{x}_t$ 、y_{t-1} 和 y_t 作为参数，记作 $\phi(y_{t-1}, y_t, \boldsymbol{x}_t)$，只不过状态特征函数会忽略 y_{t-1} 而已。该特征函数仅针对时刻 t，而整个序列的分数是各个时刻的得分之和，亦即：

$$\text{score}(\boldsymbol{x}, \boldsymbol{y}) = \sum_{t=1}^{T} \boldsymbol{w} \cdot \phi(y_{t-1}, y_t, \boldsymbol{x}_t)$$

有了打分公式，如何找出得分最高的序列呢？

5.5.3　结构化感知机的维特比解码算法

根据 5.5.1 节，结构化感知机的解码算法就是在解空间中搜索分数最高的结构。具体到序列标注中，结构特化为序列。对序列的搜索算法，那就是维特比算法。

关于维特比算法，已经在第 3 章介绍二元语法和第 4 章讲解隐马尔可夫模型过程中反复讲过了。此处将节点间距离计算替换为打分函数即可，读者可参考图 4-12 理解如下算法。

定义二维数组 $\delta_{t,i}$ 表示在时刻 t 以 s_i 结尾的所有局部路径的最高分数，从 $t=1$ 逐步递推到 $t=T$。每次递推都在上一次的 N 条局部路径中挑选。定义另一个二维数组 $\psi_{t,i}$，下标定义与 δ 相同，存储局部最优路径末状态 y_t 的前驱状态。于是结构化感知机的维特比解码算法描述如下。

结构化感知机的维特比算法

(1) 初始化，$t=1$ 时初始最优路径的备选由 N 个状态组成，它们的前驱为空。

$$\delta_{1,i} = \boldsymbol{w} \cdot \phi(s_0, s_i, \boldsymbol{x}_1), \qquad i = 1, \cdots, N$$
$$\psi_{1,i} = 0, \qquad i = 1, \cdots, N$$

(2) 递推，$t \geqslant 2$ 时每条备选路径增长一个单位，分数由打分函数决定。找出新的局部最优路径，更新两个数组。

$$\delta_{t,i} = \max_{1 \leqslant j \leqslant N} \left(\delta_{t-1,j} + \boldsymbol{w} \cdot \phi\left(s_j, s_i, \boldsymbol{x}_t\right) \right), \qquad i = 1, \cdots, N$$

$$\psi_{t,i} = \arg\max_{1 \leqslant j \leqslant N} \left(\delta_{t-1,j} + \boldsymbol{w} \cdot \phi\left(s_j, s_i, \mathbf{x}_t\right) \right), \qquad i = 1, \cdots, N$$

(3) 终止，找出最终时刻 $\delta_{t,i}$ 数组中的最大分数 S^*，以及相应的结尾状态下标 i_T^*。

$$S^* = \max_{1 \leqslant i \leqslant N} \delta_{T,i}$$

$$i_T^* = \arg\max_{1 \leqslant i \leqslant N} \delta_{T,i}$$

(4) 回溯，根据前驱数组 ψ 回溯前驱状态，取得最优路径状态下标 $\boldsymbol{i}^* = i_1^*, \cdots, i_T^*$。

$$i_t^* = \psi_{t+1, i_{t+1}^*}, \qquad t = T-1, T-2, \cdots, 1$$

下面对照算法公式，分 5 段代码逐步介绍 HanLP 中的实现 com.hankcs.hanlp.model.perceptron.model.LinearModel#viterbiDecode，首先创建 $\delta_{t,i}$ 分数数组 scoreMatrix 和 $\psi_{t,i}$ 前驱数组 preMatrix。

```
/**
 * 维特比解码
 *
 * @param instance    实例
 * @param guessLabel 输出标签
 * @return
 */
public double viterbiDecode(Instance instance, int[] guessLabel)
{
    final int[] allLabel = featureMap.allLabels();
    final int bos = featureMap.bosTag();
    final int sentenceLength = instance.tagArray.length;
    final int labelSize = allLabel.length;

    int[][] preMatrix = new int[sentenceLength][labelSize];
    double[][] scoreMatrix = new double[2][labelSize];
```

然后循环所有时刻执行搜索，在第一个时刻特殊处理：

（接上段代码）

```
for (int i = 0; i < sentenceLength; i++)
{
    int _i = i & 1;
    int _i_1 = 1 - _i; // 滚动数组，与第4章的swap效果相同
    int[] allFeature = instance.getFeatureAt(i);
    final int transitionFeatureIndex = allFeature.length - 1;
```

```
    if (0 == i)
    {
        allFeature[transitionFeatureIndex] = bos; // ①
        for (int j = 0; j < allLabel.length; j++)
        {
            preMatrix[0][j] = j;
            double score = score(allFeature, j);
            scoreMatrix[0][j] = score;
        }
    }
```

代码将所有特征存入数组 allFeature，数组最后一个位置用来存储转移特征，如代码①处所示。

在其他时刻按照算法步骤 (2) 递推：

（接上段代码）

```
    else
    {
        for (int curLabel = 0; curLabel < allLabel.length; curLabel++)
        {
            double maxScore = Integer.MIN_VALUE;
            for (int preLabel = 0; preLabel < allLabel.length; preLabel++)
            {
                allFeature[transitionFeatureIndex] = preLabel;
                double score = score(allFeature, curLabel);
                double curScore = scoreMatrix[_i_1][preLabel] + score;
                if (maxScore < curScore)
                {
                    maxScore = curScore;
                    preMatrix[i][curLabel] = preLabel;
                    scoreMatrix[_i][curLabel] = maxScore;
                }
            }
        }
    }
}
```

终止时，找出备选路径的最大分数以及最后一个状态的下标：

（接上段代码）

```
int maxIndex = 0;
double maxScore = scoreMatrix[(sentenceLength - 1) & 1][0];

for (int index = 1; index < allLabel.length; index++)
{
    if (maxScore < scoreMatrix[(sentenceLength - 1) & 1][index])
    {
```

```
            maxIndex = index;
            maxScore = scoreMatrix[(sentenceLength - 1) & 1][index];
        }
    }
```

最后，根据最优路径状态下标不断地回溯，复原出最优路径，存入结果数组并返回最大分数。

（接上段代码）

```
    for (int i = sentenceLength - 1; i >= 0; --i)
    {
        guessLabel[i] = allLabel[maxIndex];
        maxIndex = preMatrix[i][maxIndex];
    }

    return maxScore;
}
```

至此，结构化感知机的全部理论和实现都已介绍完毕，剩下的就是一些工程技巧和实际应用了。

5.6 基于结构化感知机的中文分词

HanLP 已经实现了基于结构化感知机的序列标注框架，并且用该框架驱动了中文分词、词性标注和命名实体识别任务。本节介绍其中的中文分词任务。

感知机序列标注框架的基础是线性模型，根据训练算法派生了两个子类：结构化感知机和平均感知机，如图 5-9 所示。

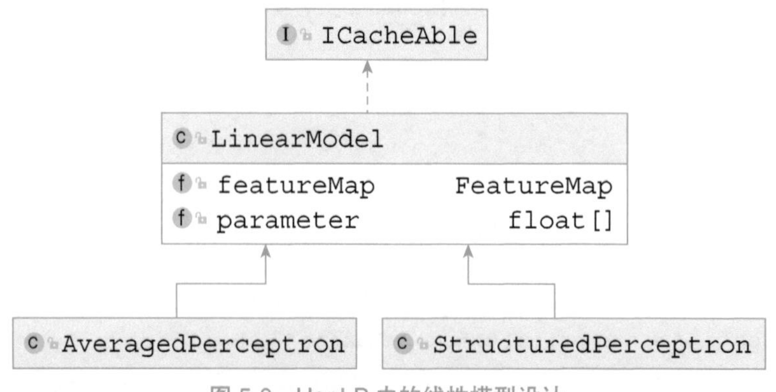

图 5-9 HanLP 中的线性模型设计

其中，`ICacheAble` 是 HanLP 优化的序列化结构，`LinearModel` 用于存储特征函数和模型参数，子类 `StructuredPerceptron` 用于结构化学习，而 `AveragedPerceptron` 提供

对平均感知机学习算法的支持。在序列标注时，主要使用这两个子类。

本节要介绍的感知机中文分词训练模块与预测模块的设计如图 5-10 所示。

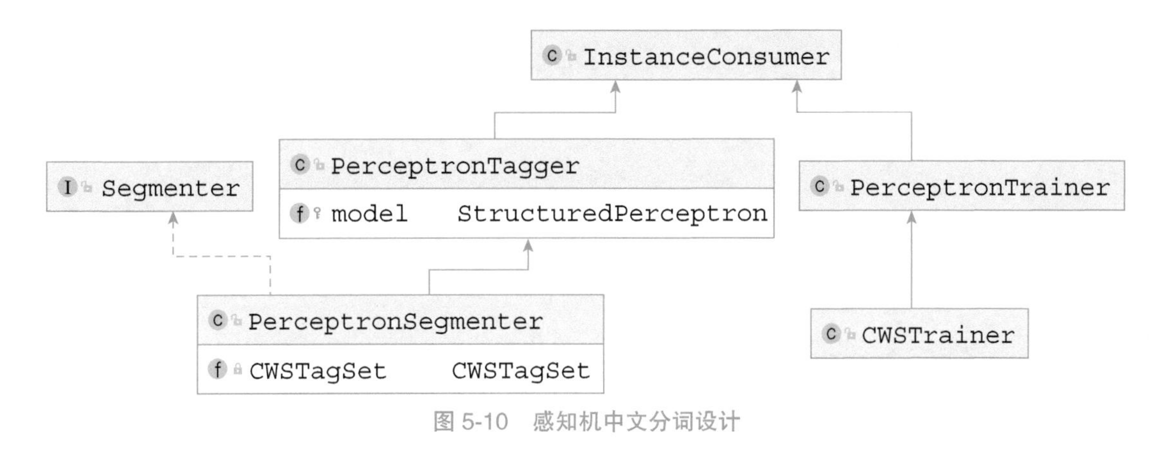

图 5-10 感知机中文分词设计

其中，感知机分词器 `PerceptronSegmenter` 继承自感知机标注器 `PerceptronTagger`，实现了分词接口 `Segmenter`。训练模块 `CWSTrainer` 继承自框架的 `PerceptronTrainer`，提供训练接口与评测接口。由于两者都与样本打交道，所以继承自共同的父类 `InstanceConsumer`。

本节主要围绕这两个模块展开，调用代码分别位于 com/hankcs/book/ch05/DemoPerceptronCWS.java 和 tests/book/ch05/perceptron_cws.py。

5.6.1 特征提取

无论是训练还是预测，第一道工序都是特征提取。在感知机序列标注框架中，特征提取由样本类 `Instance` 的子类负责，如图 5-11 所示。

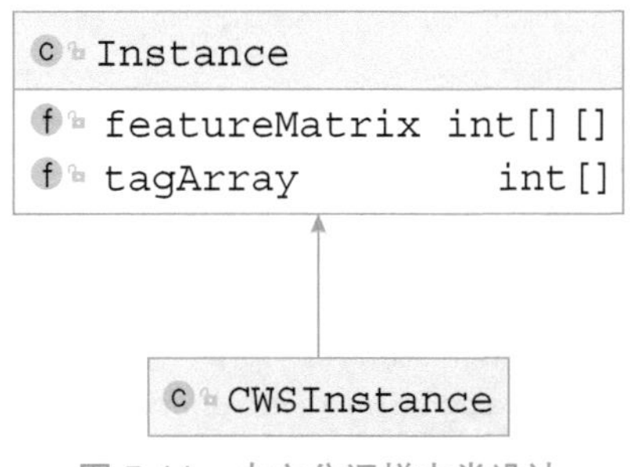

图 5-11 中文分词样本类设计

提取的结果存入成员 `featureMatrix` 中。由于一个句子有多个字符，所以所有字符的特征向量构成了一个矩阵。

具体到中文分词任务，x 是字符，y 是 $\{B,M,E,S\}$ 。所采用的特征模板如表 5-2 所示。

表 5-2 感知机中文分词特征模板

转移特征	状态特征
y_{t-1}	x_{t-1}
	x_t
	x_{t+1}
	x_{t-2} / x_{t-1}
	x_{t-1} / x_t
	x_t / x_{t+1}
	x_{t+1} / x_{t+2}

具体实现位于样本类 CWSInstance 的 extractFeature 中：

```
protected int[] extractFeature(String sentence, FeatureMap featureMap, int position)
{
    ...
    // 字符一元语法特征（char unigram feature）
    sbFeature.delete(0, sbFeature.length());
    sbFeature.append(preChar).append('1');
    addFeature(sbFeature, featureVec, featureMap);

    sbFeature.delete(0, sbFeature.length());
    sbFeature.append(curChar).append('2');
    addFeature(sbFeature, featureVec, featureMap);

    sbFeature.delete(0, sbFeature.length());
    sbFeature.append(nextChar).append('3');
    addFeature(sbFeature, featureVec, featureMap);

    // 字符二元语法特征（char bigram feature）
    sbFeature.delete(0, sbFeature.length());
    sbFeature.append(pre2Char).append("/").append(preChar).append('4');
    addFeature(sbFeature, featureVec, featureMap);

    sbFeature.delete(0, sbFeature.length());
    sbFeature.append(preChar).append("/").append(curChar).append('5');
    addFeature(sbFeature, featureVec, featureMap);

    sbFeature.delete(0, sbFeature.length());
    sbFeature.append(curChar).append("/").append(nextChar).append('6');
    addFeature(sbFeature, featureVec, featureMap);
```

```
    sbFeature.delete(0, sbFeature.length());
    sbFeature.append(nextChar).append("/").append(next2Char).append('7');
    addFeature(sbFeature, featureVec, featureMap);

    return toFeatureArray(featureVec);
}
```

其中，特征模板的编号位于最后一个 append 语句中。7 种状态特征与表 5-2 一一对应，而转移特征则在解码时动态提取。特征函数的字符串形式将在 addFeature 方法中被存入一个双数组字典树，为了充分利用前缀树的优势，HanLP 将特征模板编号（1~7）放在字符串的尾部。这是个工程上的小技巧，可以减小前缀树的体积，节省内存。

5.6.2 多线程训练

特征提取完毕之后，PerceptronTrainer 将样本提交给结构化感知机算法进行训练，关键代码位于 com.hankcs.hanlp.model.perceptron.PerceptronTrainer#train：

```
for (int s = start; s < end; ++s)
{
    Instance instance = instances[s];
    model.update(instance); // ①
}
```

其中，代码①调用的是 5.5.1 节介绍的结构化感知机参数更新方法。当然，train 还允许通过参数指定使用平均感知机算法进行训练。

现在请读者打开 IDE，运行训练代码。Java 版如下：

```
LinearModel model = new CWSTrainer().train(MSR.TRAIN_PATH, MSR.MODEL_PATH).
getModel(); // 训练模型
```

Python 版如下：

```
model = CWSTrainer().train(msr_train, msr_model).getModel()  # 训练模型
```

训练完毕后，得到一个线性模型 LinearModel，并且自动保存到了参数指定的路径中。另外，控制台还显示了下列字样：

```
开始加载训练集...
语料：86k...耗时 10807 ms
加载完毕，实例一共 86918 句，特征总数 6783824
```

```
...
进度：100.00%Iter#10 - P:98.43
以压缩比 0.10 保存模型到 data/test/msr_cws ...
0.10 compressed model - P:98.26 R:98.02 F:98.14
```

其中语料 86 k 指的是训练集一共 86 k 个句子，P、R、F 指的是“开发集”上的准确率。由于机器学习涉及许多超参数的调整，比如迭代次数等。为了避免用测试集检验超参数效果（这是作弊行为），通常做法是从训练集中划分出一个小子集，专门用来调参，称作**开发集**。此处我们没有指定开发集，开发集默认为训练集。

考虑到语料库很大时，多核 CPU 上的多线程训练优势很大，`train` 方法还支持了多线程。默认线程数为 CPU 核心数，多线程时采用朴素平均感知机算法训练。具体做法是将训练集平均分为 m 份分配给各线程所创建的共计 m 个线性模型，这些线性模型共享特征函数却拥有独立的权重向量。训练结束后主线程负责将这 m 个权重向量平均，返回平均后的模型。

由于平均感知机算法在每次更新时都需要记录许多信息，所以不适合并行训练，仅在单线程时采用。一般而言，多线程训练比单线程要快数倍。

当然训练接口还有很多参数，列举如下：

```
/**
 * 训练
 *
 * @param trainingFile  训练集
 * @param developFile   开发集
 * @param modelFile     模型保存路径
 * @param compressRatio 压缩比
 * @param maxIteration  最大迭代次数
 * @param threadNum     线程数
 * @return 一个包含模型和精度的结构
 * @throws IOException
 */
public Result train(String trainingFile, String developFile,
                    String modelFile, final double compressRatio,
                    final int maxIteration, final int threadNum) throws IOException
```

其中，最有意思的当属压缩比参数了。这是一种有损压缩，以牺牲少量精度的代价换取更小的模型体积。

5.6.3 特征裁剪与模型压缩 *

上面的控制台输出显示以压缩比 0.10 保存模型，这是什么概念呢？

线性模型学习到的特征其实非常稀疏，比如这里的分词模型一共600多万特征。其中相当大一部分是低频特征，权重的绝对值非常小，对预测结果的影响力非常小。给定一个样本提取特征后，600万维的特征向量也只有很少一部分元素是1（根据表5-2，只有8个元素是1），剩下的元素全部是0。这么多不重要的、很少被命中的特征赘余在模型里，白白增加了空间和时间花费。

来做个试验，重新训练未压缩的模型，并导出为文本形式，Java示例：

```
LinearModel model = new CWSTrainer().train(MSR.TRAIN_PATH, MSR.TRAIN_PATH,
MSR.MODEL_PATH, 0., 10, 8).getModel();
model.save(MSR.MODEL_PATH, model.featureMap.entrySet(), 0, true); // 最后一个参数指
                                                                    定导出txt
```

Python示例如下：

```
model = CWSTrainer().train(msr_train, msr_model).getModel()  # 训练模型
model.save(msr_train, model.featureMap.entrySet(), 0, True);  # 最后一个参数指定
                                                                导出txt
```

此处 save 方法中的压缩比参数 0 表示不执行压缩。训练结束后打开data/test/msr_cws.txt，可以观察到如下片段：

```
3/青7    -0.140625 0.140625      0.0    0.0
3/面4    0.0       0.0           0.0    0.0
3/面5    0.0       0.0           0.0    0.0
3/面6    0.0       0.0           0.0    0.0
3/面7    0.0       0.0           0.0    0.0
```

第一列代表字符串特征，剩下的4列分别表示$y_t = \mathrm{B/M/E/S}$时特征函数的权重。这样权重全部是0的特征随处可见，更何况还存在大量接近零的特征。

如果能将这些不重要的、对结果影响小的特征去掉，则可以在牺牲少量准确率的情况下显著降低运行时开销。为此，HanLP实现了线性模型的压缩算法①。目前的实现是将特征四种标签对应的权重的绝对值加起来，作为衡量该特征区分能力的度量。然后进行排序，去掉一定阈值以下或最后一定比率c的特征，该比率在接口中被称为压缩比。压缩后，特征数量减小到$1-c$以下，但模型体积的减小量一般大于这个比例。

模型压缩的实现位于com.hankcs.hanlp.model.perceptron.model.LinearModel#compress，用户

---

① 参考邓知龙《基于感知器算法的高效中文分词与词性标注系统设计与实现》。

可以在训练时指定压缩比，也可以在任何时候调用该接口执行压缩。

特征裁剪对准确率的影响非常低，这一点可以通过实验来验证：测试以压缩比 $c \in \{0, 0.1, \cdots, 0.9\}$ 训练模型，并执行标准化评测[①]，它们的 F_1 如图 5-12 所示。

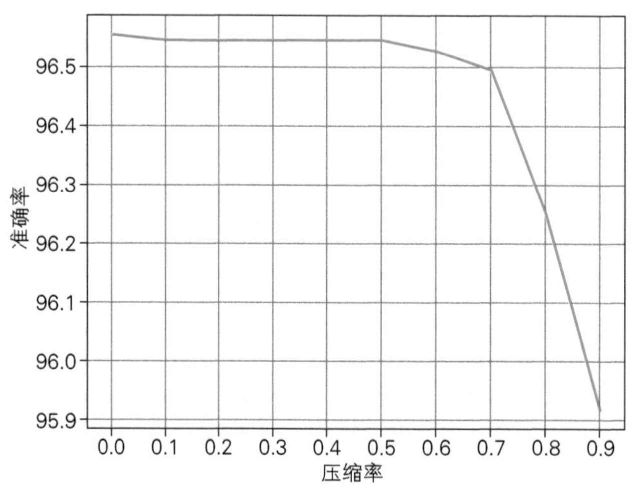

图 5-12 压缩率对准确率的影响

可见压缩率对准确率的影响非常小。压缩掉一半的特征后几乎观察不到准确率波动，哪怕去掉 90% 的特征，准确率也才下降了不到一个百分点。这说明线性模型的特征非常稀疏，模型压缩的实用价值非常大。

5.6.4 创建感知机分词器

用户可以将模型传给分词器的构造函数，比如 Java 示例：

```
Segment segment = new PerceptronLexicalAnalyzer(model).enableCustomDictionary(false);
// 创建分词器
Segment segment = new PerceptronLexicalAnalyzer(MODEL_PATH).enableCustomDictionary
(false)
```

Python 示例：

```
segment = PerceptronLexicalAnalyzer(model).enableCustomDictionary(False)
# 创建分词器
segment = PerceptronLexicalAnalyzer(model_path).enableCustomDictionary(False)
# 或者传入路径
```

① Python 用户可运行 tests/book/ch05/plot_compressed_f1.py 来复现试验结果。

另外，训练结束后，模型已经自动保存到了 MODEL_PATH，用户还可以将模型路径传给分词器的构造函数。之后就可像对待其他分词器一样调用 PerceptronLexicalAnalyzer 的 seg 接口进行分词了。当然，为了避免用户词典的干扰，建议暂时禁用词典。

让我们先来观察一下感知机分词的直观效果，Java 示例 com.hankcs.book.ch05.DemoPerceptronCWS：

```
String[] sents = new String[]{
    "王思斌，男，１９４９年１０月生。",
    "山东桓台县起凤镇穆寨村妇女穆玲英",
    "现为中国艺术研究院中国文化研究所研究员。",
    "我们的父母重男轻女",
    "北京输气管道工程",
};
for (String sent : sents)
    System.out.println(segment.seg(sent));
```

对应 Python 版：

```
sents = [
    "王思斌，男，１９４９年１０月生。",
    "山东桓台县起凤镇穆寨村妇女穆玲英",
    "现为中国艺术研究院中国文化研究所研究员。",
    "我们的父母重男轻女",
    "北京输气管道工程",
]
for sent in sents:
    print(segment.seg(sent))
```

两者的输出都是：

```
[王思斌，，，男，，，１９４９年１０月，生，。]
[山东，桓台县，起凤镇，穆寨村，妇女，穆玲英]
[现，为，中国艺术研究院中国文化研究所，研究员，。]
[我们，的，父母，重，男，轻，女]
[北京，输气，管道，工程]
```

可见，这些人名、地名、机构名都能正确召回，“输气管道”也能正确消歧——这是词典、二元语法与隐马尔可夫模型无法做到的。虽然“重男轻女”被错误切分，但这种习语可以通过一部用户词典轻松解决。

5.6.5 准确率与性能

任何 NLP 任务的最后一步都是标准化评测，本节我们评测结构化感知机和平均感知机用于中文分词的准确率和训练时间。Java 版和 Python 版的运行程序分别位于 com.hankcs.book.ch05.EvaluatePerceptronCWS 和 tests/book/ch05/eval_perceptron_cws.py。运行结果汇总如表 5-3 所示。

表 5-3 感知机分词在 MSR 语料库上的准确率（50 个迭代，零压缩率）

算法	P	R	F_1	R_{OOV}	R_{IV}	训练评测总耗时
平均感知机	96.69	96.45	96.57	70.34	97.16	128秒
结构化感知机	96.67	96.64	96.65	70.52	97.35	59秒

表 5-3 显示，结构化感知机准确率稍高于平均感知机，并且训练速度更快。由于随机数影响，最终结果未必与上表一致，但大约在 96.60% 左右波动。如果读者多运行几次，会发现结构化感知机的成绩波动很大，不如平均感知机稳定。

任何准确率都与语料库规模相关，实际项目究竟需要标注多少语料呢？由于结构化感知机训练速度非常快，我们可以利用它探索这个问题。试验设计如下：利用比例从 10% 到 100% 的 MSR 语料库分别训练模型，计算准确率。试验代码位于 tests/book/ch05/plot_corpus_ratio_f1.py，试验结果如图 5-13 所示。

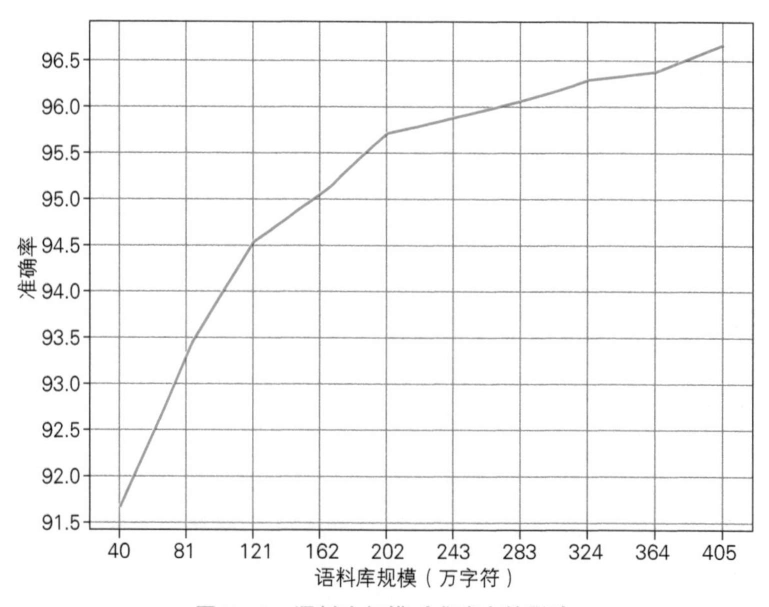

图 5-13 语料库规模对准确率的影响

可见，模型准确率随着语料库规模的增大而提升。40 万字符的语料库只能训练出 91% 准确率的模型，但 160 万字符则可以达到 95% 。若以 96% 作为生产用系统的基本水准，则至少需要 300 万字符级的语料库。

当然，准确率也与算法模型相关。截止到本章，我们已经实现了多种算法与模型，将它们在分词任务上的准确率汇总，如表 5-4 所示。

表 5-4 各种分词算法在 MSR 语料库上的准确率

算 法	P	R	F_1	R_{OOV}	R_{IV}
最长匹配	89.41	94.64	91.95	2.58	97.14
二元语法	92.38	**96.70**	94.49	2.58	**99.26**
一阶隐马尔可夫模型	78.49	80.38	79.42	41.11	81.44
二阶隐马尔可夫模型	78.34	80.01	79.16	42.06	81.04
平均感知机	**96.69**	96.45	96.57	70.34	97.16
结构化感知机	96.67	96.64	**96.65**	**70.52**	97.35

对比各项指标，我们终于将 OOV 提高到了 70% 以上，并且综合 F_1 也提高到了 96.7% 。感知机是截止到本章最好用的算法，完全达到了实用水准。在实际项目中，无非还需要挂载一些领域词库。

5.6.6 模型调整与在线学习 *

不过，词典并非万能，用户词典可解燃眉之急，但有时可谓饮鸩止渴。来看这样一个案例（位于 tests/book/ch05/online_learning.py 或 com/hankcs/book/ch05/OnlineLearning.java，此处以 Python 为例），首先加载前面训练的 MSR 模型，在禁用词典的情况下分词：

```
segment = PerceptronLexicalAnalyzer(msr_model).enableCustomDictionary(False)
text = "与川普通电话"
print(segment.seg(text))
```

由于 MSR 语料库年代久远，模型没有见过“川普”这种音译词，连类似的都没有见过，导致未能召回该人名：

```
[与, 川, 普通, 电话]
```

一些用户喜欢依靠词典解决问题，于是他们在词典中加入“川普”这个词，并且将词典优先级设为最高：

```
CustomDictionary.insert("川普", "nrf 1")
segment.enableCustomDictionaryForcing(True)
print(segment.seg(text))
```

运行后发现果然解决了眼前的例子：

```
[与, 川普, 通电话]
```

但是在用户没有注意到的地方，比如：

```
print(segment.seg("银川普通人与川普通电话讲四川普通话"))
```

词典导致了更多更荒谬的错误：

```
[银, 川普, 通人, 与, 川普, 通电话, 讲, 四, 川普, 通话]
```

可见词典只是一种粗暴的措施，不是万金油。一般而言，越长的词语越适合用词典解决，比如成语习语、专业术语等。对于较短的、容易引发歧义的词语，则需要通过标注语料库、训练新模型的流程来解决。

然而在实际工程中，标注与训练的成本太高。HanLP 中实现的感知机还算高效，一分钟左右即可训练完毕，而一些复杂的模型训练起来可能需要数十小时之久。另外，有些语料库受到版权限制，用户手上可能只有模型而没有语料。此时，如何对现有模型进行调优呢？

HanLP 中的线性模型提供在线学习接口，即利用感知机的在线学习特性，直接读入用户提供的标注样本进行增量训练。用户只需用字符串的形式提供一个已经分好词的句子，模型就能从这个句子学习到新知识。比如对上述例子，在线学习示例如下：

```
segment.enableCustomDictionary(False)
for i in range(3):                              # ①学三遍
    segment.learn("人 与 川普 通电话")          # ②在线学习接口的输入必须是标注样本
print(segment.seg("银川普通人与川普通电话讲四川普通话"))
```

①处让模型重复三次学习，具体次数可逐个尝试，也可以用 `while` 循环持续调用学习接口直到能够输出正确结果。②处调用在线学习接口 `learn`，参数为字符串形式的分词样本。学习后模型就能够给出正确预测了：

```
[银川, 普通人, 与, 川普, 通电话, 讲, 四川, 普通话]
```

模型学习到的并非死板的规则，而是泛化的知识。这一点可以通过另一句话来验证：

```
print(segment.seg("首相与川普通话讨论四川普通高考"))
```

模型同样做出了正确的预测：

```
[首相, 与, 川普, 通话, 讨论, 四川, 普通, 高考]
```

5.6.7 中文分词特征工程 *

如果反复在线学习依然无法正确分词怎么办呢？用户可以重载感知机分词器的特征提取部分，进行特征工程。表 5-2 其实只是众多特征模板中较简单的一种，一些学院派的分词器还经常使用的特征如下所示。

- 叠字
  相邻两个字是否相等，这种特征可辅助识别叠字人名“李冰冰”、拟声词“哈哈哈”等。
- 四元语法
  以相邻 4 个字符为窗口，窗口内的所有 n 元语法。
- 词典特征
  用户词典全切分后当前字符位置最长词语的长度。通过在训练时引入词典特征，特别是词长特征，可以增强模型的领域迁移能力。
- 偏旁部首
  根据语言学知识，部首相同的汉字往往在构词时可以相互替换。汉字文化源远流长，属于一种象形文字，遵从构字法。构字法中最重要的两个概念是“形旁”与“声旁”，“形旁”象形表意，如“鲤鲫鲈鱿”中的“鱼”字旁；“声旁”拟声发音，如上一个例子中的“里即卢尤”。如果一个模型在训练集中见过“鲤鱼”，那么它极有可能推测“鲫鱼”“鲈鱼”甚至“鲨鱼”也是一个词。

本节就来演示如何使用自己的特征模板，为了简洁，仅新增叠字特征。

首先，特征提取逻辑位于 Instance 类的 extractFeature 方法中，所以需要创建一个子类来重载该方法：

```
public class MyCWSInstance extends CWSInstance
{
    @Override
    protected int[] extractFeature(String sentence, FeatureMap featureMap,
    int position)
    {
        int[] defaultFeatures = super.extractFeature(sentence, featureMap,
```

```
        position); // ①
        char preChar = position >= 1 ? sentence.charAt(position - 1) : '_';
        // 叠字特征
        String myFeature = preChar == sentence.charAt(position) ? "Y" : "N";
        int id = featureMap.idOf(myFeature);
        if (id != -1) // ②
        {// 将叠字特征放到默认特征向量的尾部
            int[] newFeatures = new int[defaultFeatures.length + 1];
            System.arraycopy(defaultFeatures, 0, newFeatures, 0, defaultFeatures.
            length);
            newFeatures[defaultFeatures.length] = id;
            return newFeatures;
        }
        return defaultFeatures;
    }
}
```

①处先调用父类提取默认特征，之后进行叠字特征的提取。②处若叠字特征存在，则将其放入新特征向量的尾部。

接着，创建训练模块与分词器的子类，重载它们的工厂方法 createInstance，创建我们的新实例：

```
CWSTrainer trainer = new CWSTrainer()
{
    @Override
    protected Instance createInstance(Sentence sentence, FeatureMap featureMap)
    {
        return createMyCWSInstance(sentence, featureMap);
    }
};
LinearModel model = trainer.train(MSR.TRAIN_PATH, MSR.MODEL_PATH).getModel();
PerceptronSegmenter segmenter = new PerceptronSegmenter(model)
{
    @Override
    protected Instance createInstance(Sentence sentence, FeatureMap featureMap)
    {
        return createMyCWSInstance(sentence, featureMap);
    }
};
System.out.println(segmenter.segment("叠字特征帮助识别张文文李冰冰"));
```

运行结果应当是 [叠字, 特征, 帮助, 识别, 张文文, 李冰冰]。通过增加叠字特征，我们把汉语表示成了一种更利于计算机理解的方式，让模型更容易做对选择。

5.7 总结

本章我们学习了线性模型以及感知机、平均感知机两种训练算法。基于 LinearModel 这个分类器，我们实现了第 1 章延续至今的人名性别识别问题。为了驱动序列标注式的中文分词，我们学习了结构化预测问题，并且将感知机拓展为结构化感知机。在标准化评测环节，结构化感知机拿到了目前最佳的成绩 96.7%，并且召回了 70% 的未登录词。

实际项目并非教科书那样单纯，本章后半部分讨论了两种实用模型调整措施。首先，我们进一步了解用户词典的局限性，并且利用感知机的在线学习克服了该局限性。最后，我们还演示了如何自定义特征提取来增强模型的理解能力。

无词典且仅使用 7 个状态特征的情况下，96.7% 的准确率还能继续提高吗？我们将在下一章挑战传统手法的极限。

第6章　条件随机场与序列标注

目前我们已经掌握了隐马尔可夫与结构化感知机这两种序列标注模型，其中隐马尔可夫模型估计特征与序列的联合概率 $p(\boldsymbol{x}, \boldsymbol{y})$，而感知机给它们打一个分数 $\text{score}(\boldsymbol{x}, \boldsymbol{y})$。得益于线性模型捕捉了更丰富的上下文特征，感知机的成绩更好。

本章介绍一种新的序列标注模型——**条件随机场**。这种模型与感知机同属结构化学习大家族，但性能比感知机还要强大。为了厘清该模型的来龙去脉，我们先对机器学习模型做一番梳理。然后结合代码介绍条件随机场理论，探究它与结构化感知机的异同。它们的相似点将带来完全一致的预测算法，给读者节省不少学习时间。它们的不同点给条件随机场带来了新的训练算法，以及更佳的准确率。最后，我们将条件随机场应用于中文分词，实现目前传统手法中最准确的中文分词器。

6.1　机器学习的模型谱系

任何机器学习模型并非从天而降，它们秉承不同设计理念逐步改进，构成一棵根深叶茂的进化树。

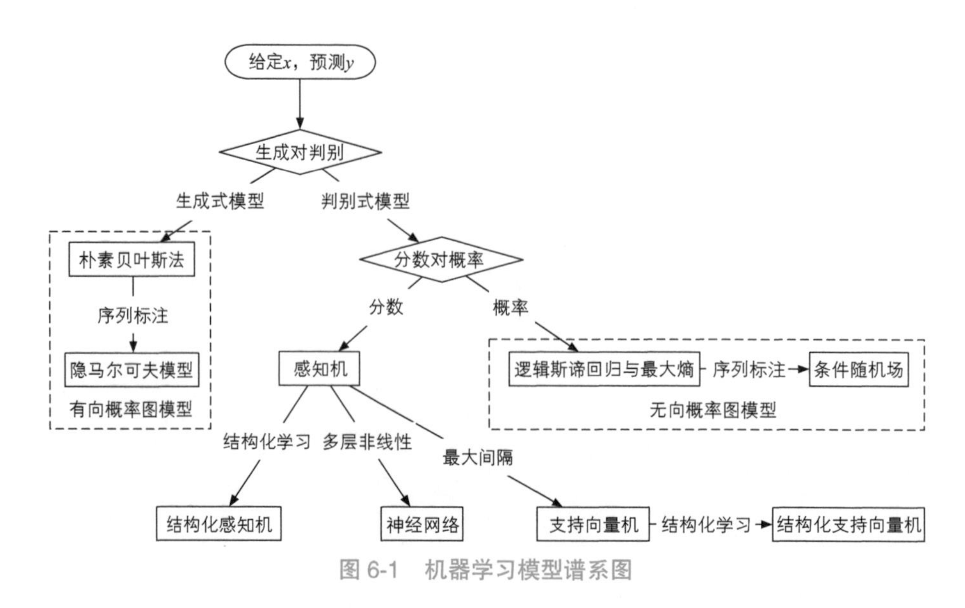

图 6-1　机器学习模型谱系图

如图 6-1 所示，机器学习要解决的根本问题就是给定一些随机变量 x ，预测另一些随机变量 y 的问题。根据 y 究竟是连续型随机变量（例如明天的股价）还是离散型随机变量（例如明天的天气），机器学习问题分为回归和分类两大类问题。由于 NLP 关注的主要是分类，所以图 6-1 略过了回归问题。另外，根据 y 究竟是一个独立变量还是多个相互关联的变量，机器学习问题又分为分类问题与结构化预测问题。

如何对多维随机变量建模呢？根据建模的究竟是联合概率分布 $p(\boldsymbol{x},\boldsymbol{y})$ 还是条件概率分布 $p(\boldsymbol{y}\mid\boldsymbol{x})$ ，派生出生成式模型与判别式模型。

6.1.1　生成式模型与判别式模型

生成式模型模拟数据的生成过程，两类随机变量存在因果先后关系：先有因素 $\boldsymbol{y}$ ，后有结果 $\boldsymbol{x}$ 。这种因果关系由联合分布模拟：

$$p(\boldsymbol{x},\boldsymbol{y})=p(\boldsymbol{y})p(\boldsymbol{x}\mid\boldsymbol{y}) \tag{6.1}$$

有了式 (6.1) 中的两项分布，生成式模型就可以根据 $p(\boldsymbol{y})$ 采样一个 $\boldsymbol{y}$ ，然后根据 $p(\boldsymbol{x}\mid\boldsymbol{y})$ 采样一个 $\boldsymbol{x}$ ，从而生成一个样本 $(\boldsymbol{x},\boldsymbol{y})$ 并得到它的概率 $p(\boldsymbol{x},\boldsymbol{y})$ 。通过搜索 $\boldsymbol{y}$ 可能的取值 $\mathcal{Y}$，生成式模型进而找出概率最大的那一个 $\hat{\boldsymbol{y}}=\arg\max_{\boldsymbol{y}\in\mathcal{Y}}p(\boldsymbol{x},\boldsymbol{y})$ 作为预测结果。

读者已经接触过生成式模型，比如第 3 章的隐马尔可夫模型就是其中一种，被我们用于生成医疗数据与中文分词。我们还会在第 11 章讲解文本分类时用到它的“分类版”——朴素贝叶斯模型。

通过联合分布 $p(\boldsymbol{x},\boldsymbol{y})$ ，生成式模型其实间接建模了 $p(\boldsymbol{x})$ 。只需遍历所有 $\boldsymbol{y}$ 求和即可，亦即：

$$p(\boldsymbol{x})=\sum_{\boldsymbol{y}\in\mathcal{Y}}p(\boldsymbol{x},\boldsymbol{y})$$

然而恰恰是 $p(\boldsymbol{x})$ ，导致了生成式模型的死穴。

(1) $p(\boldsymbol{x})$ 很难准确估计，因为特征之间并非相互独立，而是存在错综复杂的依赖关系。比如中文分词中的一元语法特征：前一个字符是“蝴”，那么当前字符几乎一定是“蝶”，这两个特征的依赖性非常强。而隐马尔可夫模型假设它们相互独立，干脆忽略了这种依赖关系。这种假设过于强烈、过于简单，往往与实际情况不符。所以隐马尔可夫模型生成的样本不真实，分词的准确率也不高。

(2) 即便准确估计了 $p(\boldsymbol{x})$ ，在分类中也没有直接作用，可谓费力不讨好。

为了克服这两个问题，判别式模型登场了。**判别式模型**跳过了 $p(\boldsymbol{x})$ ，直接对条件概率

$p(\boldsymbol{y} \mid \boldsymbol{x})$ 建模。哪怕 $\boldsymbol{x}$ 内部存在再复杂的依赖关系，也不影响判别式模型对 $\boldsymbol{y}$ 的判断。既然 $\boldsymbol{x}$ 内部的关联不影响判断，于是判别式模型就能够放心大胆地利用各种各样丰富的、有关联的特征。所以我们会看到感知机分词的准确率高于隐马尔可夫模型。

判别式模型家族更加兴旺一些，包括第 5 章介绍的感知机、本章的条件随机场、第 11 章的支持向量机、第 13 章的神经网络。就连所谓的神经网络深度学习，也不过是判别式家族成员之一而已。一些判别式模型并不介意输出的到底是 [0,1] 区间内的概率 $p(\boldsymbol{y} \mid \boldsymbol{x})$ ，还是一个分值 $\text{score}(\boldsymbol{x}, \boldsymbol{y})$ ，只保证概率越大分值越大即可。万一下级应用需要概率，只需将分值传入 softmax 函数转换一下即可：

$$p\left(\boldsymbol{y} \mid \boldsymbol{x}\right)=\frac{\exp\left(\text{score}\left(\boldsymbol{x}, \boldsymbol{y}\right)\right)}{\sum_{\boldsymbol{x}, \boldsymbol{y}} \exp\left(\text{score}\left(\boldsymbol{x}, \boldsymbol{y}\right)\right)}$$

其中， $\exp(\cdot)$ 为指数函数：

$$\exp\left(x\right)=\mathrm{e}^{x}$$

无论是生成式还是判别式，模型都在建模多维随机变量分布。这些随机变量可能彼此独立，也可能相互依赖，构成错综复杂的关系。为了分析多维随机变量分布，人们使用概率图模型这个强大的工具。

6.1.2 有向与无向概率图模型

概率图模型（Probabilistic Graphical Model，PGM）是用来表示与推断多维随机变量联合分布 $p(\boldsymbol{x}, \boldsymbol{y})$ 的强大框架，被广泛用于计算机视觉、知识表达、贝叶斯统计与自然语言处理[①]。它利用节点 V 来表示随机变量，用边 E 连接有关联的随机变量，将多维随机变量分布表示为图 $G=(V, E)$ 。这样就带来了一个好处，那就是整个图可以分解为子图再进行分析。子图中的随机变量更少，建模更加简单。具体如何分解，据此派生出有向图模型和无向图模型。

有向图模型（Directed Graphical Model，DGM）按事件的先后因果顺序将节点连接为有向图。如果事件 A 导致事件 B ，则用箭头连接两个事件 $A \rightarrow B$ 。比如“房子摇晃”可能由“发生地震”或“卡车撞墙”导致，那么有向图模型表示如图 6-2 所示。

① 概率图模型是一个庞大的家族，在许多院校被设置为专门课程。由于本书入门级的定位，所以只介绍必要的初级知识。

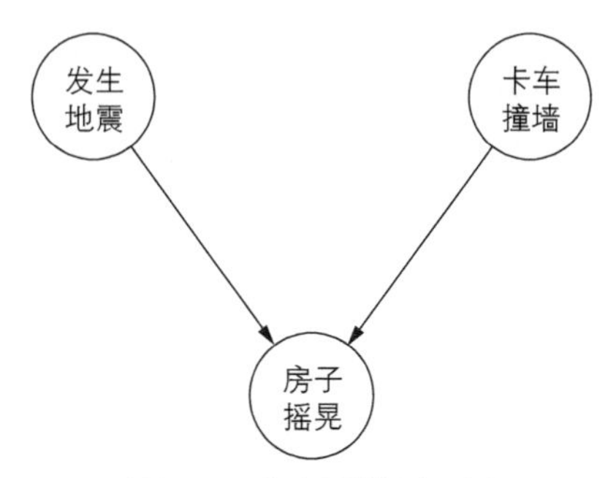

图 6-2 有向图模型示例

当然，现实生活中的因果关系会更加复杂，比如“发生地震”同样可能导致“卡车撞墙”，如图 6-3 所示。

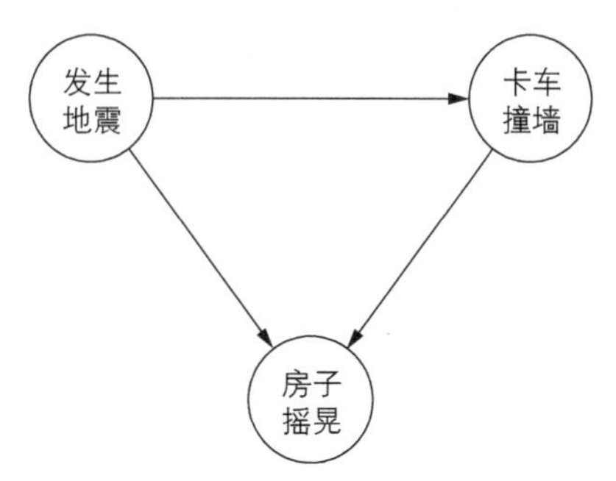

图 6-3 复杂的因果关系

无论多么复杂，有向图模型都将概率有向图分解为一系列条件概率之积。定义 $\boldsymbol{\pi}(v)$ 表示节点 v 的所有前驱节点，则多维随机变量的分布分解为：

$$p(\boldsymbol{x},\boldsymbol{y})=\prod_{v\in V}p\big(v\mid\boldsymbol{\pi}(v)\big)$$

由于节点和前驱节点只是 V 的一个子集，所以计算起来更简单。有向图模型经常用生成式模型来实现，比如第 4 章隐马尔可夫模型示意图中的图 4-10 和图 4-11 都是有向图的一个特例：马尔可夫链。

相反，**无向图模型**则不探究每个事件的因果关系，也就是说不涉及条件概率分解。无向图模型的边没有方向，仅仅代表两个事件有关联，不表示谁是因谁是果。图 6-3 的无向图模型如图 6-4 所示。

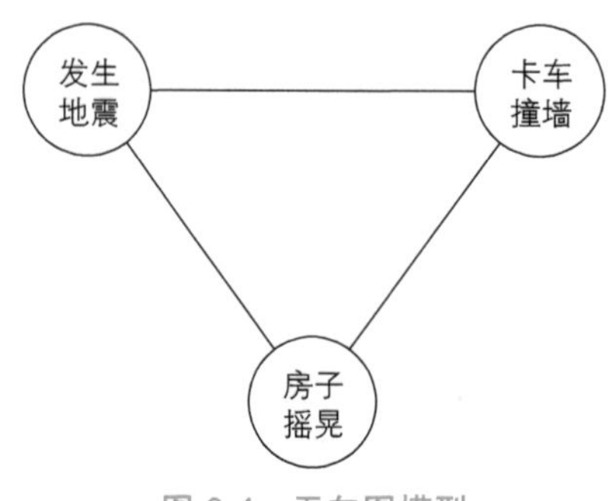

图 6-4　无向图模型

无向图模型将概率分解为所有最大团上的某种函数之积。在图论中，**最大团**（maximal clique）指的是满足所有节点相互连接的最大子图。不考虑因果的话，模型是要简单一些。但图 6-4 每个节点都与其他所有节点相连，构成最大团。最大团无法继续分解，必须同时考虑所有变量。变量数越多，分析起来就越复杂。为此，无向图模型定义了一些虚拟的**因子节点**（factor），每个因子节点只连接部分节点，组成更小的最大团，如图 6-5 所示。

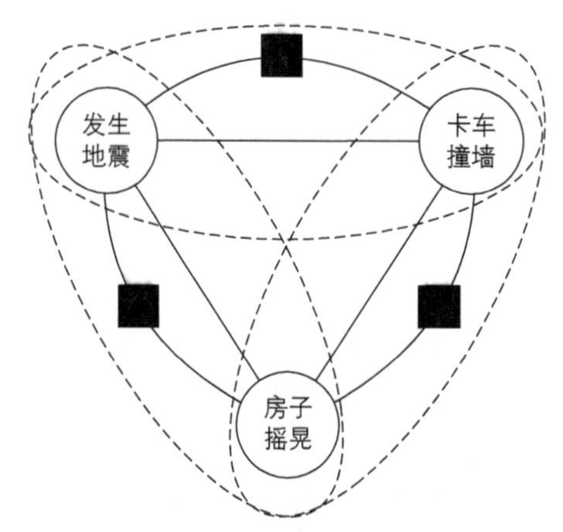

图 6-5　无向图的一种分解（虚线为最大团）

读者可能在其他介绍条件随机场的文献中见过这种黑色方块，它们表示因子节点，圆圈则表示变量节点。由于因子节点的存在，图 6-5 分解为 3 个小型最大团，每个最大团只有两个变量节点。形式化描述，无向图模型将多维随机变量的联合分布分解为一系列最大团中的因子之积：

$$p(\boldsymbol{x}, \boldsymbol{y}) = \frac{1}{Z}\prod_{a}\boldsymbol{\Psi}_a(\boldsymbol{x}_a, \boldsymbol{y}_a) \tag{6.2}$$

其中，a 是因子节点，$\boldsymbol{\Psi}_a$ 则是一个因子节点对应的函数，参数 $\boldsymbol{x}_a, \boldsymbol{y}_a$ 是与因子节点相连的所有变量节点。为了将式 (6.2) 约束为概率分布，定义常数 Z 为如下归一化因子：

$$Z=\sum_{x,y}\prod_{a}\Psi_a\left(x_a,y_a\right)$$

在机器学习中，常用指数家族的因子函数：

$$\Psi_a\left(x_a,y_a\right)=\exp\left\{\sum_{k}w_{ak}f_{ak}\left(x_a,y_a\right)\right\}$$

其中，k 为特征的编号，$f_{ak}(x_a,y_a)$ 是特征函数，w_{ak} 为相应的特征权重。

判别式模型经常用无向图来表示，只需要在归一化时，对每种 x 都求一个归一化因子：

$$Z(x)=\sum_{y}\prod_{a}\Psi_a\left(x_a,y_a\right)$$

然后式 (6.2) 就转化为判别式模型所需的条件概率分布了：

$$p\left(y\mid x\right)=\frac{1}{Z\left(x\right)}\prod_{a}\Psi_a\left(x_a,y_a\right) \tag{6.3}$$

至此，读者所需的背景知识已经完全就绪了，式 (6.3) 就是条件随机场的一般形式。接下来，我们正式介绍条件随机场。

6.2 条件随机场

条件随机场（Conditional Random Field，CRF）是一种给定输入随机变量 x，求解条件概率 $p(y\mid x)$ 的概率无向图模型。用于序列标注时，特例化为线性链（linear-chain）条件随机场。此时，输入输出随机变量为等长的两个序列。

6.2.1 线性链条件随机场

在给出数学定义之前，先来直观地一览线性链条件随机场图解，如图 6-6 所示。

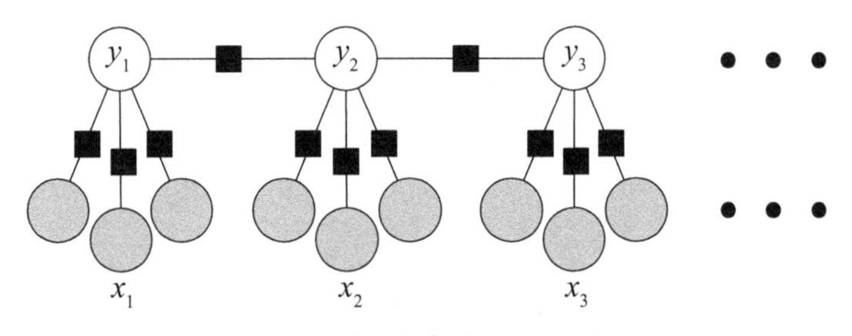

图 6-6 线性链条件随机场图解

每个 x_t 上方有 3 个灰色节点，代表 x_t 的 3 个特征（当然，特征数是任意的）。相较于隐马尔

可夫模型对 $\boldsymbol{x}_t$ 提取的唯一特征，条件随机场可利用的特征更加丰富。黑色方块为因子节点，可以理解为一个特征函数 $f_k(y_{t-1}, y_t, \boldsymbol{x}_t)$。其中仅仅利用了 $\boldsymbol{x}_t$ 和 y_t 的特征称作状态特征，利用了 y_{t-1} 的特征则称作转移特征①，与感知机的特征函数定义相同。

对照此图解，线性链条件随机场的定义如下：

$$p(\boldsymbol{y} \mid \boldsymbol{x}) = \frac{1}{Z(\boldsymbol{x})} \prod_{t=1}^{T} \exp\left\{\sum_{k=1}^{K} \boldsymbol{w}_k f_k(y_{t-1}, y_t, \boldsymbol{x}_t)\right\} \tag{6.4}$$

其中，$Z(\boldsymbol{x})$ 为归一化函数：

$$Z(\boldsymbol{x}) = \sum_{\boldsymbol{y}} \prod_{t=1}^{T} \exp\left\{\sum_{k=1}^{K} \boldsymbol{w}_k f_k(y_{t-1}, y_t, \boldsymbol{x}_t)\right\}$$

上式求和定义在所有可能的标注序列 $\mathcal{Y}$ 之上。也就是说，需要遍历所有 $\boldsymbol{y} \in \mathcal{Y}$ 求和，无论某个 $\boldsymbol{y}$ 在下级应用看来多么离谱。对中文分词而言，哪怕是 BMBB 这样“非法”的标注序列，依然需要纳入归一化函数的计算之中。

如果将所有特征函数与权重分别写作向量形式 $\phi(y_{t-1}, y_t, \boldsymbol{x}_t), \boldsymbol{w} \in \mathbb{R}^{K \times 1}$，则线性链条件随机场的定义可简化为：

$$\begin{aligned} p(\boldsymbol{y} \mid \boldsymbol{x}) &= \frac{1}{Z(\boldsymbol{x})} \prod_{t=1}^{T} \exp\left\{\boldsymbol{w} \cdot \phi(y_{t-1}, y_t, \boldsymbol{x}_t)\right\} \\ &= \frac{1}{Z(\boldsymbol{x})} \exp\left\{\sum_{t=1}^{T} \boldsymbol{w} \cdot \phi(y_{t-1}, y_t, \boldsymbol{x}_t)\right\} \end{aligned} \tag{6.5}$$

对比结构化感知机的打分函数：

$$\text{score}(\boldsymbol{x}, \boldsymbol{y}) = \sum_{t=1}^{T} \boldsymbol{w} \cdot \phi(y_{t-1}, y_t, \boldsymbol{x}_t)$$

可以发现结构化感知机打分函数与条件随机场的指数部分完全相同。由于给定实例 $\boldsymbol{x}$，$Z(\boldsymbol{x})$ 就是一个常数 c，所以得到如下结论：

$$p(\boldsymbol{y} \mid \boldsymbol{x}) = \frac{1}{c} \exp\{\text{score}(\boldsymbol{x}, \boldsymbol{y})\}$$

于是，条件随机场就和结构化感知机联系起来了：

(1) 条件随机场和结构化感知机的特征函数完全一致；

(2) 结构化感知机对某预测打分越高，条件随机场给予该预测的概率也越大。

这种相似性使得我们能够复用结构化感知机的预测算法，也即维特比算法。是的，结构化

① 实际应用中转移特征很少同时使用 y_t, y_{t-1}, x_t 这三个参数，而是仅使用 y_t, y_{t-1}。

感知机和条件随机场的预测算法完全一致。所以我们不必再学一遍维特比算法，只需关注条件随机场的训练即可。

6.2.2 条件随机场的训练 *

给定训练集 $\mathcal{D}=\{\boldsymbol{x}^{(i)},\boldsymbol{y}^{(i)}\}_{i=1}^{N}$，其中每个 $\boldsymbol{x}^{(i)}=\{\boldsymbol{x}_1^{(i)},\boldsymbol{x}_2^{(i)},\cdots \boldsymbol{x}_T^{(i)}\}$ 为输入序列，$\boldsymbol{y}^{(i)}=\{y_1^{(i)},y_2^{(i)},\cdots y_T^{(i)}\}$ 为相应的标签序列。

根据极大似然估计，我们想要最大化给定模型参数 $\boldsymbol{w}$ 时训练集 $\mathcal{D}$ 的似然概率：

$$p\left(\mathcal{D}\mid\boldsymbol{w}\right)=\prod_{i=1}^{N}p\left(\boldsymbol{y}^{(i)}\mid\boldsymbol{x}^{(i)}\right)$$

等价于极大化对数似然函数：

$$\ell\left(\boldsymbol{w}\right)=\sum_{i=1}^{N}\log p\left(\boldsymbol{y}^{(i)}\mid\boldsymbol{x}^{(i)}\right)$$

将式 (6.5) 代入上式，似然函数展开为：

$$\ell\left(\boldsymbol{w}\right)=\sum_{i=1}^{N}\sum_{t=1}^{T}\sum_{k=1}^{K}\boldsymbol{w}_k f_k\left(y_{t-1}^{(i)},y_t^{(i)},\boldsymbol{x}_t^{(i)}\right)-\sum_{i=1}^{N}\log Z\left(\boldsymbol{x}^{(i)}\right) \tag{6.6}$$

在机器学习中，若权重向量的范数[1] 太大，意味着模型对自己的判断太自信。这会导致模型**过拟合**（overfit）训练集，丧失对未知数据的泛化能力。为了避免这种情况，常用的手段是让对数似然函数减去范数，以惩罚那些范数较大的模型。这种手段称为**正则化**（regularization），根据所选范数的不同又分为 L_1 正则与 L_2 正则。此处以 L_2 正则为例，正则化后的似然函数为：

$$\ell\left(\boldsymbol{w}\right)=\sum_{i=1}^{N}\sum_{t=1}^{T}\sum_{k=1}^{K}\boldsymbol{w}_k f_k\left(y_{t-1}^{(i)},y_t^{(i)},\boldsymbol{x}_t^{(i)}\right)-\sum_{i=1}^{N}\log Z\left(\boldsymbol{x}^{(i)}\right)-\frac{\boldsymbol{w}^2}{2\sigma^2} \tag{6.7}$$

其中 σ 为一个常数，控制惩罚力度。两个函数的优化手段一致，简单起见，下文以未正则化的原始似然函数式 (6.6) 作为目标函数。

如何求该函数的极大值呢？它的极大值没有解析解，只能通过数值优化的手段求近似解。还记得第 5 章介绍的梯度上升算法吗？求梯度然后顺着梯度爬升即可。对数似然函数的偏导数为：

$$\frac{\partial\ell}{\partial\boldsymbol{w}_k}=\sum_{i=1}^{N}\sum_{t=1}^{T}f_k\left(y_{t-1}^{(i)},y_t^{(i)},\boldsymbol{x}_t^{(i)}\right)-\sum_{i=1}^{N}\sum_{t=1}^{T}\sum_{y_{t-1},y\in\mathcal{Y}}f_k\left(y_{t-1},y_t,\boldsymbol{x}_t^{(i)}\right)p\left(y_{t-1},y_t\mid\boldsymbol{x}^{(i)}\right) \tag{6.8}$$

式 (6.8) 有些长，我们一项一项看。第一项为给定训练集，第 k 个特征函数 f_k 输出值在经验分布下的期望。也许读者还记得第 1 章讲过，机器学习的定义就是利用经验数据预测未来。那

[1] 向量 $\boldsymbol{w}$ 的范数定义为它的长度，比如最符合直觉的 L_2 范数 $\sqrt{\boldsymbol{w}^{\mathrm{T}}\cdot\boldsymbol{w}}$，以及不太常见的 L_1 范数 $\sum|\boldsymbol{w}_i|$。

么经验分布指的就是由经验数据（训练集）统计而来的数据分布 $\tilde{p}$：

$$\tilde{p}(\boldsymbol{x},\boldsymbol{y})=\frac{1}{N}\sum_{i=1}^{N}1_{\{\boldsymbol{x}=\boldsymbol{x}^{(i)}\}}\times 1_{\{\boldsymbol{y}=\boldsymbol{y}^{(i)}\}}$$

上式 $1_{\{\cdot\}}$ 为指示函数，仅在括号内的条件为真时输出 1，否则输出 0。由于训练集中的数据是已经发生的事实，其触发的特征函数的概率一定是 1，未触发的特征函数的概率一定是 0。于是，特征函数的经验分布就是特征函数在训练集上的计数统计。我们在第 3 章统计小型语料库上的句子概率时，也用到了这种计数统计。

回到式 (6.8)，其第一项作为期望记作：

$$\begin{aligned}E_{\tilde{p}}\left(f_k\right)&=\sum_{i=1}^{N}\sum_{t=1}^{T}f_k\left(y_{t-1}^{(i)},y_t^{(i)},\boldsymbol{x}_t^{(i)}\right)\\&=\sum_{i=1}^{N}f_k\left(\boldsymbol{x}^{(i)},\boldsymbol{y}^{(i)}\right)\end{aligned}$$

第二项由 $\log Z(\boldsymbol{x})$ 的导数产生，表示给定模型参数 $\boldsymbol{w}$ 时，f_k 在模型分布 $p(\boldsymbol{y}\mid\boldsymbol{x};\boldsymbol{w})\tilde{p}(\boldsymbol{x})$ 下的期望，记作：

$$\begin{aligned}E_{\boldsymbol{w}}\left(f_k\right)&=\sum_{i=1}^{N}\sum_{t=1}^{T}\sum_{y_{t-1},y\in\mathcal{Y}}f_k\left(y_{t-1},y_t,\boldsymbol{x}_t^{(i)}\right)p\left(y_{t-1},y_t\mid\boldsymbol{x}^{(i)}\right)\\&=\sum_{i=1}^{N}\sum_{\boldsymbol{y}}f_k\left(\boldsymbol{x}^{(i)},\boldsymbol{y}\right)p\left(\boldsymbol{y}\mid\boldsymbol{x}^{(i)}\right)\end{aligned}$$

$E_{\boldsymbol{w}}(f_k)$ 第二个求和符号要求遍历所有可能的标注序列，这并不困难。通过记录公共前缀的和，可以利用动态规划快速求解。第一个求和符号则要求针对每个 $\boldsymbol{x}^{(i)}$ 都遍历一次，因为损失函数定义在整个数据集之上。这是个典型的结构化学习问题：要训练，先预测。对每个 $\boldsymbol{x}^{(i)}$，模型都执行一次预测，得到所有可能的序列及其概率。将这些概率乘上特征函数并求和，于是得到特征函数的期望。

综上，对数似然函数的偏导数可以简化为：

$$\frac{\partial\ell}{\partial w_k}=E_{\tilde{p}}\left(f_k\right)-E_{\boldsymbol{w}}\left(f_k\right)$$

模型一共有 K 个特征函数及权重，将它们写成向量形式：

$$\frac{\partial\ell}{\partial\boldsymbol{w}}=E_{\tilde{p}}\left(\phi\right)-E_{\boldsymbol{w}}\left(\phi\right)\tag{6.9}$$

好了，现在似然函数及其导数都有了，就可以用梯度上升法或梯度下降法来求函数的极值了。不过对条件随机场的对数似然函数来讲，还存在一些更高效的改进算法。

首先，当前参数点的梯度未必直接指向极值点，仅仅指向当前位置函数值增长速度最快的方向。两者的差别如图 6-7 所示。

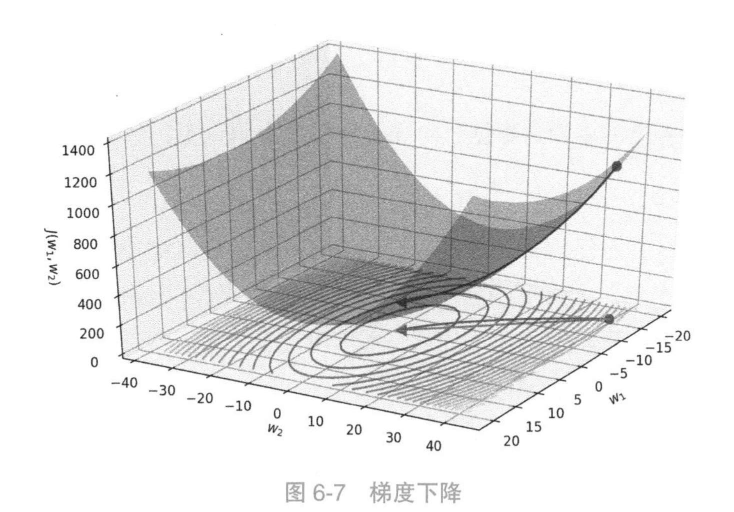

图 6-7　梯度下降

其中，曲面为损失函数，箭头起点为初始模型参数，终点为损失函数的极小值。从起点到终点的曲线为梯度下降算法迭代过程中更新的参数点，直线为理想情况下的更新路径。为了便于观察，将损失函数投影到 $w_1 - w_2$ 坐标平面上，单独形成的“等高线”如图 6-8 所示。

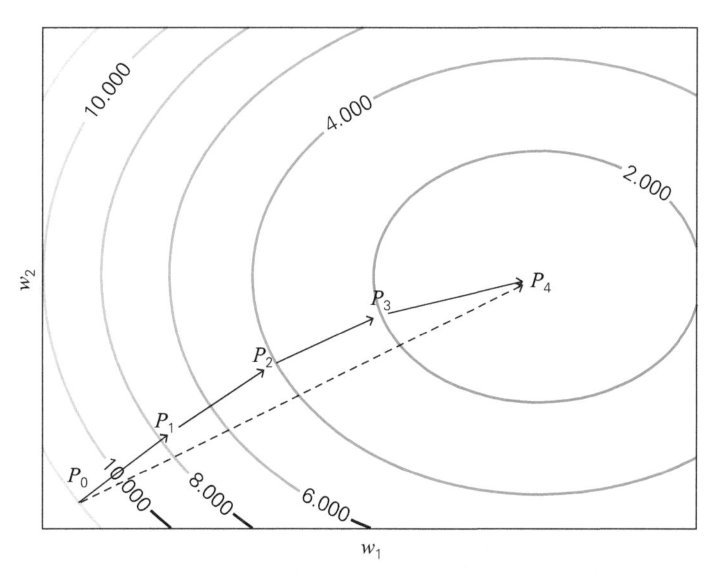

图 6-8　梯度下降“等高线”

图中实线箭头为梯度方向，$P_0 \to P_1 \to P_2 \to P_3 \to P_4$ 为梯度下降算法 4 次迭代参数点的移动路径。其中，P_4 恰好是函数的极值点。虚线 $P_0 \to P_4$ 是理想的参数更新路线。可见梯度下降算法绕了远路，收敛速度并非最快。

受此启发，更聪明的一类算法尽量找到靠近 $P_0 \to P_4$ 的移动方向，加快收敛速度。由于条件随机场的对数似然函数为凸函数（concave function）[①]，所以可以利用许多凸优化算法。

这类算法中，最朴素的**牛顿法**根据二阶导数 $\frac{\partial^2 \ell}{\partial \boldsymbol{w}_k^2}$ 信息得到更优的方向。对于 K 元函数，其二阶导数其实是一个 $K \times K$ 的矩阵，称作海森矩阵（Hessian matrix）。牛顿法最大的问题在于必须计算海森矩阵的逆。在自然语言处理中，百万维度 K 的参数向量并不少见。在一些图像识别的场景中，参数可能上十亿，其平方更是天文数字。所以，计算海森矩阵或其逆并不现实。对许多函数而言，海森矩阵可能根本无法计算，更不用说表示求逆了。所以，在实际应用中牛顿法很少用于大型的优化问题。

为此，**拟牛顿法**用近似值替代精确的逆矩阵，使得牛顿法在损失一点精度的情况下依然有效。在拟牛顿法的基础上，再设法绕过逆矩阵的存储，产生一种新算法。这种新算法就是著名的 BFGS（Broyden-Fletcher-Goldfarb-Shanno）算法，该算法是由发明者名字的首字母命名的。实际常用该算法的内存优化版 L-BFGS（Limited BFGS），它采用了一些进一步的近似措施，能够显著减小内存占用量。

总之，通过 L-BFGS 这种通用的凸函数优化算法，条件随机场的对数似然函数得到最大化，此时的参数就是训练完毕的条件随机场模型。由于本书定位入门水平，读者只需大致理解这些术语与思想即可[②]。本节众多公式中最值得关注的就是式 (6.9)，它将揭示条件随机场胜过感知机的秘诀。

6.2.3 对比结构化感知机

前面介绍了结构化感知机与条件随机场的许多**相同点**，总结如下：

- 特征函数相同
- 权重向量相同
- 打分函数相同

---

① 凸函数满足图像上两点间的线段一定与图像不相交，可通俗理解为图像为碗状或钟形的函数。在数值优化时，凸函数没有局部极值点，极值点一定是全局极值点。比如碗状函数只有一个极小值点，钟形函数只有一个极大值点。

② 数值优化同样是一门学科，哪怕是优化条件随机场对数似然函数所用到的算法也比较复杂。限于篇幅，请读者参考李航博士所著《统计学习方法》第 11 章，或笔者的科普文章：http://www.hankcs.com/ml/l-bfgs.html。

- 预测算法相同
- 同属结构化学习

它们最大的**不同点**在于训练算法，这是两者准确率差异的唯一原因。

首先，感知机算法属于在线学习：每次参数更新只使用一个训练实例。由于没有考虑整个数据集，所以在线学习难免顾此失彼。而条件随机场对数似然函数及其梯度则定义在整个数据集之上，每次参数更新都是全盘考虑。

其次，哪怕都使用在线学习算法，条件随机场参数更新也更合理。在线学习每次仅使用 $(\boldsymbol{x}^{(i)},\boldsymbol{y}^{(i)})$，是随机梯度上升的特例。此时条件随机场对数似然函数的梯度变为：

$$\frac{\partial \ell}{\partial \boldsymbol{w}}=E_{\tilde{p}}\left[\phi\left(\boldsymbol{x}^{(i)},\boldsymbol{y}^{(i)}\right)\right]-E_{w}\left[\phi\left(\boldsymbol{x}^{(i)},\boldsymbol{y}\right)\right] \tag{6.10}$$

由于只有一个样本，所以特征函数在经验分布上的期望就是该样本的特征函数值：

$$E_{\tilde{p}}\left[\phi\left(\boldsymbol{x}^{(i)},\boldsymbol{y}^{(i)}\right)\right]=\phi\left(\boldsymbol{x}^{(i)},\boldsymbol{y}^{(i)}\right)$$

代入式 (6.10)，有：

$$\frac{\partial \ell}{\partial \boldsymbol{w}}=\phi\left(\boldsymbol{x}^{(i)},\boldsymbol{y}^{(i)}\right)-E_{w}\left[\phi\left(\boldsymbol{x}^{(i)},\boldsymbol{y}\right)\right]$$

执行梯度上升，让参数点顺着梯度方向移动，得到更新表达式：

$$\boldsymbol{w}\leftarrow\boldsymbol{w}+\phi\left(\boldsymbol{x}^{(i)},\boldsymbol{y}^{(i)}\right)-E_{w}\left[\phi\left(\boldsymbol{x}^{(i)},\boldsymbol{y}\right)\right]$$

对比感知机的更新表达式：

$$\boldsymbol{w}\leftarrow\boldsymbol{w}+\phi\left(\boldsymbol{x}^{(i)},\boldsymbol{y}^{(i)}\right)-\phi\left(\boldsymbol{x}^{(i)},\hat{\boldsymbol{y}}\right)$$

两者的差距一目了然，感知机奖励正确答案对应的特征函数 $\phi(\boldsymbol{x}^{(i)},\boldsymbol{y}^{(i)})$，但仅惩罚错得最厉害的那一个 $\hat{y}$ 对应的特征函数 $\phi(\boldsymbol{x}^{(i)},\hat{y})$，可谓枪打出头鸟。而条件随机场不但奖励正确答案对应的特征函数，还同时惩罚所有答案 $\boldsymbol{y}$。这样就导致所有错误结果对应的特征函数都受到惩罚，可谓有罪必罚。条件随机场的惩罚总量依然为 1，但所有答案分摊。而且每个答案的特征函数受到的惩罚力度精确为模型赋予它的概率，可谓依罪量刑。正确答案的特征函数反正已经受到一单位的奖励（即 $+\phi(\boldsymbol{x}^{(i)},\boldsymbol{y}^{(i)})$），所以不在乎那点小于一单位的惩罚（即 $-\phi(\boldsymbol{x}^{(i)},\boldsymbol{y}^{(i)})p(\boldsymbol{y}^{(i)}\mid\boldsymbol{x}^{(i)})$，由于 $p(\boldsymbol{y}^{(i)}\mid\boldsymbol{x}^{(i)})\leqslant 1$，所以称作小于一单位的惩罚）。当特征函数的模型期望与经验分布期望一致时（即 $p(\boldsymbol{y}^{(i)}\mid\boldsymbol{x}^{(i)})=1$），梯度为 0，模型参数不再变化。此时，全量梯度上升算法一定收敛到最优解。

至此，条件随机场的由来、定义、预测与训练都介绍完毕。理论部分正式告一段落，下面进入实践环节。

6.3 条件随机场工具包

谈起条件随机场工具包，最著名的当属日本奈良先端科学技术大学院大学的工藤拓[①] 所开发的 CRF++。本节介绍该工具的安装、命令行参数、HanLP 集成，并对其关键代码做一番分析，让实践验证理论。

6.3.1 CRF++ 的安装

CRF++ 采用 C++ 编写，这是一门“到处编译，到处运行”的语言，所以我们得从源码编译安装。常见操作系统下的安装方法分别如下。

1. macOS

安装软件包管理工具 Homebrew，然后执行：

```
brew install crf++
```

安装后即可调用**训练模块** `crf_learn` 和**预测模块** `crf_test`。

2. Debian/Ubuntu/Red Hat/Fedora

*nix 系统则需要自行编译安装：

```
wget http://file.hankcs.com/src/crfpp-0.58.tar.gz
tar zxf crfpp-0.58.tar.gz
cd CRF++-0.58
./configure && make && sudo make install
/sbin/ldconfig
```

完成后也得到这两个模块。

3. Windows

下载 http://file.hankcs.com/bin/crfpp-0.58.zip，解压后得到 crf_learn.exe 和 crf_test.exe 备用。

① 现为谷歌日本工程师，作者还开发过著名的词法分析器 MeCab 与无监督分词器 SentencePiece。

4. 跨平台 Java 版

除此之外，HanLP 还集成了 CRF++ 的 Java 版[①]，位于包 com.hankcs.hanlp.model.crf.crfpp 下。可通过命令行调用：

```
java -cp hanlp.jar com.hankcs.hanlp.model.crf.crfpp.crf_learn
java -cp hanlp.jar com.hankcs.hanlp.model.crf.crfpp.crf_test
```

其中，`hanlp.jar` 请替换为读者机器上安装的 HanLP 的 jar 包路径，`pyhanlp` 用户可以通过 `hanlp -v` 找到相应路径。Java 版命令行参数与 CRF++ 保持一致，但 Java 语言的运行效率和内存效率显著低于 C++，大规模训练时建议使用 C++ 版。

无论读者安装的是何种版本，下文统一使用 `crf_learn` 和 `crf_test` 这两个命令。为了使用这两个命令，必须先准备 CRF++ 兼容的语料以及特征模板。

6.3.2 CRF++ 语料格式

CRF++ 接受纯文本语料，约定为一种空格或制表符分隔的表格格式。每个序列作为一个表格，每行为序列的一个时刻 $(\boldsymbol{x}_t, y_t)$，除了最后一列为输出变量 $\boldsymbol{y}$ 之外，其他各列都是输入变量 $\boldsymbol{x}$。以中文分词为例，两个句子对应的语料可能为：

```
商 s 中 B
品 p 中 E
和 h 中 S
服 f 中 B
务 w 中 E

A a 英 B
K k 英 M
B b 英 M
4 s 数 M
8 b 数 E
```

其中，第一列为字符一元语法特征，第二列为字符拼音首字母特征，第三列为字符类型（中英数）特征，这些随机变量共同组成多维输入变量 $\boldsymbol{x}_t$。最后一列是大家熟悉的 $\{B,M,E,S\}$ 标签，即输出变量 y_t。

为了简化语料转换工序，HanLP 提供了相应的 API。以我们标注的 data/test/my_cws_corpus.txt 为例，Java 示例为（详见 com.hankcs.book.ch06.CrfppTrainHanLPLoad）：

---

① 在 @zhifac 的 crf4j 基础上做了一些优化与改进。

```
CRFSegmenter segmenter = new CRFSegmenter(null); // ①创建空白分词器
segmenter.convertCorpus(TXT_CORPUS_PATH, TSV_CORPUS_PATH); // ②执行转换
```

相应的 Python 版为：

```
segmenter = CRFSegmenter(None)  # 创建空白分词器
segmenter.convertCorpus(TXT_CORPUS_PATH, TSV_CORPUS_PATH)  # 执行转换
```

运行后即可得到 CRF++ 所要求的语料格式 data/test/my_cws_corpus.txt.tsv。当然这个文件中的输入变量只有一个，变量越多训练预测代价越高。对于实用的中文分词模块而言，一般仅需字符即可。

6.3.3　CRF++ 特征模板

特征模板用于抽取输入变量 $\boldsymbol{x}$ 的特征，是特征工程不可缺少的一环。CRF++ 支持灵活的特征模板文件，用户在该文件内使用指定语法组合输入变量即可产生各种特征。

该语法通过 `x[t,i]` 来索引语料表格中的单元，第一个下标 t 表示行号，$t=0$ 的行表示当前输入变量，负数表示之前的输入变量，第二个下标 i 表示表格第几列。一个索引示例如表 6-1 所示。

表 6-1　CRF++ 特征模板索引方式

	$i=0$	$i=1$	$i=2$
$t=-2$	商	s	中
$t=-1$	品	p	中
$t=0$	和	h	中
$t=1$	服	f	中
$t=2$	务	w	中

CRF++ 对序列中每个时刻都执行一次特征提取，约定当前时刻为 $t=0$，过去时刻为负数，未来时刻为正数。所以 `x[0,0]` = 和、`x[-1,0]` = 品、`x[1,0]` = 服；当然，任何时刻都可以灵活指定任何列，比如 `x[0,1]=h`。

索引到了输入变量后，我们就可以组合一个或多个输入变量为一种特征了。比如 `x[0,0]` 表示当前字符一元语法特征，`x[1,0]` 表示下一个字符一元语法特征，而 `x[0,0]/x[1,0]` 则表示这两个字符组合成的二元语法特征（除 / 外可以使用任意分隔符，甚至去掉分隔符）。为了防止混淆各种特征，CRF++ 还支持为每种特征编号。比如 `U01:%x[0,0]` 和 `U02:%x[1,0]` 的编号分别为 `U01` 和 `U02`，与变量之间的分隔符为英文冒号。特别地，转移特征用一个英文字符 B 表示。

例如，HanLP 默认的中文分词特征模板为：

```
# Unigram
U0:%x[-1,0]
U1:%x[0,0]
U2:%x[1,0]
U3:%x[-2,0]%x[-1,0]
U4:%x[-1,0]%x[0,0]
U5:%x[0,0]%x[1,0]
U6:%x[1,0]%x[2,0]

# Bigram
B
```

与表 5-2“感知机中文分词特征模板”一致，读者可对照理解。

这份特征模板可通过如下代码导出到文件：

```
segmenter.dumpTemplate(TEMPLATE_PATH);
```

有了语料与特征模板后，就可以训练条件随机场模型了。

6.3.4 CRF++ 命令行训练

CRF++ 的训练命令为 `crf_learn`，所支持的参数如表 6-2 所示。

表 6-2 `crf_learn` 命令行参数一览表

参 数	说 明
`-f, --freq=INT`	特征的最低频次，低于该阈值的特征将被舍弃（默认 1）
`-m, --maxiter=INT`	LBFGS 算法最大迭代次数（默认 10 k）
`-c, --cost=FLOAT`	惩罚因子，即式(6.7) 中的 δ^2（默认 1.0）
`-e, --eta=FLOAT`	算法终止条件，当两次迭代 ℓ 的差异小于该阈值时算法终止（默认 0.000 1）
`-C, --convert`	将文本格式的模型转为二进制格式
`-t, --textmodel`	是否同时输出文本格式的模型，以供 HanLP 使用
`-a, --algorithm=(CRF|MIRA)`	训练算法，LBFGS 或 MIRA
`-p, --thread=INT`	训练线程数（默认 CPU 核心数）
`-H, --shrinking-size=INT`	特征需稳定至少该阈值次，否则会被舍弃，仅用于 MIRA 算法（默认 20）
`-v, --version`	显示版本号
`-h, --help`	显示帮助信息

具体到我们的中文分词任务，训练命令为：

```
crf_learn -f 3 -c 4.0 cws-template.txt my_cws_corpus.txt.tsv crfpp-cws-model -t
```

当然，具体路径请以读者的本地路径为准，或参考 com.hankcs.book.ch06.CrfppTrainHanLPLoad 和 tests/book/ch06/crfpp_train_hanlp_load.py 的提示。

6.3.5 CRF++ 模型格式 *

由于我们指定了 `-t` 参数，所以会同时得到二进制模型 crfpp-cws-model 和纯文本格式 crfpp-cws-model.txt。由于语料库很小，特征模板产生的特征也很少，模型体积也就很小了。本节就来探究 CRF++ 模型内部结构，用文本编辑器打开文本格式的模型，首先观察到的是文件头：

```
version: 100
cost-factor: 1
maxid: 44
xsize: 1
```

这四行分别对应版本号、δ^2、特征数量、每个时刻输入变量的个数（语料表格中除标签外的列数）。

接着是标注集：

```
B
E
M
S
```

再接着记录了训练用到的特征模板：

```
U0:%x[-1,0]
U1:%x[0,0]
U2:%x[1,0]
U3:%x[-1,0]%x[0,0]
U4:%x[0,0]%x[1,0]
U5:%x[-1,0]%x[1,0]
B
```

然后是所有特征的字符串形式，也即特征模板产生的各种组合：

```
0 B
16 U0:_B-1
20 U0:和
```

```
24 U0:服
28 U1:和
32 U1:服
36 U2:_B+1
40 U2:和
```

第一列为特征函数编号，可见 [0,16) 区间为 4×4 的转移矩阵，之后为状态特征函数。注意到编号并非连续，而是固定间隔为 4，这是因为对于每种状态特征的特征函数 $f(y,\boldsymbol{x}_t)$ 来讲，都有 $\{B,M,E,S\}$ 共 4 种 y。因此，不需要重复记录每种状态特征 4 次，而只需记录它们公用的就行。比如 `20 U0:和`表示 $f(y=\mathrm{B},\boldsymbol{x}_{-1,0}=和)$ 的特征编号为 20，那么 $f(y=\mathrm{E},\boldsymbol{x}_{-1,0}=和)$ 编号为 21、$f(y=\mathrm{M},\boldsymbol{x}_{-1,0}=和)$ 编号为 22、$f(y=\mathrm{S},\boldsymbol{x}_{-1,0}=和)$ 编号为 23。另外，`_B-1` 为特殊的符号，表示超出句首一个单位。

模型文件最后的部分为特征函数对应的权重向量，按特征函数编号排列：

```
-1.1143325886999251
1.7463243763143423
1.0441874800708417
-0.5989933767199741
...
```

在这个微型语料库上产生的权重向量一共 44 维。

6.3.6 CRF++ 命令行预测

模型训练完毕后，就可以进行预测了。CRF++ 的预测模块为 `crf_test`，其参数如表 6-3 所示。

表 6-3 `crf_test` 参数一览表

参 数	说 明
-model（-m）	模型文件（CRF++ 的二进制格式）
-nbest（-n）	输出概率前 n 高的结果（默认 0）
-verbose（-v）	调试模式（默认 0）
-cost_factor	惩罚因子（默认 1）
-output（-o）	输出结果路径
-help（-h）	显示帮助信息

例如，把训练集 my_cws_corpus.txt.tsv 原样交给 CRF++ 进行预测：

```
crf_test -m crfpp-cws-model -o cws-output.txt my_cws_corpus.txt.tsv
```

观察输出结果 cws-output.txt，最后一列为预测：

```
商   B     B
品   E     E
和   S     S
服   B     B
务   E     E
...
```

可见，预测结果与标准答案完全一致。

6.3.7 CRF++ 代码分析 *

本节分析 CRF++ 代码加强理论部分的理解，作为本章的余兴节目[①]。

条件随机场是概率图模型，所以代码中有一些图的特有概念，如 node.h 定义的顶点和 path.h 定义的边：

```
/**
 * 图模型中的节点
 */
struct Node
/**
 * 边
 */
struct Path
```

节点对应状态特征函数，而边对应转移特征函数。CRF++ 读入样本后，调用 buildLattice 方法根据特征模板创建节点和边缓存起来。这样在训练过程中就不必反复提取特征了，是个很实用的工程技巧，在 HanLP 的感知机框架中也反复用到了。

节点和边构成一个网状图，训练过程中计算图中每个节点和每条边的代价（也就是特征函数乘以相应的权重，代码中称为 cost）：

```
/**
 * 计算状态特征函数的代价
 * @param node 顶点
 */
void FeatureIndex::calcCost(Node *n) const
/**
 * 计算转移特征函数的代价
```

① 限于版面，只列举少量重要的函数名。如果读者熟悉 C++ 的话，可阅读完整的代码分析：http://www.hankcs.com/ml/crf-code-analysis.html。

```
 * @param path 边
 */
void FeatureIndex::calcCost(Path *p) const
```

代价确定后，CRF++ 运行维特比算法的子过程（前向后向算法）进行一次推断，计算每个特征函数的概率：

```
/**
 * 前向后向算法
 */
void forwardbackward();
```

概率确定后，乘上特征函数并求和就可以得到每个特征函数的期望：

```
/**
 * 计算节点期望
 * @param expected 输出期望
 * @param Z 规范化因子
 * @param size 标签个数
 */
void Node::calcExpectation(double *expected, double Z, size_t size) const
/**
 * 计算边的期望
 * @param expected 输出期望
 * @param Z 规范化因子
 * @param size 标签个数
 */
void Path::calcExpectation(double *expected, double Z, size_t size) const
```

这些期望共同组成式 (6.9) 中的模型期望 $E_w(\phi)$，根据该式，还应当求经验期望 $E_{\tilde{p}}(\phi)$。对观测数据（训练数据）来讲，它一定是对的。也就是在 $y \neq y^{(i)}$ 时概率为 0，在 $y = y^{(i)}$ 时概率为 1，乘以特征函数的输出 1，就等于 1，这就是经验分布上的期望。

在 CRF++ 中，损失函数定义为似然函数的负对数，所以是梯度下降算法。因此，参数更新表达式变为模型期望减去经验期望，亦即模型期望减一。对应下列代码：

```
--expected[*f + answer_[i]];
```

梯度和损失函数有了，之后就是通用的凸函数 LBFGS 优化了，CRF++ 直接将这些参数送入一个 LBFGS 模块执行优化。

6.4 HanLP 中的 CRF++ API

命令行工具仅用于训练和简单的测试，实际项目则需要用一个良好的封装。本节介绍 HanLP 中实现的 CRF++ API，示例代码位于 com/hankcs/book/ch06/EvaluateCRFCWS.java 和 tests/book/ch06/evaluate_crf_cws.py。

6.4.1 训练分词器

为了简化训练流程，HanLP 支持直接读入《人民日报》格式的语料库，省去了语料转换的麻烦。用户只需创建一个空白的条件随机场分词器，然后调用 train 接口即可。

Java 示例如下：

```
CRFSegmenter segmenter = new CRFSegmenter(null);
segmenter.train(MSR.TRAIN_PATH, CRF_MODEL_PATH);
```

Python 示例如下：

```
segmenter = CRFSegmenter(None)
segmenter.train(msr.msr_train, CRF_MODEL_PATH)
```

训练耗时很长，读者也可参考控制台提示使用 C++ 版的 CRF++ 进行训练。

6.4.2 标准化评测

训练完毕后得到 crf-cws-model 和 crf-cws-model.txt 两个文件，前者是 CRF++ 的二进制形式，与 HanLP 不兼容。将 .txt 格式的模型传入 CRFSegmenter 或 CRFLexicalAnalyzer 的构造函数即可创建分词器，同时 HanLP 会自动创建二进制缓存 .txt.bin，下次加载耗时将控制在数百毫秒内。

运行本节的示例代码后得到如下结果：

```
P:96.86 R:96.64 F1:96.75 OOV-R:71.54 IV-R:97.33
```

与迄今为止所有分词器评测结果汇总，如表 6-4 所示。

表 6-4 各种分词算法在 MSR 语料库上的准确率

算法	P	R	F_1	R_{OOV}	R_{IV}
最长匹配	89.41	94.64	91.95	2.58	97.14
二元语法	92.38	**96.70**	94.49	2.58	**99.26**
一阶隐马尔可夫模型	78.49	80.38	79.42	41.11	81.44
二阶隐马尔可夫模型	78.34	80.01	79.16	42.06	81.04
平均感知机	96.69	96.45	96.57	70.34	97.16
结构化感知机	96.67	96.64	96.65	70.52	97.35
条件随机场	**96.86**	96.64	**96.75**	**71.54**	97.33

条件随机场的各项指标全面胜过了结构化感知机，综合 F_1 更是达到 96.8%，是传统方法中最准确的分词模型①。

6.5 总结

本章介绍了条件随机场的来龙去脉、训练和预测算法。通过与感知机的比较，展示了条件随机场独特的优势。在实践环节，我们熟悉了 HanLP 封装的 CRF++ API。利用这套 API，我们训练出了传统方法中最准确的分词模型。至此，我们对中文分词的探索就告一段落了。

中文分词只是一个引子，引出序列标注这个通用的问题以及算法框架。这个框架中，我们学习了隐马尔可夫模型、结构化感知机与条件随机场。掌握了这些统计模型，我们终于从算法工程师晋升为机器学习工程师，但要成为自然语言处理工程师，还远远不够。

在接下来的两章中，我们将利用已学到的序列标注模型来实现其他词法分析任务。统计模型依然不变，只不过用在了新的语料库上，轻松而优雅。通过机器学习结合语料库的思路，许多任务都会迎刃而解，到时我们就能挑战自然语言处理工程师了。

① 在不进一步特征工程，不使用词典或其等价物的情况下，HanLP 1.x 版所有分词器中的最准确模型。

第7章　词性标注

本章介绍词性标注相关理论与实践，是全书第二个分水岭。从本章开始，语言处理相关的内容会增多，如图 7-1 所示。

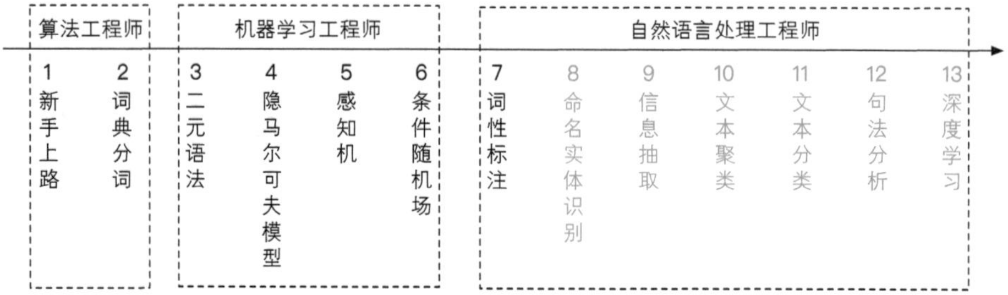

算法工程师		机器学习工程师				自然语言处理工程师						
1 新手上路	2 词典分词	3 二元语法	4 隐马尔可夫模型	5 感知机	6 条件随机场	7 词性标注	8 命名实体识别	9 信息抽取	10 文本聚类	11 文本分类	12 句法分析	13 深度学习

图 7-1　从机器学习到自然语言处理

之前我们学习了那么多的机器学习模型，却只用来做中文分词，未免太大材小用了。从本章开始，我们将利用这些统计模型挑战更高级的语言任务。

7.1　词性标注概述

7.1.1　什么是词性

在语言学上，**词性**（Part-Of-Speech，POS）指的是单词的语法分类，也称为词类。同一个类别的词语具有相似的语法性质，所有词性的集合称为**词性标注集**。不同的语料库采用了不同的词性标注集，一般都含有形容词、动词、名词等常见词性。例如图 7-2 就是 HanLP 输出的一个含有词性的结构化句子。

图 7-2　我的希望是希望张晚霞的背影被晚霞映红

每个单词上方的英文短码为词性标签，r 指的是代词，u 是助词，n 是名词，v 是动词，nr

是人名，p 是介词，a 是形容词。注意图 7-2 中两个“希望”、两个“晚霞”的词性都不相同。

7.1.2 词性的用处

词性的作用是提供词语的抽象表示。第 3 章曾提到过，词的数量是无穷的。但词性的数量是有限的：给定标注集，所有词性就是确定的集合，最多不过 100 左右。也就是说，通过词性，我们大致地将所有词语分类为数十种。

词性支撑着许多高级应用，当下游应用遇到 OOV 时，可以通过 OOV 的词性猜测用法，而不至于将所有 OOV 混为一谈（当成同一个特殊标记 UNK）。比如句法分析模块经常将词性作为一种特征，当遇到不认识的“林晚霞”时，则可以从词性标签 nr 推测这是一个人名，从而按照人名的语法规律来处理。

词性也可以直接用于抽取一些信息，比如抽取所有描述特定商品的形容词等。

7.1.3 词性标注

词性标注指的是为句子中每个单词预测一个词性标签的任务，是自然语言处理中一项重要的基础任务。它有以下两个难点。

(1) 汉语中一个单词多个词性的现象很常见（称作兼类词），但在具体语境下一定是唯一词性，比如图 7-2 中两个“希望”。如何从众多词性中选择最符合语境的词性？

(2) OOV 是任何自然语言处理任务的难题，如何预测 OOV 的词性？

7.1.4 词性标注模型

统计方法为这两个难点提供了解决方案，那就是我们熟悉的序列标注模型。只需将中文分词中的汉字替换为词语，{B,M,E,S} 替换为“名词、动词、形容词等”，序列标注模型马上就可以用来做词性标注。

另外，词性标注既可以看作中文分词的后续任务，也可以与中文分词集成为同一个任务。其中一种做法是将每个 {B,M,E,S} 标签与词性标签联合起来作为一种复合式的标签，比如句子“商品和服务”的联合标注结果为：

```
商 B-名词
品 E-名词
和 S-连词
服 B-名词
务 E-名词
```

标注完成后，子程序依然取标签前缀 {B,M,E,S} 分词，另一个子程序根据标签后缀得到词性。这样同时进行多个任务的模型称为**联合模型**（joint model）。由于综合考虑了多种监督信号，联合模型在几乎所有问题上都要优于独立模型，所以受到了许多学者的青睐。

然而工业实践并非学术界那么理想，联合模型要求语料库同时进行所有子任务的标注，比如分词－词性标注联合模型要求语料库必须同时标注了分词与词性，这显然不符合实际。市面上分词语料库本来就少，再要求同时标注词性的话就更少了。以流传最广的 SIGHAN05 语料库为例，4 份语料全部都没有词性标签。由于中文分词语料库远远多于词性标注语料库，实际工程上通常在大型分词语料库上训练分词器，然后与小型词性标注语料库上的词性标注模型灵活组合为一个异源的流水线式词法分析器。

另一方面，联合模型特征数量一般是独立模型的数十倍。假设分词标注集大小为 M，词性标注集为 N，则联合模型的标注集组合起来大小为 $M\times N$。使用相同特征模板的话，特征变量相同，在结构化学习框架中，特征函数为特征变量数乘以标注集大小，所以也是 $M\times N$。而两个独立模型加起来，也不过 $M+N$，孰优孰劣一目了然。

综合考虑这些实际情况，本书以及 HanLP 目前的词法分析器都是流水线式。本章我们将介绍如何利用一阶与二阶隐马尔可夫模型、结构化感知机与条件随机场来实现词性标注。得益于 HanLP 的模块化封装，这些模型皆可开箱即用，我们只需准备一些语料即可。

7.2 词性标注语料库与标注集

同中文分词一样，语言学界在标注规范上存在分歧，导致目前还没有一个被广泛接受的汉语词性划分标准。无论是词性划分的颗粒度，还是词性标签都不统一。一方面，各研究机构各持己见、派系林立，标注了大量互不兼容的语料库。另一方面，部分语料库受到严格版权控制，成为内部材料，得不到充分共享利用。

本节选取其中一些授权宽松，容易获得的语料库作为案例，介绍其规模、标注集等特点。

无论何种语料库，都可以转换为如下格式：

```
张明明/动词 的/动词 希望/动词 是/动词 希望/动词 上学/动词
```

该格式为一个标注后的句子，斜杠 / 前后字符串分别为单词与词性，单词之间的分隔符为空格或制表符 `\t`。该格式与北大系列的语料库兼容，下文称作 PKU 格式。HanLP 接受的语料库和预测的结构化句子都是 PKU 格式，对该格式语料库的介绍将在下一节详细展开。

7.2.1 《人民日报》语料库与 PKU 标注集

在第 3 章，我们已经介绍过这份语料库。读者应当已经从 SIGHAN05 发布的数据集中获取了该语料库，但该数据集不含词性。北京大学计算语言学研究所曾经以研究协议发布过 1998 年 1 月份的词性标注语料库，读者可从北京大学开放研究数据平台[①]免费获取一份授权拷贝。

语料库中的一句样例为：

```
１９９７年/t　１２月/t　３１日/t　午夜/t　，/w　聚集/v　在/p　日本/ns　东京/ns　增上寺/ns　的/u　善男信女/i　放飞/v　气球/n　，/w　祈祷/v　新年/t　好运/n　。
```

根据北京大学计算语言学研究所俞士汶主编的 1999 版《现代汉语语料库加工——词语切分与词性标注规范与手册》，标注集词性标记如表 7-1 所示。

表 7-1　北京大学计算语言学研究所《现代汉语语料库加工规范词语切分与词性标注》

序号	代码	名称	帮助记忆的诠释	例子及注解
1	Ag	形语素	形容词性语素。形容词代码为a，语素代码g前面置以A	绿色/n 似/d 锦/Ag
2	a	形容词	取英语形容词adjective的第1个字母	[重要/a 步伐/n]NP、美丽/a 、看似/v 抽象/a
3	ad	副形词	直接作状语的形容词。形容词代码a和副词代码d并在一起	[积极/ad 谋求/v]V-ZZ 、幻象/n 易/ad 逝/Vg
4	an	名形词	具有名词功能的形容词。形容词代码a和名词代码n并在一起	[外交/n 和/c 安全/an]NP-BL
5	Bg	区别语素	区别词性语素。区别词代码为b，语素代码g前面置以B	赤/Ag 橙/Bg 黄/a 绿/a 青/a 蓝/a 紫/a
6	b	区别词	取汉字“别”的声母	女/b 司机/n、金/b 手镯/n、慢性/b 胃炎/n、古/b 钱币/n、副/b 主任/n、总/b 公司/n 注意：单音节区别词和单音节名词或名语素组合，作为一个词，并标以名词词性n
7	c	连词	取英语连词conjunction的第1个字母	合作/vn 与/c 伙伴/n

① 参见 http://opendata.pku.edu.cn/dataset.xhtml?persistentId=doi:10.18170/DVN/SEYRX5。

（续）

序号	代码	名称	帮助记忆的诠释	例子及注解
8	Dg	副语素	副词性语素。副词代码为d，语素代码 g 前面置以D	了解/v 甚/Dg 深/a 、煞/Dg 是/v 喜人/a
9	d	副词	取adverb的 第2个 字母，因其第1个字母已用于形容词	进一步/d 发展/v
10	e	叹词	取 英 语 叹 词 exclamation的 第1个字母	啊/e ，/w 那/r 金灿灿/z 的/u 麦穗/n
11	f	方位词	取汉字“方”	军人/n 的/u 眼睛/n 里/f 不/d 是/v 没有/v 风景/n
12	h	前接成分	取英语head的第1个字母	许多/m 非/h 主角/n 人物/n、办事处/n 的/u “/w 准/h 政府/n ” /w 功能/n 不断/d 加强/v
13	i	成语	取英语成语idiom的第1个字母	一言一行/i 、义无反顾/i
14	j	简称略语	取汉字“简”的声母	[德/j 外长/n]NP、文教/j
15	k	后接成分	后接成分	少年儿童/l 朋友/n 们/k 、身体/n 健康/a 者/k
16	l	习用语	习用语尚未成为成语，有点“临时性”，取“临”的声母	少年儿童/l 朋友/n 们/k 、落到实处/l
17	Mg	数语素	数词性语素。数词代码为m，语素代码 g 前面置以M	甲/Mg 减下/v 的/u 人/n 让/v 乙/Mg 背上/v 、凡/d “/w 寅/Mg 年/n ” /w 中/f 出生/v 的/u 人/n 生肖/n 都/d 属/v 虎/n
18	m	数词	取英语numeral的第3个字母，n、u已有他用	(1) 数量词组应切分为数词和量词。如三/m 个/q、10/m 公斤/q、一/m 盒/q 点心/n 但少数数量词已是词典的登录单位，则不再切分。如一个/m 、一些/m (2) 基数、序数、小数、分数、百分数一律不切分，为一个切分单位，标注为 m 。如一百二十三/m、20万/m、123.54/m、一个/m、第一/m、第三十五/m、20%/m、三分之二/m、千分之三十/m、几十/m 人/n、十几万/m 元/q、第一百零一/m 个/q (3) 约数，前加副词、形容词或后加“来、多、左右”等助数词的应分开。如约/d 一百/m 多/m 万/m、仅/d 一百/m 个/q、四十/m 来/m 个/q、二十/m 余/m 只/q、十几/m 个/q、三十/m 左右/m

（续）

序号	代码	名称	帮助记忆的诠释	例子及注解
				两个数词相连的及“成百”“上千”等则不切分。如五六/m 年/q、七八/m 天/q、十七八/m 岁/q、成百/m 学生/n、上千/m 人/n (4) 表序关系的“数＋名”结构，应切分。如二/m 连/n、三/m 部/n
19	Ng	名语素	名词性语素。名词代码为n，语素代码g前面置以N	出/v 过/u 两/m 天/q 差/Ng、理/v 了/u 一/m 次/q 发/Ng
20	n	名词	取英语名词noun的第1个字母	（参见动词v）岗位/n 、城市/n、机会/n 、她/r 是/v 责任/n 编辑/n
21	nr	人名	名词代码n和“人”(ren)的声母并在一起	(1) 汉族人及与汉族起名方式相同的非汉族人的姓和名单独切分，并分别标注为nr。如张/nr 仁伟/nr、欧阳/nr 修/nr、阮/nr 志雄/nr、朴/nr 贞爱/nr 汉族人除有单姓和复姓外，还有双姓，即有的女子出嫁后，在原来的姓上加上丈夫的姓。如陈方安生，切分、标注为：陈/nr 方/nr 安生/nr。唐姜氏，切分、标注为：唐/nr 姜氏/nr (2) 姓名后的职务、职称或称呼要分开。如江/nr 主席/n、小平/nr 同志/n、江/nr 总书记/n、张/nr 教授/n、王/nr 部长/n、陈/nr 老总/n、李/nr 大娘/n、刘/nr 阿姨/n、龙/nr 姑姑/n (3) 对人的简称、尊称等若为两个字，则合为一个切分单位，并标以nr。如老张/nr、大李/nr、小郝/nr、郭老/nr、陈总/nr (4) 明显带排行的亲属称谓要切分开，分不清楚的则不切开。如三/m 哥/n、大婶/n、大/a 女儿/n、大哥/n、小弟/n、老爸/n (5) 一些著名作者或不易区分姓和名的笔名通常作为一个切分单位。如鲁迅/nr、茅盾/nr、巴金/nr、三毛/nr、琼瑶/nr、白桦/nr (6) 外国人或少数民族的译名（包括日本人的姓名）不予切分，标注为nr。如克林顿/nr、叶利钦/nr、才旦卓玛/nr、小林多喜二/nr、北研二/nr、华盛顿/nr、爱因斯坦/nr 有些西方人的姓名中有小圆点，也不分开。如卡尔·马克思/nr
22	ns	地名	名词代码n和处所词代码s并在一起	安徽/ns、深圳/ns、杭州/ns、拉萨/ns、哈尔滨/ns、呼和浩特/ns、乌鲁木齐/ns、长江/ns、黄海/ns、太平洋/ns、泰山/ns、华山/ns、亚洲/ns、海南岛/ns、太湖/ns、白洋淀/ns、俄罗斯/ns、哈萨克斯坦/ns、彼得堡/ns、伏尔加格勒/ns (1) 国名不论长短，作为一个切分单位。如中国/ns、中华人民共和国/ns、日本国/ns、美利坚合众国/ns、美国/ns (2) 地名后有“省”“市”“县”“区”“乡”“镇”“村”“旗”“州”“都”“府”“道”等单字的行政区划名称时，不切分开，作为一个切分单位。如四川省/ns、天津市/ns、景德镇/ns 沙市市/ns、牡丹江市/ns、正定县/ns、海淀区/ns、通州区/ns、东升乡/ns、双桥镇/ns 南化村/ns、华盛顿州/ns、俄亥俄州/ns、东京都/ns、大阪府/ns、北海道/ns、长野县/ns、开封府/ns、宣城县/ns

（续）

序号	代码	名称	帮助记忆的诠释	例子及注解
				(3) 地名后的行政区划有两个以上的汉字，则将地名同行政区划名称切开，不过要将地名同行政区划名称用方括号括起来，并标以短语NS。如[芜湖/ns 专区/n] NS、[宣城/ns 地区/n]ns、[内蒙古/ns 自治区/n]NS、[深圳/ns 特区/n]NS、[厦门/ns 经济/n 特区/n]NS、[香港/ns 特别/a 行政区/n]NS、[香港/ns 特区/n]NS、[华盛顿/ns 特区/n]NS (4) 地名后有表示地形地貌的一个字的普通名词，如“江、河、山、洋、海、岛、峰、湖”等，不予切分。如鸭绿江/ns、亚马逊河/ns、喜马拉雅山/ns、珠穆朗玛峰/ns、地中海/ns、大西洋/ns、洞庭湖/ns、塞普路斯岛/ns (5) 地名后接的表示地形地貌的普通名词若有两个以上汉字，则应切开。然后将地名同该普通名词标成短语NS。如[台湾/ns 海峡/n]NS、[华北/ns 平原/n]NS、[帕米尔/ns 高原/n]NS、[南沙/ns 群岛/n]NS、[京东/ns 大/a 峡谷/n]NS [横断/b 山脉/n]NS (6) 地名后有表示自然区划的一个字的普通名词，如“ 街、路、道、巷、里、町、庄、村、弄、堡”等，不予切分。如中关村/ns、长安街/ns、学院路/ns、景德镇/ns、吴家堡/ns、庞各庄/ns、三元里/ns、彼得堡/ns、北菜市巷/ns (7) 地名后接的表示自然区划的普通名词若有两个以上汉字，则应切开。然后将地名同自然区划名词标成短语NS。如[米市/ns 大街/n]NS、[蒋家/nz 胡同/n]NS、[陶然亭/ns 公园/n]NS (8) 大小地名相连时的标注方式为：北京市/ns 海淀区/ns 海淀镇/ns [南/f 大街/n]NS [蒋家/nz 胡同/n]NS 24/m 号/q
23	nt	机构团体	“团”的声母为t，名词代码n和t并在一起	（参见(2)。短语标记说明NT）联合国/nt、中共中央/nt、国务院/nt、北京大学/nt (1) 大多数团体、机构、组织的专有名称一般是短语型的，较长，且含有地名或人名等专名，再组合，标注为短语NT。如[中国/ns 计算机/n 学会/n]NT、[香港/ns 钟表业/n 总会/n]NT、[烟台/ns 大学/n]NT、[香港/ns 理工大学/n]NT、[华东/ns 理工大学/n]NT、[合肥/ns 师范/n 学院/n]NT、[北京/ns 图书馆/n]NT、[富士通/nz 株式会社/n]NT、[香山/ns 植物园/n]NT、[安娜/nz 美容院/n]NT、[上海/ns 手表/n 厂/n]NT、[永和/nz 烧饼铺/n]NT、[北京/ns 国安/nz 队/n]NT (2) 对于在国际或中国范围内的知名的唯一的团体、机构、组织的名称，即使前面没有专名，也标为nt或NT。如联合国/nt、国务院/nt、外交部/nt、财政部/nt、教育部/nt、国防部/nt、[世界/n 贸易/n 组织/n]NT、[国家/n 教育/vn 委员会/n]NT、[信息/n 产业/n 部/n]NT、[全国/n 信息/n 技术/n 标准化/vn 委员会/n]NT、[全国/n 总/b 工会/n]NT、[全国/n 人民/n 代表/n 大会/n]NT 美国的“国务院”，其他国家的“外交部、财政部、教育部”，必须在其所属国的国名之后出现时，才联合标注为NT。如[美国/ns 国务院/n]NT、[法国/ns 外交部/n]NT、[美/j 国会/n]NT 日本有些政府机构名称很特别，无论是否出现在“日本”国名之后都标为nt。如[日本/ns 外务省/nt]NT、[日/j 通产省/nt]NT通产省/nt

（续）

序号	代码	名称	帮助记忆的诠释	例子及注解
				(3) 前后相连有上下位关系的团体机构组织名称的处理方式如下：[联合国/nt 教科文/j 组织/n]NT、[中国/ns 银行/n 北京/ns 分行/n]NT、[河北省/ns 正定县/ns 西平乐乡/ns 南化村/ns 党支部/n]NT 当下位名称含有专名（如“北京/ns 分行/n”“南化村/ns 党支部/n”“昌平/ns 分校/n”）时，也可脱离前面的上位名称单独标注为NT。如[中国/ns 银行/n]NT [北京/ns 分行/n]NT、北京大学/nt [昌平/ns 分校/n]NT (4) 团体、机构、组织名称中用圆括号加注简称时：[宝山/ns 钢铁/n（/w 宝钢/j ）/w 总/b 公司/n]NT、[宝山/ns 钢铁/n 总/b 公司/n]NT、（/w 宝钢/j ）/w
24	nx	外文字符	外文字符	A/nx 公司/n、B/nx 先生/n、X/nx 君/Ng、24/m K/nx 镀金/n、C/nx 是/v 光速/n、Windows98/nx、PentiumIV/nx 、I LOVE THIS GAME/nx
25	nz	其他专名	“专”的声母的第1个字母为z，名词代码n和z并在一起	（参见(2)，短语标记说明NZ）除人名、国名、地名、团体、机构、组织以外的其他专有名词都标以nz。如满族/nz、俄罗斯族/nz、汉语/nz、罗马利亚语/nz、捷克语/nz、中文/nz、英文/nz、满人/nz、哈萨克人/nz、诺贝尔奖/nz、茅盾奖/nz (1) 包含专有名称（或简称）的交通线，标以nz，短语型的，标为NZ。如津浦路/nz、石太线/nz、[京/j 九/j 铁路/n]NZ、[京/j 津/j 高速/b 公路/n]NZ (2) 历史上重要事件、运动等专有名称一般是短语型的，按短语型专有名称处理，标以NZ。如[卢沟桥/ns 事件/n]NZ、[西安/ns 事变/n]NZ、[五四/t 运动/n]NZ、[明治/nz 维新/n]NZ、[甲午/t 战争/n]NZ (3) 专有名称后接多音节的名词，如“语言”“文学”“文化”“方式”“精神”等，失去专指性，则应分开。如欧洲/ns 语言/n、法国/ns 文学/n、西方/ns 文化/n、贝多芬/nr 交响乐/n、雷锋/nr 精神/n、美国/ns 方式/n、日本/ns 料理/n、宋朝/t 古董/n (4) 商标（包括专名及后接的“牌”“型”等）是专指的，标以nz，但其后所接的商品仍标以普通名词n。如康师傅/nr 方便面/n、中华牌/nz 香烟/n、牡丹III型/nz 电视机/n、联想/nz 电脑/n、鳄鱼/nz 衬衣/n、耐克/nz 鞋/n (5) 以序号命名的名称一般不认为是专有名称。如2/m 号/q 国道/n、十一/m 届/q 三中全会/j。如果前面有专名，合起来作为短语型专名。如[中国/ns 101/m 国道/n]NZ、[中共/j 十一/m 届/q 三中全会/j]NZ (6) 书、报、杂志、文档、报告、协议、合同等的名称通常有书名号加以标识，不作为专有名词。由于这些名字往往较长，名字本身按常规处理。如《/w 宁波/ns 日报/n 》/w 、《/w 鲁迅/nr 全集/n 》/w、中华/nz 读书/vn 报/n、杜甫/nr 诗选/n 少数书名、报刊名等专有名称，则不切分。如红楼梦/nz、人民日报/nz、儒林外史/nz (7) 当无法分辨有些专名是人名还是地名或机构名时，暂标以nz。如[巴黎/ns 贝尔希/nz 体育馆/n]NT，其中“贝尔希”只好暂标为nz

（续）

序号	代码	名称	帮助记忆的诠释	例子及注解
26	o	拟声词	取英语拟声词onomatopoeia的第1个字母	哈哈/o 一/m 笑/v、装载机/n 隆隆/o 推进/v
27	p	介词	取英语介词prepositional的第1个字母	对/p 子孙后代/n 负责/v、以/p 煤/n 养/v 农/Ng、为/p 治理/v 荒山/n 服务/v 、把/p 青年/n 推/v 上/v 了/u 领导/vn 岗位/n
28	q	量词	取英语quantity的第1个字母	（参见数词m）首/m 批/q、一/m 年/q
29	Rg	代语素	代词性语素。代词代码为r，在语素的代码g前面置以R	读者/n 就/d 是/v 这/r 两/m 棵/q 小树/n 扎根/v 于/p 斯/Rg 、/w 成长/v 于/p 斯/Rg 的/u 肥田/n 沃土/n
30	r	代词	取英语代词pronoun的第2个字母，因p已用于介词	单音节代词“本”“每”“各”“诸”后接单音节名词时，和后接的单音节名词合为代词，当后接双音节名词时，应予切分。如本报/r、每人/r、本社/r、本/r 地区/n、各/r 部门/n
31	s	处所词	取英语space的第1个字母	家里/s 的/u 电脑/n 都/d 联通/v 了/u 国际/n 互联网/n、西部/s 交通/n 咽喉/n
32	Tg	时语素	时间词性语素。时间词代码为t，在语素的代码g前面置以T	3 日/t 晚/Tg 在/p 总统府/n 发表/v 声明/n、尊重/v 现/Tg 执政/vn 当局/n 的/u 权威/n
33	t	时间词	取英语time的第1个字母	(1) 年月日时分秒，按年、月、日、时、分、秒切分，标注为t。如 1997年/t 3月/t 19日/t 下午/t 2时/t 18分/t 若数字后无表示时间的“年、月、日、时、分、秒”等的标为数词m。如1998/m 中文/n 信息/n 处理/vn 国际/n 会议/n (2) 历史朝代的名称虽然有专有名词的性质，仍标注为t。如西周/t、秦朝/t、东汉/t、南北朝/t、清代/t “牛年、虎年”等一律不予切分，标注为：牛年/t、虎年/t、甲午年/t、甲午/t 战争/n、庚子/t 赔款/n、戊戌/t 变法/n
34	u	助词	取英语助词auxiliary	[[俄罗斯/ns 和/c 北约/j]NP-BL 之间/f [战略/n 伙伴/n 关系/n]NP 的/u 建立/vn]NP 填平/v 了/u [[欧洲/ns 安全/a 政治/n]NP 的/u 鸿沟/n]NP
35	Vg	动语素	动词性语素。动词代码为v，在语素的代码g前面置以V	洗/v 了/u 一个/m 舒舒服服/z 的/u 澡/Vg
36	v	动词	取英语动词verb的第一个字母	（参见 名词n）[[[欧盟/j 扩大/v]S 的/u [历史性/n 决定/n]NP]NP 和/c [北约/j 开放/v]S]NP-BL [为/p [创建/v [一/m 种/q 新/a 的/u 欧洲/ns 安全/a 格局/n]NP]VP-SBI]PP-MD [奠定/v 了/u 基础/n]V-SBI

（续）

序号	代码	名称	帮助记忆的诠释	例子及注解
37	vd	副动词	直接作状语的动词。动词和副词的代码并在一起	形势/n 会/v 持续/vd 好转/v、认为/v 是/v 电话局/n 收/v 错/vd 了/u 费/n
38	vn	名动词	指具有名词功能的动词。动词和名词的代码并在一起	引起/v 人们/n 的/u 关注/vn 和/c 思考/vn、收费/vn 电话/n 的/u 号码/n
39	w	标点符号		" /w ：/w
40	x	非语素字	非语素字只是一个符号，字母x通常用于代表未知数、符号	
41	Yg	语气语素	语气词性语素。语气词代码为y，在语素的代码g前面置以Y	唯/d 大力/d 者/k 能/v 致/v 之/u 耳/Yg
42	y	语气词	取汉字“语”的声母	会/v 泄露/v 用户/n 隐私/n 吗/y、又/d 何在/v 呢/y ?
43	z	状态词	取汉字“状”的声母的前一个字母	取得/v 扎扎实实/z 的/u 突破性/n 进展/vn、四季/n 常青/z 的/u 热带/n 树木/n、短短/z 几/m 年/q 间

本书及 HanLP 使用的 1998 年 1 月份《人民日报》语料在原版的基础上做了如下改进：

(1) 为了符合习惯，姓 + 名合并为姓名；

(2) 复合词中括号后添加“/”；

(3) 文本编码调整为 UTF-8。

PKU 标注集最大的问题是所谓“名动词 vn”定义含糊，名动词被定义为“具有名词功能的动词”，但在很多语境下其实就是名词。既然词性是表示语法角色的标签，那么在“引起 /v 人们 /n 的 /u 关注 /vn 和 /c 思考 /vn”这个句子中，“关注”和“思考”作为“引起”的宾语，标注为名词更加合理。

7.2.2 国家语委语料库与 863 标注集

国家语委现代汉语平衡语料库（以下简称国家语委语料库）是国家语言文字工作委员会建设的大型语料库。语料库项目启动于 1991 年，1998 年底建成 1 亿字生语料和 5000 万字标注语料。该语料库被列为国家语委“九五”“十五”科研重大项目，得到国家科技部“863”“973”计划多个项目的支持。援引中国社会科学网的介绍①：

国家语委现代汉语通用平衡语料库全库约为1亿字符，其中1997年以前的语料约7000万字符，均为手工录入印刷版语料；1997之后的语料约为3000万字符，手工录入和取自电子文本各半。标注语料库为国家语委现代汉语通用平衡语料库全库的子集，约5000万字符。标注是指分词和词类标注，已经经过3次人工校对，准确率大于>98%。

国家语委语料库的标注规范《信息处理用现代汉语词类标记集规范》在2006年成为国家标准（标准号GB/T 20532—2006）。其词类体系分为20个一级类、29个二级类。词类标记如表7-2所示。

表7-2 《信息处理用现代汉语词类标记规范》词类标记代码表

序号	一级类	二级类	类别名称	代码说明
1	a		形容词	adjective
2		aq	性质形容词	adjective-quality
3		as	状态形容词	adjective-state
4	c		连词	conjunction
5	d		副词	adverb
6	e		叹词	exclamation
7	f		区别词	difference
8	g		语素字	“根”的汉语拼音首字母
9		ga	形容词性语素字	“根”的汉语拼音首字母-adjective
10		gn	名词性语素字	“根”的汉语拼音首字母-noun
11		gv	动词性语素字	“根”的汉语拼音首字母-verb
12	h		前接成分	head
13	i		习用语	idiom
14		ia	形容词性习用语	idiom-adjective
15		ic	连词性习用语	idiom-conjunction
16		in	名词性习用语	idiom-noun
17		iv	动词性习用语	idiom-verb
18	j		缩略语	“简”的汉语拼音首字母
19		ja	形容词性缩略语	“简”的汉语拼音首字母-adjective

① 参见http://glos.cssn.cn/yyx/yyxcyzy/201509/t20150922_2423182.shtml。

（续）

序号	一级类	二级类	类别名称	代码说明
20		jn	名词性缩略语	“简”的汉语拼音首字母-noun
21		jv	动词性缩略语	“简”的汉语拼音首字母-verb
22	k		后接成分	依据通常做法
23	m		数词	numeral
24	n		名词	noun
25		nd	方位名词	noun-direction
26		ng	普通名词	noun-general
27		nh	人名	noun-human
28		ni	机构名	noun-institution
29		nl	处所名词	noun-location
30		nn	族名	noun-nation
31		ns	地名	noun-space
32		nt	时间名词	noun-time
33		nz	其他专有名词	noun-“专”的汉语拼音首字母
34	o		拟声词	onomatopoeia
35	p		介词	preposition
36	q		量词	quantity
37	r		代词	pronoun
38	u		助词	auxiliary
39	v		动词	verb
40		vd	趋向动词	verb-direction
41		vi	不及物动词	verb-intransitive
42		vl	联系动词	verb-linking
43		vt	及物动词	verb-transitive
44		vu	能愿动词	verb-auxiliary
45	w		其他	依据通常做法
46		wp	标点符号	依据通常做法
47		ws	非汉字字符串	“w”-string
48		wu	其他未知符号	“w”-unknown
49	x		非语素字	依据通常做法

该语料库由“语料库在线”网站提供在线检索与下载，笔者下载整理了大约 2000 万字语料

供研究使用①。其中一句样例为：

```
我们/r 认为/v ，/w 文学语言/n 是/vl 全民/n 共同语/n 的/u 书面/n 加工/v 形式/n 。/w
```

国家语委语料库的优点是规模宏大，缺点是内部标注一致性不足。

7.2.3 《诛仙》语料库与 CTB 标注集

大型机构标注的语料库往往以规范的新闻报道和文学作品为生语料，在时效性和通俗性上有所欠缺。互联网时代社交媒体上不规范、通俗的文本反而占据绝大多数。一些课题专门研究如何让新闻领域训练出来的模型适应其他领域，特别是网络文本。作为论文②附加材料，哈尔滨工业大学的张梅山老师公开了这样一个新领域语料库，标注自网络小说《诛仙》，并慷慨地以研究协议共享③。其中一句样例为：

```
远处/NN ，/PU 小竹峰/NR 诸/DT 人/NN 处/NN ，/PU 陆雪琪/NR 缓缓/AD 从/P 张小凡/NR 身上/NN 收回/VV 目光/NN ，/PU 落到/VV 了/AS 前方/NN 碧瑶/NR 的/DEG 身上/NN ，/PU 默默/AD 端详/VV 著/AS 她/PN 。/PU
```

《诛仙》语料库采用的标注集与 CTB（Chinese Treebank，中文树库）相同，一共 33 种词类，如表 7-3 所示。

表 7-3 CTB 词性标注集

序号	标签	含义	说明
1	VA	Predicative adjective	表语形容词，只能用作表语的形容词
2	VC	Copula	系动词，“是”“为”
3	VE	you3 as the main verb	动词“有”“没有”
4	VV	Other verb	其他动词
5	NR	Proper Noun	专有名词
6	NT	Temporal Noun	时间名词
7	NN	Other Noun	其他名词
8	LC	Localizer	方位词，“开始”“以来”“在内”
9	PN	Pronoun	代词

① 参见：https://github.com/hankcs/multi-criteria-cws/tree/master/data/other/cnc。

② Zhang M, Zhang Y, Che W, et al. Type-Supervised Domain Adaptation for Joint Segmentation and POS-Tagging[C]. conference of the european chapter of the association for computational linguistics, 2014: 588-597.

③ 下载地址为 https://zhangmeishan.github.io/eacl14mszhang.zip，也可使用笔者的备份：http://file.hankcs.com/corpus/zhuxian.zip。

（续）

序号	标签	含义	说明
10	DT	Determiner	限定词，“这”“那”“该”
11	CD	Cardinal Number	概数词，“若干”“许多”
12	OD	Ordinal Number	序数词
13	M	Measure word	量词
14	AD	Adverb	副词
15	P	Preposition	介词，“把”“被”
16	CC	Coordinating conjunction	并列连接词，“与”“和”“或”
17	CS	Subordinating conjunction	从属连词
18	DEC	de5 as a complementizer or a nominalizer	补语成分“的”，“吃的喝的”
19	DEG	de5 as a genitive marker and an associative marker	属格“的”，“他的车”
20	DER	Resultative de5	表结果的“得”，“跑得很快”
21	DEV	Manner de5	表方式的“地”，“高兴地说”
22	AS	Aspect Particle	动态助词，“唱着歌”
23	SP	Sentence-final particle	句末助词，“他好吧？”
24	ETC	etc	表省略的“等”“等等”
25	MSP	Other particle	其他小品词，“他所说”
26	IJ	Interjection	句首感叹词
27	ON	Onomatopoeia	象声词，“砰地一声”
28	LB	bei4 in long bei-construction	长句式表被动的“被”“叫”“给”
29	SB	bei4 in short bei-construction	短句式表被动的“被”“叫”“给”
30	BA	ba3 in ba-construction	把字句中的“把”，“他把你骗了”
31	JJ	noun-modifier	其他名词修饰语，区别词等
32	FW	Foreign Word	外来语，“卡拉OK”
33	PU	Punctuation	标点符号

根据标注集的不同，本节所选的三份语料库恰好来自三大派系。本书虽不要求读者掌握所有标注集、所有标签，但常见标签记住为好，见多识广总归有所裨益。

具体采用何种语料库标注集同样没有定论，在特定语料库上训练出的模型将体现该语料库的标注规范。考虑到语料库规模与质量，HanLP 主要以 1998 年《人民日报》语料库训练模型，本书也以其 1 月份语料作为示例语料。但这并不意味着 HanLP 硬编码了标注集，用户只需输入不同的语料库，统计模型便可学习到相应的标注集。

读者在运行本节实例代码时，PKU 语料库会自动下载到 data/test/pku98 中。

7.3 序列标注模型应用于词性标注

语料库准备完毕后，就轮到机器学习模型登场了。本节我们把已掌握的三种序列标注模型应用到词性标注任务上去，并且评估它们的准确率指标。HanLP 中词性标注由 `POSTagger` 接口提供：

```
/**
 * 词性标注接口
 */
public interface POSTagger
{
    /**
     * 词性标注
     *
     * @param words 单词
     * @return 词性数组
     */
    String[] tag(String... words);

    /**
     * 词性标注
     *
     * @param wordList 单词
     * @return 词性数组
     */
    String[] tag(List<String> wordList);
}
```

该接口的实现有隐马尔可夫模型（HMM）、感知机（Perceptron）和条件随机场（CRF）三个。图 7-3 展示了 HanLP 的接口设计，本节逐个介绍三种词性标注模块的使用方法。

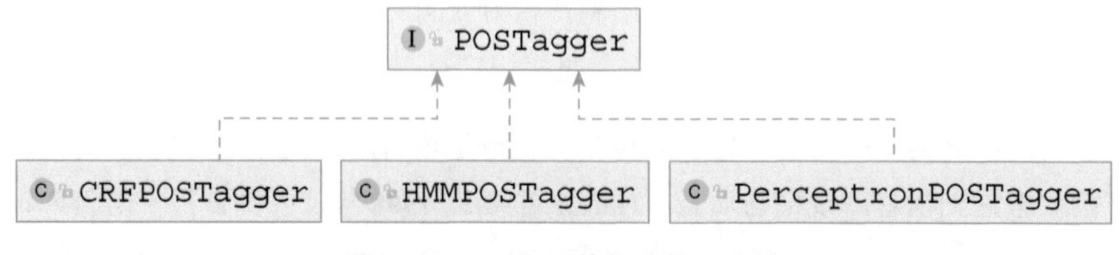

图 7-3 HanLP 词性标注接口设计

7.3.1 基于隐马尔可夫模型的词性标注

为了将隐马尔可夫模型用于词性标注，我们需要一个隐马尔可夫模型，以及一个负责将单词和词性映射为显隐状态的结构。于是 HMMPOSTagger 的成员设计如图 7-4 所示。

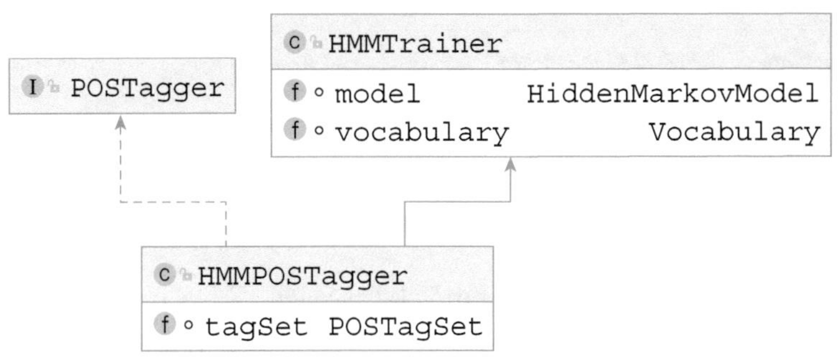

图 7-4 隐马尔可夫模型词性标注器的设计

其中，model 为任意隐马尔可夫模型（一阶或二阶），vocabulary 负责将单词映射为 id，tagSet 负责存储词性标注集。其训练调用的 Java 示例如下（详见 com.hankcs.hanlp.model.hmm.HMMPOSTaggerTest#testTrain）：

```
HMMPOSTagger tagger = new HMMPOSTagger(); // 创建词性标注器
tagger.train(PKU.PKU199801); // 训练
System.out.println(Arrays.toString(tagger.tag("他", "的", "希望", "是", "希望",
"上学"))); // 预测
AbstractLexicalAnalyzer analyzer = new AbstractLexicalAnalyzer(new PerceptronSegmenter(),
tagger); // 构造词法分析器
System.out.println(analyzer.analyze("他的希望是希望上学")); // 分词+词性标注
```

对应的 Python 示例如下（详见 tests/book/ch07/demo_hmm_pos.py）：

```
tagger = HMMPOSTagger()  # 创建词性标注器
tagger.train(corpus)  # 训练
print(', '.join(tagger.tag("他", "的", "希望", "是", "希望", "上学")))  # 预测
analyzer = AbstractLexicalAnalyzer(PerceptronSegmenter(), tagger)  # 构造词法分析器
print(analyzer.analyze("他的希望是希望上学"))  # 分词+词性标注
```

在模块化设计中，词性标注器并不负责分词，所以 tagger.tag 方法仅接受分词后的单词序列。在倒数第二行通过词法分析器 AbstractLexicalAnalyzer 把 PerceptronSegmenter 和 HMMPOSTagger 包装了起来，形成一个混种的词法分析器，因此可以同时执行分词和词性标注。运行结果为：

```
[r, u, n, v, v, v]
他/r 的/u 希望/n 是/v 希望/v 上学/v
```

可见隐马尔可夫模型成功地辨别出“希望”的两种词性 n 和 v，如果读者记不住词性代码，可以调用 translateLabels 方法将其翻译为中文：

```
analyzer.analyze("他的希望是希望上学").translateLabels()
```

翻译后的结果为：

```
他/代词 的/助词 希望/名词 是/动词 希望/动词 上学/动词
```

可见隐马尔可夫模型可以应对词性标注中的兼类词问题。但 OOV 问题又如何呢？这次将代词“他”替换为一个具体的、隐马尔可夫模型没见过的人名“李狗蛋”：

```
analyzer.analyze("李狗蛋的希望是希望上学").translateLabels()
```

发现隐马尔可夫模型完全出错了：

```
李狗蛋/动词 的/动词 希望/动词 是/动词 希望/动词 上学/动词
```

由于“李狗蛋”位于句首，隐马尔可夫模型一步走错满盘皆输。其根本原因在于隐马尔可夫模型只能利用单词这一个状态特征，无法通过姓氏“李”来推测“李狗蛋”是个人名。我们还可以试试二阶隐马尔可夫模型：

```
HMMPOSTagger tagger = new HMMPOSTagger(new SecondOrderHiddenMarkovModel());
```

效果依然没有改善，看来我们需要更多特征。

7.3.2 基于感知机的词性标注

按照中文分词时的经验，感知机能够利用丰富的上下文特征，是优于隐马尔可夫模型的选择。对于词性标注也是如此，在 HanLP 中，感知机词性标注器实现为 PerceptronPOSTagger，派生自通用的标注器 PerceptronTagger，唯一成员为一个线性模型，如图 7-5 所示。

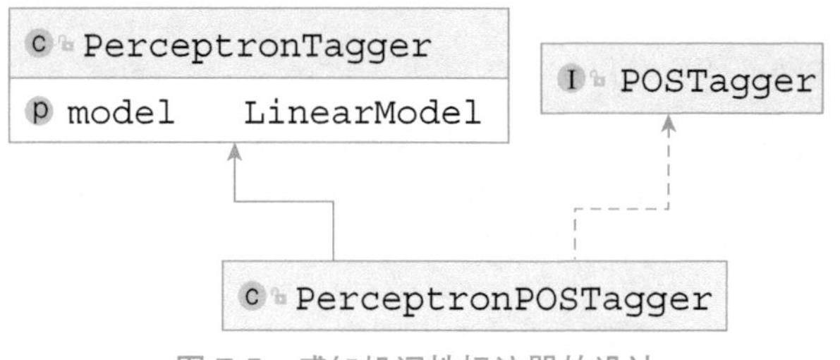

图 7-5 感知机词性标注器的设计

定义 x_t 为当前单词，定义 y_t 为 x_t 的词性，感知机词性标注器所使用的特征模板如表 7-4 所示。

表 7-4 感知机词性标注模板

转移特征	状态特征
y_{t-1}	x_{t-1}
	x_t
	x_{t+1}
	x_t第一个字符
	x_t长2的前缀
	x_t长3的前缀
	x_t最后一个字符
	x_t长2的后缀
	x_t长3的后缀

表中前三个状态特征都是词语级别，用于捕捉上下文信息。其他状态特征都是字符级别的前后缀，用来推测 OOV 的词性。比如词语的第一个字符是百家姓的话，则很可能属于人名。

感知机词法分析器训练调用的 Java 代码如下所示（详见 com.hankcs.hanlp.model.perceptron.PerceptronPOSTaggerTest#testTrain）：

```
PerceptronTrainer trainer = new POSTrainer();
trainer.train(PKU.PKU199801_TRAIN, PKU.POS_MODEL); // 训练
PerceptronPOSTagger tagger = new PerceptronPOSTagger(PKU.POS_MODEL); // 加载
System.out.println(Arrays.toString(tagger.tag("他", "的", "希望", "是", "希望",
"上学"))); // 预测
AbstractLexicalAnalyzer analyzer = new AbstractLexicalAnalyzer(new PerceptronSegmenter(),
tagger); // 构造词法分析器
System.out.println(analyzer.analyze("李狗蛋的希望是希望上学")); // 分词+词性标注
```

对应的 Python 版为（详见 tests.book.ch07.demo_perceptron_pos.train_perceptron_pos）：

```
trainer = POSTrainer()
trainer.train(corpus, POS_MODEL)  # 训练
tagger = PerceptronPOSTagger(POS_MODEL)  # 加载
print(', '.join(tagger.tag("他", "的", "希望", "是", "希望", "上学")))  # 预测
analyzer = AbstractLexicalAnalyzer(PerceptronSegmenter(), tagger)  # 构造词法分析器
print(analyzer.analyze("李狗蛋的希望是希望上学"))  # 分词+词性标注
```

这次的运行结果完全正确，感知机成功地识别出 OOV“李狗蛋”的词性：

```
李狗蛋/nr 的/u 希望/n 是/v 希望/v 上学/v
```

读者可以试试其他人名，比如“张狗蛋”之类，应当也能够正确标注。

7.3.3 基于条件随机场的词性标注

提高精度的另一个选择是条件随机场模型，在 HanLP 中实现为 `CRFPOSTagger`。其设计如图 7-6 所示。

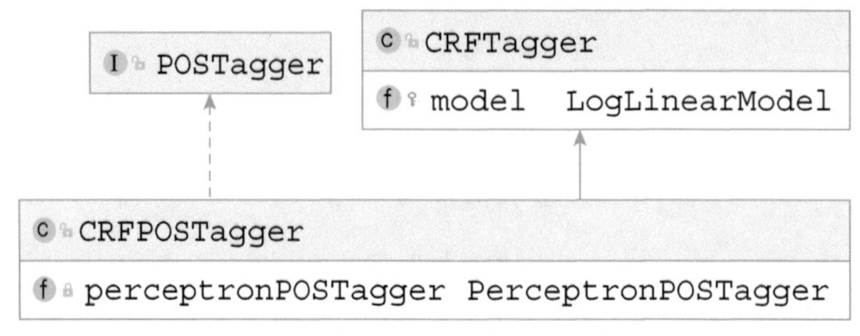

图 7-6 条件随机场词性标注器的设计

其中，`CRFTagger` 是通用的序列标注器，以对数线性模型 `LogLinearModel` 作为唯一成员。`CRFPOSTagger` 是其派生子类，内部以 `PerceptronPOSTagger` 为解码代理。还记得第 6 章曾谈到结构化感知机与条件随机场的解码一致性吗？HanLP 将条件随机场模型视作对数线性模型，复用了同为线性模型的感知机的维特比解码算法，从而简化了设计。

条件随机场词性标注器的调用 Java 示例如下所示（详见 com.hankcs.hanlp.model.crf.CRFPOSTaggerTest#testTrain）：

```
CRFPOSTagger tagger = new CRFPOSTagger(null); // 创建空白标注器
tagger.train(PKU.PKU199801_TRAIN, PKU.POS_MODEL); // 训练
tagger = new CRFPOSTagger(PKU.POS_MODEL); // 加载
System.out.println(Arrays.toString(tagger.tag("他", "的", "希望", "是", "希望",
"上学"))); // 预测
AbstractLexicalAnalyzer analyzer = new AbstractLexicalAnalyzer(new PerceptronSegmenter(),
```

```
tagger); // 构造词法分析器
System.out.println(analyzer.analyze("李狗蛋的希望是希望上学")); // 分词+词性标注
```

对应的 Python 版为：

```
tagger = CRFPOSTagger(None)  # 创建空白标注器
tagger.train(corpus, POS_MODEL)  # 训练
tagger = CRFPOSTagger(POS_MODEL) # 加载
print(', '.join(tagger.tag("他", "的", "希望", "是", "希望", "上学")))  # 预测
analyzer = AbstractLexicalAnalyzer(PerceptronSegmenter(), tagger)  # 构造词法分析器
print(analyzer.analyze("李狗蛋的希望是希望上学"))  # 分词+词性标注
```

训练时间较长，读者可考虑使用 CRF++ 辅助训练。调用 CRF++ 的等价命令会显示在控制台，读者在不终止 Java 进程的前提下将命令行复制到 bash 或 cmd.exe 中运行，然后终止 Java 进程，静待训练完毕。训练完毕后读者将得到文本模型 data/test/pku98/pos.bin.txt，将该路径传入 CRFPOSTagger 的构造函数即可完成加载。

7.3.4 词性标注评测

如同中文分词一样，词性标注也有一套标准化评测方法。并且，评测的量化指标依然是我们熟悉的精确率 P、召回率 R 和综合 F_1。只不过，对于词性标注来讲，要做如下“本地化”措施：

$$
\begin{aligned}
P &= \frac{\text{预测正确的标签总数}}{\text{预测的标签总数}} \\
R &= \frac{\text{预测正确的标签总数}}{\text{测试集中的标签总数}} \\
F_1 &= \frac{2 \times P \times R}{P + R}
\end{aligned}
\tag{7.1}
$$

根据式 (7.1)，我们可以对每种标签都计算一套 P, R, F_1 值。另外，也可以笼统地为所有标签计算一套值，此时预测的标签总数等于测试集中的标签总数，三个指标退化为相等的 Accuracy，亦即：

$$
\text{Accuracy} = \frac{\text{预测正确的标签总数}}{\text{标签总数}}
$$

选择哪种方式因人而异，本书为了简便选择 Accuracy 作为评价指标。

具体实验过程如下：

(1) 将 1998 年 1 月份《人民日报》语料按 9 ∶ 1 分割为训练集和测试集；

(2) 在训练集上分别训练隐马尔可夫模型、感知机和条件随机场分词器；

(3) 在测试集上计算 Accuracy 作为准确率。

实验程序位于 com/hankcs/book/ch07/EvaluatePOS.java 和 tests/book/ch07/evaluate_pos.py。运行结果如表 7-5 所示。

表 7-5 词性标注模块准确率

算法	准确率
一阶隐马尔可夫模型	44.99%
二阶隐马尔可夫模型	40.53%
结构化感知机	83.07%
条件随机场	82.12%

其中，条件随机场的训练参数限定了特征最低频次为 10，以将训练速度控制在可接受的范围内，而结构化感知机则没有裁剪模型，因此两者对比不一定公平。如果读者对准确率要求很高的话，可以尝试不设置频次阈值，并增加更多特征。比如词语的拼音、每个汉字的偏旁部首、是否以公司名常见后缀结尾，等等。

7.4 自定义词性

在 HanLP 项目的讨论区，经常有用户提问如何实现自定义词性。在工程上，许多用户希望将特定的一些词语打上自定义的标签，称为自定义词性。比如，电商领域的用户希望将一些手机品牌打上相应标签，以便后续分析。HanLP 提供了自定义词性功能，具体说来有两种实现。

7.4.1 朴素实现

朴素实现是基于词典的规则系统，用户将自己关心的词语以及自定义词性以词典的形式交给 HanLP 挂载，就能在各种词法分析器中得到相应的词性。

依然以手机品牌为例，Java 调用代码如下（详见 com.hankcs.book.ch07.CustomPOS）：

```
CustomDictionary.insert("苹果", "手机品牌 1");
CustomDictionary.insert("iPhone X", "手机型号 1");
PerceptronLexicalAnalyzer analyzer = new PerceptronLexicalAnalyzer();
analyzer.enableCustomDictionaryForcing(true);
System.out.println(analyzer.analyze("你们苹果iPhone X保修吗?"));
System.out.println(analyzer.analyze("多吃苹果有益健康"));
```

对应的 Python 版如下：

```
CustomDictionary.insert("苹果", "手机品牌 1")
CustomDictionary.insert("iPhone X", "手机型号 1")
analyzer = PerceptronLexicalAnalyzer()
analyzer.enableCustomDictionaryForcing(True)
print(analyzer.analyze("你们苹果iPhone X保修吗?"))
print(analyzer.analyze("多吃苹果有益健康"))
```

当然，此处以代码的方式插入自定义词语，在实际项目中也可以用词典文件的方式。两者的运行结果都是：

```
你们/r 苹果/手机品牌 iPhone X/手机型号 保修/v 吗/y ?/w
多/ad 吃/v 苹果/手机品牌 有益健康/i
```

从结果来看，词典只是机械地匹配，将“吃苹果”也当成了手机品牌，犯了所有规则系统的通病。看来词典同样解决不了词性标注，词性标注还是应当交给统计方法。

7.4.2 标注语料

词性的确定需要根据上下文语境，这恰好是统计模型所擅长的。为了实现自定义词性，最佳实践是标注一份语料库，然后训练一个统计模型。

正如在第 3 章标注的 my_cws_corpus.txt 一样，建设一份词性标注语料库并非难事。著名的语料库标注系统 brat 就支持词性标注，我们甚至可以直接用文本编辑器来创建语料库，只需遵守 PKU 格式即可。如果人力充足的话，标注语料库之前，需要指定一份操作规范。约定一些共同的标准，对分歧严重的词语做一些规定。

至于语料库规模，与所有机器学习问题一样，数据越多，模型越准。PKU 语料库半年约 1300 万字，一个月大约 200 万字，是最低要求。人们常犯的错误是偷懒只标注一两个句子，然后跟 PKU 语料库混合到一起训练。这样训练出来的模型当然不会输出他们想要的词性，这主要是因为 PKU 原有词性的比重太大，造成严重的样本数量不均衡。此外，用户的标注集与 PKU 标注集不一定兼容，用户觉得应该标注为 X 的词语在 PKU 语料库中实际被标注为 Y 。总之，模型只会将用户的一两个句子当成噪声忽略掉。

本节以《诛仙》语料库为例，Java 训练代码如下（详见 com.hankcs.book.ch07.CustomCorpusPOS）：

```
PerceptronPOSTagger posTagger = trainPerceptronPOS(ZHUXIAN); // 训练
AbstractLexicalAnalyzer analyzer = new AbstractLexicalAnalyzer(new
PerceptronSegmenter(), posTagger); // 包装
System.out.println(analyzer.analyze("陆雪琪的天琊神剑不做丝毫退避，直冲而上，瞬间，
这两道奇光异宝撞到了一起。")); // 分词+标注
```

对应的 Python 版为：

```
posTagger = train_perceptron_pos(ZHUXIAN)  # 训练
analyzer = AbstractLexicalAnalyzer(PerceptronSegmenter(), posTagger)  # 包装
print(analyzer.analyze("陆雪琪的天琊神剑不做丝毫退避，直冲而上，瞬间，这两道奇光异宝撞
到了一起。"))  # 分词+标注
```

两者的输出都是：

```
陆雪琪/NR 的/DEG 天琊神剑/NN 不/AD 做/VV 丝毫/NN 退避/VV ，/PU 直冲/VV 而/MSP 上/VV ，/
PU 瞬间/NN ，/PU 这/DT 两/CD 道/M 奇光/NN 异宝/NN 撞/VV 到/VV 了/AS 一起/AD 。/PU
```

可见学习新语料之后，模型自动切换为新的词性标注集，此处为《诛仙》语料库对应的 CTB 标注集。

7.5　总结

本节我们轻轻松松实现了隐马尔可夫模型、感知机和条件随机场三种词性标注器，并没有额外编码。词性标注所需的原料无非是一些语料以及一份特征模板而已。根据语料库规模、特征模板、机器学习模型的不同，词性标注的准确率也随之变化。但总体而言，要提高词性标注器的准确率，无非是标注更多语料、设计更复杂的特征模板、采用更复杂的机器学习模型。

另外，为了实现自定义词性，依靠词典匹配虽然简单但非常死板，只能用于一词一义的情况。如果涉及兼类词，标注一份领域语料才是正确做法。

第8章 命名实体识别

句子经过分词、词性标注之后，已经呈现出初步结构化的趋势。下游应用如果关注某类词汇，可以直接根据词性标签找到它们。然而，词性标注的作用范围仅限于单个单词。如果用户关心的是多个单词构成的**复合词**，词性标注就无能为力了。在这种情况下，通常需要在分词和词性标注的结果之上，进行一次复合词的识别，称为命名实体识别。

本章介绍命名实体识别的基本概念、语料库以及常用模型。

8.1 概述

8.1.1 命名实体

文本中有一些描述实体的词汇，比如人名、地名、组织机构名、股票基金、医学术语等，称为**命名实体**（named entity）。命名实体是人们最关注的词汇，往往是信息抽取任务的焦点。

究竟什么样的词汇属于命名实体，这个问题因人而异。电商领域可能认为商品名称属于命名实体，医疗领域可能认为疾病名称属于命名实体，都是各取所需。但几乎所有的命名实体都具备如下共性。

- 数量无穷。比如宇宙中的恒星名称、生物界中的蛋白质名称，即便是人名，也是随着新生儿的命名不断出现新的组合。
- 构词灵活。比如中国工商银行，既可以称为工商银行，也可以简称工行。一些机构名甚至存在嵌套现象，比如机构名“联合国销毁伊拉克大规模杀伤性武器特别委员会”内部就嵌套了地名和另一个机构名。
- 类别模糊。一些命名实体之间的区别比较模糊，比如地名与机构名。有一些地名本身也是机构，比如“国家博物馆”，从地址的角度来讲属于地名，但从博物馆工作人员看来则是一个机构。

8.1.2 命名实体识别

识别出句子中命名实体的**边界**与**类别**的任务称为**命名实体识别**（Named Entity Recognition，NER）。由于上述难点，命名实体识别也是一个统计为主、规则为辅的任务。

对于规则性较强的命名实体，比如网址、E-mail、ISBN、商品编号等，完全可以通过正则表达式处理。这部分规则逻辑通常作为预处理过程进行，即先利用正则表达式规则匹配，未匹配上的片段交给统计模型处理。比如HanLP中的`URLTokenizer`就是先匹配网址后执行分词，读者可以参考这份实现加入更多规则，识别更多规则性强的命名实体。

对于较短的命名实体，比如人名，完全可以通过分词确定边界，通过词性标注模块确定类别。这样就不再需要专门的命名实体识别模块以及语料库，而只需要普通的分词词性标注模块及相应语料库。比如微软系列语料库就是如此，以颗粒度大著称，人名地名机构名等命名实体标注为一个词语。其中一个典型样例如下：

```
晚9时40分/TIME ,/v 鸟/n 迷/v 、/v 专家/n 托尼/PERSON 率领/v 的/u 英国“野翅膀”观鸟团/ORGANIZATION 一行/n 29/INTEGER 人/n ,/v 才/d 吃/v 完/v 晚饭/n 回到/v 金山宾馆/ORGANIZATION 的/u 大/a 酒吧间/n ,/v 他们/r 一边/d 喝/v 着/u 青岛/LOCATION 啤酒/n ,/v 一边/d 兴致勃勃/i 地/u 回答/v 记者/n 的/u 提问/vn 。/w
```

上面大写的“词性”`TIME`、`PERSON`、`ORGANIZATION`、`INTEGER`、`LOCATION`就是命名实体，它们颗粒度都较大，特别是英国“野翅膀”观鸟团这种机构名，往往由多个词语复合而成。对于大颗粒度的语料库，分词和词性标注足以代替命名实体识别。

在另一些语料库中（如PKU等），机构名这样的复合词是拆开的，此时就需要一个专门的命名实体识别模块了。正如第4章所言，命名实体识别也可以转化为一个序列标注问题。具体做法是将命名实体识别附着到{B,M,E,S}标签，比如，构成地名的单词标注为“B/M/E/S-地名”，以此类推。对于那些命名实体边界之外的单词，则统一标注为O（**O**utside）。具体实施时，HanLP做了一个简化，即所有非复合词的命名实体都标注为S，不再附着类别。这样标注集更精简，模型更小巧。与此相反，联合模型实际上在增大标注集，同时受制于语料库规模，所以没有被HanLP采用。

接下来按照从简到难的顺序，介绍基于规则和基于统计的命名实体识别。

8.2 基于规则的命名实体识别

本节介绍一些简单的规则系统，用来不精确地识别音译人名和日本人名等命名实体。由于二元语法分词器（`ViterbiSegment`）无法召回未登录词（OOV），所以这些规则充当了弥补措施。这些系统属于HanLP早期设计的一部分，虽然已经落伍，但可以应付一些语料匮乏的专门领域。

8.2.1 基于规则的音译人名识别

音译人名用字较为固定，比如常见的音译用字部分列举如下：

- -—阿埃艾爱安昂敖奥澳笆芭巴白拜班邦保堡鲍北贝本比毕彼别波玻博勃伯泊卜布才采仓查差柴彻川茨慈次达大戴代丹旦但当道德得登迪狄蒂帝丁东杜敦多额俄厄鄂恩尔伐法范菲芬费佛夫福弗甫噶盖干冈哥戈革葛格各根古瓜哈海罕翰汗汉豪合河赫亨侯呼胡华霍基吉及加贾坚简杰金京久居君喀卡凯坎康考柯科可克肯库奎拉喇莱来兰郎朗劳勒雷累楞黎理李里莉丽历利立力连廉良列烈林隆卢虏鲁路伦仑罗洛玛马买麦迈曼茅茂梅门蒙盟

在一段待识别的文本中，若音译字符连续出现，则很有可能来自一个音译人名。然而这也并非绝对，还存在许多例外情况，比如外来词汇“巴士”其实也由音译字符构成。音译人名一般较长，好处是不易产生歧义，坏处是无法用词典全部收录。假设用词典匹配的话，许多长音译人名只会匹配到一部分。鉴于此，HanLP 早期设计了一套启发式的规则，其逻辑如下：

(1) 若粗分结果中某词语的备选词性（词性由核心词典、用户词典提供）含有 nrf（音译人名），则触发规则 (2)；

(2) 从该词语出发往右扫描，若遇到音译人名词库中的词语，则合并，否则终止扫描。

比如，若粗分结果为：

```
[我/rr, 知道/v, 卡利斯/nrf, 勒/v, 出生于/v, 英格兰/nsf]
```

则卡利斯 /nrf 会触发合并规则，接下来连续出现的音译人名常用字都附加到这个 nrf 上去，且一旦遇到出生于则会终止合并。合并结果为：

```
[我/rr, 知道/v, 卡利斯勒/nrf, 出生于/v, 英格兰/nsf]
```

这套规则的核心思想是尽量谨慎地启动，一旦启动，只负责将分词模块切碎的已知音译人名合并起来，不负责识别未知的音译人名片段。其中，已知的音译人名（或碎片）由核心词典和用户词典提供，音译人名词库及常用字由 data/dictionary/person/nrf.txt 提供，其样例为：

```
丁伍迪
丁伯根
万塔
万姆尔
丘克
丘利
```

笔者在修订该词库时，刻意仅收录至少两个字符的音译人名（或片段），而不收录单个字符。这是因为许多音译人名常用字本身也是汉语的常用字，可能构成其他词语，比如“马丁”的“丁”与“麦克”的“克”就可能组成“丁克”一词。若将字符也加入词典，则启发式规则的触发会过于频繁，造成大面积的误命中。正因为规则触发机制很谨慎，所以一旦触发就可以大胆地对常用字进行合并。常用字列表由 `TranslatedPersonDictionary` 类将 nrf.txt 拆分为字符得到，并且与 nrf.txt 本身存储在同一个双数组字典树中。

这套逻辑虽然无法识别未知的人名片段，但能够召回长度极端长、构词较常规的音译人名，比如 com/hankcs/demo/DemoTranslatedNameRecognition.java 和 tests/demos/demo_translated_name_recognition.py 可以召回如下很长的音译人名：

```
[世界/n, 上/f, 最长/d, 的/ude1, 姓名/n, 是/vshi, 简森·乔伊·亚历山大·比基·卡利斯勒·达夫·埃利奥特·福克斯·伊维鲁莫·马尔尼·梅尔斯·帕特森·汤普森·华莱士·普雷斯顿/nrf, 。/w]
```

8.2.2 基于规则的日本人名识别

相较于音译人名，日本人名的长度在固定的范围内（3~5 个字），且含有明确的姓氏，用规则识别起来更加简单。相反，中文语料库主要来自官方新闻，由于历史原因，其中日本人名的丰度非常低，反而无法构成有效的监督学习样本库。

于是 HanLP 设计了如下日本人名识别规则：

(1) 在文本中匹配日本人名的姓氏和名字，分别记作 `x` 和 `m`；

(2) 将连续的 `xm` 合并为日本人名，标注为 `nrj`。

其中，匹配的根据是日本人名词典 data/dictionary/person/nrj.txt，其样例为：

```
川澄 x
福原 x
龟山 x
花子 m
太郎 m
公园 m
```

考虑到日本人经常以居住地附近的山水作为姓名，可能存在姓氏与名字组合成中国地名的情形，比如“龟山公园”。为此，HanLP 还额外增加了一条黑名单规则，将这些例外情况标记为 `A`：

```
龟山公园 A
```

通过这些简单规则，HanLP 赋予了默认的二元语法分词器召回日本人名的初级能力，示例位于 com/hankcs/demo/DemoJapaneseNameRecognition.java 和 tests/demos/demo_japanese_name_recognition.py。两者的运行结果都是：

```
[北川景子/nrj, 参演/v, 了/ule, 林诣彬/nr, 导演/nnt, 的/ude1,《/w, 速度/n, 与/cc,
激情/n, 3/m, 》/w]
[龟山千广/nrj, 和/cc, 近藤公园/nrj, 在/p, 龟山/nz, 公园/n, 里/f, 喝酒/vi, 赏花/nz]
```

8.2.3　基于规则的数词英文识别

数词（一二三、123）和英文单词同样是汉语文本中常见的命名实体，特别适合利用规则进行识别。常见做法是正则表达式，然而其匹配开销较大。在 HanLP 中，采取的规则是将相同类型的连续字符分别合并。具体说来，首先利用 com.hankcs.hanlp.dictionary.other.CharType 工具类获取每个字符的类型。字符类型有单字节、分隔符（标点符号）、中文字符、字母、数字、序号等。然后扫描字符串的类型数组，将类型相同的字符合并，利用其类型确定词性（数词 m 或英文 nx 等）。这部分的实现位于 com.hankcs.hanlp.seg.Segment#quickAtomSegment，在第 3 章中被称为原子分词。

这套规则的效果可通过 com/hankcs/book/ch08/DemoNumEng.java 和 tests/book/ch08/demo_num_eng.py 验证，以 Python 版为例：

```
segment = ViterbiSegment()
print(segment.seg("牛奶三〇〇克壹佰块"))
print(segment.seg("牛奶 300 克 100 块"))
print(segment.seg("牛奶 300g100rmb"))
```

输出：

```
[牛奶/nf, 三〇〇/m, 克/q, 壹佰/m, 块/q]
[牛奶/nf, 300/m, 克/q, 100/m, 块/q]
[牛奶/nf, 300/m, g/nx, 100/m, rmb/nx]
```

可见，HanLP 能够识别“三〇〇”这样的中文数词，读者可以尝试“一万两千三百四十五”之类更长的数词，都可以识别。其原理在于，HanLP 并不将汉字数字放到核心词库里，而是将其作为未知字符送入上述规则模块进行召回。

此外，用户还可以通过 CharType 这个工具类灵活修改所需字符类型。比如在电商场景下，可能需要将数量区间识别为一整个数词，此时可以将区间符号“~”设置为数字类型来达到目的：

```
text = "牛奶300~400g100rmb"
print(segment.seg(text))
CharType.set('~', CharType.CT_NUM) # 自定义字符类型
print(segment.seg(text))
```

输出：

```
[牛奶/nf, 300/m, ~/nx, 400/m, g/nx, 100/m, rmb/nx]
[牛奶/nf, 300~400/m, g/nx, 100/m, rmb/nx]
```

然而，现实问题总是比规则系统复杂得多。比如 iPhone 4S 这个词语就是由英文、空格和数字组成。它的识别可以通过字符类型、自定义词典或正则表达式等规则系统实现，但效果更好的方式仍然是用统计手法来灵活处理。

8.3 命名实体识别语料库

本节介绍如何活用我们已经掌握的序列标注模型来实现命名实体识别，并且讨论一些实际的工程问题。作为数据工程师，第一步先来熟悉我们的数据。对于 NLP 工程师来讲，我们的数据就是语料。命名实体识别语料的针对性非常强，往往是人们关心什么样的命名实体，就去标注什么样的语料。本节介绍其中一些常见例子，读者可以举一反三地标注自己的领域语料。

8.3.1 1998 年《人民日报》语料库

假设我们只关心人名、地名和机构名的话，PKU 语料就可以视作命名实体识别语料库。其中一句典型样例为：

```
萨哈夫/nr 说/v ,/w 伊拉克/ns 将/d 同/p [联合国/nt 销毁/v 伊拉克/ns 大规模/b 杀伤性/n
武器/n 特别/a 委员会/n]/nt 继续/v 保持/v 合作/v 。/w
```

句子中 nr 为人名，ns 为地名，nt 为机构名。人名和地名比较简单，最难的是 [联合国/nt 销毁/v 伊拉克/ns 大规模/b 杀伤性/n 武器/n 特别/a 委员会/n]/nt 这种很长的复合词。

当然，并非所有的复合词都是命名实体。PKU 语料库中还存在许多 nz 专有名词类型的复合词：

```
[延安/ns 供水/vn 工程/n]/nz 建成/v 通水/v
黄浦江畔/ns 的/u [东方/s 明珠/n 电视塔/n]/nz 前/f 热闹非凡/l
一九九七年/t [诺贝尔/nr 物理奖/n]/nz 获得者/n
```

这些复合词不属于人名、地名和机构名，因此一般按照普通词汇处理。细细分类的话，这些复合词的类型各不相同，比较混乱。另外，“东方明珠电视塔”通常理解为一个地标或地名，此处标注为 nz 也并不合适。总之，假设我们不关心这些复合词，不将其视作命名实体就行了。

8.3.2 微软命名实体识别语料库

微软亚洲研究院命名实体识别语料库（MSRA Named Entity Corpus，MSRA-NE）以研究协议免费共享，共计 234 万字，命名实体类型分为专有名词（NAMEX）、时间表达式（TIMEX）、数字表达式（NUMEX）、度量表达式（MEASUREX）和地址表达式（ADDREX）等 5 大类及其下属的 30 个子类。其中一句样例为：

```
<SENTENCE>
<w>我们</w><w>藏</w><w>有</w><w>一</w><w>册</w><w><TIMEX TYPE="DATE"> １９４５年６月
</TIMEX></w><w>油印</w><w>的</w><w>《</w><w><NAMEX TYPE="LOCATION">北京</NAMEX></
w><w>文物</w><w>保存</w><w>保管</w><w>状态</w><w>之</w><w>调查</w><w>报告</w><w>》</w>
<w>,</w><w>调查</w><w>范围</w><w>涉及</w><w><NAMEX TYPE="LOCATION">故宫</NAMEX></
w><w>、</w><w><NAMEX TYPE="LOCATION">历博</NAMEX></w><w>、</w><w><NAMEX TYPE="
ORGANIZATION">古研所</NAMEX></w><w>、</w><w><NAMEX TYPE="LOCATION">北大清华图书
馆</NAMEX></w><w>、</w><w><NAMEX TYPE="LOCATION">北图</NAMEX></w><w>、</w><w>
<NAMEX TYPE="LOCATION">日</NAMEX></w><w>伪</w><w>资料</w><w>库</w><w>等</w><w>
<NUMEX TYPE="INTEGER">二十几家</NUMEX></w><w>,</w><w>言</w><w>及</w><w>文物</w><w>
<NUMEX TYPE="INTEGER">二十万件</NUMEX></w><w>以上</w><w>,</w><w>洋洋</w><w>
<NUMEX TYPE="INTEGER">三万</NUMEX></w><w>余</w><w>言</w><w>,</w><w>是</w><w>
珍贵</w><w>的</w><w><NAMEX TYPE="LOCATION">北京</NAMEX></w><w>史料</w><w>。</w>
</SENTENCE>
```

原版为 xml 格式，并且命名实体之外的词语没有标注词性。方便起见，笔者将其转换为 PKU 格式，并使用 HanLP 标注了缺失的词性，如下所示：

```
我们/r 藏/v 有/v 一/m 册/q １９４５年６月/DATE 油印/v 的/u 《/w 北京/LOCATION 文物/n
保存/v 保管/n 状态/n 之/u 调查/vn 报告/n 》/w ,/v 调查/vn 范围/n 涉及/v 故宫/LOCATION 、
/v 历博/LOCATION 、/j 古研所/ORGANIZATION 、/v [北大/j 清华/j 图书馆/n]/LOCATION 、
/v 北图/LOCATION 、/j 日/LOCATION 伪/j 资料/n 库/n 等/u 二十几家/INTEGER ,/d 言/Vg
及/v 文物/n 二十万件/INTEGER 以上/f ,/Ng 洋洋/z 三万/INTEGER 余/m 言/Vg ,/n 是/v 珍贵
/a 的/u 北京/LOCATION 史料/n 。/w
```

读者可以从微软官网[①] 获取原始语料，也可以通过运行示例代码自动下载转换后的格式。

---

① 参见：https://www.microsoft.com/en-us/download/details.aspx?id=52531。

8.4 基于层叠隐马尔可夫模型的角色标注框架

语料库就绪后，下面开始介绍第一个统计命名实体识别框架，称为角色标注框架①。该框架的识别思路与日本人名的思路类似：为构成命名实体的短词语打标签，标签序列满足某种模式则识别为某种命名实体。具体根据什么来标注？规则系统根据词典的匹配规则来确定，而本节的统计方法则根据隐马尔可夫模型的预测来确定。

由于该框架中角色标注模块的输入是分词模块的输出，两个模块都由隐马尔可夫模型驱动，所以称为**层叠隐马尔可夫模型**。根据识别目标的不同，角色标注所使用的标注集也不同。本节介绍三种常见的命名实体的角色标注与识别，即中国人名、地名和机构名。

8.4.1 基于角色标注的中国人名识别

观察二元语法分词器的粗分结果，经常发现中国人名被错误拆分，或者与上下文连在一起。以第 1 章的“王国维和服务员”为例，其粗分结果如下：

```
[王国/n, 维和/vn, 服务员/nnt]
```

如果算法能够预测出“王国”是人名的前半部分，“维和”中的“维”是人名的后半部分，则“王国维”这个人名就有可能被召回。这种“前半部分”“后半部分”就是字符串在构成中国人名时所充当的角色，确定了粗分结果中每个词语的角色后，算法就可以召回中国人名。

具体如何设计角色，也有一套学问。中国科学院计算技术研究所软件实验室的张华平和刘群教授在论文《基于角色标注的中国人名自动识别研究》中定义了一套行之有效的角色标注集，如表 8-1 所示。

表 8-1 中国人名的构成角色表

标签	意义	例子
B	姓氏	*张*华平先生
C	双名的首字	张*华*平先生
D	双名的末字	张华*平*先生
E	单名	张*浩*说：“我是一个好人”
F	前缀	*老*刘、*小*李
G	后缀	王*总*、刘*老*、肖*氏*、吴*妈*、叶*帅*
K	人名的上文	又*来到*于洪洋的家。

① 该框架由张华平、刘群等诸位教授提出。

（续）

标签	意义	例子
L	人名的下文	新华社记者黄文*摄*
M	两个中国人名之间的成分	编剧邵钧林*和*稽道青说
U	人名的上文和姓成词	这里*有关*天培的壮烈
V	人名的末字和下文成词	龚学*平等*领导，邓颖*超生*前
X	姓与双名的首字成词	*王国*维
Y	姓与单名成词	*高峰*、*汪洋*
Z	双名本身成词	张*朝阳*
A	以上之外其他的角色	

标注集确定之后，就可以展开语料标注工作了。由于许多词性标注语料库已经标注了人名，所以一种简单的实践方法是根据表 8-1 编写规则自动将词性标注语料转换为角色标注语料。在 HanLP 中，转换规则的实现位于 com.hankcs.hanlp.corpus.dictionary.NRDictionaryMaker#roleTag 中，由于规则原理简单但篇幅较长，所以请读者自行查看。

语料转换完毕后即可展开训练，`NRDictionaryMaker` 就是相应的训练模块。我们也可以通过运行训练模块来了解包含语料转换在内的全部流程，其 Java 调用代码位于 com.hankcs.book.ch08.DemoRoleTagNR#trainOneSentence：

```
EasyDictionary dictionary = EasyDictionary.create(HanLP.Config.CoreDictionaryPath);
// 核心词典
NRDictionaryMaker maker = new NRDictionaryMaker(dictionary); // 训练模块
maker.verbose = true; // 调试输出
// 学习一个句子
maker.learn(Sentence.create("这里/r 有/v 关天培/nr 的/u 有关/vn 事迹/n 。/w"));
maker.saveTxtTo("data/test/nr"); // 将隐马尔可夫模型输出到txt
```

相应的 Python 版位于 `tests.book.ch08.demo_role_tag_nr.train_one_sent`：

```
dictionary = EasyDictionary.create(HanLP.Config.CoreDictionaryPath)  # 核心词典
maker = NRDictionaryMaker(dictionary)  # 训练模块
maker.verbose = True  # 调试输出
# 学习一个句子
maker.learn([Sentence.create("这里/r 有/v 关天培/nr 的/u 有关/vn 事迹/n 。/w")])
maker.saveTxtTo(test_data_path() + "nr")  # 将隐马尔可夫模型输出到txt
```

其中，核心词典的作用是作为判断“姓与双名的首字成词”的依据。读者可能留有印象，这几行代码与第 2 章二元语法的训练是非常类似的，不同之处在于此处仅有一个训练句子。的确，

HanLP 秉承的是模块化设计理念，许多代码被多个模块反复用到。

运行后，控制台得到部分输出如下：

```
原始语料 [这里/r, 有/v, 关天培/nr, 的/u, 有关/vn, 事迹/n, 。/w]
姓名拆分 [这里/A, 有/K, 关/B, 天/C, 培/D, 的/L, 有关/A, 事迹/A, 。/A]
上文成词 [这里/A, 有关/U, 天/C, 培/D, 的/L, 有关/A, 事迹/A, 。/A]
添加首尾 [始##始/S, 这里/A, 有关/U, 天/C, 培/D, 的/L, 有关/A, 事迹/A, 。/A, 末##末/A]
```

每一行表示语料转换的一个过程，从第二行开始，“关天培”被拆分为碎片，模拟的是二元语法分词器对人名的错误切分。接着，转换程序检查到第一个“有关”存在于核心词典中，于是将其标记为 U（上文成词），这同样模拟的是二元语法分词器的粗分结果。其他单词或字也按照表 8-1 的定义进行转换，并且添加了始 ## 始和末 ## 末这两个特殊的单词。

同时，在目录 data/test 下会生成隐马尔可夫模型相关文件 nr.txt、nr.tr.txt 和 nr.ngram.txt。其中，nr.txt 存储了语料中每个单词和字的角色及频次，其内容如下：

```
培 D 1
天 C 1
始##始 S 1
有关 U 1
的 L 1
```

而 nr.tr.txt 则描述了一个角色标签间的转移概率（此处存储为频次）矩阵，用 CSV 阅读工具打开后得到表 8-2。

表 8-2　隐马角色标注模型中的转移频次矩阵

标签	A	C	D	L	S	U
A	3	0	0	0	0	1
C	0	0	1	0	0	0
D	0	0	0	1	0	0
L	1	0	0	0	0	0
S	1	0	0	0	0	0
U	0	1	0	0	0	0

其中，行表示前一个标签，列表示后一个标签。比如，从标签 U 到 C 的转移频次为 1，到其他标签的转移频次都是 0。加载后，HanLP 会将这些频次归一化为频率。

最后，nr.ngram.txt 是二元语法模型，然而此处并非分词任务，所以该文件没有用处。

当然，一个句子构成的语料库显然没有实际用处，只是用来演示原理。为了实际可用，还需要扩大语料库规模，比如在 PKU 语料库上进行训练。Java 训练示例如下（详见 com.hankcs.book.ch08.DemoRoleTagNR#train）：

```
// 核心词典
EasyDictionary dictionary = EasyDictionary.create(HanLP.Config.CoreDictionaryPath);
NRDictionaryMaker maker = new NRDictionaryMaker(dictionary); // 训练模块
maker.train(corpus); // 在语料库上训练
maker.saveTxtTo(model); // 将隐马尔可夫模型输出到txt
```

对应的 Python 版如下（详见 tests.book.ch08.demo_role_tag_nr.train）：

```
dictionary = EasyDictionary.create(HanLP.Config.CoreDictionaryPath)  # 核心词典
maker = NRDictionaryMaker(dictionary)  # 训练模块
maker.train(corpus)  # 在语料库上训练
maker.saveTxtTo(model)  # 将隐马尔可夫模型输出到txt
```

运行后，data/test 下的模型文件 nr.txt 和 nr.tr.txt 得到更新。我们可以将这个新模型的路径传给 HanLP 加载，Java 示例如下（详见 com.hankcs.book.ch08.DemoRoleTagNR#load）：

```
private static Segment load(String model)
{
    HanLP.Config.PersonDictionaryPath = MODEL + ".txt"; // data/test/nr.txt
    HanLP.Config.PersonDictionaryTrPath = MODEL + ".tr.txt"; // data/test/nr.tr.txt
    Segment segment = new DijkstraSegment(); // 该分词器便于调试
    return segment;
}
```

Python 示例如下（详见 tests.book.ch08.demo_role_tag_nr.load）：

```
def load(model):
    HanLP.Config.PersonDictionaryPath = model + ".txt"  # data/test/nr.txt
    HanLP.Config.PersonDictionaryTrPath = model + ".tr.txt"  # data/test/nr.tr.txt
    segment = DijkstraSegment()  # 该分词器便于调试
    return segment
```

指定模型路径，命名实体识别模块载入了新的模型，下面测试一下效果，以 Python 为例：

```
segment = load(MODEL)
HanLP.Config.enableDebug()
print(segment.seg("龚学平等领导"))
```

输出结果截取如下：

```
粗分结果[龚/nz, 学/v, 平等/a, 领导/n]
人名角色观察: [  K 1 A 1 ][龚 B 768 D 3 E 2 C 1 ][学 C 1698 D 298 L 19 E 11 K 8 B 5 ]
[平等 V 35 L 9 ][领导 K 238 L 47 ][  K 1 A 1 ]
人名角色标注: [ /K ,龚/B ,学/C ,平等/V ,领导/K , /K]
识别出人名: 龚学 BC
识别出人名: 龚学平 BCD
细分词网:
0:[ ]
1:[龚, 龚学, 龚学平]
2:[学]
3:[平, 平等]
4:[等]
5:[领导]
6:[]
7:[ ]
[龚学平/nr, 等/udeng, 领导/n]
```

第一行粗分结果发生了意料之中的错误，接着程序取出了粗分结果中所有字词的可能标签，比如“龚”字可能的标签是 B、D、E、C，标签后面的数字是该字词以该标签的身份在语料库中的出现次数，而首尾的两个空白分别代表 BOS 和 EOS，它们的标签可能是 K 也可能是 A。在隐马尔可夫模型中，字词为显状态，标签为隐状态，此处的频次用于计算从标签到字词的发射概率。如何确定字词在该句子中究竟属于哪种角色？隐马尔可夫模型的维特比算法再次派上用场，将这个句子标注为 [/K ，龚 /B ，学 /C ，平等 /V ，领导 /K ， /K]。观察此标签序列，根据表 8-1，其中的 V 意思为“人名的末字和下文成词”，所以平等 /V 等价于平 /D 等 /L，整个句子等价于 [/K ，龚 /B ，学 /C ，平 /D，等 /L ，领导 /K ， /K]。

再次参考表 8-1，B 代表姓氏，C 和 D 代表名字。那么 BC 和 BCD 就能组合为一个姓名。利用 AC 自动机对标签序列进行 BC 和 BCD 多模式匹配，于是分别识别出人名龚学 BC 和龚学平 BCD。这两个人名都有可能成立，但由于两者边界重叠，所以不可能同时成立。到底选择哪一个，通过层叠隐马尔可夫模型将两者都加入词网，进行第二次二元语法最短路径分词来判断。这一次，路径 [龚学平 /nr， 等 /udeng， 领导 /n] 更短，于是成为最终结果。其中，标签 nr 代表了“龚学平”在词性上属于人名。至此，层叠隐马尔可夫模型中的角色标注框架成功地完成了命名实体识别。

当然，构成人名的模式串并非仅限于 BC 和 BCD，在 HanLP 中，还使用了 BG（姓氏 + 后缀）、BE（姓氏 + 单名）等模式串。这些模式串构成一个集合，位于 com.hankcs.hanlp.dictionary.nr.NRPattern，读者可自行查看。比如，“王国维和服务员”的标注结果为 [/K ，王国 /X ，维和 /V ，服务员 /K ， /K]，等价于 [/K ，王国 /X ，维 /D，和 /L ，服务员 /K ， /K]，命中的模式串为王国维 XD。

不过，依靠《人民日报》1月份的语料库并不能训练出一个实际可用的人名识别模型。单从姓氏的角度来讲，一家报社在一个月的新闻报道里无法将百家姓都覆盖，而隐马尔可夫模型又缺乏应对 OOV 的能力。所以遇到冷僻的姓氏时，隐马尔可夫模型很可能将其标注为 A（非人名成分），导致无法识别。为了解决这种数据稀疏的问题，笔者收集了一个大型人名库①，将其按字拆分为 B（姓氏）C（双名第一个字）D（双名第二个字）或者 B（姓氏）E（单名），然后补充到模型中去。由于模型是 txt 格式，所以这种增量调整的方法实施起来非常简便。若读者遇到人名识别错误的情况，也可以根据情况参考表 8-2 调整模型。

8.4.2 基于角色标注的地名识别

利用类似的原理，同样能够实现地名的识别，只不过需要定义一份新的角色标注集。HanLP 参考了俞鸿魁等人的论文《基于层叠隐马尔可夫模型的中文命名实体识别》，采用了如表 8-3 所示的标注集。

表 8-3 地名识别角色简表

角色	意义	示例
A	地名的上文	我/**来到**/中/关/园
B	地名的下文	刘家村/和/下岸村/**相邻**
C	中国地名的首部	**石**/河/子/乡/
D	中国地名的中部	石/河/**子**/乡/
F	中国地名的末部	石/河/子/**乡**/
G	中国地名的后缀	海/淀/**区**
X	连接词	刘家村/**和**/下岸村/相邻
Z	其他非地名成分	

语料转换、隐马尔可夫模型训练、隐马尔可夫模型标注、模式匹配与上一节原理类似，不再赘述。此处简单介绍训练与预测，训练示例分别位于 com.hankcs.book.ch08.DemoRoleTagNS 和 tests/book/ch08/demo_role_tag_ns.py。代码结构与人名识别一致，不再列举。不同之处在：

(1) 训练模块由 `NRDictionaryMaker` 更换为 `NSDictionaryMaker`；

(2) `HanLP.Config` 需要更改的配置项为 `PlaceDictionaryPath` 和 `PlaceDictionaryTrPath`；

(3) 对新创建的 `DijkstraSegment`，需要打开地名识别开关 `enablePlaceRecognize(True)`。

① 类似于第 5 章人名性别分类使用过的数据集。

之后就可以测试一个句子了，比如 segment.seg("生于黑牛沟村")。运行结果截取如下：

```
粗分结果[生于/v, 黑/a, 牛/n, 沟/n, 村/n]
人名角色标注: [ /K ,生于/L ,黑/K ,牛/B ,沟/A ,村/K , /K]
地名角色观察: [  S 17667 A 1817 ][生于 A 5 ][黑 C 79 ][牛 C 7 D 2 ][沟 H 10 E 6 D 1 ]
[村 H 225 D 10 ][  B 79 ]
地名角色标注: [ /A ,生于/A ,黑/C ,牛/D ,沟/E ,村/H , /A]
识别出地名: 黑牛沟村 CDEH
[生于/v, 黑牛沟村/ns]
```

上面粗分结果将黑牛沟村错误地拆散，然后通过角色标注得到标注序列 [/A ，生于 /A ，黑 /C ，牛 /D ，沟 /E ，村 /H ， /A]，最后通过模式匹配完成黑牛沟村 CDEH 的识别。

8.4.3 基于角色标注的机构名识别

通过角色标注框架，还可以实现机构名的识别。参考俞鸿魁、张华平、刘群所著《基于角色标注的中文机构名识别》，使用如表 8-4 所示的标注集。

表 8-4 机构名识别角色表

角色	意义	例子
A	上文	**参与**/亚太经合组织/的/活动
B	下文	中央/电视台/**报道**
X	连接词	北京/电视台/**和**/天津/电视台
C	特征词的一般性前缀	北京/**电影**/学院
F	特征词的译名性前缀	美国/**摩托罗拉**/公司
G	特征词的地名性前缀	交通/银行/**北京**/分行
H	特征词的机构名前缀	**中共中央**/顾问/委员会
I	特征词的特殊性前缀	**中央**/电视台
D	机构名的特征词	国务院/侨务/**办公室**
Z	其他非机构名成分	

语料转换与训练模块类似于人名或地名识别，在预测环节则有所不同。由于机构名构词复杂，往往含有其他命名实体，所以需要在人名及地名识别的基础上进行第三次识别。训练识别代码位于 com/hankcs/book/ch08/DemoRoleTagNT.java 和 tests/book/ch08/demo_role_tag_nt.py，其效果以如下句子为例：

```
segment.seg("温州黄鹤皮革制造有限公司是由黄先生创办的企业")
```

运行后得到：

```
粗分结果[温州/ns, 黄/a, 鹤/n, 皮革/n, 制造/vn, 有限公司/nis, 是/vshi, 由/p, 黄/a,
先生/n, 创办/v, 的/ude1, 企业/n]
人名角色观察: [  K 1 A 1 ][温州 K 1 ][黄 B 7195 C 25 E 23 D 9 L 2 ][鹤 C 144 D 67
E 22 ][皮革 L 1 ][制造 L 5 K 1 ][有限公司 K 22 ][是 K 2507 L 2504 M 123 C 10 E 1
][由 K 1093 L 38 C 17 D 6 M 2 E 1 ][黄 B 7195 C 25 E 23 D 9 L 2 ][先生 Z 2579 L
608 K 1 ][创办 L 11 K 3 ][的 L 15411 K 11354 M 96 C 1 ][企业 K 17 L 5 ][  K 1 A 1 ]
人名角色标注: [ /K ,温州/K ,黄/B ,鹤/C ,皮革/L ,制造/L ,有限公司/K ,是/K ,由/K ,黄/B ,
先生/Z ,创办/L ,的/L ,企业/K , /K]
识别出人名: 黄鹤 BC
识别出人名: 黄先生 BZ
机构名角色观察: [  S 1169907 ][温州 G 92134 B 1200 A 470 X 4 ][黄鹤 F 6781 B 769 A
266 X 6 ][皮革 C 6 ][制造 C 102 B 21 D 1 ][有限公司 K 1000 D 1000 ][是 A 2340 B
353 X 20 ][由 A 1579 B 16 X 11 ][黄先生 F 6781 B 769 A 266 X 6 ][创办 A 20 B 5 ]
[的 B 7092 A 4185 X 20 ][企业 C 102 A 42 B 11 X 6 D 4 ][  B 8423 ]
机构名角色标注: [ /S ,温州/G ,黄鹤/F ,皮革/C ,制造/C ,有限公司/D ,是/B ,由/A ,黄先生/F ,
创办/B ,的/A ,企业/D , /S]
识别出机构名: 温州黄鹤皮革制造有限公司 GFCCD
识别出机构名: 黄鹤皮革制造有限公司 FCCD
识别出机构名: 制造有限公司 CD
识别出机构名: 皮革制造有限公司 CCD
[温州黄鹤皮革制造有限公司/nt, 是/vshi, 由/p, 黄先生/nr, 创办/v, 的/ude1, 企业/n]
```

由上述结果可以观察到，层叠隐马尔可夫模型第一层只能得到粗略的分词结果 [温州/ns, 黄/a, 鹤/n, 皮革/n, 制造/vn, 有限公司/nis, 是/vshi, 由/p, 黄/a, 先生/n, 创办/v, 的/ude1, 企业/n]，接着第二层人名识别成功召回“黄鹤”，该人名在第三层机构名识别中起到了 F（特征词的译名性前缀）作用，这使其成为机构名的组成成分。虽然“黄鹤”是中文名，并非译名。但构成机构名时所起的作用与译名相同，因此 HanLP 扩大了“译名性前缀”的定义。这反映了机构名构词法的复杂性，也验证了人名识别先于机构名识别的必要性。

至此我们已经掌握了层叠隐马尔可夫模型角色标注框架下的人名、地名与机构名识别方法，它们互为递进关系，充当了校正粗分结果的作用。然而必须注意的是，该套框架并未考虑 OOV 问题，所以如果机构名含有语料库之外的词语则无法识别。这不难理解，因为驱动该框架的正是无法处理 OOV 的隐马尔可夫模型。

OOV 问题在机构名识别中体现得尤为突出，特别是公司字号层出不穷，导致这套框架的识别能力捉襟见肘。比如将上述句子的“黄鹤”替换为“顶呱呱”“瑞祥”等常见企业字号，或“树蛙”“白猫”等有歧义的字号，机构名识别就会失败。为了应对 OOV 问题，一方面用户可以手工修改文本模型 nt.txt。通过打开调试模式，观察机构名成分的角色标注结果有何不妥之处，然后按照表8-4加入或修改相应的角色标签。

另一方面，HanLP改进了标注集，引入了“数词M”“机构名碎片P”等新标签来表示OOV。为了使该模块实际可用，笔者还曾经收集过一个大型机构名词典，然后将其分词、按机构名角色标注后充当新的语料补充训练。由于机构名构词的复杂性，许多成分都被界定为“碎片”，导致该模块存在很高的误命中率。

角色标注框架虽然也是一种序列标注，但是其标注集需要根据具体问题手工编制，一来费时费力，二来不够灵活。假如来了一个需求要求识别战斗机名称与编号，就需要专门请武器专家为战斗机设计一种角色标注集。另外，从普通语料到角色标注语料的转换程序也需要专门设计，两项成本未免太高了。

为了解决这些问题，在接下来的章节中，我们将切换到更加强大更加灵活的序列标注框架。

8.5 基于序列标注的命名实体识别

命名实体识别实际上可以看作分词与词性标注任务的集成：命名实体的边界可以通过{B,M,E,S}确定，其类别可以通过`B-nt`等附加类别的标签来确定。从通用语料库到序列标注命名实体识别语料库的转换非常简单，以《人民日报》语料库中一个句子`萨哈夫/nr 说/v ，/w 伊拉克/ns 将/d 同/p [联合国/nt 销毁/v 伊拉克/ns 大规模/b 杀伤性/n 武器/n 特别/a 委员会/n]/nt 继续/v 保持/v 合作/v 。/w`为例，这句话转换为标注样本后如表8-5所示。

表8-5 语料库中的句子转换为标注样本

输入变量x_1	输入变量x_2	输出变量y
萨哈夫	nr	S
说	v	O
，	w	O
伊拉克	ns	S
将	d	O
同	p	O
联合国	nt	B-nt
销毁	v	M-nt
伊拉克	ns	M-nt

（续）

输入变量x_1	**输入变量x_2**	**输出变量y**
大规模	b	M-nt
杀伤性	n	M-nt
武器	n	M-nt
特别	a	M-nt
委员会	n	E-nt
继续	v	O
保持	v	O
合作	v	O
。	w	O

其中输入变量 x_1 和输入变量 x_2 分别是词语和词性，由分词器和词性标注模块给出，命名实体识别模块并不关心其来源。输出变量 y 为复合型标签，由 $\{B,M,E,S\}$ 和命名实体类别组成。至于具体组合策略大致有两种，第一种会组合出 `S-nr` 之类的单个单词命名实体，这样就提供给用户一次改写词性标签的机会，但增大了标注集意味着增加了模型参数数量。另一种则将单个单词的命名实体统一标注为 `S`，具体命名实体是何种类型由词性标签决定，这样标注集和模型更小巧，HanLP 采用的就是这种策略。

这种语料库转换工序由 HanLP 内部的训练模块自动执行，用户无须关心，只需传入 PKU 格式的语料库路径即可。标注数据准备就绪后，机器学习的第一步就是对输入变量提取特征。

8.5.1 特征提取

为了便于比较各种序列标注模型，HanLP 以及本书默认采用表 8-6 所示的特征模板。

表 8-6 命名实体识别特征模板

转移特征	**词语特征**	**词性特征**
y_{t-1}	word_{t-2}	
	word_{t-1}	tag_{t-1}
	word_t	tag_t
	word_{t+1}	tag_{t+1}
	word_{t+2}	

其中 t 表示当前正在提取特征的位置，y 表示标签，word 表示单词，tag 表示词性。考虑到单词的组合方式非常多，所以没有像词性一样使用那么多二元语法特征。特别地，对应隐马尔

可夫模型，只能利用 y_{t-1} 和 word_t 两种特征。

特征模板确定之后，就可以训练序列标注模型了。

8.5.2 基于隐马尔可夫模型序列标注的命名实体识别

本节介绍最简单的隐马尔可夫模型序列标注命名实体识别模块 `HMMNERecognizer`，其训练只需两行代码，Java 示例如下（详见 com.hankcs.book.ch08.DemoHMMNER#train）：

```
HMMNERecognizer recognizer = new HMMNERecognizer();
recognizer.train(corpus); // data/test/pku98/199801-train.txt
```

对应的 Python 版位于 tests.book.ch08.demo_hmm_ner.train：

```
recognizer = HMMNERecognizer()
recognizer.train(corpus)  # data/test/pku98/199801-train.txt
```

`HMMNERecognizer` 实现了 HanLP 的 `NERecognizer` 接口，最重要的方法为：

```
/**
 * 命名实体识别
 *
 * @param wordArray 单词
 * @param posArray  词性
 * @return BMES-NER标签
 */
String[] recognize(String[] wordArray, String[] posArray);
```

该方法的输入分别是单词和词性序列，输出是类似 `B-nt` 之类的命名实体识别标签。Java 调用示例如下（详见 com.hankcs.book.ch08.DemoHMMNER#test）：

```
String[] wordArray = {"华北", "电力", "公司"}; // 构造单词序列
String[] posArray = {"ns", "n", "n"}; // 构造词性序列
String[] nerTagArray = recognizer.recognize(wordArray, posArray); // 序列标注
for (int i = 0; i < wordArray.length; i++)
    System.out.printf("%s\t%s\t%s\t\n", wordArray[i], posArray[i], nerTagArray[i]);
```

对应的 Python 版如下：

```
word_array = ["华北", "电力", "公司"]  # 构造单词序列
pos_array = ["ns", "n", "n"]  # 构造词性序列
ner_array = recognizer.recognize(word_array, pos_array)  # 序列标注
for word, tag, ner in zip(word_array, pos_array, ner_array):
    print("%s\t%s\t%s\t" % (word, tag, ner))
```

输出如下：

```
华北  ns       B-nt
电力  n        M-nt
公司  n        E-nt
```

只要将这三个命名实体识别标签 B、M、E 合并为整个 nt，就能识别出“华北电力公司”这个机构名。当然，这种标签形式并不友好，终端用户期待的是命名实体词语。此时，用户可以构造一个 AbstractLexicalAnalyzer 将 recognizer 与分词器、词性标注器包装起来，构成一套词法分析系统。Java 示例如下：

```
LexicalAnalyzer analyzer = new AbstractLexicalAnalyzer(new PerceptronSegmenter(),
new PerceptronPOSTagger(), recognizer);
System.out.println(analyzer.analyze("华北电力公司董事长谭旭光和秘书胡花蕊来到美国纽
约现代艺术博物馆参观"));
```

对应的 Python 版如下：

```
analyzer = AbstractLexicalAnalyzer(PerceptronSegmenter(), PerceptronPOSTagger(),
recognizer)
print(analyzer.analyze("华北电力公司董事长谭旭光和秘书胡花蕊来到美国纽约现代艺术博物馆
参观"))
```

这里包装的是感知机分词器与词性标注器，得到的输出如下：

```
[华北/ns 电力/n 公司/n]/nt 董事长/n 谭旭光/nr 和/c 秘书/n 胡花蕊/nr 来到/v 美国/ns 纽
约/ns 现代/t 艺术/n 博物馆/n 参观/v
```

其中机构名“华北电力公司”、人名“谭旭光”“胡花蕊”全部识别正确。但是地名“美国纽约现代艺术博物馆”则无法识别。其原因有两个：

(1) 1998 年《人民日报》语料库中没有出现过类似于 [美国 /ns 纽约 /ns 现代 /t 艺术 /n 博物馆 /n]/ns 这样的样本，很可能“现代艺术”这个短语从未作为任何机构名的成分出现过；

(2) 隐马尔可夫模型无法利用词性特征。

对于第一个原因，只能额外标注一些语料，无法用算法解决。然而这也并非长久之计，对任何没出现过的地名，哪怕生活中再常见，隐马尔可夫模型也都无法识别。对于第二个原因，则可以通过切换到更强大的模型来解决。

8.5.3 基于感知机序列标注的命名实体识别

如同分词与词性标注一样，本节将再次展示结构化感知机框架的强大。感知机命名实体识别模块由独立的训练模块与预测模块组成，其训练的 Java 示例如 com.hankcs.book.ch08.DemoSPNER#train 所示：

```
PerceptronTrainer trainer = new NERTrainer();
return new PerceptronNERecognizer(trainer.train(corpus, model).getModel());
```

对应的 Python 版为 tests.book.ch08.demo_sp_ner.train：

```
trainer = NERTrainer()
return PerceptronNERecognizer(trainer.train(corpus, model).getModel())
```

一旦训练完毕，程序还会将模型存入 `model` 指定的路径中（这里是 data/test/pku98/ner.bin）。若要加载该模型，只需将该路径传入 `PerceptronNERecognizer` 的构造函数中即可。构造完毕后，就可以像上一节的 `HMMNERecognizer` 一样调用了。运行示例，这次感知机果然可以正确识别隐马尔可夫模型无法处理的案例了：

```
[华北/ns 电力/n 公司/n]/nt 董事长/n 谭旭光/nr 和/c 秘书/n 胡花蕊/nr 来到/v [美国/ns 纽约/ns 现代/t 艺术/n 博物馆/n]/ns 参观/v
```

值得一提的是，感知机命名实体识别还支持在线学习。当由于随机数、语料等种种原因模型识别失败时，可以通过 `PerceptronLexicalAnalyzer#learn` 接口来在线学习新知识，Java 示例如下：

```
PerceptronLexicalAnalyzer analyzer = new PerceptronLexicalAnalyzer(new
PerceptronSegmenter(), new PerceptronPOSTagger(), (PerceptronNERecognizer)
recognizer);// ①
Sentence sentence = Sentence.create("与/c 特朗普/nr 通/v 电话/n 讨论/v [太空/s 探
索/vn 技术/n 公司/n]/nt");// ②
while (!analyzer.analyze(sentence.text()).equals(sentence))// ③
    analyzer.learn(sentence);
```

对应的 Python 版如下：

```
analyzer = PerceptronLexicalAnalyzer(PerceptronSegmenter(), PerceptronPOSTagger(),
recognizer)  # ①
sentence = Sentence.create("与/c 特朗普/nr 通/v 电话/n 讨论/v [太空/s 探索/vn 技术
/n 公司/n]/nt")  # ②
while not analyzer.analyze(sentence.text()).equals(sentence):  # ③
    analyzer.learn(sentence)
```

其中，第一行创建了感知机词法分析器；第二行根据标注样本的字符串形式创建了等价的 `Sentence` 对象；第三行测试词法分析器对样本的分析结果是否与标注一致，若不一致则重复在线学习，直到两者一致。

8.5.4 基于条件随机场序列标注的命名实体识别

类似于中文分词和词性标注，我们还可以使用条件随机场进行序列标注，以期获得更好的效果。在 HanLP 中，条件随机场命名实体识别模块同时支持训练与预测，其训练的 Java 示例位于 com.hankcs.book.ch08.DemoCRFNER#train：

```
CRFNERecognizer recognizer = new CRFNERecognizer(null); // 空白
recognizer.train(corpus, model);
```

对应的 Python 版如下（详见 tests.book.ch08.demo_crf_ner.train）：

```
recognizer = CRFNERecognizer(None)  # 空白
recognizer.train(corpus, model)
```

第一行的构造函数传入空白尤为关键，因为零参数的构造函数代表加载配置文件默认的模型，必须用 `null` 或 `None` 与之区分。训练可能耗时较长，用户可以参考控制台的提示，使用等价的 CRF++ 命令进行训练。

8.5.5 命名实体识别标准化评测

各个命名实体识别模块的准确率如何，并非只能通过几个句子主观感受。任何监督学习任务都有一套标准化评测方案，对于命名实体识别而言，按照惯例引入 P 、R 和 F_1 评测指标。

对于每一类命名实体，都定义这三个指标：

$$P=\frac{\text{正确识别的该类命名实体数}}{\text{识别出的该类命名实体总数}}$$

$$R=\frac{\text{正确识别的该类命名实体数}}{\text{该类命名实体总数}}$$

$$F_1=\frac{2\times P\times R}{P+R}$$

类似地，对所有命名实体综合起来定义三个平均化指标：

$$P=\frac{\text{正确识别的命名实体数}}{\text{识别出的命名实体总数}}$$

$$R=\frac{\text{正确识别的命名实体数}}{\text{命名实体总数}}$$

$$F_1 = \frac{2 \times P \times R}{P + R}$$

具体实现位于 com.hankcs.hanlp.model.perceptron.utility.Utility#evaluateNER，该函数接受命名实体识别模块和测试集作为输入，以数组的形式输出 P 、R 和 F_1 这三个平均化评测指标。用户可调用 com.hankcs.hanlp.model.perceptron.utility.Utility#printNERScore 函数将这些指标打印出来，具体调用方法分别位于 com.hankcs.book.ch08.DemoHMMNER#test 和 tests.book.ch08.demo_hmm_ner.test 中，请读者自行查阅。

在 1998 年 1 月《人民日报》语料库上的标准化评测结果如表 8-7 所示。

表 8-7 1998 年 1 月《人民日报》语料库命名实体识别评测结果（仅复合词）

模型	P	R	F_1
隐马尔可夫模型	79.01	30.14	43.64
感知机	87.33	78.98	82.94
条件随机场	87.93	73.75	80.22

值得一提的是，准确率与评测策略、特征模板、语料库规模息息相关。

在试验策略上，上述实验仅仅评测复合词（由多个单词构成）命名实体，而不像通行做法那样将单词命名实体（北京 /ns）纳入得分。通行做法由于将测试集提供的 ns 和 nr 单词作为自己识别出的命名实体，所以分数会虚高一些。

特征模板也会影响准确率，不少面向学术界的软件往往选用非常庞大复杂的特征模板，牺牲了运行时性能以换取准确率。如果这是读者的需求的话，可以参考第 5 章重载 com.hankcs.hanlp.model.perceptron.instance.NERInstance 的 extractFeature 方法，该方法默认的特征提取代码含有许多注释掉的特征可供参考。也可以编写自己的 CRF++ 模板，尝试更灵活的特征组合。

不光程序内部算法会影响准确率，外部语料库也不可忽视。通常而言，当语料库较小时，应当使用简单的特征模板，以防止模型过拟合；当语料库较大时，则建议使用更多特征，以期更高的准确率。当特征模板固定时，往往是语料库越大，准确率越高。

总之，HanLP 的设计初衷并非单纯为了“跑分”，而是试图达到一个速度与精度的平衡。

8.6 自定义领域命名实体识别

截至目前，我们接触的都是通用领域（特别是大众新闻）上的语料库，所含的命名实体仅限于人名、地名和机构名等。假设我们想要识别专门领域中的命名实体，此时应该如何做呢？

本节以战斗机名称的识别为例，演示量身定制一套领域模型的完整流程。

8.6.1 标注领域命名实体识别语料库

首先我们需要收集一些文本，作为标注语料库的原料，称为生语料。由于我们的目标是识别文本中的战斗机名称或型号，所以生语料的来源应当是一些军事网站的报道。在实际工程中，如果需求由客户提出，则应当由该客户提供生语料。语料的量级越大越好，一般最低不少于数千个句子。

生语料准备就绪后，就可以开始标注了。对于命名实体识别语料库，若以词语和词性为特征的话，还需要标注分词边界和词性。不过我们不必从零开始标注，而可以在 HanLP 的标注基础上进行校正，这样工作量更小。假设生语料中有如下句子：

米高扬设计米格 -17PF：米格 -17PF 型战斗机比米格 -17P 性能更好。

将其交由 HanLP 的词法分析器（PerceptronLexicalAnalyzer 或 CRFLexicalAnalyzer）分析后，输出为如下结果：

```
米高扬/nr 设计/vn 米格/nr -/w 17/m PF/nx ：/w 米格/nr -/w 17/m PF/nx 型/k 战斗机/n
比/p 米格/nr -/w 17/m P/nx 性能/n 更好/d 。/w
```

由于《人民日报》语料库中并没有米格 -17PF 这样的命名实体，所以战斗机名称一般被错误地切开。要教会机器合并战斗机名称，我们必须向机器示范正确的范例。为了表示战斗机，我们定义一个标签，按照 PKU 词类体系，记作 np（noun plane）。于是我们人工将其校正为：

```
米高扬/nr 设计/v [米格/nr -/w 17PF/m]/np ：/w [米格/nr -/w 17PF/m]/np 型/k 战斗机/n
比/p [米格/nr -/w 17P/m]/np 性能/n 更好/l 。/w
```

这样的样本标注了数千个之后，生语料就被标注成了熟语料，可以进行下一步训练了。

8.6.2 训练领域模型

为了训练速度，本节选择感知机作为训练算法，读者也可尝试条件随机场。感知机训练示例 Java 版位于 com.hankcs.book.ch08.DemoPlane：

```
NERTrainer trainer = new NERTrainer();
trainer.tagSet.nerLabels.clear(); // 不识别nr、ns、nt
trainer.tagSet.nerLabels.add("np"); // 目标是识别np
PerceptronNERecognizer recognizer = new PerceptronNERecognizer(trainer.
train(PLANE_CORPUS, PLANE_MODEL).getModel());
LexicalAnalyzer analyzer = new AbstractLexicalAnalyzer(new PerceptronSegmenter(),
new PerceptronPOSTagger(), recognizer);
```

```
System.out.println(analyzer.analyze("米高扬设计米格-17PF：米格-17PF型战斗机比米格
-17P性能更好。"));
```

相应的 Python 版位于 tests/book/ch08/demo_plane.py：

```
trainer = NERTrainer()
trainer.tagSet.nerLabels.clear()  # 不识别nr、ns、nt
trainer.tagSet.nerLabels.add("np")  # 目标是识别np
recognizer = PerceptronNERecognizer(trainer.train(PLANE_CORPUS, PLANE_MODEL).getModel())
analyzer = AbstractLexicalAnalyzer(PerceptronSegmenter(), PerceptronPOSTagger(),
recognizer)
print(analyzer.analyze("米高扬设计米格-17PF：米格-17PF型战斗机比米格-17P性能更好。"))
```

由于我们的目标是识别 np，所以将训练模块 trainer 的 nerLabels 清空并加入 np。语料库 PLANE_CORPUS 将会在程序运行时自动下载到 data/test/plane-re。

训练完毕后，就能识别出句子中的战斗机名称了：

```
米高扬/nr 设计/v [米格/nr -/w 17PF/m]/np ：/w [米格/n -/w 17PF/m]/np 型/k 战斗机/n
比/p [米格/nr -/w 17/m P/nx]/np 性能/n 更好/l 。/w
```

这句话已经在语料库中出现过，能被正确识别并不意外。我们可以伪造一款“米格 – 阿帕奇 –666S”战斗机，试试模型的泛化能力：

```
analyzer.analyze("米格-阿帕奇-666S横空出世。")
```

发现该新型号依然可以正确识别：

```
[米格-阿帕奇/nr -/w 666S/m]/np 横空出世/l 。/w
```

这说明我们的领域模型工作正常，能够预测未知情况。

8.7 总结

本章从规则到统计、由浅入深地介绍了命名实体识别的规则、层叠隐马尔可夫模型角色标注和序列标注三种识别方法。作为监督学习的应用，命名实体识别离不开标注语料库、设计特征模板、训练、评估准确率等一套机器学习流程。

在语料库部分，我们熟悉了两套常见的命名实体识别语料库，了解到模型能够识别出哪些命名实体完全由语料库决定。这启发我们，通用语料库无法解决领域需求，领域语料库的标注非常重要。

本章介绍的第一个统计模型是基于层叠隐马尔可夫模型的角色标注框架，在 HanLP 中被用于识别人名、地名和机构名。该框架的优点是运行开销小，缺点是无法处理 OOV。

更加灵活与强大的统计模型是序列标注框架，HanLP 一共实现了隐马尔可夫模型、结构化感知机和条件随机场三种序列标注模型，它们在软件工程上的组织如图 8-1 所示。用户还可以将命名实体识别模块与中文分词模块、词性标注模块组合到一起，形成一个词法分析器。

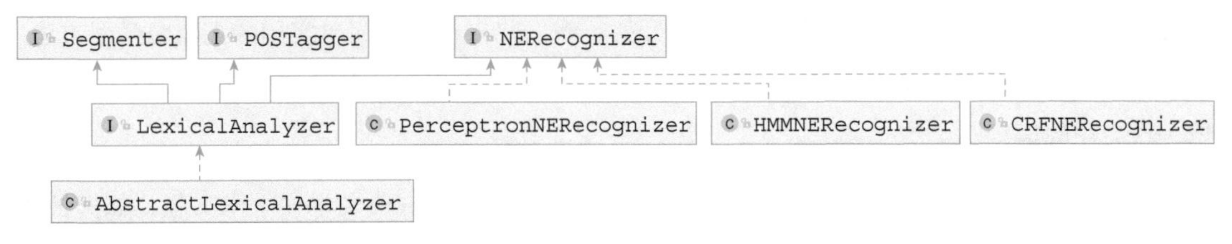

图 8-1　命名实体识别模块设计

作为本节的余兴节目，我们还展示了战斗机领域语料库的标注与训练。读者可以参考该项目的流程，举一反三地实现其他领域的命名实体识别。

第9章 信息抽取

信息抽取是一个宽泛的概念，指的是从非结构化文本中提取结构化信息的一类技术。这类技术依然分为基于规则的正则匹配、有监督和无监督机器学习等各种实现方法。例如，利用HanLP的词法分析器，我们已经能够抽取简历中的人名和公司名等命名实体。截止到本章，读者接触的都是规则或监督学习方法。从本章开始，我们将接触一些简单实用的无监督学习方法。这些无监督学习方法由于不需要标注语料库，所以可以利用海量的非结构化文本，经常用来提取一些有用的信息。

给定一些无标注的文本，通常来自某个小众的领域，比如古典文学、学术文献，如何抽取其中的关键信息？本章按照颗粒度从小到大的顺序，介绍抽取新词、关键词、关键短语和关键句的无监督学习方法。

9.1 新词提取

9.1.1 概述

在继续这个话题之前，先明确一个概念：什么是新词？新词是一个相对的概念，用户甲觉得很新颖的词汇对用户乙而言则很可能已经是旧闻。迄今为止，学术界并没有一个广泛接受的明确定义。为了便于实际操作，我们如此定义新词：词典之外的词语（也就是未登录词OOV）称作新词①。当然，有许多学者认为OOV和新词是两个概念，不过本书不作区分。

新词的提取对中文分词而言具有重要的实际意义，因为语料库的标注成本很高，实际项目中总是免不了要挂载几部词典。那么如何修订词典，特别是领域词典就成了一个现实问题。我们不愿意用监督学习来解决这个问题，因为成本上可能得不偿失。此时，无监督的新词提取算法就体现出了现实意义。

9.1.2 基本原理

明确了新词的概念后，新词提取可以转化为：

① 未登录词（OOV）是一个学术术语，而“新词”则完全是从工程出发的通俗用语。本书不区分两者，特别是本章面向应用，因此使用新词居多。

(1) 提取出大量文本（生语料）中的词语，无论新旧；

(2) 用词典过滤掉已有的词语，于是得到新词。

其中，步骤 (2) 无须多言，关键是步骤 (1)，如何无监督地提取出文本中的单词。为了提取单词，又得定义什么是单词了。这是个因人而异的复杂问题，语言学上也许更加复杂，且对解决“新词识别”这个问题帮助不大。比如，“小提琴”究竟算是一个词，还是“小 + 提琴”两个词呢？“你好”到底是“你 + 好”还是“你好”呢？“不是”= “不 + 是”吗？事实上，一千个人有八百个标准，而每种答案对大众来讲都是可以理解的。对这么纠缠不清的问题，不如回避它，将其置换为计算机能够处理的提问方式。

给定一段文本，随机取一个片段，如何判断这个片段是否是一个词呢？

如果这个片段左右的搭配很丰富，并且片段内部成分搭配很固定，则可以认为这是一个词。将这样的片段筛选出来，按照频次由高到低排序，排在前面的那些有很高的概率是词语。如果文本足够大，再用通用的词典过滤掉“旧词”，就可以得到“新词”了。

具体实施时，片段外部左右搭配的丰富程度，可以用信息熵来衡量，而片段内部搭配的固定程度可以用子序列的互信息来衡量。为了完成提取算法，必须先介绍信息熵和互信息的概念。

9.1.3 信息熵

在信息论中，**信息熵**（entropy）[①] 指的是某条消息所含的信息量。它反映的是听说某个消息之后，关于该事件的不确定性的减少量。比如抛硬币之前，我们不知道“硬币正反”这个事件的结果。但是一旦有人告诉我们“硬币是正面”这条消息，我们对该次抛硬币事件的不确定性立即降为零，这种不确定性的减小量就是信息熵。

那么信息熵究竟该如何计算呢？对于离散型随机变量 X，信息熵的计算方法如下：

$$H\left(X\right)=-\sum_{x}p\left(x\right)\log p\left(x\right)$$

特别地，如果对数函数的底为 2 的话，则信息熵的单位恰好为比特。举个例子，若抛硬币出现正面的概率为 $p(x=\text{正})=\frac{1}{2}$，则单次抛硬币试验结果的信息熵为：

$$\begin{aligned}H(X)&=p\left(x=\text{正}\right)\log p\left(x=\text{正}\right)+p\left(x=\text{反}\right)\log p\left(x=\text{反}\right)\\&=-\left(\frac{1}{2}\log\frac{1}{2}+\frac{1}{2}\log\frac{1}{2}\right)\\&=-\log\frac{1}{2}=1\end{aligned}$$

① 香农于 1948 年将热力学的熵引入信息论，所以信息熵又称香农熵。

也就是说，我们需要恰好 1 比特来存储每次抛硬币试验的结果。

具体到新词提取中，给定字符串 S 作为词语备选，X 定义为该字符串左边可能出现的字符（简称左邻字），则称 $H(X)$ 为 S 的左信息熵，类似地，定义右信息熵 $H(Y)$ 。举个例子，生语料库中有如下句子：

```
两只蝴蝶飞呀飞。
这些蝴蝶飞走了。
```

那么对于字符串蝴蝶，它的左邻字及频次为 count(只)=1、count(些)=1，与硬币正反一样，所以左信息熵为 1 。而右信息熵为 0 ，因为生语料库中蝴蝶的右邻字一定是飞。假如我们再收集一些句子，比如“蝴蝶效应”“蝴蝶蜕变”之类，就会观察到蝴蝶的右信息熵会增大不少。

左右信息熵越大，说明字符串可能的搭配就越丰富，该字符串就是一个词的可能性就越大。比如“蝴蝶”左边的搭配可能有“只”“个”“有”“的”等，右边的搭配可能有“飞”“停”“落”等。当然，光考虑左右信息熵是不够的，比如“吃了一顿”“看了一遍”“睡了一晚”“去了一趟”中的了一的左右搭配也很丰富。为了更好的效果，我们还必须考虑词语内部片段的凝聚程度，这种凝聚程度由互信息衡量。

9.1.4 互信息

互信息（Mutual Information）指的是两个离散型随机变量 X 与 Y 相关程度的度量，定义如下：

$$
\begin{aligned}
I(X;Y) &= \sum_{x,y} p(x,y) \log \frac{p(x,y)}{p(x)p(y)} \\
&= E_{p(x,y)} \log \frac{p(x,y)}{p(x)p(y)}
\end{aligned}
$$

互信息的定义可以用韦恩图直观地表达，如图 9-1 所示。

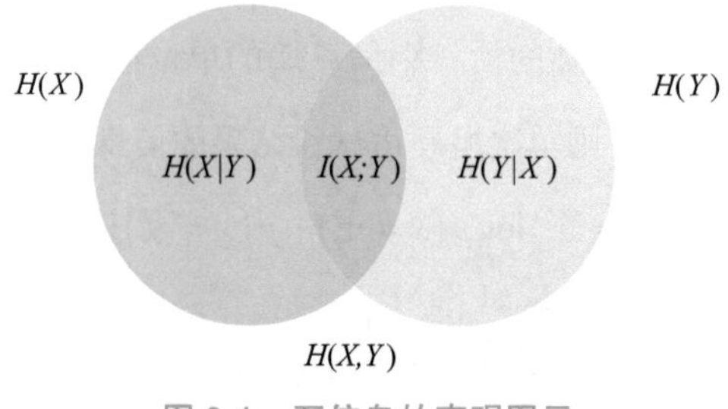

图 9-1　互信息的直观图示

其中，左圆圈表示 $H(X)$，右圆圈表示 $H(Y)$。它们的并集是联合分布的信息熵 $H(X,Y)$，差集是条件熵，交集就是互信息。可见互信息越大，两个随机变量的关联就越密切，或者说同时发生的可能性越大。

具体到新词提取应用中，随机变量 X 代表字符串的一个子串（前缀），而随机变量 Y 代表母串去掉该前缀剩下的部分（后缀）。比如对于字符串蝴蝶，两个随机变量的取值分别为蝴和蝶。此时两者的联合分布只有一个取值，确定为蝴蝶，所以不必计算期望。此时的互信息简化为：

$$I(x;y)=\log\frac{p(x,y)}{p(x)p(y)} \tag{9.1}$$

回到蝴蝶这个例子，根据上一节的生语料库，总字数为 16， $\text{count}(\text{蝴})=\text{count}(\text{蝶})=2$，因此这两个片段的出现概率都是 $\frac{1}{8}$。接着统计 $\text{count}(\text{蝴蝶})=2$，然而总词频却是未知的，因为我们不知道这些句子的正确切分方式。但考虑给定生语料库，总词频也给定了，因此可以取一个与生语料库大小相关的常数，比如就取字数 16。另外观察式 (9.1)，总词频其实并不影响互信息的大小排名，属于一个无关紧要的细节。总之，计算下来 $p(x=\text{蝴},y=\text{蝶})=\frac{1}{8}$。那么蝴蝶的互信息值为：

$$\begin{aligned}I(\text{蝴};\text{蝶})&=\log\frac{p(\text{蝴},\text{蝶})}{p(\text{蝴})p(\text{蝶})}\\&=\log\frac{\frac{1}{8}}{\frac{1}{8}\times\frac{1}{8}}=3\end{aligned}$$

当然，对于 3 个字以上的片段，可能有多种组合方式，计算上可以选取所有组合方式中互信息最小的那一种为代表。连所有组合中最小的互信息都大，说明其他组合方式的互信息肯定更大，于是该片段能切分的可能性很小。有了左右信息熵和互信息之后，将两个指标低于一定阈值的片段过滤掉，剩下的片段按频次降序排列，截取最高频次的 N 个片段即完成了词语提取流程。

9.1.5 实现

新词提取模块在 HanLP 中实现为 com.hankcs.hanlp.mining.word.NewWordDiscover[①]，另外在工具类中提供了相应接口 com.hankcs.hanlp.HanLP#extractWords。

① 在实现上参考了 https://github.com/Moonshile/ChineseWordSegmentation，但性能更高。在原理上参考了丁溪源的论文《基于大规模语料的中文新词抽取算法的设计与实现》以及 Matrix67 的博文《互联网时代的社会语言学：基于 SNS 的文本数据挖掘》。

让我们用四大名著来测试一下该模块，分别提取 100 个高频词，Java 示例位于 com.hankcs.book.ch09.DemoExtractNewWord：

```
List<WordInfo> wordInfoList = HanLP.extractWords(IOUtil.
newBufferedReader(corpus), 100);
System.out.println(wordInfoList);
```

相应的 Python 版位于 tests/book/ch09/demo_extract_word.py：

```
word_info_list = HanLP.extractWords(IOUtil.newBufferedReader(corpus), 100)
print(word_info_list)
```

输出结果如表 9-1 所示。

表 9-1 对四大名著的热词分析

《红楼梦》	《西游记》	《水浒传》	《三国演义》
[什么，凤姐，贾母，黛玉，姑娘，宝钗，怎么，丫头，如今，老太太，贾政，奶奶，自己，贾琏，平儿，老爷，东西，告诉，咱们，姨妈，薛姨妈，所以，探春，紫鹃，鸳鸯，湘云，如此，妹妹，婆子，贾珍，李纨，答应，尤氏，晴雯，媳妇，屋里，打发，刘姥姥，小丫头，林黛玉，薛蟠，香菱，孩子，姊妹，到底，明白，连忙，丫鬟，麝月，姨娘，哥哥，贾蓉，小厮，果然，周瑞，意思，怎么样，主意，已经，越发，跟前，瞧瞧，房中，喜欢，贾赦，惜春，句话，雨村，贾芸，吩咐，况且，悄悄，嫂子，兄弟，素日，芳官，金桂，贾环，言语，雪雁，时候，多少，许多，嬷嬷，迎春，林之孝，糊涂，十分，女孩，伏侍，奴才，预备，衣服，请安，林姑娘，收拾，赵姨娘，莺儿，年纪，父亲]	[行者，八戒，师父，三藏，大圣，唐僧，沙僧，菩萨，和尚，怎么，妖精，甚么，悟空，国王，徒弟，呆子，闻言，如何，今日，兄弟，宝贝，取经，铁棒，认得，果然，东土，性命，观看，神通，公主，玉帝，变作，哥哥，门外，土地，欢喜，陛下，太宗，贫僧，金箍，变做，爷爷，模样，多少，十分，兵器，袈裟，怪物，变化，手段，近前，往西，唬得，娘娘，衣服，猪八戒，左右，仔细，吩咐，金箍棒，师徒们，晓得，奈何，观音，安排，言语，孙悟空，钉钯，叩头，毫毛，关文，半空，五百，拜佛，递与，妖邪，筋斗，汝等，抬头，径至，战兢兢，许多，孩儿，扯住，齐天大圣，葫芦，皇帝，收拾，壁厢，小的们，忍不住，佛祖，未曾，玄奘，往西天，本事，造化，白马，求经，揭谛]	[宋江，李逵，武松，如何，哥哥，林冲，吴用，头领，兄弟，智深，太尉，戴宗，卢俊义，梁山泊，燕青，先锋，好汉，花荣，晁盖，柴进，石秀，王庆，杨志，呼延灼，鲁智深，太公，秦明，公孙胜，张顺，史进，兄长，朱仝，阮小，知府，关胜，张清，商议，庄客，杨雄，李俊，性命，弟兄，东京，西门，怎地，许多，随即，和尚，收拾，甚么，小喽罗，高太尉，宋公明，慌忙，众头领，向前，朴刀，时迁，朝廷，认得，雷横，枢密，徐宁，西门庆，安排，唤做，解珍，员外，王婆，刘唐，琼英，分付，解宝，十余，寻思，酒店，大怒，方腊，孙立，董平，左右，童贯，旋风，高俅，梁中书，索超，乔道清，必然，吴学究，黄信，长老，大虫，师父，押司，传令，施恩，朱贵，迎接，将佐，城池]	[玄德，孔明，却说，司马，丞相，关公，云长，荆州，夏侯，吕布，张飞，诸葛，商议，孙权，魏延，赵云，左右，刘备，司马懿，姜维，次日，东吴，袁绍，十余，周瑜，陛下，都督，黄忠，背后，太守，有诗，孟获，先锋，邓艾，诸葛亮，张辽，江东，奈何，曹仁，徐州，成都，徐晃，忽然，喊声，鲁肃，众官，祁山，百姓，十里，庞德，百余，接应，刘表，董卓，许褚，分付，粮草，许都，皇叔，孙策，文武，追赶，五千，洛阳，五百，兄弟，关兴，星夜，挺枪，孙乾，西川，子龙，准备，袁术，司马昭，刘璋，曹洪，张翼，甘宁，夏侯渊，一彪，英雄，孟达，乘势，陆逊，吕蒙，朝廷，于禁，首级，襄阳，曹丕，埋伏，传令，坚守，投降，张苞，遣使，庞统，心腹，郭淮]

虽然我们没有在古典文学语料库上进行训练，但新词识别模块成功地识别出麝月、揭谛、高太尉、祁山等生僻词语。

该模块与语料无关，不光适用于古典文学，也能适应微博等社交媒体上的不规范文本。以一些微博分类语料（data/test/weibo-classification）为例，也能得出各个类别常用的热词，选取一些有代表性的类别及热词列举如表 9-2 所示。

表 9-2 微博热词分析

美食	女性	游戏	体育
[转发, 原文, 评论, 餐厅, 微博, 放入, 咖啡, 来自, 分钟, 即可, 圣诞, 北京, 可以, 做法, 我们, 活动, 今天, 推荐, 洗净, 喜欢, 套餐, 鸡蛋, 什么, 倒入, 巧克力, 分享, 新浪, 欢迎, 地址, 制作, 优惠, 朋友, 蛋糕, 关注, 土豆, 免费, 葡萄, 营养, 萝卜, 开业, 团购, 福州, 时间, 时候, 详情, 价格, 不错, 少许, 寿司, 健康, 开始, 适量, 辣椒, 品尝, 牛排, 生活, 牛奶, 料理, 翻炒, 特色, 口感, 搅拌, 均匀, 享受, 广场, 消费, 特别, 已经, 机会, 电话, 拌匀, 正宗, 服务, 葡萄酒, 豆腐, 调料, 获得, 排骨, 知道, 更多, 时光, 麻辣, 下午, 世界, 自己, 鸡翅, 香蕉, 粉丝, 白糖, 厦门, 糯米, 香天下, 产品, 经典, 捞出, 栖巢, 番茄, 有机会, 材料, 然后]	[皮肤, 转发, 可以, 原文, 评论, 肌肤, 面膜, 减肥, 微博, 化妆, 自己, 效果, 时尚, 整形, 分钟, 健康, 收听, 我们, 星座, 喜欢, 产品, 方法, 瘦身, 什么, 生活, 除皱, 每天, 保湿, 注射, 适合, 妈妈, 蜂蜜, 柠檬, 射手, 推荐, 新浪, 天蝎, 活动, 运动, 分享, 选择, 皱纹, 双鱼, 蛋白, 食物, 问题, 搭配, 冬季, 狮子, 男人, 手术, 时间, 养颜, 容易, 朋友, 时候, 按摩, 排毒, 天蝎座, 巨蟹, 因为, 白羊, 简单, 中国, 金牛, 注意, 胶原, 脂肪, 摩羯, 双子座, 天秤, 减少, 保持, 设计, 医院, 如何, 衰老, 进行, 滋润, 需要, 补充, 改善, 狮子座, 治疗, 毛孔, 射手座, 指甲, 睫毛, 维生素, 功效, 专家, 眼线, 精华, 吸收, 胶原蛋白, 关注, 非常, 安全, 工作, 所以]	[城市, 微博, 活动, 世界, 英雄, 三国, 可以, 腾讯, 视频, 网络, 测试, 获得, 魔兽, 支持, 公会, 联盟, 开启, 官方, 礼包, 已经, 欢迎, 正式, 英雄联盟, 参与, 什么, 转发, 期待, 最受, 风云, 投票, 开始, 体验, 穿越, 公司, 魔兽世界, 关注, 分享, 激活, 领取, 争霸, 时间, 手机, 收听, 免费, 发布, 奖励, 参加, 用户, 电子, 下载, 自己, 推荐, 朋友, 战争, 激活码, 点击, 平台, 竞技, 喜欢, 进行, 推出, 经典, 穿越火线, 有机会, 不删档, 单机, 勇士, 设计, 加入, 频道, 梦幻, 农场, 首款, 评论, 运营, 公布, 希望, 大冲锋, 决赛, 电影, 终于, 即将, 移动, 小鸟, 新浪, 版本, 系统, 官方微博, 成功, 每天, 地下城, 需要, 链接, 给力, 音乐, 星际, 传说, 暴雪, 团队, 产品]	[体育, 微博, 世界, 转发, 直播, 新浪, 分享, 冠军, 我们, 今天, 英超, 运动, 俱乐部, 北京, 风云, 教练, 上海, 巴萨, 国际, 没有, 时间, 什么, 皇马, 获得, 阿内尔卡, 申花, 新闻, 今晚, 关注, 希望, 已经, 欢迎, 最佳, 开始, 世界杯, 精彩, 排名, 如果, 乒乓, 人物, 梅西, 自己, 节目, 视频, 切尔西, 科比, 高尔夫, 姚明, 曼联, 湖南, 进行, 可以, 巴塞, 结束, 广州, 辽宁, 可能, 支持, 正式, 男子, 预告, 第二, 湖南经视, 互动, 问题, 官方, 拜仁, 明星, 分钟, 选手, 媒体, 曼城, 期待, 职业, 女子, 消息, 欧洲, 保罗, 表现, 报道, 新疆, 欧冠, 米兰, 加盟, 总决赛, 热火, 李娜, 广东, 记者, 超级, 巴塞罗那, 西班牙, 锦标赛, 这样, 签约, 利亚, 武汉, 阿森纳, 举行, 游泳]

当然，该接口还支持许多高级参数，列举如下：

```
/**
 * 提取词语（新词发现）
 *
 * @param reader              从reader获取文本
 * @param size                需要提取词语的数量
 * @param newWordsOnly        是否只提取词典中没有的词语
 * @param max_word_len        词语最长长度
 * @param min_freq            词语最低频率
 * @param min_entropy         词语最低熵
 * @param min_aggregation     词语最低互信息
 * @return                    一个词语列表
 */
public static List<WordInfo> extractWords(BufferedReader reader, int size,
boolean newWordsOnly, int max_word_len, float min_freq, float min_entropy,
float min_aggregation) throws IOException
```

这些参数逐一解释如下。

- reader 为提供文本的数据源，也可以传入一个巨大的字符串。但 reader 的优势在于可以逐行读取逐行处理，内存更省。
- size 控制算法返回多少个词语。
- newWordsOnly 为真时，程序将使用内部词库过滤掉“旧词”，只返回 OOV。
- max_word_len 控制识别结果中最长的词语长度，默认值是 4。该值越大，运算量越大，结果中出现短语的数量也会越多。
- min_freq 控制结果中词语的最低频率，低于该频率的将会被过滤掉，减少一些运算量。由于结果是按照频率排序的，所以该参数其实意义不大。
- min_entropy 控制结果中词语的最低信息熵的值，一般取 0.5 左右。该值越大，越短的词语就越容易被提取出来。
- min_aggregation 控制结果中词语的最低互信息值，一般取 50 到 200。该值越大，越长的词语就越容易被提取出来，有时候会出现一些短语。

例如，对《红楼梦》使用如下参数时，将只得到新词：

```
HanLP.extractWords(IOUtil.newBufferedReader(corpus), 100, True)
```

此时返回的就是 HanLP 内部词库所不含的“新词”了：

```
[贾母, 贾政, 贾琏, 平儿, 薛姨妈, 贾珍, 李纨, 尤氏, 晴雯, 刘姥姥, 林黛玉, 薛蟠, 香菱, 麝月, 贾蓉, 周瑞, 房中, 贾赦, 雨村, 贾芸, 芳官, 金桂, 贾环, 林之孝, 林姑娘, 莺儿, 赵姨娘, 园中, 两银子, 宝蟾, 溃骸, 秦钟, 薛蝌, 几句, 秋纹, 岫烟, 林妹妹, 赖大, 尤二姐, 史湘云, 听了这话, 茗烟, 湘莲, 递与, 怡红院, 钏儿, 士隐, 荣府, 旺儿, 贾蔷, 冯紫英, 焙茗, 请了安, 宁府, 金钏, 包勇, 代儒, 鲍二, 红了脸, 老嬷嬷, 嗳哟, 北静王, 从小儿, 在床上, 翠缕, 十六, 既这么, 答言, 让坐, 李贵, 打谅, 吃了饭, 倪二, 金钏儿, 既这样, 张华, 李嬷嬷, 日一早, 交与, 族中, 唬了一跳, 秋桐, 还了得, 王仁, 在炕上, 蘅芜, 藕官, 间屋, 荣国府, 几句话, 金荣, 五百, 春燕, 尤三姐, 警幻, 也未可知, 李婶, 越性, 十两银子, 忽然想起]
```

9.2 关键词提取

词语颗粒度的信息抽取还存在另一种需求，亦即提取文章中重要的单词，而不限于词语的新鲜程度，称为关键词提取。关键词的定义同样是一个见仁见智的问题，对于同一篇文章，不同行业用户可能持有不同的意见。这种标准的不统一造成关键词提取很难用监督学习来解决：如果连语料库标准都无法统一，就无法积累足够规模的训练数据。

本节介绍一些简单实用的无监督关键词提取算法，由简入繁分别是词频、TF-IDF 和

TextRank。在深入讲解之前，不妨将它们粗略地分一个类。根据运行时只需利用一个文档即可得出关键词，还是需要考虑多份文档，提取算法可分为单文档和多文档算法。单文档算法能够独立分析每篇文章的关键词，包括词频和 TextRank。多文档算法利用了其他文档中的信息来辅助决定当前文档的关键词，同时也容易受到噪声干扰，典型例子是著名的 TF-IDF。

了解算法所需条件有助于根据需求设计方案，下面从最简单的词频统计开始逐一介绍。

9.2.1 词频统计

关键词通常在文章中反复出现，为了解释关键词，作者通常会反复提及它们。通过统计文章中每种词语的词频并排序，可以初步获取部分关键词。上一节的新词识别就是个典型例子，词频排序后的前 100 个单词（表 9-1 和表 9-2）也粗略地反映了每本书或每个栏目的主题。

不过文章中反复出现的词语却不一定是关键词，如果读者还记得第 2 章的齐夫定律的话（图 2-1），MSR 语料库中词频最高的反而是一些标点符号和助词“的”，它们显然不是关键词。为了排除这些不重要的、意义不大的词语，词频统计之前通常需要停用词过滤。

词频统计的流程一般是分词、停用词过滤、按词频取前 n 个。其中，求 m 个元素中前 n 大（$n \leqslant m$）元素的问题通常通过最大堆解决，其复杂度为 $O(m\log n)$，不高于直接排序这 n 个元素的复杂度 $O(n\log n)$。HanLP 将这些工序封装为 `TermFrequencyCounter` 类，提供了友好的接口。假设我们有两个文档，希望汇总式地提取它们的词频，Java 示例代码如下（详见 com/hankcs/book/ch09/DemoTermFrequency.java）：

```
TermFrequencyCounter counter = new TermFrequencyCounter();
counter.add("加油加油中国队!"); // 第一个文档
counter.add("中国观众高呼加油中国"); // 第二个文档
for (TermFrequency termFrequency : counter) // 遍历每个词与词频
    System.out.printf("%s=%d\n", termFrequency.getTerm(), termFrequency.
    getFrequency());
System.out.println(counter.top(2)); // 取top N
```

对应的 Python 版如下（详见 tests/book/ch09/demo_term_freq.py）：

```
counter = TermFrequencyCounter()
counter.add("加油加油中国队!")  # 第一个文档
counter.add("中国观众高呼加油中国")  # 第二个文档
for termFrequency in counter:  # 遍历每个词与词频
    print("%s=%d" % (termFrequency.getTerm(), termFrequency.getFrequency()))
print(counter.top(2))  # 取top N
```

两者的运行结果都是：

```
中国=2
中国队=1
加油=3
观众=1
高呼=1
[加油=3, 中国=2]
```

遍历 counter 时默认按照字典序遍历，top(N) 方法返回词频最高的前 N 个单词及词频，降序排列。如果要按频次降序遍历，可调用 top(counter.size()) 排序后再遍历。观察输出结果，标点符号等停用词已经被去除，分词结果以语境为准，即认为“中国”和“中国队”是两个不同的词。如果用户希望以“索引模式”统计，即处理“中国队”时，同时为“中国”和“中国队”频次加一，可以激活内置分词器的索引模式，甚至换一个分词器：

```
counter.getSegment().enableIndexMode(true);
counter.setSegment(new PerceptronLexicalAnalyzer().enableIndexMode(true));
```

TermFrequencyCounter 同样可以用作关键词提取工具类，比如：

```
# 输出 [女排, 观众, 欢呼]
print(TermFrequencyCounter.getKeywordList("女排夺冠，观众欢呼女排女排女排!", 3))
```

用词频来提取关键词有一个缺陷，那就是高频词并不等价于关键词。比如在一个体育网站中，所有文章都是奥运会报道，导致“奥运会”词频最高。那么在这种场景下将“奥运会”作为首个关键词并不合适，用户希望通过关键词看到每篇文章的特色，而不是共性。此时，TF-IDF 就派上了用场。

9.2.2 TF-IDF

TF-IDF（Term Frequency-Inverse Document Frequency，词频 - 倒排文档频次）是信息检索中衡量一个词语重要程度的统计指标，被广泛用于 Lucene、Solr、Elasticsearch 等搜索引擎。同时，TF-IDF 还是信息检索和文本挖掘中一个很难击败的基线方法。

相较于词频，TF-IDF 还综合考虑词语的稀有程度。在 TF-IDF 计算方法中，一个词语的重要程度不光正比于它在文档中的频次，还反比于有多少文档包含它。包含该词语的文档越多，就说明它越宽泛，越不能体现文档的特色。正是因为需要考虑整个语料库或文档集合，所以 TF-IDF 在关键词提取时属于多文档方法。

TF-IDF 的计算方法有许多变种，最基本的形式如式 (9.2) 所示：

$$\begin{aligned}\text{TF-IDF}(t,d) &= \frac{\text{TF}(t,d)}{\text{DF}(t)} \\ &= \text{TF}(t,d)\cdot\text{IDF}(t)\end{aligned} \tag{9.2}$$

其中，t 代表单词（term），d 代表文档（document），$\text{TF}(t,d)$ 代表 t 在 d 中的出现频次，$\text{DF}(t)$ 代表有多少篇文档包含 t。DF 的倒数（inverse）称为 IDF，这也是 TF-IDF 得名的由来。

当然，实际应用时通常对式 (9.2) 做一些拓展，比如加一平滑（参考 3.4.3 节）、对 IDF 取对数以防止浮点数下溢出等。这些琐碎的实现技巧位于 com/hankcs/hanlp/mining/word/TfIdf.java，限于篇幅此处不再展开叙述。

由于 TF-IDF 是基于多文档的统计量，所以需要输入多篇文档后才能开始计算。统计 TF-IDF 时同样涉及分词与停用词过滤，HanLP 同样提供了开箱即用的封装类 `TfIdfCounter`，其 Java 调用示例如下：

```
TfIdfCounter counter = new TfIdfCounter();
counter.add("《女排夺冠》", "女排北京奥运会夺冠"); // 输入多篇文档
counter.add("《羽毛球男单》", "北京奥运会的羽毛球男单决赛");
counter.add("《女排》", "中国队女排夺北京奥运会金牌重返巅峰，观众欢呼女排女排女排！");
counter.compute(); // 输入完毕
for (Object id : counter.documents()) // 根据每篇文档的TF-IDF提取关键词
{
    System.out.println(id + " : " + counter.getKeywordsOf(id, 3));
}
```

对应的 Python 版为 tests/book/ch09/demo_tfidf.py：

```
counter = TfIdfCounter()
counter.add("《女排夺冠》", "女排北京奥运会夺冠")  # 输入多篇文档
counter.add("《羽毛球男单》", "北京奥运会的羽毛球男单决赛")
counter.add("《女排》", "中国队女排夺北京奥运会金牌重返巅峰，观众欢呼女排女排女排！")
counter.compute()  # 输入完毕
for id in counter.documents():
    print(id + " : " + counter.getKeywordsOf(id, 3).toString()) # 根据每篇文档的TF-
                                                                   IDF提取关键词
```

其中，`add` 方法接受两个参数，第一个为文档的 id，第二个为文档的内容。此处以标题作为 id，但用户可以用数据库主键等任意对象作为 id。`documents` 方法返回所有的文档 id，以供用户遍历。`getKeywordsOf` 方法用于依据 TF-IDF 提取文档的关键词，第一个参数为文档 id，第二个参数为所需要的关键词数量。

两者的输出都是：

```
《女排》：[女排=5.150728289807123, 重返=1.6931471805599454, 巅峰=1.6931471805599454]
《女排夺冠》：[夺冠=1.6931471805599454, 女排=1.2876820724517808, 奥运会=1.0]
《羽毛球男单》：[决赛=1.6931471805599454, 羽毛球=1.6931471805599454, 男单=1.6931471805599454]
```

观察输出结果，可以看出 TF-IDF 有效地避免了给予“奥运会”这个宽泛的词语过高的权重，保证了三篇文档各自的特色词语脱颖而出。

对于语料库之外的文档，同样可以利用 `TfIdfCounter` 提取关键词，只需调用 `getKeywords` 方法即可：

```
# 输出 [反, 兴奋剂]
print(counter.getKeywords("奥运会反兴奋剂", 2))
```

同样，由于 `counter` 存储了“奥运会”的 IDF，所以给了它较低的权重。

TF-IDF 在大型语料库上的统计类似于一种学习过程，假如我们没有这么大型的语料库或者存储 IDF 的内存，同时又想改善词频统计的效果该怎么办呢？此时可以使用 TextRank 算法。

9.2.3 TextRank

提起 TextRank，读者可能会比较陌生，它远不及 Google 的 PageRank 那么鼎鼎有名。但实际上，TextRank 就是 PageRank 在文本上的应用[1]。

PageRank 是一种用于排序网页的随机算法，它的工作原理是将互联网看作有向图，互联网上的网页视作节点，节点 V_i 到节点 V_j 的超链接视作有向边，初始化时每个节点的权重 $S(V_i)$ 都是 1，以迭代的方式更新每个节点的权重。每次迭代权重的更新表达式如下：

$$S(V_i)=(1-d)+d\times\sum_{Vj\in In(V_i)}\frac{1}{\left|Out(V_j)\right|}S(V_j) \tag{9.3}$$

其中 d 是一个介于 (0,1) 之间的常数因子，在 PageRank 中模拟用户点击链接从而跳出当前网站的概率，$In(V_i)$ 表示链接到 V_i 的节点集合，$Out(V_j)$ 表示从 V_j 出发链接到的节点集合。可见，并不是外链越多，网站的 PageRank 就越高。网站给别的网站做外链越多，每条外链的权重就越低。因为根据式 (9.3) 中的分式 $\frac{1}{|Out(V_j)|}S(V_j)$，外链权重跟外链总数成反比，与提供外链的网站权重成正比。如果一个网站的外链都是这种权重很低的外链，那么在迭代中它的 PageRank 会

① Mihalcea R, Tarau P. TextRank: Bringing Order into Texts[J]. Emnlp, 2004:404-411.

下降。同时，它给出去的外链的权重也会降低，造成不良的连锁反应。正所谓物以类聚，与垃圾网站交换外链的往往也是垃圾网站。PageRank 公式恰好捕捉了这一点，因此能够比较公正地反映网站的排名。

将 PageRank 应用到关键词提取，无非是将单词视作节点而已。另外，每个单词的外链来自自身前后固定大小的窗口内的所有单词，一个例子如图 9-2 所示。

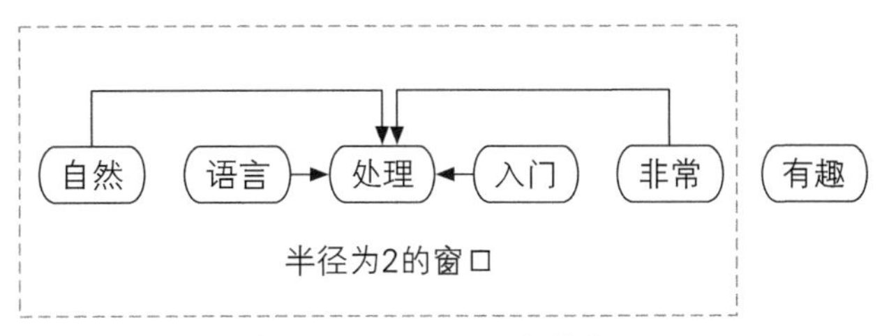

图 9-2 TextRank 中的窗口

在图 9-2 的例子中，假设窗口半径为 2，对于单词“处理”而言，它的外链来自“自然”“语言”“入门”“非常”这 4 个单词。同理，对其他每个单词都以它为中心建立窗口，让窗口内的每个单词链接到它。这么做的目的是模拟“解释说明”这种语言现象，窗口内的词语常常用来解释中心词语，相当于为中心词语投了一票，每一票的权重等于窗口词语的权重被投出去的所有票平分。中心词这种左右搭配越多，给自己投票的词语就越多，这在原理上类似本章介绍的互信息。

另一方面，单词频次越高，给它投票的机会就越多，这一点与词频统计类似。然而在 TextRank 中，高频词不一定权重高，因为每一票还必须考虑投票者的权重。

TextRank 算法的实现代码位于 TextRankKeyword.java，核心代码为 com.hankcs.hanlp.summary.TextRankKeyword#getTermAndRank：

```
for (int i = 0; i < max_iter; ++i)
{
    Map<String, Float> m = new HashMap<String, Float>();
    float max_diff = 0;
    for (Map.Entry<String, Set<String>> entry : words.entrySet()) // ①
    {
        String key = entry.getKey();
        Set<String> value = entry.getValue();
        m.put(key, 1 - d);
        for (String element : value) // ②
        {
            int size = words.get(element).size();
```

```
                if (key.equals(element) || size == 0) continue;
                m.put(key, m.get(key) + d / size * (score.get(element) == null ? 0
                : score.get(element)));
            }
            max_diff = Math.max(max_diff, Math.abs(m.get(key) - (score.get(key)
            == null ? 0 : score.get(key))));
        }
        score = m;
        if (max_diff <= min_diff) break;
    }
```

其中 m 为所有单词的权重，①处的 words 存储着单词到邻居的映射，②处的循环对应式 (9.3) 求和。算法终止条件为两次迭代间权重最大变化量小于阈值 min_diff（权重收敛），或者总迭代次数达到 max_iter。

为了普通用户使用方便，工具类 HanLP 的静态函数 extractKeyword 也提供对 TextRankKeyword.getKeywordList 的封装。其 Java 调用示例如下（详见 com/hankcs/demo/DemoKeyword.java）：

```
List<String> keywordList = HanLP.extractKeyword(content, 5);
System.out.println(keywordList);
```

相应的 Python 示例位于 tests/demos/demo_keyword.py：

```
keyword_list = HanLP.extractKeyword(content, 5)
print(keyword_list)
```

其中 content 为一篇文章的内容：

程序员（英文 Programmer）是从事程序开发、维护的专业人员。一般将程序员分为程序设计人员和程序编码人员，但两者的界限并不非常清楚，特别是在中国。软件从业人员分为初级程序员、高级程序员、系统分析员和项目经理四大类。

函数 extractKeyword 的第一个参数为文档内容，第二个参数为所需的关键词数量。两者的运行结果都是：

```
[程序员, 人员, 程序, 分为, 开发]
```

9.3 短语提取

在信息抽取领域，另一项重要的任务就是提取中文短语，也即固定多字词表达串的识别。短语提取经常用于搜索引擎的自动推荐，文档的简介生成等。

利用互信息和左右信息熵，我们可以轻松地将新词提取算法拓展到短语提取。只需将新词提取时的字符替换为单词，字符串替换为单词列表即可。为了得到单词，我们依然需要进行中文分词。大多数时候，停用词对短语含义表达帮助不大，所以通常在分词后过滤掉。

在 HanLP 中，基于互信息和左右信息熵的短语提取模块实现为 com.hankcs.hanlp.mining.phrase.MutualInformationEntropyPhraseExtractor，同时在工具类 HanLP 中也提供封装函数 `extractPhrase`。该函数的 Java 调用示例位于 com/hankcs/demo/DemoPhraseExtractor.java：

```
List<String> phraseList = HanLP.extractPhrase(text, 5);
System.out.println(phraseList);
```

对应的 Python 版位于 tests/demos/demo_phrase_extractor.py：

```
phrase_list = HanLP.extractPhrase(text, 5)
print(phrase_list)
```

其中，第一个参数 `text` 为文章内容：

算法工程师 算法（Algorithm）是一系列解决问题的清晰指令，也就是说，能够对一定规范的输入，在有限时间内获得所要求的输出。如果一个算法有缺陷，或不适合于某个问题，执行这个算法将不会解决这个问题。不同的算法可能用不同的时间、空间或效率来完成同样的任务。一个算法的优劣可以用空间复杂度与时间复杂度来衡量。算法工程师就是利用算法处理事物的人。

（后面的内容省略）

第二个参数为所需的短语个数，运行后得到 5 个短语：

```
[算法工程师, 算法处理, 一维信息, 算法研究, 图像技术]
```

目前该模块只支持提取二元语法短语，有兴趣的读者可仿照新词提取模块实现 n 元语法短语的提取。

在另一些场合，关键词或关键短语依然显得碎片化，不足以表达完整的主题。这时通常提取中心句子作为文章的简短摘要，而关键句的提取依然是基于 PageRank 的拓展。

9.4 关键句提取

由于一篇文章中几乎不可能出现相同的两个句子，所以朴素的 PageRank 在句子颗粒度上行不通。为了将 PageRank 利用到句子颗粒度上去，我们引入 BM25 算法衡量句子的相似度，改进链接的权重计算。这样窗口的中心句与相邻的句子间的链接变得有强有弱，相似的句子将得到更高的投票。而文章的中心句往往与其他解释说明的句子存在较高的相似性，这恰好为算法提供了落脚点。本节将先介绍 BM25 算法，后介绍 TextRank 在关键句提取中的应用。

9.4.1 BM25

在信息检索领域中，BM25 是 TF-IDF 的一种改进变种。TF-IDF 衡量的是单个词语在文档中的重要程度，而在搜索引擎中，查询串（query）往往是由多个词语构成的。如何衡量多个词语与文档的关联程度，就是 BM25 所解决的问题。

形式化地定义 Q 为查询语句，由关键字（keyword）$q_1,\cdots,q_n$ 组成。D 为一个被检索的文档，它们之间的相似度 BM25 度量的定义如下：

$$\mathrm{BM25}(D,Q)=\sum_{i=1}^{n}\mathrm{IDF}(q_i)\cdot\frac{\mathrm{TF}(q_i,D)\cdot(k_1+1)}{\mathrm{TF}(q_i,D)+k_1\cdot\left(1-b+b\cdot\frac{|D|}{avgDL}\right)} \tag{9.4}$$

其中，IDF 与 TF 的定义与式 (9.2) 相同，k_1 和 b 是两个常数，$avgDL$ 是所有文档的平均长度。对比式 (9.2) 与式 (9.4)，不难看出 BM25 大意是对查询语句中所有单词的 IDF 加权求和，两个常数参数与 TF 可视作调整 IDF 权重的参数。k_1 越大，TF 对文档得分的正面影响越大。b 越大，文档长度对得分的负面影响越大。当 $k_1=b=0$ 时，BM25 完全等价于所有单词的 IDF 之和。而在 TF-IDF 中，当 IDF 固定时，得分正比于 TF，这样长文档先天更有优势，这并不公平。BM25 这种处理 TF 的方式显得更加精细，当 IDF 固定时，TF 对得分的影响还必须考虑文档长度，相对而言更加公平。

BM25 在 HanLP 中的实现位于 com.hankcs.hanlp.summary.BM25#sim：

```
/**
 * 计算一个句子与一个文档的BM25相似度
 *
 * @param sentence 句子（查询语句）
```

```
  * @param index     文档（用语料库中的下标表示）
  * @return BM25 score
  */
 public double sim(List<String> sentence, int index)
 {
     double score = 0;
     for (String word : sentence)
     {
         if (!f[index].containsKey(word)) continue;
         int d = docs.get(index).size();
         Integer tf = f[index].get(word);
         score += (idf.get(word) * tf * (k1 + 1)
                 / (tf + k1 * (1 - b + b * d / avgdl)));
     }

     return score;
 }
```

该模块的调用由关键句提取模块自动进行，用户不必关注，下一节介绍 TextRank 关键句提取模块。

9.4.2 TextRank

有了 BM25 算法之后，将一个句子视作查询语句，相邻的句子视作待查询的文档，就能得到它们之间的相似度。以此相似度作为 PageRank 中的链接的权重，于是得到一种改进算法，称为 TextRank。它的形式化计算方法如下：

$$\mathrm{WS}(V_i)=(1-d)+d\times\sum_{V_j\in In(V_i)}\frac{\mathrm{BM25}(V_i,V_j)}{\sum_{V_k\in Out(V_j)}\mathrm{BM25}(V_k,V_j)}\mathrm{WS}(V_j) \tag{9.5}$$

其中，$\mathrm{WS}(V_i)$ 就是文档中第 i 个句子的得分，重复迭代该表达式若干次之后得到最终的分值，排序后输出前 N 个即得到关键句。另外，由于文档中句子的数量远远小于单词的数量，并且句子几乎不重复，所以通常不再取窗口，而是认为所有句子都是相邻的。

TextRank 关键句提取模块实现为 `TextRankSentence`，核心代码位于 com.hankcs.hanlp.summary.TextRankSentence#solve：

```
for (int _ = 0; _ < max_iter; ++_)
{
    double[] m = new double[D];
    double max_diff = 0;
    for (int i = 0; i < D; ++i)
    {
```

```
        m[i] = 1 - d;
        for (int j = 0; j < D; ++j) // ①
        {
            if (j == i || weight_sum[j] == 0) continue;
            m[i] += (d * weight[j][i] / weight_sum[j] * vertex[j]);
        }
        double diff = Math.abs(m[i] - vertex[i]);
        if (diff > max_diff)
        {
            max_diff = diff;
        }
    }
    vertex = m;
    if (max_diff <= min_diff) break;
}
```

对照式 (9.5)，m[i] 为 $WS(V_i)$，循环①为求和表达式 $\sum_{V_j \in In(V_i)}$。当两次迭代间权重最大变化量小于阈值 min_diff，或者总迭代次数达到 max_iter 时算法终止。

TextRankSentence 的调用示例 Java 版位于 com/hankcs/demo/DemoSummary.java：

```
List<String> sentenceList = HanLP.extractSummary(document, 3);
System.out.println(sentenceList);
```

相应的 Python 版位于 tests/demos/demo_summary.py：

```
sentence_list = HanLP.extractSummary(document, 3)
print(sentence_list)
```

其中，第一个参数 document 为一篇文章：

水利部水资源司司长陈明忠 9 月 29 日在国务院新闻办举行的新闻发布会上透露，根据刚刚完成了水资源管理制度的考核，有部分省接近了红线的指标，有部分省超过红线的指标。对一些超过红线的地方，陈明忠表示，对一些取用水项目进行区域的限批，严格地进行水资源论证和取水许可的批准。

第二个参数为所需的句子数量，对这个例子而言输出结果为：

```
[严格地进行水资源论证和取水许可的批准, 有部分省超过红线的指标, 水利部水资源司司长陈明忠 9 月
29 日在国务院新闻办举行的新闻发布会上透露]
```

9.5 总结

本章我们初步接触了一些常见的无监督信息抽取算法，从最简单的词频统计开始，逐步过渡到 TF-IDF、信息熵、互信息与 TextRank。这些算法彼此之间互有关联，都在不同程度上与一些语言现象相吻合，使它们在文本上的应用成为可能。

对关键词提取而言，HanLP 一共提供了 3 种实现，以抽象基类 `KeywordExtractor` 的方式提供了统一的接口，如图 9-3 所示。

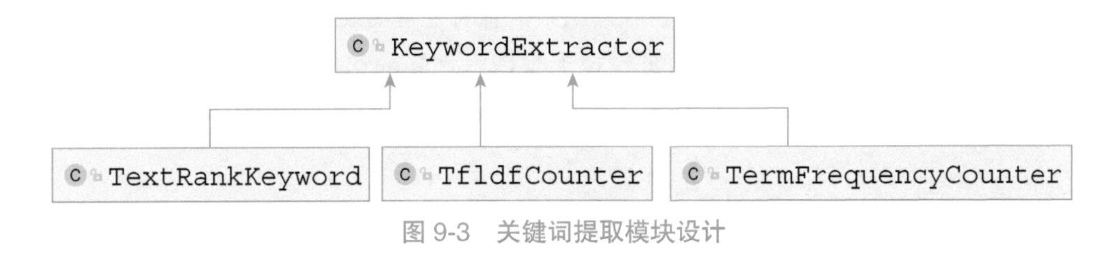

图 9-3 关键词提取模块设计

同时我们也看到，新词提取与短语提取，关键词与关键句的提取，在原理上都是同一种算法在不同文本颗粒度上的应用。值得一提的是，这些算法都不需要标注语料的参与，满足了人们“不劳而获”的欲望。然而必须指出的是，这些算法的效果非常有限。对于同一个任务，监督学习方法的效果通常远远领先于无监督学习方法。

正如 BM25 这个特例一样，无监督学习的另一个常用场景是衡量文档之间的相似度，在下一章我们将系统地学习文档级别的无监督学习方法——文本聚类。

第10章　文本聚类

上一章我们在字符、词语和句子的层级上应用了一些无监督学习方法。这些方法可以自动发现字符与字符、词语与词语、乃至句子与句子之间的联系，而不需要标注语料。同样，在文档层级上，无监督方法也可以在缺乏标注数据的条件下自动找出文档与文档之间的关联。

正所谓物以类聚，人以群分。人类获取并积累信息时常常需要整理数据，将相似的数据归档到一起。许多数据分析需求都归结为自动发现大量样本之间的相似性，并将其划分为不同的小组。这种根据相似性归档的任务称为聚类，本章介绍一种文档层级上的聚类任务，即文本聚类。

10.1　概述

文本聚类是聚类在文本上的应用，按照本书一贯的递归学习原则，先来介绍聚类的概念。

10.1.1　聚类

聚类（cluster analysis）指的是将给定对象的集合划分为不同子集的过程，目标是使得每个子集内部的元素尽量相似，不同子集间的元素尽量不相似。这些子集又被称为**簇**（cluster），一般没有交集。聚类的概念如图 10-1 所示。

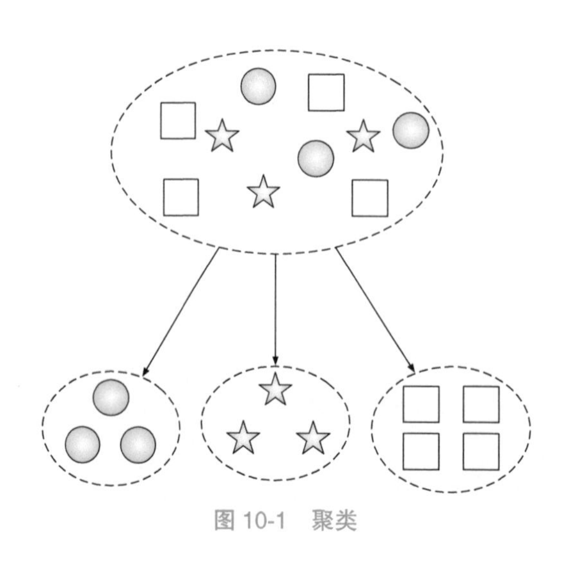

图 10-1　聚类

根据元素从属于集合的确定程度，聚类分为硬聚类和软聚类。

- 硬聚类（hard clustering）：每个元素被确定地归入一个簇。
- 软聚类（soft clustering）：每个元素与每个簇都存在一定的从属程度（隶属度），只不过该程度有大有小。

硬软聚类的区别类似于规则与统计的区别：硬聚类中从属关系是离散的，非常强硬，而软聚类中的从属关系则用一个连续值来衡量，比较灵活。比如图 10-2（左图）中的一维数据点大致可划分为 2 个簇，硬软聚类的结果分别如图 10-2 的中图和右图所示。

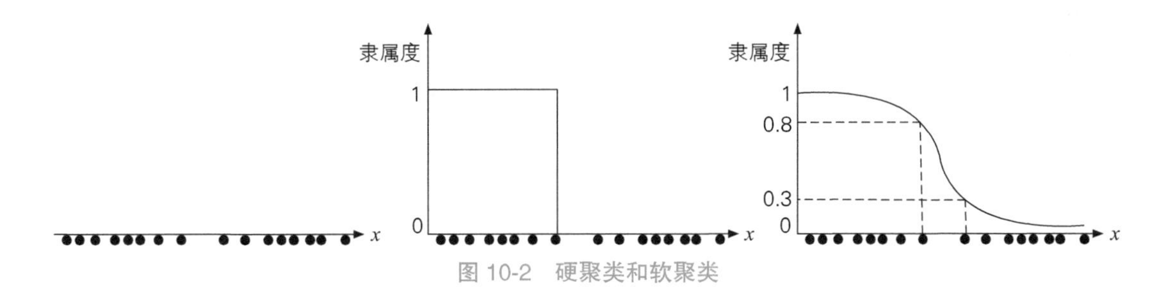

图 10-2　硬聚类和软聚类

其中，纵坐标表示每个元素与第一个簇的隶属程度。可见硬聚类在簇的边界处采用“一刀切”的方式划分，而软聚类则没有。另一个例子如图 10-3 所示，如果将元素所属聚类视作离散型随机变量的话，软聚类相当于为每个元素都预测了一个概率分布。

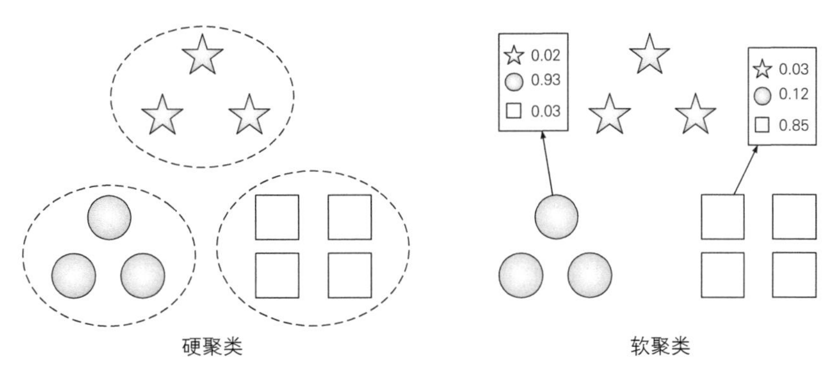

图 10-3　硬聚类和软聚类示例

在实际工程特别是 NLP 中，由于硬聚类更加简洁，所以使用得更频繁。

一般将聚类时簇的数量视作由使用者指定的超参数，虽然存在许多自动判断的算法①，但它

① 这些方法包括 X-means、elbow method 等在内不下三十余种，通常需要比较多份不同簇数的聚类结果，计算某个统计量，根据该统计量决定最优簇数。

们往往需要人工指定其他超参数，或者比较多份聚类结果。另外，还可以通过层次聚类来得到树形结构的聚类，通过实际需要选取树的某一层作为聚类结果。

根据聚类结果的结构，聚类算法也可以分为**划分式**（partitional）和**层次化**（hierarchical）两种。划分聚类的结果是一系列不相交的子集，而层次聚类的结果是一棵树，叶子节点是元素，父节点是簇。本章主要介绍划分聚类，我们将在第 12 章句法分析中应用层次聚类来得到单词的不同颗粒度同义词。

总之，聚类算法是一个大家族。作为 NLP 工程师，我们根据实际需求选择具体方案。

10.1.2 聚类的应用

聚类通常用于数据的预处理，或归档相似的数据。其流程除了不需要标注数据外，与读者已知的大多数任务相同，都是提取特征后交给某个机器学习算法。

不光文本可以聚类，任何事物，只要能够提取特征，都可以聚类。比如电商网站根据价格颜色等特征对商品聚类，应用商店根据 App 的用户年龄层和下载量等特征进行聚类，电影网站根据影片的题材和年份等特征进行聚类。只要将现实生活中的对象通过特征提取转换为数学世界中的一个向量，就可以进行包括聚类在内的机器学习。

通过聚类，网站可以为用户提供大众化的推荐。比如科幻题材的影片可能被自动归入同一个簇中，当用户点播了其中一部之后，网站就会为其推荐与该影片最相似的另外几部。这种推荐并非针对每个用户的个性化推荐，因为聚类发生时并没有考虑用户个人的喜好因素，而是仅仅提取了电影本身的特征。大众化推荐对新用户而言特别友好，因为刚注册的用户没有多少播放历史，难以预测喜好，这时通过聚类推荐相似影片常常是一个平稳的“冷启动”策略。

辅以少量的人工抽查，聚类还可以自动筛选出包含某些共同特质的样本。比如刷好评的 App 通常好评数和下载量的比值较高，而用户日活跃数和留存率较低。这些指标的具体数值很难人工确定，但应该存在一个固定的区间。通过聚类将新上架的 App 归入几个簇之后，每个簇随机选几个样本人工抽查。那些被人工鉴定为刷好评的 App 所在的簇很可能还含有更多类似的 App，从而缩小了抽查范围，降低了人力成本。

总之，聚类是一项非常实用的技术。特别是数据量很大、标注成本过高时，聚类常常是唯一可行的方案。

10.1.3 文本聚类

文本聚类（text clustering，也称文档聚类或 document clustering）指的是对文档进行的聚类分析，被广泛用于文本挖掘和信息检索领域[①]。最初文本聚类仅用于文本归档，后来人们又挖掘出了许多新用途，比如改善搜索结果、生成同义词，等等。

在文本的预处理中，聚类同样可以发挥作用。比如在标注语料之前，通常需要从生语料中选取一定数量有代表性的文档作为样本。假设需要标注 N 篇，则可以将这些生语料聚类为 N 个簇，每个簇随机选取一篇即可。利用每个簇内元素都是相似的这个性质，聚类甚至可以用于文本去重。

文本聚类的基本流程分为特征提取和向量聚类两步，正如图 10-2 所示，聚类的对象是抽象的向量（一维数据点）。如果能将文档表示为向量，就可以对其应用聚类算法。这种表示过程称为特征提取，会在 10.2 节中详细介绍。而一旦将文档表示为向量，剩下的算法就与文档无关了。这种抽象思维无论是从软件工程的角度，还是从数学应用的角度都十分简洁有效。

那么，究竟如何将一篇文档表示为一个向量呢？

10.2 文档的特征提取

文档是一系列单词（包括标点符号）的有序不定长列表，这些单词的种数无穷大，且可能反复出现。单词本身已然千变万化，它们的不定长组合更加无穷无尽。从细节上尽善尽美地表示一篇文档并不现实，我们必须采用一些有损的模型。

10.2.1 词袋模型

词袋（bag-of-words）是信息检索与自然语言处理中最常用的文档表示模型，它将文档想象为一个装有词语的袋子，通过袋子中每种词语的计数等统计量将文档表示为向量。一个形象的例子如图 10-4 所示。

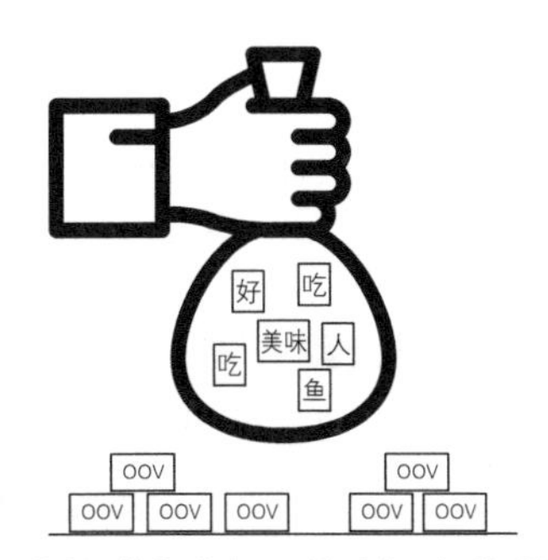

图 10-4 文档“人吃鱼。美味好吃！”的词袋模型

① Steinbach M, Karypis G, Kumar V. A comparison of document clustering techniques[C]//KDD workshop on text mining. 2000, 400(1): 525-526.

在图 10-4 这个例子中，文档含有如下两句话：

```
人吃鱼。
美味好吃!
```

假设这两句话经过分词与停用词过滤后的结果为：

```
人 吃 鱼
美味 好 吃
```

将这 6 个共计 5 种词语装入袋子后摇一摇，得到的词袋模型如图 10-4 所示。不在这 5 种词语之内的词语为 OOV，它们散落在词袋之外，为模型所忽略。

假设我们选用词频作为统计指标的话，则该文档的词频统计为：

```
人=1
吃=2
鱼=1
美味=1
好=1
```

文档经过该词袋模型得到的向量表示为 $[1,2,1,1,1]$，这 5 个维度分别表示这 5 种词语的词频。

一般选取训练集文档的所有词语构成一个词表，词表之外的词语称为 OOV，不予考虑。一旦词表固定下来，假设大小为 N。则任何一个文档都可以通过这种方法转换为一个 N 维向量，比如对于“人 吃 大 鱼”这个文档，它的词频统计为：

```
人=1
吃=1
鱼=1
美味=0
好=0
```

那么它的词袋向量就是 $[1,1,1,0,0]$，其中后两个维度上的词语都没有出现，所以都是 0。而“大”这个词语属于 OOV，散落在词袋之外，所以不影响词袋向量。

由于“摇一摇”亦即不考虑词序，词袋模型的计算成本非常低。也正因为这个原因，词袋模型损失了词序中蕴含的语义。比如，对于词袋模型来讲，“人吃鱼”和“鱼吃人”的词袋向量是一模一样的。这听上去很荒谬，但在实际工程中，词袋模型依然是一个很难打败的基线模型。

10.2.2 词袋中的统计指标

词袋模型并非只能选取词频作为统计指标，而是存在许多选项。常见的统计量还包括如下几个。

- 布尔词频：词频非零的话截取为1，否则为0。
- TF-IDF：参考 9.2.2 节，将每个词语的倒排频次也纳入考虑。
- 词向量：如果词语本身也是某种向量的话，则可以将所有词语的词向量求和作为文档向量。得到词向量的途径有很多，我们将在第 13 章介绍如何利用神经网络获取词向量。

它们的效果与具体数据集相关，需要通过实验验证。一般而言，词频向量适合主题较多的数据集；布尔词频适合长度较短的数据集；TF-IDF 适合主题较少的数据集；而词向量则适合处理 OOV 问题严重的数据集。对新手而言，词频指标通常是一个入门选择。

除了词袋模型之外，神经网络模型也能无监督地生成文档向量，比如自动编码器和受限玻尔兹曼机[①] 等。通过神经网络得到的文档向量一般优于词袋向量，但代价是计算开销较大。

作为入门读物，本书以词频作为统计指标，用词袋模型来提取文档的特征向量。至此，特征提取介绍完毕。为了清晰地叙述接下来的聚类算法，我们用数学记号正式地描述特征向量。

定义由 n 个文档组成的集合为 S，定义其中第 i 个文档 d_i 的特征向量为 $\boldsymbol{d}_i$，其计算方式如下：

$$\boldsymbol{d}_i = (\mathrm{TF}(t_1, d_i), \mathrm{TF}(t_2, d_i), \cdots, \mathrm{TF}(t_j, d_i), \cdots, \mathrm{TF}(t_m, d_i))$$

其中 t_j 表示词表中第 j 种单词，m 为词表大小。$\mathrm{TF}(t_j, d_i)$ 表示单词 t_j 在文档 d_i 中的出现次数，与第 9 章的式 (9.2) 中的定义相同。为了处理长度不同的文档，通常将文档向量处理为单位向量，即缩放向量使得 $\|\boldsymbol{d}\|=1$。

至此，从文本到向量的转换已经执行完毕。转换后得到了一系列向量，或者说一系列数据点。接下来，我们将使用一些聚类算法将这些数据点聚集成不同的簇。

10.3 k 均值算法

一种简单实用的聚类算法是 k 均值算法（k-means），由 Stuart Lloyd 于 1957 年提出。该算法虽然无法保证一定能够得到最优聚类结果，但实践效果非常好。基于 k 均值算法衍生出许多

① Salakhutdinov R, Hinton G. Semantic hashing[J]. International Journal of Approximate Reasoning, 2009, 50(7): 969-978. 或参考笔者的笔记 http://www.hankcs.com/ml/hinton-modeling-hierarchical-structure-with-neural-nets.html。

改进算法，本章先介绍朴素的 k 均值算法，然后推导它的一个变种。

10.3.1 基本原理

形式化地定义 k 均值算法所解决的问题，给定 n 个向量 $\boldsymbol{d}_1,\cdots,\boldsymbol{d}_n \in \mathbb{R}^l$ 以及一个整数 k，要求找出 k 个簇 $S_1,\cdots,S_k$ 以及各自的质心 $\boldsymbol{c}_1,\cdots,\boldsymbol{c}_k \in \mathbb{R}^l$，使得下式最小：

$$\text{minimize}\ \mathcal{I}_{\text{Euclidean}} = \sum_{r=1}^{k} \sum_{d_i \in S_r} \| \boldsymbol{d}_i - \boldsymbol{c}_r \|^2 \tag{10.1}$$

其中 $\| \boldsymbol{d}_i - \boldsymbol{c}_r \|$ 是向量与质心的欧拉距离，$\mathcal{I}_{\text{Euclidean}}$ 称作聚类的**准则函数**（criterion function）。也就是说，k 均值以最小化每个向量到质心的欧拉距离的平方和为准则进行聚类，所以该准则函数有时也称作**平方误差和**（sum-of-squared-errors ）函数。而质心的计算就是簇内数据点的几何平均：

$$\begin{aligned} \boldsymbol{s}_i &= \sum_{d_j \in S_i} \boldsymbol{d}_j \\ \boldsymbol{c}_i &= \frac{\boldsymbol{s}_i}{|S_i|} \end{aligned} \tag{10.2}$$

其中，$\boldsymbol{s}_i$ 是簇 S_i 内所有向量之和，称作**合成向量**（composite vector）。

生成 k 个簇的 k 均值算法是一种迭代式的算法，每次迭代都在上一步的基础上优化聚类结果。其步骤如下：

(1) 选取 k 个点作为 k 个簇的初始质心；

(2) 将所有点分别分配给最近的质心所在的簇；

(3) 重新计算每个簇的质心；

(4) 重复步骤 (2) 和步骤 (3) 直到质心不再发生变化。

k 均值算法虽然无法保证收敛到全局最优，但能够有效地收敛到一个局部最优点。对于该算法，初级读者重点需要关注两个问题，即初始质心的选取和两点距离的度量。

10.3.2 初始质心的选取

由于 k 均值不保证收敛到全局最优，所以初始质心的选取对 k 均值的运行结果影响非常大，如果选取不当，则可能收敛到一个较差的局部最优点。

朴素实现经常用随机选取的方式确定初始质心，相当于逃避了这个问题。使用这种实现时，用户必须多运行几次，根据准则函数选取最佳结果。当数据量很大时，往往不够经济。

一种更高效的方法是，将质心的选取也视作准则函数进行迭代式优化的过程。其具体做法是，先随机选择第一个数据点作为质心，视作只有一个簇计算准则函数。同时维护每个点到最近质心的距离的平方，作为一个映射数组 M。接着，随机取准则函数值的一部分记作 $\varDelta$。遍历剩下的所有数据点，若该点到最近质心的距离的平方小于 $\varDelta$，则选取该点添加到质心列表，同时更新准则函数与 M。如此循环多次，直至凑足 k 个初始质心。这种方法可行的原理在于，每新增一个质心，都保证了准则函数的值下降一个随机比率。而朴素实现相当于每次新增的质心都是完全随机的，准则函数的增减无法控制。孰优孰劣，一目了然。

在 HanLP 中，初始质心的选取代码位于 com.hankcs.hanlp.mining.cluster.Cluster#choose_smartly，其核心部分如下：

```
/**
 * 选取初始质心
 *
 * @param ndocs 质心数量
 * @param docs  输出到该列表中
 */
void choose_smartly(int ndocs, List<Document> docs)
{
    ...
    double potential = 0.0;
    for (int i = 0; i < documents_.size(); i++)
    {
        double dist = 1.0 - SparseVector.inner_product(documents_.get(i).
        feature(), documents_.get(index).feature()); // ①
        potential += dist; // ②
        closest[i] = dist; // ③
    }

    // 选取剩余的质心
    while (count < ndocs)
    {
        double randval = random.nextDouble() * potential; // ④
        for (index = 0; index < documents_.size(); index++) // ⑤
        {
            double dist = closest[index];
            if (randval <= dist)
                break;
            randval -= dist;
        }
        docs.add(documents_.get(index));
        ...
    }
}
```

代码①处的 index 为第一个质心 $\boldsymbol{c}_0$，使用向量内积的相反数 $1-\boldsymbol{d}_i\cdot\boldsymbol{c}_0$ 来度量质心与数据点之间的距离。由于所有向量已经被预先正规化为单位长度，根据向量内积的定义：

$$\begin{aligned}\boldsymbol{d}_i\cdot\boldsymbol{c}_0 &= \|\boldsymbol{d}_i\|\cdot\|\boldsymbol{c}_0\|\cos\left(\boldsymbol{d}_i,\boldsymbol{c}_0\right)\\ &=\cos\left(\boldsymbol{d}_i,\boldsymbol{c}_0\right)\end{aligned} \tag{10.3}$$

而余弦函数在 $\left[0,\dfrac{\pi}{2}\right)$ 之间是个减函数，值域为 $(0,1]$。所以两个向量的夹角越大，$1-\boldsymbol{d}_i\cdot\boldsymbol{c}_0$ 就越大，正好反映了它们的距离。余弦距离的计算更加简单，我们将在下一节详细介绍它的优势。

使用余弦距离代替欧拉距离后，每个簇内的点到该簇质心的余弦距离之和即为新的准则函数，即为代码②处的 potential 变量。代码③维护每个点到最近质心的距离，用于计算准则函数。代码④的 randval 变量随机取了当前准则函数值的一部分作为 $\varDelta$，供筛选下一个质心用。在代码⑤处遍历所有数据点，若该点能使准则函数减小 $\varDelta$，则选为下一个质心。

有了质心之后，按照 k 均值算法的流程，下一步是将其他点分配给最近的质心。为此，我们需要度量两点之间的距离。该距离当然可以用式 (10.1) 中的欧氏距离，这是大部分 k 均值实现所采用的公式。也可以用余弦距离，计算上会简单很多。为了效率，HanLP 采用了余弦函数作为相似度的度量，核心代码如下（详见 com.hankcs.hanlp.mining.cluster.Cluster#section）：

```
for (Document<K> d : documents_)
{
    double max_similarity = -1.0;
    int max_index = 0;
    for (int j = 0; j < centroids.size(); j++)
    {
        double similarity = SparseVector.inner_product(d.feature(), centroids.
        get(j).feature()); // ①
        if (max_similarity < similarity)
        {
            max_similarity = similarity;
            max_index = j;
        }
    }
    sectioned_clusters_.get(max_index).add_document(d);
}
```

其中代码①对应式 (10.3)，用内积计算两个单位向量夹角的余弦作为相似度。

将每个点分配给最近的初始质心构成一个新的簇后，质心必然发生变化。此时再次计算新的质心，将每个点重新分配给最近的质心所在的簇。重复迭代多次，算法就能得到一个相对稳定的划分，这就是朴素的 k 均值算法。

考虑到 k 均值是一种迭代式的算法，需要反复计算质心与两点距离，这部分计算通常是效率瓶颈。为了改进朴素 k 均值算法的运行效率，HanLP 利用一种更快的准则函数实现了 k 均值的变种。

10.3.3 更快的准则函数

将一个点移入最近的质心所属的簇，等价于这次移动让准则函数减小最快。在 k 均值的迭代过程中，数据点被分配给最近的质心，导致簇中的元素频繁发生变动。当移动发生时，我们希望快速计算准则函数的变化。本节介绍另一种准则函数以及它的优势。

除了式 (10.1) 所示的欧式准则函数，还存在一种基于余弦距离的准则函数：

$$\text{maximize}\,\mathcal{I}_{\cos}=\sum_{r=1}^{k}\sum_{d_i\in S_r}\cos\left(\boldsymbol{d}_i,\boldsymbol{c}_r\right)$$

该函数使用余弦函数衡量点与质心的相似度，目标是最大化同簇内点与质心的相似度。将向量夹角计算公式代入，该准则函数变换为：

$$\mathcal{I}_{\cos}=\sum_{r=1}^{k}\sum_{d_i\in S_r}\frac{\boldsymbol{d}_i\cdot\boldsymbol{c}_r}{\|\boldsymbol{c}_r\|}$$

将式 (10.2) 代入，上式变换为：

$$\mathcal{I}_{\cos}=\sum_{r=1}^{k}\frac{\boldsymbol{s}_r\cdot\boldsymbol{c}_r}{\|\boldsymbol{c}_r\|}=\sum_{r=1}^{k}\frac{|S_r|\boldsymbol{c}_r\cdot\boldsymbol{c}_r}{\|\boldsymbol{c}_r\|}=\sum_{r=1}^{k}|S_r|\,\|\boldsymbol{c}_r\|=\sum_{r=1}^{k}\|\boldsymbol{s}_r\| \tag{10.4}$$

也就是说，余弦准则函数等于 k 个簇各自合成向量的长度之和。比较式 (10.1) 和式 (10.4)，在数据点从原簇移动到新簇时，$\mathcal{I}_{\text{Euclidean}}$ 需要重新计算质心，以及两个簇内**所有**点到新质心的距离。而对于 $\mathcal{I}_{\cos}$，由于发生改变的只有原簇和新簇两个合成向量，只需求两者的长度即可，计算量一下子减小不少。

基于新准则函数 $\mathcal{I}_{\cos}$，k 均值变种算法的流程如下：

(1) 选取 k 个点作为 k 个簇的初始质心；

(2) 将所有点分别分配给最近的质心所在的簇；

(3) 对每个点，计算将其移入另一个簇时 $\mathcal{I}_{\cos}$ 的增大量，找出最大增大量，并完成移动；

(4) 重复步骤 (3) 直到达到最大迭代次数，或簇的划分不再变化。

该算法的实现位于 com.hankcs.hanlp.mining.cluster.ClusterAnalyzer#refine_clusters，限于篇幅仅列出接口：

```
/**
 * 根据k均值算法迭代优化聚类
 *
 * @param clusters 簇
 * @return 准则函数的值
 */
double refine_clusters(List<Cluster<K>> clusters)
```

该接口不仅在 k 均值中反复调用，在后面的新算法中也会反复用到。

10.3.4 实现

在 HanLP 中，聚类算法实现为 `ClusterAnalyzer`①，用户可以将其想象为一个文档 id 到文档向量的映射容器。创建对象后，往容器中加入若干文档之后即可调用 k 均值接口得到指定数量的簇。文档 id 在实现上是泛型的，Java 用户可以将文档 `String` 标题或数据库 `Integer` 主键作为 id 的类型。Python 用户则不必关注类型，可以将任意对象作为 id。

此处以某音乐网站中的用户聚类为案例讲解聚类模块的用法。假设该音乐网站将 6 位用户点播的歌曲的流派记录下来，并且分别拼接为 6 段文本。给定用户名称与这 6 段播放历史，要求将这 6 位用户划分为 3 个簇。

首先，我们需要创建 `ClusterAnalyzer` 对象，并向其加入文档。Java 示例如下：

```
ClusterAnalyzer<String> analyzer = new ClusterAnalyzer<String>();
analyzer.addDocument("赵一", "流行, 流行, 流行, 流行, 流行, 流行, 流行, 流行, 流行,
流行, 蓝调, 蓝调, 蓝调, 蓝调, 蓝调, 蓝调, 摇滚, 摇滚, 摇滚, 摇滚");
analyzer.addDocument("钱二", "爵士, 爵士, 爵士, 爵士, 爵士, 爵士, 爵士, 爵士, 舞曲,
舞曲, 舞曲, 舞曲, 舞曲, 舞曲, 舞曲, 舞曲, 舞曲");
analyzer.addDocument("张三", "古典, 古典, 古典, 古典, 民谣, 民谣, 民谣, 民谣");
analyzer.addDocument("李四", "爵士, 爵士, 爵士, 爵士, 爵士, 爵士, 爵士, 爵士, 爵士,
金属, 金属, 舞曲, 舞曲, 舞曲, 舞曲, 舞曲, 舞曲");
analyzer.addDocument("王五", "流行, 流行, 流行, 流行, 摇滚, 摇滚, 摇滚, 嘻哈, 嘻哈,
嘻哈");
analyzer.addDocument("马六", "古典, 古典, 古典, 古典, 古典, 古典, 古典, 古典, 摇滚");
```

对应的 Python 版如下：

```
analyzer = ClusterAnalyzer()
analyzer.addDocument("赵一", "流行, 流行, 流行, 流行, 流行, 流行, 流行, 流行, 流行,
流行, 蓝调, 蓝调, 蓝调, 蓝调, 蓝调, 蓝调, 摇滚, 摇滚, 摇滚, 摇滚")
analyzer.addDocument("钱二", "爵士, 爵士, 爵士, 爵士, 爵士, 爵士, 爵士, 爵士, 舞曲,
舞曲, 舞曲, 舞曲, 舞曲, 舞曲, 舞曲, 舞曲, 舞曲")
```

① 实现上参考了 https://github.com/fujimizu/bayon 的 C++ 代码。

```
analyzer.addDocument("张三", "古典, 古典, 古典, 古典, 民谣, 民谣, 民谣, 民谣")
analyzer.addDocument("李四", "爵士, 爵士, 爵士, 爵士, 爵士, 爵士, 爵士, 爵士, 爵士,
金属, 金属, 舞曲, 舞曲, 舞曲, 舞曲, 舞曲, 舞曲")
analyzer.addDocument("王五", "流行, 流行, 流行, 流行, 摇滚, 摇滚, 摇滚, 嘻哈, 嘻哈,
嘻哈")
analyzer.addDocument("马六", "古典, 古典, 古典, 古典, 古典, 古典, 古典, 古典, 摇滚")
```

文档加入后，`ClusterAnalyzer` 内部会自动对其分词、去除停用词、转换为词袋向量，如表 10-1 所示。

表 10-1　文本聚类中的词袋向量

	流行	蓝调	摇滚	爵士	舞曲	古典	民谣	金属	嘻哈
赵一	10	6	4	0	0	0	0	0	0
钱二	0	0	0	8	9	0	0	0	0
张三	0	0	0	0	0	4	4	0	0
李四	0	0	0	9	6	0	0	2	0
王五	4	0	3	0	0	0	0	0	3
马六	0	0	1	0	0	8	0	0	0

有了这些向量后，只需调用 `ClusterAnalyzer` 的 kmeans 方法就可以得到指定数量的簇，以 3 为例：

```
System.out.println(analyzer.kmeans(3));
```

或者：

```
print(analyzer.kmeans(3))
```

该方法返回指定数量的簇构成的集合，每个簇是一个 `Set`，内部元素为文档的 id。此处由于 id 是姓名，所以可以打印出来直观地感受效果：

```
[[李四, 钱二], [王五, 赵一], [张三, 马六]]
```

根据该结果，李四和钱二同属一个簇。对照表 10-1，这二人都喜欢爵士和舞曲。类似地，王五和赵一都喜欢流行和摇滚音乐，张三和马六都喜欢古典音乐。通过 k 均值聚类算法，我们成功地将用户按兴趣分组，获得了“人以群分”的效果。

聚类结果中簇的顺序是随机的，每个簇中的元素也是无序的。由于 k 均值是个随机算法，有小概率得到不同的结果。

该聚类模块可以接受任意文本作为文档，而不需要用特殊分隔符隔开单词。另外，该模块还接受单词列表作为输入，用户可以将英文、日文等预先切分为单词列表后输入本模块。统计方法适用于所有语种，不必拘泥于中文。

无论朴素实现还是变种，k 均值算法的复杂度都是 $O(n)$，其中 n 是向量的个数。虽然任何变种都无法突破该理论值，但当 k 较大时，还存在另一种更快的改进 k 均值算法。

10.4 重复二分聚类算法

10.4.1 基本原理

重复二分聚类（repeated bisection clustering）是 k 均值算法的效率加强版，其名称中的 bisection 是“二分”的意思，指的是反复对子集进行二分。该算法的步骤如下：

(1) 挑选一个簇进行划分；

(2) 利用 k 均值算法将该簇划分为 2 个子集；

(3) 重复步骤 (1) 和步骤 (2)，直到产生足够数量的簇。

该算法的流程如图 10-5 所示，每次产生的簇由上到下形成了一棵二叉树结构。

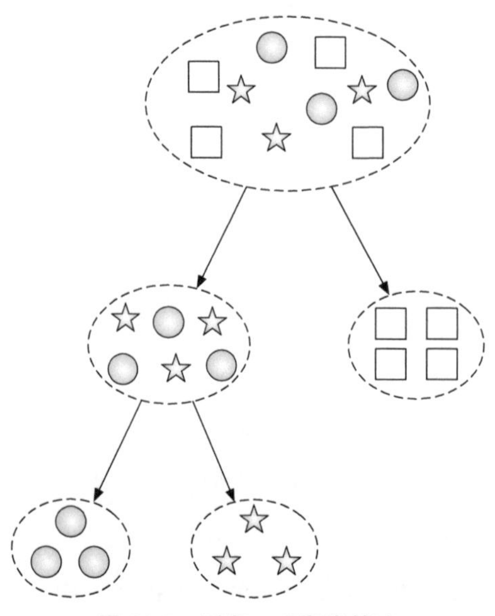

图 10-5 重复二分聚类算法

正是由于这个性质，重复二分聚类算得上一种基于划分的层次聚类算法。如果我们把算法运行的中间结果存储起来，就能输出一棵具有层级关系的树。树上每个节点都是一个簇，父子节点对应的簇满足包含关系。虽然每次划分都基于 k 均值，由于每次二分都仅仅在一个子集上进行，输入数据少，算法自然更快。

至于步骤 (1) 中如何挑选簇进行划分，有多种方案。可用的标准有：

- 簇的体积最大；
- 簇内元素到质心的相似度最小；
- 二分后准则函数的增幅（gain）最大。

HanLP 采用了最后一种策略，每产生一个新簇，都试着将其二分并计算准则函数的增幅。然后对增幅最大的簇执行二分，重复多次直到满足算法停止条件。如果对停止条件稍微下一些功夫，重复二分聚类算法还能够自动判断聚类的个数。

10.4.2 自动判断聚类个数 k

通过上面的介绍，读者可能觉得聚类个数 k 这个超参数很难准确估计。在重复二分聚类算法中，有一种变通的方法，那就是通过给准则函数的增幅设定阈值 β 来自动判断 k。此时算法的停止条件为，当一个簇的二分增幅小于 β 时不再对该簇进行划分，即认为这个簇已经达到最终状态，不可再分。当所有簇都不可再分时，算法终止，最终产生的聚类数量就不再需要人工指定了。

在 HanLP 中，重复二分聚类算法提供了 3 种接口，分别需要指定 k、β 或两者同时指定。当同时指定 k 和 β 时，满足两者的停止条件中任意一个算法都会停止。当只指定一个时，另一个停止条件不起作用。这 3 个接口列举如下：

```
public List<Set<K>> repeatedBisection(int nclusters)
public List<Set<K>> repeatedBisection(double limit_eval)
public List<Set<K>> repeatedBisection(int nclusters, double limit_eval)
```

对于上一个例子，以 $\beta = 1.0$ 作为参数试试自动判断聚类个数 k，发现恰好可以得到理想的结果，Java 示例如下：

```
System.out.println(analyzer.repeatedBisection(1.0)); // 自动判断聚类数量k
```

Python 示例如下：

```
print(analyzer.repeatedBisection(1.0))  # 自动判断聚类数量k
```

当然，β的取值也很难确定，也许这些所谓的自动判断算法只是用一种麻烦替换了另一种麻烦而已。

10.4.3 实现

重复二分聚类算法的实现位于com.hankcs.hanlp.mining.cluster.ClusterAnalyzer#repeatedBisection，其核心代码逐步剖析如下。首先创建一个 cluster，将所有元素都加入其中：

```
/**
 * 执行重复二分聚类
 *
 * @param nclusters   簇的数量
 * @param limit_eval 准则函数增幅阈值
 * @return 指定数量的簇（Set）构成的集合
 */
List<Set<K>> repeatedBisection(int nclusters, double limit_eval)
{
    Cluster<K> cluster = new Cluster<K>();
    List<Cluster<K>> clusters_ = new ArrayList<Cluster<K>>(nclusters > 0 ?
    nclusters : 16);
    for (Document<K> document : documents_.values())
    {
        cluster.add_document(document);
    }
```

然后为簇创建优先级队列，用于快速获取增幅最大的簇。每个簇在加入队列之前都需要尝试性地二分，以此计算自己的增幅。

```
PriorityQueue<Cluster<K>> que = new PriorityQueue<Cluster<K>>();    （接上段代码）
cluster.section(2);
refine_clusters(cluster.sectioned_clusters());
cluster.set_sectioned_gain();
que.add(cluster);
```

接着取队列中增幅最大的簇，对它的两个子集再次进行二分：

```
    while (!que.isEmpty())                                          （接上段代码）
    {
        cluster = que.peek(); que.poll();
        List<Cluster<K>> sectioned = cluster.sectioned_clusters();
        for (Cluster<K> c : sectioned)
        {
            c.section(2);
            refine_clusters(c.sectioned_clusters());
```

```
            c.set_sectioned_gain();
            if (c.sectioned_gain() < limit_eval)
                undo_section(); // 若二分后准则函数的增幅小于阈值的话，此次二分不生效
            que.add(c);
        }
    }
    while (!que.isEmpty())
    {
        clusters_.add(0, que.poll());
    }
    return toResult(clusters_);
}
```

当然，在二分之前还需要检查算法终止条件：

```
if (nclusters > 0 && que.size() >= nclusters)
    break;
if (cluster.sectioned_clusters().size() < 1)
    break;
if (limit_eval > 0 && cluster.sectioned_gain() < limit_eval)
    break;
```

该算法的调用与 k 均值类似，在音乐案例上得到的结果也完全一致，但运行速度要快不少。

10.5 标准化评测

前面介绍的音乐案例只有 6 个样本，只能说是玩具数据（toy data）。用玩具数据来调试算法很方便，但不足以说明算法的实用性。本节我们将介绍聚类任务的标准化评测手段，并且给出两种算法的分值。

10.5.1 P、R 和 F_1 值

聚类任务常用的一种评测手段是沿用分类任务的 F_1 值，将一些人工分好类别的文档去掉标签交给聚类分析器，统计结果中有多少同类别的文档属于同一个簇。形式化描述，给定簇 j 以及类别 i，定义 n_{ij} 表示簇 j 中有多少类别 i 的文档，n_j 为簇 j 中的文档总数，n_i 为类别 i 中的文档总数。对每种 i 和 j 的组合，都计算如下指标：

$$P(i,j)=\frac{n_{ij}}{n_j}$$

$$R(i,j)=\frac{n_{ij}}{n_i}$$

$$F_1(i,j)=\frac{2\times P(i,j)\times R(i,j)}{P(i,j)+R(i,j)}$$

为了可读性，我们并不需要那么多的 F_1 值。对整个评测任务而言，它的综合 F_1 值是所有类目上分值的加权平均，如下式所述：

$$F_1=\sum_i \frac{n_i}{n}\max\{F_1(i,j)\}$$

其中，n 为文档总数，即 $n=\sum_i n_i$。

10.5.2　语料库

本次评测选择搜狗实验室① 提供的文本分类语料的一个子集，我称它为“搜狗文本分类语料库迷你版”。该迷你版语料库分为 5 个类目，每个类目下 1000 篇文章，共计 5000 篇文章。本书配套代码将自动下载该语料到 data/test/ 搜狗文本分类语料库迷你版，其目录结构如下所示：

```
搜狗文本分类语料库迷你版
├── 体育
│   └── 1.txt
│   └── 2.txt
│   └── 3.txt
│   └── ...
├── 健康
│   └── ...
├── 军事
│   └── ...
├── 教育
│   └── ...
└── 汽车
    └── ...
```

我们将在 10.5.3 节和第 11 章再次用到这个语料库，因此现在先熟悉一下它的结构。值得一提的是，搜狗实验室发布的原版语料库的编码是 GBK，我将它转换为了 UTF-8 编码。

① 参见 http://www.sogou.com/labs/。

10.5.3 评测试验

评测程序遍历子目录读取文档，以子目录 + 文件名作为 id 将文档传入聚类分析器进行聚类，并且计算 F_1 值返回。该计算过程封装为接口 com.hankcs.hanlp.mining.cluster.ClusterAnalyzer#evaluate，欢迎读者自行查阅。此处仅演示评测接口的调用，Java 用户可参考 com.hankcs.demo.DemoTextClusteringFMeasure：

```
for (String algorithm : new String[]{"kmeans", "repeated bisection"})
{
    System.out.printf("%s F1=%.2f\n", algorithm, ClusterAnalyzer.evaluate
    (CORPUS_FOLDER, algorithm) * 100);
}
```

相应的 Python 版为 tests/book/ch10/demo_clustering_f.py：

```
for algorithm in "kmeans", "repeated bisection":
    print("%s F1=%.2f\n" % (algorithm, ClusterAnalyzer.evaluate(sogou_corpus_
path, algorithm) * 100))
```

两者的输出汇总如表 10-2 所示。

表 10-2　两种算法的标准化评测结果

算法	F_1	耗时
k均值	83.74	67秒
重复二分聚类	85.58	24秒

对比两种算法，重复二分聚类不仅准确率比 k 均值更高，而且速度是 k 均值的 3 倍。然而重复二分聚类成绩波动较大，需要多运行几次才可能得出这样的结果。也许 85% 左右的准确率并不好看，但考虑到聚类是一种无监督学习，其性价比依然非常可观。

10.6 总结

本章我们在文档上应用了 k 均值和重复二分聚类两种聚类算法，并且比较了它们的性能。围绕这两个算法，我们还学习了词袋模型和文档向量等重要概念。这些概念不仅用于文本聚类，还可以用于其他 NLP 任务。

在评测试验中，HanLP 实现的无监督聚类算法能够给出 85% 左右的准确率，展示了极高的性价比。然而无监督聚类算法无法学习人类的偏好对文档进行划分，也无法学习每个簇在人类那里究竟叫作什么。下一章我们将解决这两个问题。

第11章　文本分类

上一章我们学习了文本聚类，体验了无须标注语料库的便利性。然而无监督学习总归无法按照我们的意志预测出文档的类别，限制了文本聚类的应用场景。有许多场景需要将文档分门别类地归入具体的类别中，比如垃圾邮件过滤和社交媒体的自动标签推荐。在这一章中，我们将介绍如何实现这些需求，包括设计分类器来给文档分类，以及相应的语料库等。

11.1　文本分类的概念

文本分类（text classification），又称**文档分类**（document classification），指的是将一个文档归类到一个或多个类别中的自然语言处理任务。文本分类的应用场景非常广泛，涵盖垃圾邮件过滤、垃圾评论过滤、自动标签等任何需要自动归档文本的场合。值得一提的是，文档级别的情感分析也可以视作文本分类任务。此时情感分析的目的就是判断一段文本是否属于“正面”“负面”等情感。

文本的**类别**（category 或 class）有时又称**标签**（label），所有类别组成一个标注集。文本分类系统无法预测标注集之外的类别，换句话说，其输出结果一定属于标注集。比如说，假设标注集共含有“财经”“体育”这 2 个类别，则此时的文本分类系统的输出结果一定属于二者之一。哪怕将一篇“旅游”新闻作为输入，其结果依然是“财经”或“体育”。如果用户需要支持“旅游”的判别，则需要重新定义标注集。在自然语言处理中，标注集一般是固定不变的，需要提前谨慎设计。

每篇文档一般只属于一个类别，这是最常见的情形，也是本书以及 HanLP 的假设。如果一篇文档可能属于多个类别，此时问题称为**多标签分类**（multi-label classification）。

文本分类是一个典型的监督学习任务，其流程离不开人工指导：人工标注文档的类别，利用语料训练模型，利用模型预测文档的类别。在继续学习理论前，不如先熟悉一下文本分类语料库，以便对我们处理的问题有一番具体印象。另外，根据数据选择或设计算法也是数据科学工程师的良好习惯。

11.2 文本分类语料库

文本分类语料库的标注过程相对简单，只需收集一些文档，人工指定每篇文档的类别即可。另外，许多新闻网站的栏目是由编辑人工整理的，如果栏目设置符合要求，也可以用爬虫爬取下来作为语料库使用。其中，搜狗实验室就提供了这样一份语料库，我们在第 10 章已经使用过。搜狗文本分类语料库的形式是文件夹结构，我们可以用 HanLP 提供的 `IDataSet` 加载。`IDataSet` 是对数据集的逻辑抽象，提供加载和遍历接口。其实现有基于内存的 `MemoryDataSet`，以及基于文件系统的 `FileDataSet`。它们的继承关系如图 11-1 所示。

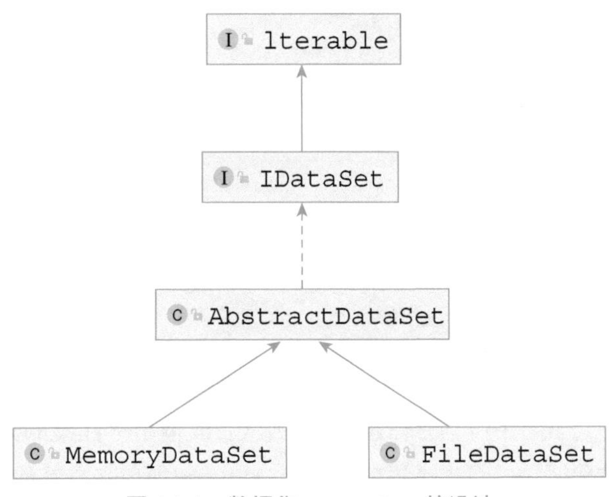

图 11-1 数据集 IDataSet 的设计

搜狗语料库体积较小，于是此处选择用 `MemoryDataSet` 将其全部加载到内存中。Java 用户请参考 com.hankcs.book.ch11.DemoLoadTextClassificationCorpus：

```
AbstractDataSet dataSet = new MemoryDataSet(); // ①将数据集加载到内存中
dataSet.load(CORPUS_FOLDER); // ②加载data/test/搜狗文本分类语料库迷你版
dataSet.add("自然语言处理", "自然语言处理很有趣"); // ③新增样本
List<String> allClasses = dataSet.getCatalog().getCategories(); // ④获取标注集
System.out.printf("标注集：%s\n", allClasses);
for (Document document : dataSet)
{
    System.out.println("第一篇文档的类别：" + allClasses.get(document.category));
    break;
}
```

Python 用户请参考 tests/book/ch11/demo_load_text_classification_corpus.py：

```
dataSet = MemoryDataSet()  # ①将数据集加载到内存中
dataSet.load(sogou_corpus_path)  # ②加载data/test/搜狗文本分类语料库迷你版
dataSet.add("自然语言处理", "自然语言处理很有趣")  # ③新增样本
allClasses = dataSet.getCatalog().getCategories()  # ④获取标注集
print("标注集: %s" % (allClasses))
for document in dataSet.iterator():
    print("第一篇文档的类别: " + allClasses.get(document.category))
    break
```

两者的运行结果皆为：

```
模式:训练集
文本编码:UTF-8
根目录:data/test/搜狗文本分类语料库迷你版
加载中...
[教育]...100.00% 1000 篇文档
[汽车]...100.00% 1000 篇文档
[健康]...100.00% 1000 篇文档
[军事]...100.00% 1000 篇文档
[体育]...100.00% 1000 篇文档
耗时 7522 ms 加载了 5 个类目,共 5000 篇文档
标注集: [教育, 汽车, 健康, 军事, 体育, 自然语言处理]
第一篇文档的类别: 教育
```

其中③处模拟了人工标注的过程，新增了一篇标注文档。其类别为“自然语言处理”，内容为“自然语言处理很有趣”。由于引入了新的类别，所以后面输出标注集的大小为 6 。读者如果需要设计标注和训练一体化系统，可以考虑使用该接口灵活地加载来自其他数据源的语料。

当语料库就绪时，文本分类的流程一般分为特征提取和分类器处理两大步，接下来的几节将会逐一介绍其中的细节。

11.3 文本分类的特征提取

在机器学习中，我们需要对具体对象提取出有助于分类的特征，才能交给某个分类器进行分类。这些特征数值化后为一个定长的向量（数据点），用来作为分类器的输入。在训练时，分类器根据数据集中的数据点学习出决策边界（参考 5.2.2 节）。在预测时，分类器根据输入的数据点落在决策边界的位置来决定类别。那么，究竟如何将一篇文档转换为一个向量呢?

在本书涉及的范畴内，我们与第 10 章一样，基本上依然使用词袋向量作为特征向量。词袋向量是词语颗粒度上的频次或 TF-IDF 向量，为此我们需要先进行分词。

11.3.1 分词

HanLP 允许为数据集 `AbstractDataSet` 的构造函数指定一个分词器 `ITokenizer`，用来实现包括分词在内的预处理逻辑。其中，`ITokenizer` 接口如下：

```
public interface ITokenizer extends Serializable
{
    String[] segment(String text);
}
```

目前 HanLP 实现了如表 11-1 所示的几种 `ITokenizer`，适用于不同的场景。

表 11-1 HanLP 预置的 `ITokenizer`

实现	应用场景
`HanLPTokenizer`	中文文本，使用`NotionalTokenizer`分词并过滤停用词
`BlankTokenizer`	英文文本，使用空格分词
`BigramTokenizer`	中文文本，将相邻字符作为二元语法输出

可见 HanLP 中的文本分类模块不光适用于中文，还适用于任意语种，只需实现相应的 `ITokenizer` 即可。

值得一提的是，文本分类并不一定需要进行分词。根据清华大学 2016 年的工作 *THUCTC: An Efficient Chinese Text Classifier*①，将文本中相邻两个字符构成的所有二元语法作为“词”，反而能取得更好的分类准确率。在 HanLP 中相应的“分词器”实现为 `BigramTokenizer`，我们将在后续节试验该方法的效果。当分词等预处理结束后，我们就可以从这些词语中挑出有用的子集作为特征了。

11.3.2 卡方特征选择

对于文本分类而言，其特征提取过程与文本聚类相同，特征提取的结果都为词袋模型下的稀疏向量（词袋向量）。唯一有所不同的是，许多常用单词对分类决策的帮助不大，比如汉语的虚词“的”和标点符号等。也可能有一些单词在所有类别的文档中均匀出现。为了消除这些单词的影响，一方面可以用停用词表，另一方面可以用**卡方非参数检验**（Chi-squared test，χ^2）来过滤掉与类别相关程度不高的词语。

在统计学中，χ^2 检验常用于检验两个事件的独立性。如果两个随机事件 A 和 B 相互独立，

① Sun, M., Li, J., Guo, Z., Yu, Z., Zheng, Y., Si, X., & Liu, Z. (2016). THUCTC: an efficient Chinese text classifier. *GitHub Repository*.

则两者同时发生的概率 $P(\mathrm{AB})=P(A)P(B)$。如果将词语的出现与类别的出现作为两个随机事件，则类别独立性越高的词语越不适合作为特征。如果将某个事件的期望记作 E，实际出现（观测）的频次记作 N，则 χ^2 衡量期望与观测的相似程度。χ^2 值越高，则期望和观测的计数越相似，也更大程度地否定了独立性。

比如在正负情感分析中，我们想要计算词语"高兴"的 χ^2 值。假设语料库 $\mathbb{D}$ 中所有词语在正负文档中出现频次的统计信息如表 11-2 所示①。

表 11-2　语料库的统计信息

	在"正面"文档中	在"负面"文档中
词语"高兴"	频次=49	频次=27 652
其他词语	频次=141	频次=774 106

为了形式化描述，需要引入一些记号。随机取一个词语，将该词语是否为 t 记作 e_t；随机取一个文档，其类别是否为 c 记作 e_c，则表 11-2 用记号重新表示为表 11-3。

表 11-3　四个事件的观测

	$e_c=e_{正面}=1$	$e_c=e_{正面}=0$
$e_t=e_{高兴}=1$	$N_{11}=49$	$N_{10}=27\ 652$
$e_t=e_{高兴}=0$	$N_{01}=141$	$N_{00}=774\ 106$

我们需要计算 e_t 与 e_c 两个事件同时成立与否的 4 种组合（即 $E_{11},E_{10},E_{01},E_{00}$）的期望。以 E_{11}（词语为"高兴"且文档为"正面"的期望）为例，其计算方法如下：

$$
\begin{aligned}
E_{11} &= N\times P(t)\times P(c) \\
&= N\times\frac{N_{11}+N_{10}}{N}\times\frac{N_{11}+N_{01}}{N} \\
&= N\times\frac{49+27\ 652}{N}\times\frac{49+141}{N} \\
&\approx 6.6
\end{aligned}
\tag{11.1}
$$

其中 N 为所有词语的词频之和，即 $N=N_{11}+N_{10}+N_{01}+N_{00}$。类似地，我们计算出 $E_{11},E_{10},E_{01},E_{00}$，填入表 11-4。

① 数据改编自斯坦福大学讲义：https://nlp.stanford.edu/IR-book/html/htmledition/feature-selectionchi2-feature-selection-1.html。

表 11-4 四个事件的期望

	$e_c = e_{正面} = 1$	$e_c = e_{正面} = 0$
$e_t = e_{高兴} = 1$	$E_{11} = 6.6$	$E_{10} = 27\ 694.4$
$e_t = e_{高兴} = 0$	$E_{01} = 183.4$	$E_{00} = 774\ 063.6$

将表 11-3 和表 11-4 代入 χ^2 的计算公式：

$$\chi^2(\mathbb{D},t,c) = \sum_{e_t \in \{0,1\}} \sum_{e_c \in \{0,1\}} \frac{\left(N_{e_t e_c} - E_{e_t e_c}\right)^2}{E_{e_t e_c}} \tag{11.2}$$

我们得到词语“高兴”与类别“正面”的卡方检验值为 $\chi^2(\mathbb{D}, t = 高兴, c = 正面) \approx 284$，这个值是高是低，究竟说明了什么呢？根据自由度为 1 的 χ^2 分布的临界值（如表 11-5 所示）：**当 $\chi^2 > 6.63$ 时，两个事件独立的置信度小于** 0.01。

表 11-5 自由度为 1 的 χ^2 分布的临界值表

p	χ^2 临界值
0.1	2.71
0.05	3.84
0.01	6.63
0.005	7.88
0.001	10.83

由于 $\chi^2(\mathbb{D}, t = 高兴, c = 正面) \approx 284 > 10.83$，所以词语“高兴”和类别“正面”的独立假设成立的置信度小于 0.001。换句话说，两者相关的置信度大于 99.9%，说明“高兴”是一个非常有用的特征。

另外，通过将式 (11.1) 代入式 (11.2)，我们可以得到一个简便的卡方检验值计算公式：

$$\chi^2(\mathbb{D},t,c) = \frac{\left(N_{11}+N_{10}+N_{01}+N_{00}\right)\times\left(N_{11}N_{00}-N_{10}N_{01}\right)^2}{\left(N_{11}+N_{01}\right)\times\left(N_{11}+N_{10}\right)\times\left(N_{10}+N_{00}\right)\times\left(N_{01}+N_{00}\right)} \tag{11.3}$$

上面我们解决的是情感极性二分类问题，更进一步，卡方检验还可以拓展到多分类问题。当 c 有多个时，比如 $c \in \{教育, 汽车, 健康, 军事, 体育\}$，我们取最大的卡方值作为特征的最终卡方值，即下式所示：

$$\chi^2 = \max\left\{\chi^2(\mathbb{D},t,c); c \in C\right\} \tag{11.4}$$

计算出每个特征（词语或二元语法等）的卡方值后，去掉卡方值小于 10.83（*p* 值为

0.001）的特征，就可以减小计算量。这部分代码位于 com.hankcs.hanlp.classification.features.ChiSquareFeatureExtractor#chi_square 中，欢迎读者自行查阅。

一旦确定了哪些特征有用，接下来就可以将文档转化为向量了。

11.3.3 词袋向量

在 HanLP 中，我们提取的是 TF 特征。具体的特征提取代码位于 com.hankcs.hanlp.classification.corpus.Document 的构造函数中。类似于表 10-1，我们统计出每个特征及其频次。以特征的 id 作为下标，频次作为数值，假设一共有 n 个特征，一篇文档就转化为 n 维的词袋向量。沿用机器学习文献的习惯，将词袋向量记作 $\boldsymbol{x} \in \mathcal{X} \subseteq \mathbb{R}^n$，向量的第 i 维记作 $\boldsymbol{x}_i$。将类别记作 $y \in \mathcal{Y} = \{c_1, c_2, \cdots, c_K\}$，其中 K 为类别总数。则语料库（训练数据集）T 可以表示为词袋向量 $\boldsymbol{x}$ 和类别 y 所构成的二元组的集合：

$$T = \left\{\left(\boldsymbol{x}^{(1)}, y_1\right), \left(\boldsymbol{x}^{(2)}, y_2\right), \cdots, \left(\boldsymbol{x}^{(N)}, y_N\right)\right\} \tag{11.5}$$

在不进行特征选择的前提下，如果以词语作为特征，则 n 大约在 10 万量级；如果以字符二元语法作为特征，则 n 大约在 50 万量级。数十万维的向量运算开销不容小觑，一般利用卡方特征选择，可以将特征数量减小到 10% ~ 20% 左右。

当文档被转化为向量后，我们就彻底离开了语言、句子等现实世界的约束，进入机器学习的世界了。

11.4 朴素贝叶斯分类器

在各种各样的分类器中，**朴素贝叶斯法**（naïve Bayes）可算是最简单常用的一种生成式模型。朴素贝叶斯法基于贝叶斯定理将联合概率转化为条件概率，然后利用特征条件独立假设简化条件概率的计算。

11.4.1 朴素贝叶斯法原理

朴素贝叶斯法的目标是通过训练集学习联合概率分布 $p(X,Y)$，由贝叶斯定理可以将联合概率转换为先验概率分布与条件概率分布之积：

$$p\left(X = \boldsymbol{x}, Y = c_k\right) = p\left(Y = c_k\right) p\left(X = \boldsymbol{x} \mid Y = c_k\right) \tag{11.6}$$

其中，类别的先验概率分布 $p(Y = c_k)$ 很容易估计，通过统计每个类别下有多少样本即可（极大似然），即：

$$p\left(Y=c_k\right)=\frac{\operatorname{count}\left(Y=c_k\right)}{N} \tag{11.7}$$

而 $p(X=\boldsymbol{x} \mid Y=c_k)$ 则难以估计，因为 $\boldsymbol{x}$ 的量级非常大。这一点可以从下式看出：

$$p\left(X=\boldsymbol{x} \mid Y=c_k\right)=p\left(X_1=\boldsymbol{x}_1,\cdots,X_n=\boldsymbol{x}_n \mid Y=c_k\right), k=1,2,\cdots,K \tag{11.8}$$

假设第 i 维 $\boldsymbol{x}_i$ 有 m_i 种取值，那么组合起来 $\boldsymbol{x}$ 一共有 $\prod_i^n m_i$ 种。该条件概率分布的参数数量是指数级的，特别是当特征数量达到十万量级时，参数估计实际上不可行。

为此，朴素贝叶斯法“朴素”地假设了所有特征是条件独立的。该条件独立性假设为：

$$\begin{aligned} p\left(X=\boldsymbol{x} \mid Y=c_k\right) & =p\left(X_1=\boldsymbol{x}_1,\cdots,X_n=\boldsymbol{x}_n \mid Y=c_k\right) \\ & =\prod_{i=1}^n p\left(X_i=\boldsymbol{x}_i \mid Y=c_k\right) \end{aligned} \tag{11.9}$$

于是，又可以利用极大似然来进行估计：

$$p\left(X_i=\boldsymbol{x}_i \mid Y=c_k\right)=\frac{\operatorname{count}\left(X_i=\boldsymbol{x}_i, y_i=c_k\right)}{\operatorname{count}\left(y_i=c_k\right)} \tag{11.10}$$

也就是说，给定类别为 c_k 的条件下，特征向量第 i 维为某个特定值 $\boldsymbol{x}_i$ 的概率等于类别为 c_k 且第 i 维为 $\boldsymbol{x}_i$ 的样本数量除以类别 c_k 下的所有样本数量。有了 $p(Y=c_k)$ 和 $p(X_i=\boldsymbol{x}_i \mid Y=c_k)$ 之后，朴素贝叶斯模型的参数估计（训练）就结束了。

在预测时，朴素贝叶斯法依然利用贝叶斯公式找出后验概率 $p(Y=c_k \mid X=\boldsymbol{x})$ 最大的类别 c_k 作为输出 y 。这个过程用公式描述如下：

$$y=\underset{c_k}{\arg\max}\, p\left(Y=c_k \mid X=\boldsymbol{x}\right) \tag{11.11}$$

将贝叶斯公式代入上式得到：

$$y=\underset{c_k}{\arg\max} \frac{p\left(X=\boldsymbol{x} \mid Y=c_k\right) p\left(Y=c_k\right)}{p(X=\boldsymbol{x})} \tag{11.12}$$

由于分母 $p(X=\boldsymbol{x})$ 与 c_k 无关，在求最大后验概率时可以省略掉，亦即：

$$y=\underset{c_k}{\arg\max}\, p\left(X=\boldsymbol{x} \mid Y=c_k\right) p\left(Y=c_k\right) \tag{11.13}$$

然后将独立性假设式 (11.9) 代入上式，得到最终的分类预测函数：

$$y=\underset{c_k}{\arg\max}\, p\left(Y=c_k\right) \prod_{i=0}^n p\left(X_i=\boldsymbol{x}_i \mid Y=c_k\right) \tag{11.14}$$

其中两个概率分布的参数已经通过式 (11.7) 和式 (11.10) 估计出了，而且都是简单的计数统计，相信读者能够轻松地在脑海中勾画出大体的实现。

11.4.2　朴素贝叶斯文本分类器实现

HanLP 中的分类器由 IClassifier 接口提供，一共实现了朴素贝叶斯分类器 NaiveBayesClassifier 以及线性支持向量机分类器 LinearSVMClassifier。文本分类模块的架构设计如图 11-2 所示。

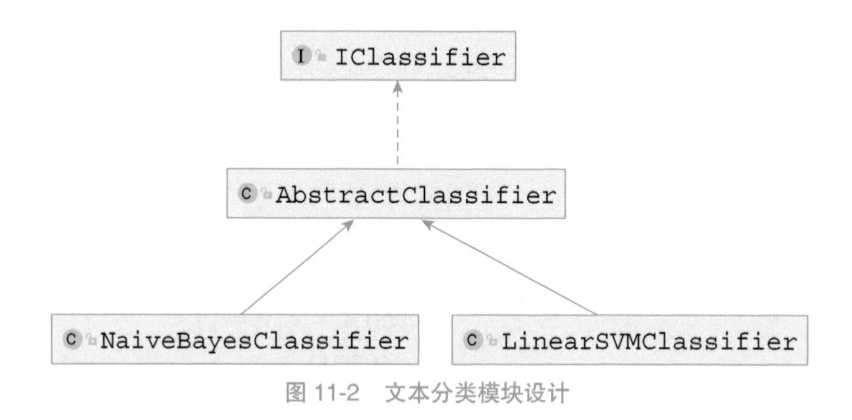

图 11-2　文本分类模块设计

IClassifier 中最重要的两个方法为训练和分类接口：

```
/**
 * 用UTF-8编码的语料训练模型
 *
 * @param folderPath  用UTF-8编码的分类语料的根目录。目录必须满足如下结构:<br>
 *                    根目录<br>
 *                    ├── 分类A<br>
 *                    │   └── 1.txt<br>
 *                    │   └── 2.txt<br>
 *                    │   └── 3.txt<br>
 *                    ├── 分类B<br>
 *                    │   └── 1.txt<br>
 *                    │   └── ...<br>
 *                    └── ...<br>
 *                    文件不一定需要用数字命名，也不需要以txt作为后缀名，但一定需要是文本文件
 * @throws IOException 任何可能的IO异常
 */
void train(String folderPath) throws IOException;
/**
 * 预测最可能的分类
 * @param text 文本
```

```
 * @return 最可能的分类
 * @throws IllegalArgumentException
 * @throws IllegalStateException
 */
String classify(String text) throws IllegalArgumentException, IllegalStateException;
```

至于具体实现，我们将在下一节介绍支持向量机，本节则介绍 HanLP 实现的朴素贝叶斯分类器的基本使用和核心代码。朴素贝叶斯模型的定义位于 com.hankcs.hanlp.classification.models.NaiveBayesModel，其中最重要的两个成员为先验概率 $p(Y=c_k)$ 和条件概率 $p(X^{(i)}=\boldsymbol{x}^{(i)}\mid Y=c_k)$，如下代码所示：

```
public class NaiveBayesModel extends AbstractModel
{
    /**
     * 先验概率的对数值log(P(c))
     */
    public Map<Integer, Double> logPriors;
    /**
     * 似然对数值log( P(x|c) )
     */
    public Map<Integer, Map<Integer, Double>> logLikelihoods;
}
```

为了数值稳定性，代码对概率取了对数。训练时的核心代码位于 com.hankcs.hanlp.classification.classifiers.NaiveBayesClassifier#train，基本思路是统计式 (11.7) 和式 (11.10) 中的计数，填充这两个成员。预测时的核心代码位于 com.hankcs.hanlp.classification.classifiers.NaiveBayesClassifier#categorize，利用式 (11.14) 计算随机变量 Y 的分布，取最大后验概率对应的 c_k 作为结果返回。

为了使用贝叶斯分类器，我们必须训练或加载一个模型，调用方法为 com.hankcs.demo.DemoTextClassification#trainOrLoadModel：

```
private static NaiveBayesModel trainOrLoadModel() throws IOException
{
    NaiveBayesModel model = (NaiveBayesModel) IOUtil.readObjectFrom(MODEL_PATH);
    if (model != null) return model;

    IClassifier classifier = new NaiveBayesClassifier(); // 创建分类器，更高级的功能
                                                           请参考IClassifier的接
                                                           口定义
    classifier.train(CORPUS_FOLDER);                     // 训练后的模型支持持久化，
                                                           下次就不必训练了
    model = (NaiveBayesModel) classifier.getModel();
```

```
    IOUtil.saveObjectTo(model, MODEL_PATH);
    return model;
}
```

Python 用户可参考 tests/demos/demo_text_classification.py：

```
def train_or_load_classifier():
    model_path = sogou_corpus_path + '.ser'
    if os.path.isfile(model_path):
        return NaiveBayesClassifier(IOUtil.readObjectFrom(model_path))
    classifier = NaiveBayesClassifier()
    classifier.train(sogou_corpus_path)
    model = classifier.getModel()
    IOUtil.saveObjectTo(model, model_path)
    return model
```

该函数检查给定路径中是否存在已训练的模型，若有则加载，否则在搜狗语料库上训练模型并保存到磁盘。调用该函数后得到一个贝叶斯模型，传入贝叶斯分类器 NaiveBayesClassifier 后即可对任意文本进行分类了。Java 示例如下：

```
public static void main(String[] args) throws IOException
{
    IClassifier classifier = new NaiveBayesClassifier(trainOrLoadModel());
    predict(classifier, "C罗获 2018 环球足球奖最佳球员 德尚荣膺最佳教练");
    predict(classifier, "英国造航母耗时 8 年仍未服役 被中国速度远远甩在身后");
    predict(classifier, "研究生考录模式亟待进一步专业化");
    predict(classifier, "如果真想用食物解压,建议可以食用燕麦");
    predict(classifier, "通用及其部分竞争对手目前正在考虑解决库存问题");
}

private static void predict(IClassifier classifier, String text)
{
    System.out.printf("《%s》属于分类【%s】\n", text, classifier.classify(text));
}
```

Python 示例如下：

```
def predict(classifier, text):
    print("《%16s》\t属于分类\t【%s】" % (text, classifier.classify(text)))


if __name__ == '__main__':
    classifier = train_or_load_classifier()
    predict(classifier, "C罗获 2018 环球足球奖最佳球员 德尚荣膺最佳教练")
    predict(classifier, "英国造航母耗时 8 年仍未服役 被中国速度远远甩在身后")
```

```
predict(classifier, "研究生考录模式亟待进一步专业化")
predict(classifier, "如果真想用食物解压,建议可以食用燕麦")
predict(classifier, "通用及其部分竞争对手目前正在考虑解决库存问题")
```

运行后的结果皆为：

```
《C罗获 2018 环球足球奖最佳球员 德尚荣膺最佳教练》属于分类【体育】
《英国造航母耗时 8 年仍未服役 被中国速度远远甩在身后》属于分类【军事】
《研究生考录模式亟待进一步专业化》属于分类【教育】
《如果真想用食物解压,建议可以食用燕麦》属于分类【健康】
《通用及其部分竞争对手目前正在考虑解决库存问题》属于分类【汽车】
```

朴素贝叶斯法实现简单，但由于特征独立性假设过于强烈，有时会影响准确性。下一节我们介绍更加健壮的支持向量机分类器，并在本章最后做一次准确率评估。

11.5 支持向量机分类器

支持向量机（Support Vector Machine，SVM）是一种二分类模型，其学习策略在于如何找出一个决策边界，使得边界到正负样本的最小距离都最远。这种策略使得支持向量机有别于感知机，能够找到一个更加稳健的决策边界。支持向量机最简单的形式为线性支持向量机，其决策边界为一个超平面（参考 5.2.2 节），适用于线性可分数据集。11.5.1 节将会粗略地介绍线性支持向量机的理论知识，尝试作为读者进阶的垫脚石。若读者对理论不感兴趣，可直接阅读 11.5.2 节。

11.5.1 线性支持向量机 *

给定训练集：

$$T=\left\{\left(\boldsymbol{x}^{(1)}, y_1\right),\left(\boldsymbol{x}^{(2)}, y_2\right), \cdots,\left(\boldsymbol{x}^{(N)}, y_N\right)\right\}, y \in \mathcal{Y}=\{\pm 1\} \tag{11.15}$$

线性支持向量机的学习目标是找到一个分离超平面 $\boldsymbol{w} \cdot \boldsymbol{x}+b=0$，将二类样本分离开来。当数据集线性可分时，存在无数个满足要求的超平面，如图 11-3 所示。

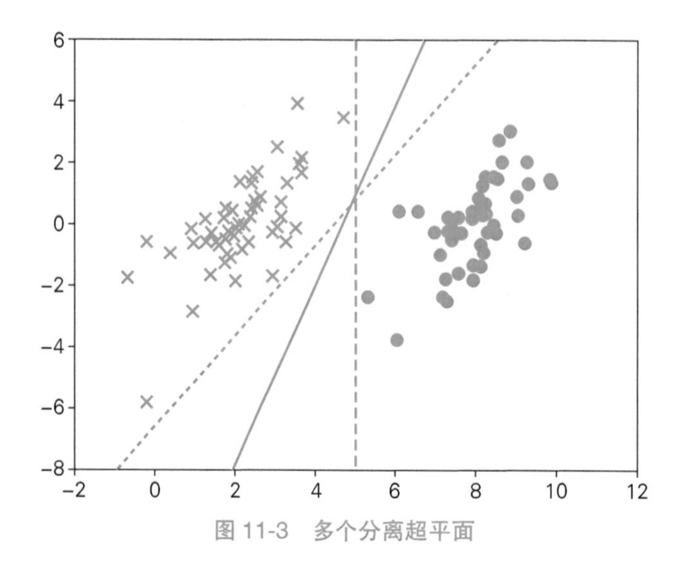

图 11-3　多个分离超平面

虽然三条分离超平面都将正负样本完全分离开了，但直觉上只有中间的实线才是最佳的。因为两条虚线离样本点太近了，没有预留出足够的“安全距离”。如果测试集中的数据稍微偏离训练集分布一点，则很有可能带来误分类的风险。支持向量机的学习策略就是尽量找出离正负样本的间隔最大的分离超平面，以降低测试集上的风险。

如何计算间隔呢？定义样本点 $(\boldsymbol{x}^{(i)}, y)$ 到超平面的距离为**几何间隔**：

$$\gamma_i = y_i \frac{\boldsymbol{w} \cdot \boldsymbol{x}^{(i)} + b}{\|\boldsymbol{w}\|} \tag{11.16}$$

对整个数据集来讲，几何间隔为所有样本点的几何间隔之最小值：

$$\gamma = \min_{i=1,\cdots,N} \gamma_i \tag{11.17}$$

支持向量机的训练思路是最大化所有样本点的集合间隔之最小值，即下列约束最优化问题：

$$\begin{aligned} &\max_{w,b} \gamma \\ &\text{s.t.} \qquad y_i \frac{\boldsymbol{w} \cdot \boldsymbol{x}^{(i)} + b}{\|\boldsymbol{w}\|} \geqslant \gamma, \qquad i = 1,2,\cdots,N \end{aligned} \tag{11.18}$$

定义**函数间隔**为：

$$\hat{\gamma} = \gamma \|\boldsymbol{w}\| \tag{11.19}$$

取函数间隔为 1，得到：

$$\gamma = \frac{1}{\|\boldsymbol{w}\|} \tag{11.20}$$

将式 (11.20) 代入式 (11.18) 中，得到：

$$\begin{aligned} \max_{w,b} \quad & \frac{1}{\|\boldsymbol{w}\|} \\ \text{s.t.} \quad & y_i\left(\boldsymbol{w}\cdot\boldsymbol{x}_i+b\right)\geqslant 1, \qquad i=1,2,\cdots,N \end{aligned} \tag{11.21}$$

由于最大化 $\frac{1}{\|\boldsymbol{w}\|}$ 等价于最小化 $\frac{1}{2}\|\boldsymbol{w}\|^2$，所以式 (11.21) 等价于：

$$\begin{aligned} \min_{w,b} \quad & \frac{1}{2}\|\boldsymbol{w}\|^2 \\ \text{s.t.} \quad & y_i\left(\boldsymbol{w}\cdot\boldsymbol{x}_i+b\right)-1\geqslant 0, \qquad i=1,2,\cdots,N \end{aligned} \tag{11.22}$$

式 (11.22) 是一个凸二次规划问题，可以利用拉格朗日法[①] 求解出最优解 $\boldsymbol{w}^*,b^*$。于是得到分类决策函数：

$$y=f\left(\boldsymbol{x}\right)=\text{sign}\left(\boldsymbol{w}^*\cdot\boldsymbol{x}+b^*\right) \tag{11.23}$$

也就是说，通过在训练集上进行的一系列数值优化，我们得到了超平面方程 $\boldsymbol{w}^*\cdot\boldsymbol{x}+b^*$。对于新的实例 $\boldsymbol{x}$，只要代入式 (11.23)，就能预测出类别 y。此时 $y\in\{\pm1\}$ 亦即属于二分类问题，我们可以通过 5.1.1 节介绍的 one-vs-one 或 one-vs-rest 拓展到多分类问题。

11.5.2 线性支持向量机文本分类器实现

liblinear[②] 是 Java 社区对线性支持向量机的实现，支持基于线性支持向量机的分类与回归。由于 HanLP 不依赖第三方类库，所以基于支持向量机的文本分类器被独立托管于 https://github.com/hankcs/text-classification-svm。Java 用户请下载该项目并参考 src/test/java/com/hankcs/hanlp/classification/classifiers/LinearSVMClassifierTest.java。其调用方式类似于 NaiveBayesClassifier，训练或加载代码如下：

```
private static LinearSVMModel trainOrLoadModel() throws IOException
{
    LinearSVMModel model = (LinearSVMModel) IOUtil.readObjectFrom(MODEL_PATH);
    if (model != null) return model;

    IClassifier classifier = new LinearSVMClassifier();  // 创建分类器，更高级的
                                                         功能请参考IClassifier
                                                         的接口定义
    classifier.train(CORPUS_FOLDER);                    // 训练后的模型支持持久化，
                                                         下次就不必训练了
    model = (LinearSVMModel) classifier.getModel();
```

① 关于拉格朗日法请参考李航老师所著《统计学习方法》第 7 章“支持向量机”。

② 参见 https://github.com/bwaldvogel/liblinear-java。

```
        IOUtil.saveObjectTo(model, MODEL_PATH);
        return model;
    }
```

对应的 Python 版本（运行后将自动安装支持向量机插件）位于 tests/book/ch11/demo_svm_text_classification.py：

```
def train_or_load_classifier():
    model_path = sogou_corpus_path + '.svm.ser'
    if os.path.isfile(model_path):
        return LinearSVMClassifier(IOUtil.readObjectFrom(model_path))
    classifier = LinearSVMClassifier()
    classifier.train(sogou_corpus_path)
    model = classifier.getModel()
    IOUtil.saveObjectTo(model, model_path)
    return LinearSVMClassifier(model)
```

训练完毕后，就可以像操作 `NaiveBayesClassifier` 一样利用 `IClassifier` 提供的统一接口进行预测了，具体代码请参考相应文件。

以上就是 HanLP 实现的全部文本分类算法，如何选择算法需要根据具体数据做实验决定。

11.6 标准化评测

本节介绍文本分类任务的准确率评测指标，并且对两种分类器与两种分词器的搭配进行评估。所有试验采用的数据集皆为搜狗文本分类语料库，特征裁剪算法皆为卡方检验。

11.6.1 评测指标 P、R、F_1

类似于 2.9 节，文本分类采用分类任务常用的 F_1 作为评测指标。对每一个类别 c 的分类结果，正确分入该类的样本数量记作 TP，错误分入该类的样本数量记作 FP，本该分入该类却错误地分入其他类的样本数量记为 FN。则精确率 P、召回率 R 和 F_1 值的定义如下：

$$
\begin{aligned}
P &= \frac{\mathrm{TP}}{\mathrm{TP}+\mathrm{FP}} \\
R &= \frac{\mathrm{TP}}{\mathrm{TP}+\mathrm{FN}} \\
F_1 &= \frac{2\times P\times R}{P+R}
\end{aligned}
\tag{11.24}
$$

如此我们就能得出每个分类独立的准确率指标，用来反映模型对某一类别的分类性能。

如果需要衡量模型在所有类目上的整体性能，则可以利用将这些指标在文档级别进行微平均（micro-average）：

$$
\begin{aligned}
\bar{P} &= \frac{\sum_{c_i \in C} \text{TP}}{\sum_{c_i \in C} \text{TP} + \sum_{c_i \in C} \text{FP}} \\
\bar{R} &= \frac{\sum_{c_i \in C} \text{TP}}{\sum_{c_i \in C} \text{TP} + \sum_{c_i \in C} \text{FN}} \\
\bar{F}_1 &= \frac{2 \times \bar{P} \times \bar{R}}{\bar{P} + \bar{R}}
\end{aligned}
\tag{11.25}
$$

其中，$C = \{c_1, c_2, \cdots, c_K\}$。也即是将所有类目下的 TP 、FP 和 FN 求和然后计算这些评测指标。

11.6.2 试验结果

下面让我们在搜狗文本分类语料库上对 { 朴素贝叶斯法，支持向量机 }×{ 中文分词，二元语法 } 的 4 种搭配组合做一番评测，具体代码位于 com.hankcs.book.ch11.DemoTextClassificationFMeasure 和 tests/book/ch11/demo_text_classification_evaluation.py。试验结果汇总如表 11-6 所示。

表 11-6 { 朴素贝叶斯法，支持向量机 }×{ 中文分词，二元语法 }4 种搭配组合的性能评测

Classifier+Tokenizer	*P*	*R*	F_1	文档/秒
NaiveBayesClassifier + HanLPTokenizer	96.16	96.00	96.08	6 172
NaiveBayesClassifier + BigramTokenizer	96.36	96.20	96.28	3 378
LinearSVMClassifier + HanLPTokenizer	97.24	97.20	97.22	**27 777**
LinearSVMClassifier + BigramTokenizer	**97.83**	**97.80**	**97.81**	12 195

比较上表，可以得出如下结论。

- 中文文本分类的确**不需要**分词，不分词直接用二元语法反而能够取得更高的准确率。只不过由于二元语法数量比单词多，导致参与运算的特征更多，相应的分类速度减半。
- 线性支持向量机的分类准确率更高，而且分类速度更快，推荐使用。

11.7 情感分析

文本**情感分析**指的是提取文本中的主观信息的一种 NLP 任务，其具体目标通常是找出文本所对应的正负情感态度。情感分析可以在实体、句子、段落乃至文档上进行。本节主要介绍文

档级别的情感分析，当然也适用于段落和句子等短文本。任何 NLP 任务都离不开语料库，尤其是标注语料库。对于情感分析而言，只需要准备标注了正负情感的大量文档，就能将其视作普通的文本分类任务来解决。此外，一些带有评分的电影、商品评论也可以作为“天然”的标注语料库（五星评论可以作为 5 种类别）。

本节首先介绍一个常用的情感分析语料库，接着训练分类器来分析文本的情感极性。

11.7.1 ChnSentiCorp 情感分析语料库

该语料库由谭松波博士整理发布，包含酒店、电脑与书籍三个行业的评论与相应情感极性。此处以酒店评论为例，该部分由正负评论各 1000 条组成，其目录结构如下：

```
ChnSentiCorp情感分析酒店评论
├──── 正面
│    └──── pos.0.txt
│    └──── pos.1.txt
│    └──── ...
└──── 负面
     └──── neg.0.txt
     └──── neg.1.txt
     └──── ...
```

文档内容为数十字的简短评论，比如类似“商务大床房，房间很大，床有 2 M 宽，整体感觉经济实惠不错！”的正面评价，或者类似“标准间太差 房间还不如 3 星的 而且设施非常陈旧。建议酒店把老的标准间从新改善。”的负面评价。

11.7.2 训练情感分析模型

由于文件夹结构符合惯例，我们可以直接将语料库路径传入 `IClassifier#train()` 接口训练分类模型。Java 示例请参考 com.hankcs.demo.DemoSentimentAnalysis，相应的 Python 版本位于 tests/demos/demo_sentiment_analysis.py。代码与普通的文本分类并无二致，唯一的不同仅仅在于语料库。

运行后得到的结果是：

```
模式:训练集
文本编码:UTF-8
根目录:data/test/ChnSentiCorp情感分析酒店评论
加载中...
[正面]...100.00% 2000 篇文档
[负面]...100.00% 2000 篇文档
```

```
耗时 1286 ms 加载了 2 个类目,共 4000 篇文档
原始数据集大小:4000
使用卡方检验选择特征中...耗时 22 ms,选中特征数:486 / 15035 = 3.23%
贝叶斯统计结束
《前台客房服务态度非常好！早餐很丰富，房价很干净。再接再厉！》情感极性是【正面】
《结果大失所望，灯光昏暗，空间极其狭小，床垫质量恶劣，房间还伴着一股霉味。》情感极性是【负面】
《可利用文本分类实现情感分析，效果还行》情感极性是【正面】
```

值得注意的是，最后一个测试案例“可利用文本分类实现情感分析，效果还行”虽然不属于酒店评论，但结果依然是正确的。这说明该统计模型有一定的泛化能力，能处理一些其他行业的文本。

11.7.3 拓展试验

词袋模型的缺点就是丢失了词序，导致“人吃鱼”和“鱼吃人”对应到同一个词袋向量。具体到情感分析任务，词袋模型无法处理一些“否定词”或“双重否定”的句子。读者可以在上一节模型的基础上试验下列句子：

```
不是不行
不 是不行
不优秀
优秀不
```

词袋模型在处理这些句子时将它们两两混为一谈，因为它们分完词摇一摇得到的词袋一模一样。一种解决方案是利用 n 元语法来保留一些词序，以期望捕捉至少简短的否定句式。当然，语料库中也必须含有类似的样本才能使模型学习到否定句式的知识。欢迎读者仿照 com.hankcs.hanlp.classification.tokenizers.BigramTokenizer 实现词语级别的二元语法“分词器”，并且额外标注一些句子来试验这个改进。

11.8 总结

本章我们学习了朴素贝叶斯法和线性支持向量机两种机器学习模型，并且将其应用到了文本分类。通过替换语料库，我们轻松地将文本分类拓展到了情感分析。这再次体现了统计自然语言处理的魅力——NLP 工程师设计通用的分类器，搭配上不同行业的语料库就能适用于不同领域。

第12章　依存句法分析

在词法分析之后，语法分析是理解语言的重要一环。试想一下，如果一个人学习外语时只背单词而不学语法，看到长句子时依然无法理解。虽然自然语言不遵循任何固定的规则，但语言学专家抽象总结而来的语法的确能反映大多数句子的结构。通过分析句子的语法，文本的结构化更深一层，语言的语义离计算机更近一步。

语法分析（syntactic parsing）是自然语言处理中一个重要的任务，其目标是分析句子的语法结构并将其表示为容易理解的结构（通常是树形结构）。同时，语法分析也是所有工具性 NLP 任务[1] 中较为高级、较为复杂的一种任务。通过掌握语法分析的原理、实现和应用，我们将在 NLP 工程师之路上跨越一道分水岭。本章将会介绍**短语结构树**和**依存句法树**两种语法形式，并且着重介绍依存句法分析的原理和实现。

12.1　短语结构树

本节中，我们简单了解一下一种著名的句法形式，即分析句子是如何产生的短语结构语法。由于语言满足复合性原理（principle of compositionality）[2]，通过分解句子为短语、分解短语为单词，下游应用将会得到更多更深层次的结构化信息。

12.1.1　上下文无关文法

语言其实具备自顶而下的层级关系，固定数量的语法结构能够生成无数句子。比如，仅仅利用下列两个语法规律，我们就能够生成所有名词短语。

(1) 名词短语可以由名词和名词短语组成。

(2) 名词短语还可以由名词和名词组成。

比如利用语法 (1)，我们可以生成“上海 + 名词短语”。再次利用语法 (1)，我们可以进一步

① 我粗略地将 NLP 任务分为工具性（词法分析、句法分析等）和应用性（文本分类、机器翻译等）两种，其中应用性 NLP 任务通常需要综合多个工具性 NLP 任务才能进行。

② 在数学、语义学和语言哲学中，复合性原理是指，一个复杂表达式的意义是由其各组成部分的意义以及用以结合它们的规则来决定的。

生成“上海+浦东+名词短语”。然后利用语法 (2) 将“名词短语”拓展为两个名词，我们就能够得到“上海+浦东+机场+航站楼”。当然，汉语中的短语结构远不止这两条，有主谓结构、动宾结构等。在整理好完整的语法集合的情况下，只要不是病句，大部分句子都可以通过这样的语法来生成。

在语言学中，这样的语法被称为**上下文无关文法**（context-free grammar，CFG），它由如下组件构成。

- 终结符（terminal symbol，无法再分的最小单位）集合 Σ，比如汉语的一个词表。
- 非终结符（nonterminal symbol）集合 V，比如“名词短语”“动词短语”等短语结构组成的集合。V 中至少包含一个特殊的非终结符，即句子符或初始符，记作 $S \in V$。
- 推导规则 R，即推导非终结符的一系列规则：$V \to V \cup \Sigma$。比如 $S \to$ 名词短语以及名词短语 $\to$ 名词 + 名词短语和名词短语 $\to$ 名词 + 名词。

基于上下文无关文法理论，我们可以从 S 出发，逐步推导非终结符。一个非终结符至少产生一个下级符号，如此一层一层地递推下去，我们就得到了一棵语法树。语法树其实与编译原理中的相应概念相同，但在 NLP 中，我们称其为短语结构树。也就是说，计算机科学中的术语“上下文无关文法”在语言学中被称作“短语结构语法”。

12.1.2 短语结构树

短语结构语法描述了如何自顶而下地生成一个句子。反过来，句子也可以用短语结构语法来递归地分解。比如这句话“上海 浦东 开发 与 法制 建设 同步”是如何分解的呢？如果将语法成分的边界用括号括起来，这句话的基本短语结构为这样一种主谓结构：主语是短语“(上海 浦东 开发 与 法制 建设)”，谓语是动词“同步”。而主语又是由两个名词短语构成的，亦即“((上海 浦东) (开发 与 法制 建设))”。如此，所有短语可以继续递归分解直到最小单元（词语）。由于词语不可再分，分解过程终止，我们得到了最终的短语结构：“((上海 浦东) (开发 与 (法制 建设))) 同步 ”。如果在括号开头注明短语的类型，则得到如下结果：

```
(S (IP-HLN (NP-SBJ (NP-PN (NR 上海)
                          (NR 浦东))
                   (NP (NN 开发)
                       (CC 与)
                       (NN 法制)
                       (NN 建设)))
           (VP (VV 同步))) )
```

这样的层级结构其实是一种树形结构：括号内的元素为子树，词语为叶子节点，短语为内部节点。这句话可视化后的结果如图 12-1 所示。

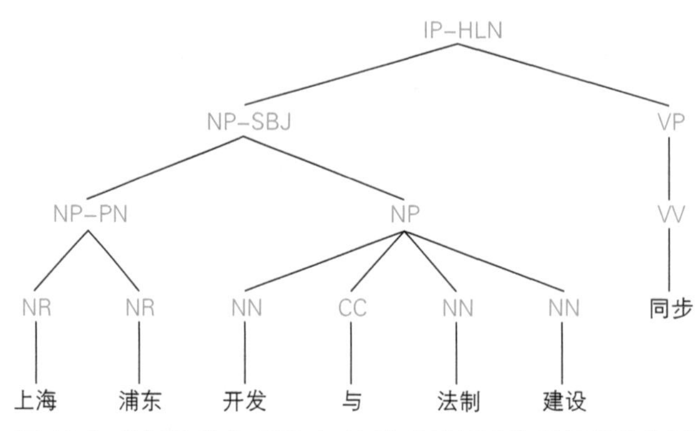

图 12-1 “上海 浦东 开发 与 法制 建设 同步”的短语结构树

这样的树形结构称为**短语结构树**（phrase structure tree），相应的语法称为**短语结构语法**（phrase structure grammar 或 constituency grammar）或上下文无关文法。至于树中的 IP-HLN 和 NR 等标记，我们将在下一节中详细介绍。

12.1.3 宾州树库和中文树库

语言学家制定短语结构语法规范，将大量句子人工分解为树形结构，形成了一种语料库，称为**树库**（treebank）。常见的英文树库有宾州树库，相应地，中文领域有 CTB。图 12-1 所对应的示例即取自 CTB8.0[①]，图中叶子节点（词语）的上级节点为词性，词性是非终结符的一种，满足“词性生成词语”的推导规则。词性标注集称为 CTB，具体意义请参考 7.2.3 节。

词性节点的父节点为短语结构标记，也是一种非终结符。常见的标记及释义如表 12-1 所示。

表 12-1 CTB 短语结构标记

标记	释义
IP-HLN	单句 – 标题
NP-SBJ	名词短语 – 主语
NP-PN	名词短语 – 代词
NP	名词短语
VP	动词短语

① CTB 8.0 属于语言资源联盟（Linguistic Data Consortium，LDC）网站上的收费语料库。另外，Wake Forest University 提供了免费下载：https://wakespace.lib.wfu.edu/handle/10339/39379。本书所有 CTB 相关语料资源皆来自 Wake Forest University 公开的数据。

虽然 20 世纪 90 年代大部分句法分析的研究工作都集中在短语结构树，但是由于短语结构语法比较复杂，相应句法分析器的准确率并不高。现在研究者绝大部分都转向了另一种语法形式，我们将在下一节中介绍。

12.2　依存句法树

不同于短语结构树，依存句法树并不关注如何生成句子这种宏大的命题。依存句法树关注的是句子中词语之间的语法联系，并且将其约束为树形结构。本节介绍依存句法树相关的语言学知识和语料库，为接下来设计句法分析器做准备。

12.2.1　依存句法理论

依存语法理论的历史可以追溯到公元前的古印度语言学家 Pāṇini，以及 18 世纪的法国语言学教授 Tesnière。依存语法理论认为词与词之间存在主从关系，这是一种二元不等价的关系。在句子中，如果一个词修饰另一个词，则称修饰词为**从属词**（dependent），被修饰的词语称为**支配词**（head），两者之间的语法关系称为**依存关系**（dependency relation）。比如句子“大梦想”中形容词“大”与名词“梦想”之间的依存关系如图 12-2 所示。

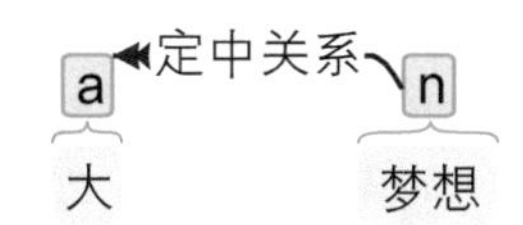

图 12-2　“大”与“梦想”的依存关系

图 12-2 中的箭头方向由支配词指向从属词，这是可视化时的习惯。将一个句子中所有词语的依存关系以有向边的形式表示出来，就会得到一棵树，称为**依存句法树**（dependency parse tree）。比如句子“弱小的我也有大梦想”的依存句法树如图 12-3 所示。

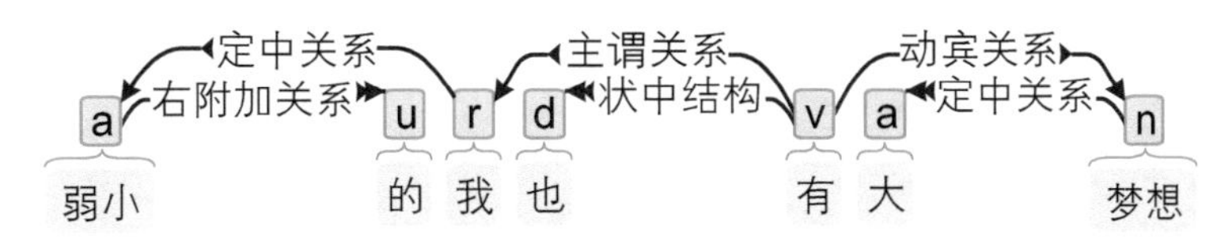

图 12-3　“弱小的我也有大梦想”的依存句法树

现代依存语法中，语言学家 Robinson 对依存句法树提了 4 个约束性的公理。

- 有且只有一个词语（ROOT，虚拟根节点，简称虚根）不依存于其他词语。

- 除此之外所有单词必须依存于其他单词。
- 每个单词不能依存于多个单词。
- 如果单词A依存于B，那么位置处于A和B之间的单词C只能依存于A、B或AB之间的单词。

这 4 条公理分别约束了依存句法树（图的特例）的根节点唯一性、连通、无环和投射性（projective）。这些约束对语料库的标注以及依存句法分析器的设计奠定了基础。

12.2.2 中文依存句法树库

作为一种语言学资源，由大量人工标注的依存句法树组成的语料库称为**依存句法树库**。本节将介绍常见的依存句法树库以及相应的格式。

目前最有名的开源自由的依存树库当属 UD（Universal Dependencies），它以“署名–非商业性使用–相同方式共享 4.0”等类似协议免费向公众授权。UD 是一个跨语种的语法标注项目，一共有 200 多名贡献者为 70 多种语言标注了 100 多个树库。具体到中文，存在 4 个不同领域的树库。本书选取其中规模最大的 UD_Chinese-GSD 作为示例。该树库的语种为繁体中文，我将其转换为简体中文后，以相同协议以供大家下载使用[①]。该树库的格式为 CoNLL-U，这是一种以制表符分隔的表格格式。CoNLL-U 文件有 10 列，每行都是一个单词，空白行表示句子结束。单元中的下划线 _ 表示空白，结合其中一句样例，解释如表 12-2 所示。

表 12-2 CoNLL-U 格式样例

ID	FORM 词语	LEMMA 词干	UPOS 词性	XPOS 本地词性	FEATS 形态特征	HEAD 支配词序号	DEPREL 依存关系	DEPS 依存图	MISC 其他标注
1	他	他	PRON	PRP	Person=3	9	nsubj	_	SpaceAfter=No
2	是	是	AUX	VC	_	9	cop	_	SpaceAfter=No
3	香港	香港	PROPN	NNP	_	7	nmod	_	SpaceAfter=No
4	明星	明星	NOUN	NN	_	7	nmod	_	SpaceAfter=No
5	足球	足球	NOUN	NN	_	6	case:suff	_	SpaceAfter=No
6	队	队	PART	SFN	_	7	nmod	_	SpaceAfter=No
7	成员	成员	NOUN	NN	_	9	det	_	SpaceAfter=No
8	之	之	PART	DEC	Case=Gen	7	case:dec	_	SpaceAfter=No
9	一	一	NUM	CD	NumType=Card	0	root	_	SpaceAfter=No
10	.	.	PUNCT	.	_	9	punct	_	SpaceAfter=No

① 详见 http://file.hankcs.com/corpus/chs-gsd-ud.zip。

词性标注集和依存关系标注集请参考 UD 的官方网站①，该样本对应的句法树如图 12-4 所示。

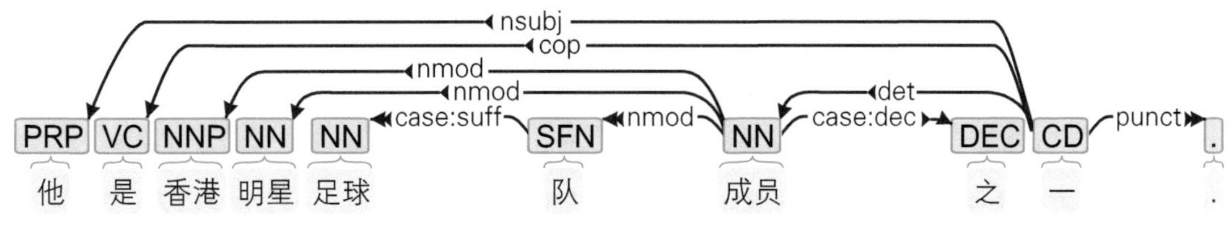

图 12-4 UD_Chinese-GSD 中的一个样本

另一份著名的语料库依然是 CTB，只不过需要额外利用一些工具将短语结构树转换为依存句法树。读者可以直接下载我转换后的 CTB 依存句法树库②，其格式是类似于 CoNLL-U 的 CoNLL，一个样例如表 12-3 所示。

表 12-3 CTB 依存句法树库样例

ID	FORM 词语	LEMMA 词干	CPOSTAG 粗粒度词性	POSTAG 细粒度词性	FEATS 形态特征	HEAD 支配词序号	DEPREL 依存关系	PHEAD 投影支配词	PDEPREL 投影依存关系
1	上海	_	NR	NR	_	2	nn	_	_
2	浦东	_	NR	NR	_	6	nn	_	_
3	开发	_	NN	NN	_	6	conj	_	_
4	与	_	CC	CC	_	6	cc	_	_
5	法制	_	NN	NN	_	6	nn	_	_
6	建设	_	NN	NN	_	7	nsubj	_	_
7	同步	_	VV	VV	_	0	root	_	_

同样，该样例可视化后为一棵树，如图 12-5 所示。

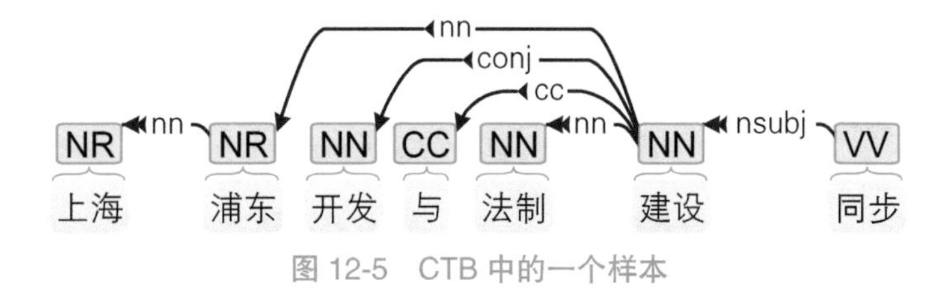

图 12-5 CTB 中的一个样本

其中，词性标注集已经介绍过，依存关系标注集为斯坦福大学制定的 Chinese Stanford

① 详见 http://universaldependencies.org/guidelines.html。

② 详见 http://file.hankcs.com/corpus/ctb8.0-dep.zip。

Dependencies，如表 12-4 所示。

表 12-4 Chinese Stanford Dependencies 依存关系标注集

标签	英文全称	中文简称	例句	依存弧
nn	noun compound modifier	复合名词修饰	服务中心	nn(中心，服务)
punct	punctuation	标点符号	海关统计表明，	punct(表明，，)
nsubj	nominal subject	名词性主语	梅花盛开	nsubj(盛开，梅花)
conj	conjunct (links two conjuncts)	连接性状语	设备和原材料	conj(原材料，设备)
dobj	direct object	直接宾语	浦东颁布了七十一件文件	dobj(颁布，文件)
advmod	adverbial modifier	名词性状语	部门先送上文件	advmod(送上，先)
prep	prepositional modifier	介词性修饰语	在实践中逐步完善	prep(完善，在)
nummod	number modifier	数词修饰语	七十一件文件	nummod(件，七十一)
amod	adjectival modifier	形容词修饰语	跨世纪工程	amod(工程，跨世纪)
pobj	prepositional object	介词性宾语	根据有关规定	pobj(根据，规定)
rcmod	relative clause modifier	相关关系	不曾遇到过的情况	rcmod(情况，遇到)
cpm	complementizer	补语	开发浦东的经济活动	cpm(开发，的)
assm	associative marker	关联标记	企业的商品	assm(企业，的)
assmod	associative modifier	关联修饰	企业的商品	assmod(商品，企业)
cc	coordinating conjunction	并列关系	设备和原材料	cc(原材料，和)
clf	classifier modifier	类别修饰	七十一件文件	clf(文件，件)
ccomp	clausal complement	从句补充	银行决定先取得信用评级	ccomp(决定，取得)
det	determiner	限定语	这些经济活动	det(活动，这些)
lobj	localizer object	时间介词	近年来	lobj(来，近年)
range	dative object that is a quantifier phrase	数量词间接宾语	成交药品一亿多元	range(成交，元)
asp	aspect marker	时态标记	发挥了作用	asp(发挥，了)
tmod	temporal modifier	时间修饰语	以前不曾遇到过	tmod(遇到，以前)
plmod	localizer modifier of a preposition	介词性地点修饰	在这片热土上	plmod(在，上)
attr	attributive	属性	贸易额为二百亿美元	attr(为，美元)
mmod	modal verb modifier	情态动词	利益能得到保障	mmod(得到，能)
loc	localizer	位置补语	占九成以上	loc(占，以上)
top	topic	主题	建筑是主要活动	top(是，建筑)
pccomp	clausal complement of a preposition	介词补语	据有关部门介绍	pccomp(据，介绍)

（续）

标签	英文全称	中文简称	例句	依存弧
etc	etc modifier	省略关系	科技、文教等领域	etc(文教，等)
lccomp	clausal complement of a localizer	位置补语	中国对外开放中升起的明星	lccomp(中，开放)
ordmod	ordinal number modifier	量词修饰	第七个机构	ordmod(个，第七)
xsubj	controlling subject	控制主语	银行决定先取得信用评级	xsubj(取得，银行)
neg	negative modifier	否定修饰	以前不曾遇到过	neg(遇到，不)
rcomp	resultative complement	结果补语	研究成功	rcomp(研究，成功)
comod	coordinated verb compound modifier	并列联合动词	颁布实行	comod(颁布，实行)
vmod	verb modifier	动词修饰	其在支持外商企业方面的作用	vmod(方面，支持)
prtmod	particles such as 所，以，来，而	小品词	在产业化所取得的成就	prtmod(取得，所)
ba	“ba” construction	把字关系	把注意力转向市场	ba(转向，把)
dvpm	manner DE(地) modifier	地字修饰	有效地防止流失	dvpm(有效，地)
dvpmod	a “XP+DEV(地)” phrase that modifies VP	地字动词短语	有效地防止流失	dvpmod(防止，有效)
prnmod	parenthetical modifier	插入词修饰	八五期间（1990—1995)	pmmod(期间，1995)
cop	copular	系动词	原是自给自足的经济	cop(自给自足，是)
pass	passive marker	被动标记	被认定为高技术产业	pass(认定，被)
nsubjpass	nominal passive subject	被动名词主语	镍被称作现代工业的维生素	nsubjpass(称作，镍)

12.2.3 依存句法树的可视化

CoNLL 格式是一种偏向于“机读”的形式，像本书所采用的树形图才是用户友好的形式。本节简要介绍一些常用的依存句法树可视化工具，以供读者选择。

如果读者是 Windows 用户的话，不妨试一试南京大学汤光超开发的 Dependency Viewer。它下载后即可直接运行，然后利用菜单 File → Read Conll File 即可加载一个 .conll 扩展名的树库文件。比如，打开 CTB 依存句法树库中的 ctb8.0-dep/train.conll 文件后，会显示如图 12-6 所示的结果。

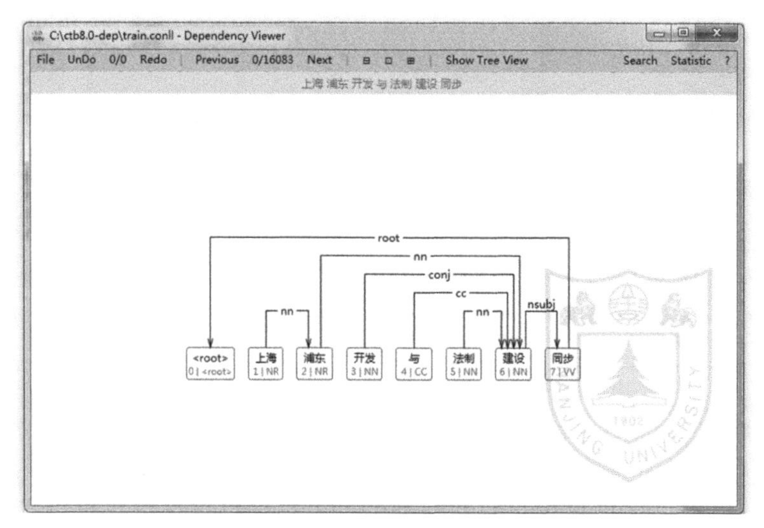

图 12-6　ctb8.0-dep/train.conll 文件

用户既可以通过 Previous/Next 按钮浏览上一个 / 下一个句法树，也可以通过 Show Tree View 按钮来切换为层级化的树视图。

一些基于 Web 的跨平台工具同样提供美观大气的可视化界面，其中的佼佼者为 brat 标注工具。由于 brat 的可视化界面十分精美，UD 项目将其独立出来做成了专门的可视化工具①。HanLP 官网也采用该工具，并且提供进一步的封装②。用户用浏览器打开该页面后，单击 edit 按钮激活编辑模式，在编辑框中输入句法树后，即可得到相应的可视化树形图。这里依然以 CTB 中的一个句法树为例，可视化结果如图 12-7 所示。

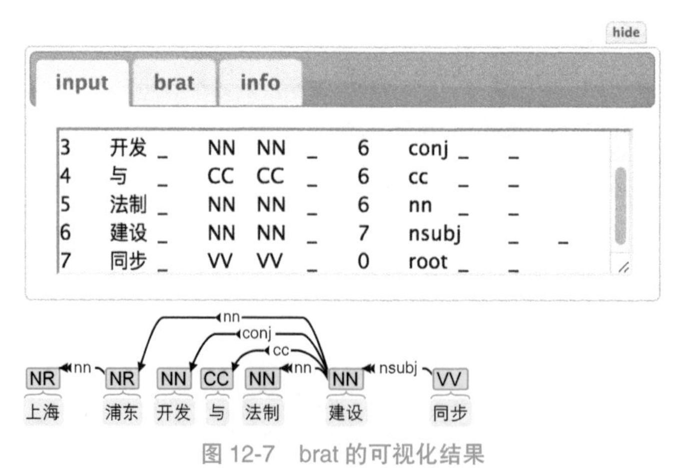

图 12-7　brat 的可视化结果

① 参见 https://universaldependencies.org/visualization.html。

② 服务地址为 http://nlp.hankcs.com/visualization/dep.php?conll。

可视化工具可以帮助我们理解句法树的结构，比较句子之间的不同。至于如何自动得到依存句法树，则需要利用一项称为依存句法分析的 NLP 技术。

12.3 依存句法分析

依存句法分析（dependency parsing）指的是分析句子的依存语法的一种中高级 NLP 任务，其输入通常是词语和词性，输出则是一棵依存句法树。本节介绍实现依存句法分析的两种宏观方法，以及依存句法分析的评价指标。

12.3.1 基于图的依存句法分析

正如树是图的特例一样，依存句法树其实是**完全图**（complete graph，每对顶点都相连的图）的一个子图。如果为完全图中的每条边是否属于句法树的可能性打分，然后就可以利用 Prim 之类的算法找出最大生成树（MST）作为依存句法树了。这样将整棵树的分数分解（factorize）为每条边上的分数之和，然后在图上搜索最优解的方法统称为基于图的算法。

基于图的依存句法分析通常需要使用一个特征提取器（feature detector）为每个单词提取特征，然后将每两个单词的特征向量交给分类器打分，作为它们之间存在依存关系的分数。HanLP 早期版本中实现了一个以特征模板提取特征，以最大熵作为分类器的依存句法分析器 `MaxEntDependencyParser`。但由于实现简陋，性能较低，已被废弃。在传统机器学习时代，基于图的依存句法分析器往往面临运行开销大的问题。这是由于传统机器学习所依赖的特征过于稀疏，训练算法需要在整个图上进行全局的结构化预测等。考虑到这些问题，另一种基于转移的路线在传统机器学习框架下显得更加实用。

12.3.2 基于转移的依存句法分析

考虑“人 吃 鱼”这个句子，如果我们用手来构建依存句法树，假定每一步只能操作两个单词，那么按顺序发生的步骤可能如下。

(1) 从“吃”连线到“人”建立依存关系，标记为“主谓关系”，如图 12-8 所示。

图 12-8 “吃”与“人”的依存关系

(2) 从“吃”连线到“鱼”建立依存关系，标记为“动宾关系”如图 12-9 所示。

图 12-9 “吃”与“鱼”的依存关系

如此，我们将一棵依存句法树的构建过程表示为两个动作。如果机器学习模型能够根据句子的某些特征准确地预测这些动作，那么计算机就能够根据这些动作拼装出正确的依存句法树了。这种拼装动作称为**转移**（transition），而这类算法统称为基于转移的依存句法分析。

接下来，我们将抽丝剥茧地介绍基于转移的依存句法分析算法中的原理，并且以实例和代码辅以理解公式。

12.4 基于转移的依存句法分析

虽然基于转移的依存句法分析涉及许多组件，但其原理依然属于监督学习的范畴。我们先定义一台虚拟的机器，这台机器根据自己的状态和输入的单词预测下一步要执行的转移动作，最后根据转移动作拼装句法树。

12.4.1 Arc-Eager 转移系统

我们首先要定义的“虚拟机器”通常称为**转移系统**（transition system），主要负责制定所有可执行的动作以及相应的条件。自从 Nivre 在 2003 年提出 Arc-Eager 转移系统[1] 以来，学者们陆陆续续提出了许多改进版本，本书以 Arc-Eager 这个经典的系统为例进行讲解。

一个转移系统 S 由 4 个部件构成：$S=(C,T,c_s,C_t)$。其中，

- C 是系统状态（configuration[2]）的集合；
- T 是所有可执行的转移动作的集合，每个转移动作可视作输入输出都为系统状态的函数；
- c_s 是一个初始化函数，将一个句子转换为一个初始的系统状态；
- $C_t \subseteq C$ 为一系列终止状态，系统进入这些状态后即可停机输出最终的动作序列。

而系统状态又由 3 元组构成：$c=(\sigma,\beta,A)$。其中，

① Nivre, J. (2003). An efficient algorithm for projective dependency parsing. In Proceedings of the 8th International Workshop on Parsing Technologies.

② 这里与其直译为配置，不如意译为状态，表达的就是当前系统的状态。

- σ为一个存储着单词的**栈**，这些单词也可视作子树根节点，下同；
- β为存储着单词的**队列**，初始状态下β为整个句子；
- A为已确定的依存弧的**集合**。

Arc-Eager 转移系统的转移动作集合以及相应的执行条件如表 12-5 所示。

表 12-5　Arc-Eager 转移系统

动作名称	动作	条件	解释
Shift	$(\sigma, i\mid\beta, A) \Rightarrow (\sigma\mid i, \beta, A)$	队列β非空	将队首单词i压栈
LeftArc	$(\sigma\mid i, j\mid\beta, A) \Rightarrow (\sigma, j\mid\beta, A \cup \{(i \leftarrow j)\})$	栈顶单词i没有支配词	将栈顶单词i的支配词设为队首单词j，即i作为j的子节点
RightArc	$(\sigma\mid i, j\mid\beta, A) \Rightarrow (\sigma\mid i\mid j, \beta, A \cup \{(i \rightarrow j)\})$	队首单词j没有支配词	将队首单词j的支配词设为栈顶单词i，即j作为i的子节点
Reduce	$(\sigma\mid i, \beta, A) \Rightarrow (\sigma, \beta, A)$	栈顶单词i已有支配词	将栈顶单词i出栈

另外，Arc-Eager 转移系统的终止状态为 $C_t = \{(\varnothing, \{\text{ROOT}\}, A)\}$，即栈为空时且队列仅剩下虚根时的状态。

对于上面的“人 吃 鱼”案例，Arc-Eager 的执行步骤以及每个步骤的状态如表 12-6 所示。

表 12-6　“人 吃 鱼”在 Arc-Eager 转移系统中的分析过程

状态编号	转移动作	σ	β	A
0	初始化	[]	[人,吃,鱼,虚根]	{}
1	Shift	[人]	[吃,鱼,虚根]	{}
2	LeftArc（主谓）	[]	[吃,鱼,虚根]	$\left\{人 \xleftarrow{主谓} 吃\right\}$
3	Shift	[吃]	[鱼,虚根]	$\left\{人 \xleftarrow{主谓} 吃\right\}$
4	RightArc（动宾）	[吃,鱼]	[虚根]	$\left\{人 \xleftarrow{主谓} 吃, 吃 \xrightarrow{动宾} 鱼\right\}$
5	Reduce	[吃]	[虚根]	$\left\{人 \xleftarrow{主谓} 吃, 吃 \xrightarrow{动宾} 鱼\right\}$
6	LeftArc（核心）	[]	[虚根]	$\left\{人 \xleftarrow{主谓} 吃, 吃 \xrightarrow{动宾} 鱼, 吃 \xleftarrow{核心} 虚根\right\}$

系统转移到 6 号状态时，栈已经清空，队列中的单词仅剩下虚根，满足停机条件，所以算法终止。此时集合 A 中的依存弧为一棵依存句法树。

Arc-Eager 转移系统的实现代码位于 com.hankcs.hanlp.dependency.perceptron.transition.parser.

ArcEager#commitAction，读者可以在该函数中下一个断点，然后运行 com.hankcs.book.ch12.DebugKBeamArcEagerDependencyParser，通过单步的方式熟悉 Arc-Eager 系统的工作流程。

转移系统确定后，对于系统的每一个状态，我们就可以提取特征以便进行机器学习了。

12.4.2 特征提取

在传统机器学习的时代，我们一般利用手工制定的特征模板提取特征。依存句法分析也不例外，将单词记作 w，词性记作 p，栈中第 i 个单词记作 σ_i，队列中第 j 个单词记作 β_j，w_i 的左右子节点分别记作 w_{il} 和 w_{ir}，常用的特征模板[①] 如表 12-7 所示。

表 12-7 依存句法分析的常用特征模板

分组	特征模板
单个单词的特征	$\sigma_0 wp;\sigma_0 w;\sigma_0 p;\beta_0 wp;\beta_0 w;\beta_0 p;$ $\beta_1 wp;\beta_1 w;\beta_1 p;\beta_2 wp;\beta_2 w;\beta_2 p;$
两个单词的组合特征	$\sigma_0 wp\beta_0 wp;\sigma_0 wp\beta_0 w;$ $\sigma_0 w\beta_0 wp;\sigma_0 wp\beta_0 p;$ $\sigma_0 p\beta_0 wp;\sigma_0 w\beta_0 w;$ $\sigma_0 p\beta_0 p;\beta_0 p\beta_1 p;$
三个单词的组合特征	$\beta_0 p\beta_1 p\beta_2 p;\sigma_0 p\beta_0 p\beta_1 p;$ $\sigma_{0h} p\sigma_0 p\beta_0 p;\sigma_0 p\sigma_{0l} p\beta_0 p;$ $\sigma_0 p\sigma_{0r} p\beta_0 p;\sigma_0 p\beta_0 p\beta_{0l} p;$

这些特征最多涉及栈顶或队首单词的子节点，当然还可以拓展到这些单词与孙节点的各种组合。

除了单词本身的特征外，还可以利用单词的聚类信息作为特征。我们在第 10 章中介绍了文本聚类的概念与算法，其实对于单词本身，也可以进行聚类。对单词进行聚类时，常用的算法为 Brown 聚类算法。

Brown 聚类算法的原理是利用相似单词的左右上下文也相似这一种语言现象来进行层次化聚类。定义词表为 $\mathcal{V}$、单词 w 的簇为 $C(w)$，Brown 聚类算法尝试找出一个将词表划分为 k 个簇的映射 $C:\mathcal{V}\rightarrow\{1,2,\cdots,k\}$，使得语料库在下列语言模型下的似然概率最高：

① Zhang, Y., & Nivre, J. (2011, June). Transition-based dependency parsing with rich non-local features. In *Proceedings of the 49th Annual Meeting of the Association for Computational Linguistics: Human Language Technologies: short papers-Volume 2* (pp. 188-193). Association for Computational Linguistics.

$$p(w_1,w_2,\cdots,w_n)=\prod_{i=1}^{n}\underbrace{e(w_i \mid C(w_i))}_{\text{词类发射单词}}\underbrace{q(C(w_i) \mid C(w_{i-1}))}_{\text{词类转移}} \tag{12.1}$$

如果读者还记得隐马尔可夫模型的话，可以做一番类比。式 (12.1) 的后半部分相当于隐马尔可夫模型中的词性之间转移概率，而前半部分则相当于从词性到单词的发射概率。为了最大化式 (12.1)，Brown 聚类算法采取了如下的迭代式算法逐步优化。

(1) 初始时刻为每个单词分配一个不同的簇。

(2) 运行 $|\mathcal{V}|-k$ 个迭代，每个迭代执行：

- 挑选两个簇 c_i 和 c_j 并将其合并为一个；
- 枚举所有这样的合并方案，比较得出使式 (12.1) 最大的那种方案并使其生效。

通过记录每个簇是由哪两个簇合并而来的，Brown 聚类产生了层次化的树形簇。每个簇以二进制编号索引，编号前缀相同的簇属于同一个子树。前缀重合越多，两个簇彼此间的相似度越高。以维基百科为例，Brown 聚类的结果中的一个片段如下：

```
10011010000 攻击机
10011010000 运输机
10011010000 侦察机

11100111000 维护
11100111000 确保
11100111000 保证

11100111001 表扬
11100111001 表彰
11100111001 庆祝
```

我们可以看到第一个簇是关于飞机的名词，第二个簇是表示“确保”意思的动词，两个簇的前缀只有第一个比特相同。而第三个簇是表示“表扬”意思的动词，与第二个簇的前缀只有一个比特的差异，在意思上更加接近。Brown 聚类结果在传统机器学习时代是衡量语义相似性的重要特征，一般分别取每个单词前缀的前 2 、4 、6 个比特作为语义特征。有了特征之后，转移系统的一个状态就被表示为一个稀疏的二进制向量。特征向量提取完毕后，就可以交给分类器预测接下来要进行的转移动作了。

12.4.3 Static 和 Dynamic Oracle

对基于转移的依存句法分析器而言，它学习和预测的对象是一系列转移动作。然而依存句法树库是一棵树，并不是现成的转移动作序列。这时候就需要一个算法将语料库中的依存句法树转换为正确的（gold）转移动作序列，以供机器学习模块学习。这种正确的转移动作序列称为**规范**（oracle）[①]，其质量好坏直接影响到机器学习模块的学习效果。

最简单的转换算法直接人工编写一些规则为每棵树生成一个规范，这类算法称为**静态规范**（static oracle）。由于一棵树对应的拼装动作序列并非只有一种，静态规范也并不能保证得出最简单、最容易学习的那一种，所以存在着许多局限性。相反，另一类算法并不显式地输出唯一规范，而是让机器学习模型自由试错，一旦无法拼装出正确语法树，则惩罚模型，这类算法称为**动态规范**（dynamic oracle）。机器学习模型每执行一个动作，系统的状态就会转移到一个新状态中。动态规范算法计算新状态是否可以通过若干动作达到输出正确句法树的状态，若无法抵达，则惩罚模型。不同于死板的静态规范，动态规范通过这种隐式的灵活手段为模型提供了自由选择的空间。正如一件事的做法有很多种，每个人都有自己的做法一样，动态规范让模型自行探索最适合自己的转移策略。一般说来，动态规范的试验准确率要比静态规范高出几个百分点。

至于如何判断一个状态 c 执行某个动作后是否可抵达正确句法树，我们只需根据该动作以及该状态的栈与队列进行判断即可。比如执行 Shift 前，若根据正确句法树判断栈中存在某个单词的支配词是队首单词，则执行 Shift 后肯定无法抵达正确的句法树。因为一旦执行 Shift，队首元素压栈成为新的栈顶元素，它只能通过 RightArc 成为旧的栈顶元素的从属词，或者不建立与旧栈顶元素的依存关系，而绝不会成为其支配词。

计算是否可抵达正确句法树的代码位于 com.hankcs.hanlp.dependency.perceptron.transition.configuration.Instance#actionCost，若该函数返回 0，则说明该转移动作“零损失”（zero cost）。该函数实际上定义了一个所有零损失转移动作的集合，记作 ZERO_COST，我们将在下一节中用到这个集合。

12.4.4 Dynamic Oracle 与感知机在线学习

感知机是传统机器学习时代常用的分类器，作为结构化预测的依存句法分析也不例外。感知机的基本原理已经在第 5 章中介绍过，该原理依然适用于依存句法分析。训练句法分析器时，结构化感知机算法迭代式地优化线性模型，目标是使其将最高的分值赋予可抵达正确句法树的转移序列。具体说来，实现了动态规范的结构化感知机训练算法的流程如下。

(1) 读入一个训练样本，提取特征。创建 ArcEager 的初始状态，记作 c 。

① oracle 的意思为神谕，含有“标准的”“正确的”“被学习参悟”等意义。据我所知，目前并没有广泛接受的翻译，因此权且意译为“规范”，因为“规范”一般也含有“被学习”的意思。

(2) 若 c 不是终止状态，反复执行：

- 对 c_t 提取特征 $\boldsymbol{\phi}(c,t)$，让感知机预测下一个应当执行的转移动作 $t_p \leftarrow \arg\max_t \boldsymbol{w}\cdot\boldsymbol{\phi}(c,t)$；
- 计算无损转移动作集合 ZERO_COST；
- 在 ZERO_COST 中找出模型认为分值最高的规范动作 $t_o \leftarrow \arg\max_{t\in \text{ZERO\_COST}} \boldsymbol{w}\cdot\phi(c,t)$；
- 若 $t_p \notin$ ZERO_COST，说明模型犯了错。此时更新参数 $\boldsymbol{w} \leftarrow \boldsymbol{w} + \boldsymbol{\phi}(c,t_o) - \boldsymbol{\phi}(c,t_p)$，亦即提高零损失转移动作 t_o 的分数，降低错误转移动作 t_p 的分数；
- 以正确转移动作转移系统状态 $c \leftarrow t_o(c)$。

(3) 算法终止，返回模型参数 $\boldsymbol{w}$。

值得一提的是，在算法主循环的最后一步，不仅可以让系统按照规范动作 t_o 转移状态，还可以随机地让系统以错误动作 t_p 转移状态。这是因为在实际的文本环境中，模型不可能一直做出正确的选择。这时候，模型需要在已经犯了一些错误的情况下减小误差传播，尽量得到错得不太离谱的结果。为此，通过在训练时故意让模型试错，可以提高模型的稳健性。HanLP 中感知机训练代码位于 com.hankcs.hanlp.dependency.perceptron.transition.trainer.ArcEagerBeamTrainer#trainOnOneSample，由于代码较长，此处不一一列出。

虽然动态规范使得模型能够自由搜索一条可达正确句法树的转移路径，然而每次转移动作都是贪心地选取分数最高的备选动作，而没有考虑到全局转移动作构成序列的分数之和。分数之和越高，说明通过执行该动作序列抵达正确句法树的可能性越大。为了进一步提高句法分析器的准确率，有必要使用一些常用的搜索算法。

12.4.5 柱搜索

从图的视角来看，在基于转移的依存句法分析中，系统的每个状态为图中的节点，模型预测相邻两个节点的转移分数为边上的分数，于是句法分析问题转换为最长路径搜索问题。全局最优转移路径的搜索理论上可以通过一些动态规划算法（Dijkstra 等）实现，然而由于路径过长、分支过多，这在计算上并不可行。一种近似的**柱搜索**（beam search）算法可以较好地平衡效果和效率。其原理为在每个时刻仅仅维护分数最高的前 k 条子路径，这里的 k 又称为柱宽（beam width）。由于柱的大小固定，随着搜索的深入，计算量和存储空间都不会增长。

具体到句法分析中，柱搜索的算法伪码如下。

(1) 初始化柱为一个定长的优先队列 β，初始化系统状态为 c，将 c 加入 β 中。

(2) 反复执行下列操作，直到 β 中的所有状态皆为终止状态。

- 每个状态出队，提取特征，交由结构化感知机预测转移动作以及相应分数。
- 执行转移后得到新状态，将分数累加到新状态的累计分值上去。
- 将新状态入队，若队列长度大于k，将队尾状态（分值最小）的状态出队遗弃。

(3) 从β中找出分值最大的终止状态，返回该状态中存储的A，利用A构建句法树。

柱搜索的实现位于 com.hankcs.hanlp.dependency.perceptron.transition.parser.KBeamArcEagerParser#parse，读者可对照代码理解上述伪码。

12.5 依存句法分析 API

上一节介绍了依存句法分析的原理，本节则以试验的形式演示 HanLP 中依存句法分析模块的训练、预测以及标准化评测。

12.5.1 训练模型

本节使用的语料库为 CTB 8.0，在运行训练代码 com.hankcs.book.ch12.DemoTrainParser 或 tests/book/ch12/demo_train_parser.py 时，会自动下载到 data/test/ctb8.0-dep 中。同时，用作额外语言学特征的中文 Brown 词类也会自动下载到 data/test/wiki-cn-cluster.txt。训练示例的 Java 版中训练代码仅有一行：

```
KBeamArcEagerDependencyParser parser = KBeamArcEagerDependencyParser.
train(CTB_TRAIN, CTB_DEV, BROWN_CLUSTER, CTB_MODEL);
```

相应的 Python 版同样十分简洁：

```
parser = KBeamArcEagerDependencyParser.train(CTB_TRAIN, CTB_DEV, BROWN_CLUSTER,
CTB_MODEL)
```

其中 `CTB_TRAIN` 为训练集，`CTB_DEV` 为开发集，`BROWN_CLUSTER` 为词聚类文件。运行后，我们会在 `CTB_MODEL` 路径中找到训练得到的模型文件，并且 `parser` 本身也加载了该模型。于是就可以利用 `parser` 的 `parse` 接口进行依存句法分析了：

```
print(parser.parse("人吃鱼"))
```

输出结果为：

```
1    人    人    N    NN    _    2    nsubj  _    _
2    吃    吃    V    VV    _    0    ROOT   _    _
3    鱼    鱼    N    NN    _    2    dobj   _    _
```

现在我们已经训练了一个模型，按照惯例在下一节中评价该模型的准确率。

12.5.2 标准化评测

给定两棵树，一棵树为标准答案（来自测试集），一棵树为预测结果，评测的目标是衡量这两棵树的差异。如果将树的节点编号，拆解为依存弧并分别存入两个集合 A（标准答案）和 $\hat{A}$（预测结果），则可以利用分类任务的 F_1 评价指标。

依存句法分析任务采用的评测指标为 UAS（unlabeled attachment score）和 LAS（labeled attachment score），分别对应忽略标签和包括标签的 F_1 值。以 LAS 为例，具体计算方式如下：

$$P=\frac{\left|A\cap\hat{A}\right|}{\left|\hat{A}\right|}$$

$$R=\frac{\left|A\cap\hat{A}\right|}{\left|A\right|}$$

$$\text{LAS}=\frac{2\times P\times R}{P+R}$$

UAS 的计算也是同理，只不过将每条依存弧上的标签去掉后放入集合参与运算即可。相较于 LAS，UAS 仅仅衡量支配词的预测准确率，不衡量依存关系的准确率，一般分数更高。对于整个测试集中的复数棵树，只需读入所有树放入集合再运算即可。

在 HanLP 中，执行标准化评测也仅需两行代码：

```
double[] score = parser.evaluate(CTB_TEST);
System.out.printf("UAS=%.1f LAS=%.1f\n", score[0], score[1]);
```

或 Python 版：

```
score = parser.evaluate(CTB_TEST)
print("UAS=%.1f LAS=%.1f\n" % (score[0], score[1]))
```

评测结果为：

```
UAS=83.3% LAS=81.0%
```

该分数说明，在测试集上有 83% 的支配词被准确预测，有 81% 的依存弧被准确预测。

12.6 案例：基于依存句法树的意见抽取

其实许多人都有一个疑问：依存句法分析究竟可以用来干什么。本节就来利用依存句法分析实现一个意见抽取的例子，亦即提取下列商品评论中的属性和买家评价：

电池非常棒，机身不长，长的是待机，但是屏幕分辨率不高。

为了提取“电池”“机身”“待机”和“分辨率”所对应的意见，朴素的处理方式是在分词和词性标注之后编写正则表达式，提取名词后面的形容词。然而正则表达式无法处理“长的是待机”这样句式灵活的例子。

为了处理大多数情况，不妨来观察一下商品属性和意见之间的依存关系。为此，首先对该句子进行依存句法分析：

```
IDependencyParser parser = new KBeamArcEagerDependencyParser();
CoNLLSentence tree = parser.parse("电池非常棒，机身不长，长的是待机，但是屏幕分辨率不高。");
System.out.println(tree);
```

打印出来的 CoNLL 格式可视化后为图 12-10 所示的句法树。

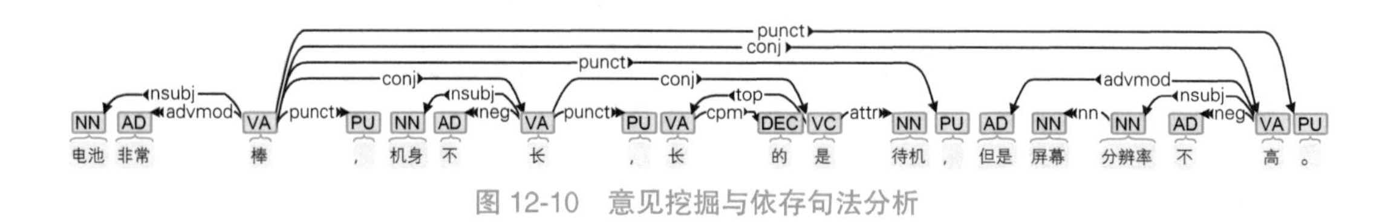

图 12-10 意见挖掘与依存句法分析

仔细观察，不难发现“电池”与“棒”、“机身”与“长”、“分辨率”与“高”之间的依存关系都是 nsubj（名词性主语）。利用这一规律，不难写出第一版遍历算法，也就是用一个 for 循环去遍历树中的每个节点（Java 用户请参考 com.hankcs.book.ch12.OpinionMining，Python 用户请参考 tests/book/ch12/opinion_mining.py）：

```
for (CoNLLWord word : tree)
    if (word.POSTAG.equals("NN") && word.DEPREL.equals("nsubj"))
        System.out.printf("%s = %s\n", word.LEMMA, word.HEAD.LEMMA);
```

对于算法遍历树中的每一个词语，如果其词性为名词且作为某个形容词的名词性主语，则认为该名词是属性，而形容词是意见。运行后输出结果如下：

```
电池 = 棒
机身 = 长
分辨率 = 高
```

虽然的确提取出了一些意见，然而后两个都是错误的。这一版算法存在的问题之一是没有考虑到“机身不长”“分辨率不高”等否定修饰关系。根据表 12-4，否定修饰关系在依存句法中的标记为 neg，于是我们只需检查形容词是否存在否定修饰的支配词即可。于是得出第二版算法：

```
for (CoNLLWord word : tree)
{
    if (word.POSTAG.equals("NN") && word.DEPREL.equals("nsubj"))
    {
        if (tree.findChildren(word.HEAD, "neg").isEmpty())
            System.out.printf("%s = %s\n", word.LEMMA, word.HEAD.LEMMA);
        else
            System.out.printf("%s = 不%s\n", word.LEMMA, word.HEAD.LEMMA);
    }
}
```

这次的运行结果是：

```
电池 = 棒
机身 = 不长
分辨率 = 不高
```

接下来思考如何提取“待机”的意见，“待机”与“长”之间的公共父节点为“是”，我们可以利用这一规律加入如下逻辑：

```
for (CoNLLWord word : tree)
{
    if (word.POSTAG.equals("NN"))
    {
        if (word.DEPREL.equals("nsubj"))
        {
            if (tree.findChildren(word.HEAD, "neg").isEmpty())
                System.out.printf("%s = %s\n", word.LEMMA, word.HEAD.LEMMA);
            else
                System.out.printf("%s = 不%s\n", word.LEMMA, word.HEAD.LEMMA);
        }
        else if (word.DEPREL.equals("attr")) // ①属性
        {
            List<CoNLLWord> top = tree.findChildren(word.HEAD, "top"); // ②主题
            if (!top.isEmpty())
                System.out.printf("%s = %s\n", word.LEMMA, top.get(0).LEMMA);
```

```
            }
        }
    }
```

其中，代码①检测名词词语的依存弧是否是“属性关系”，如果是，则寻找支配词的子节点中的主题词，以该主题词作为名词的意见。这一版的运行结果为：

```
电池 = 棒
机身 = 不长
待机 = 长
分辨率 = 不高
```

至此，4 个属性被完整正确地提取出来了。读者可以尝试搜集更多句子，通过分析句法结构总结更多的提取规则。

12.7 总结

句法分析可谓传统 NLP 任务中与语言学关联最紧密的一项，可谓 NLP 工程师必备的一项技能。在本章中，我们首先介绍了短语结构语法与依存文法等基础语言学知识，并熟悉了一些常用语料库。接着我们介绍了依存句法分析的两种算法家族，并且着重学习了基于转移的依存句法分析。基于转移的依存句法分析模块由转移系统构成，经过动态规范提供指导信号（teaching signal），通过感知机算法学习参数，并且最终通过柱搜索找出近似得分最高的转移序列与句法树。

在应用方面，我们了解了 HanLP 中的感知机句法分析器的训练与预测 API，并且利用 CTB8.0 语料库训练出了一个实际可用的句法分析器。为了展示句法分析的实际应用场景，我们还实现了一个简单的意见提取模块。

至此，本书已经利用传统机器学习方法将 NLP 的基础任务逐一实现了一遍，甚至连依存句法分析这样的难题都给出了对应方案。然而，传统机器学习方法毕竟有其局限性，接下来我们将初步介绍一些深度学习的基础知识。

第 13 章　深度学习与自然语言处理

自从 2006 年以来，深度学习（Deep Learning）的概念异军突起，横扫了机器视觉和语音识别等领域。通过在海量无标注样本上的无监督训练，然后在相对少量的标注样本上继续微调学习，神经网络展现出强大的迁移学习能力。随着 GPU、TPU 等矩阵并行化计算硬件的普及，深层神经网络的训练成为可能。于是，数据量和计算力同时支撑了深度学习的崛起。在许多领域，深度学习都是准确率最高的机器学习方法，值得了解与学习。本章作为全书最后一章，将会简洁地介绍深度学习的概念与优势，为读者进阶自然语言处理做铺垫。

13.1　传统方法的局限

通过前 12 章的学习，我们掌握了隐马尔可夫模型、感知机、条件随机场、朴素贝叶斯模型、支持向量机等传统机器学习模型。同时，为了将这些机器学习模型应用于 NLP，我们掌握了特征模板、TF-IDF、词袋向量等特征提取方法。现在回过头思索一下，这些方法的局限性在哪儿呢?

13.1.1　数据稀疏

首先，传统的机器学习方法不善于处理数据稀疏问题，这在自然语言处理领域显得尤为突出。语言是离散的符号系统，每个字符、单词都是离散型随机变量。然而任何机器学习模型只接受向量，为了将文本转换为向量，我们通常将离散符号按照其索引编码为独热（one-hot）向量。所谓独热向量，指的是只有一个元素为 1，其他元素全部为 0 的二进制向量。比如字符“好”的 Unicode 编码是 `22909`，假设一共有 65 536 种字符，则“好”字的独热向量为一个 $\boldsymbol{v}_{好} \in \mathbb{R}^{65\,536 \times 1}$ 的向量：

$$\boldsymbol{v}_{好} = \left[0, 0, \cdots, 0, \underbrace{1}_{第22\,909个}, 0, \cdots, 0\right]^{\mathrm{T}}$$

这个二进制向量除了第 22 909 个元素为 1 之外，其他元素全部为 0。同样，给定词表 V，每个单词可被编码为 $|V| \times 1$ 的二进制向量，向量中只有字典序对应的元素为 1。

从编码的角度讲，两个意义相似的字符的 Unicode 编码并不一定相似，比如“一”与“壹”

的编码分别是 19 968 和 22 777，两者的编码不相似，后者与“好（22 909）”反而更接近；两个意义相似的单词的字典序或散列值也不一定相似，比如在某部词典中一共有下列词语：

```
吃
西红柿
番茄
```

“吃”“西红柿”和“番茄”的字典序分别为 1 、2 和 3 ，这 3 个单词写成独热向量如下：

$$\boldsymbol{v}_{\text{吃}} = [1,0,0]^{\mathrm{T}}$$
$$\boldsymbol{v}_{\text{西红柿}} = [0,1,0]^{\mathrm{T}}$$
$$\boldsymbol{v}_{\text{番茄}} = [0,0,1]^{\mathrm{T}}$$

假设我们需要训练一个基于感知机的词性标注模型，训练集如下：

```
吃/动词
西红柿/名词
```

训练后，得到如下线性模型和决策函数：

$$y = \operatorname{sign}\left(\boldsymbol{w}^{\mathrm{T}} \cdot \boldsymbol{x}\right) = \begin{cases} +1, & \text{如果是动词} \\ -1, & \text{如果是名词} \end{cases}$$
$$\boldsymbol{w} = [2,-3,1]^{\mathrm{T}} \tag{13.1}$$

于是对于任意词语，只需将其独热向量 $\boldsymbol{v}$ 作为 $\boldsymbol{x}$ 代入式 (13.1) 即可预测词性。比如：

$$\operatorname{sign}\left(\boldsymbol{w} \cdot \boldsymbol{v}_{\text{西红柿}}\right) = \operatorname{sign}\left([2,-3,1] \cdot [0,1,0]^{\mathrm{T}}\right) = \operatorname{sign}(-3) = -1$$

于是得出“西红柿”的词性为名词。然而，对于测试集中的单词“番茄”而言，该模型却无法得出正确的结果：

$$\operatorname{sign}\left(\boldsymbol{w} \cdot \boldsymbol{v}_{\text{番茄}}\right) = \operatorname{sign}\left([2,-3,1] \cdot [0,0,1]^{\mathrm{T}}\right) = \operatorname{sign}(1) = +1$$

问题出在何处？“西红柿”和“番茄”明明是同义词，然而它们的独热向量却一点相似度都没有：

$$\boldsymbol{v}_{\text{西红柿}} \cdot \boldsymbol{v}_{\text{番茄}} = [0,1,0] \cdot [0,0,1]^{\mathrm{T}} = 0$$

如果有一种方式，能够将近义词编码为相似的向量就好了。例如，如果能够将“番茄”投影到“西红柿”相邻的位置，比如 $[0,0.9,0]^{\mathrm{T}}$ ，模型就能得出正确的结果。

虽然“西红柿”的例子中词表大小仅为 3 ，然而现实世界中的词表远不止这个数。给定训

练集，单词种数可以多达数十万，而现实问题中未知的词语有无数多个，会带来显著的**数据稀疏**问题。如果能将任意词语表示为固定长度为 n 的稠密向量，而且这个长度还比词表体积更小的话（ $n \ll |V|$ ），那就会带来额外的好处。除了相似性之外，还可以显著地降低模型参数的数量，提高模型的泛化能力，因为输入向量的长度变短了。此外，如果任意单词都能被表示为具有合理相似度的向量，那么 OOV（词表外单词）的问题也就不复存在了。因为模型看到的永远是向量，这个向量与训练集中的某个单词相似度很高的话，模型就能以处理相似单词的方式处理 OOV。这种将离散单词表示为稠密向量的思潮，在深度学习中被称为“词向量”或“词嵌入”。词向量是通往深度学习的起点，将会在后续小节中介绍。

13.1.2 特征模板

正如本书第 1 章所言，语言具备高度的复合性。对于中文而言，偏旁部首构成汉字，汉字构成单词，单词构成短语，短语构成句子，句子构成段落，段落构成文章。随着层级的递进与颗粒度的增大，所表达的含义也越来越复杂。

为了建模语言的复合性，传统自然语言处理依赖于手工制定的特征模板。这些特征模板通常是小颗粒度文本单元的组合，用以模拟语言的复合过程。比如在中文分词的特征模板中，我们使用上一个字符和当前字符的组合；在命名实体识别的特征模板中，前后两个单词与当前单词的组合经常被使用；而句法分析更是如此，单词、词性和子节点的组合比比皆是。

这样的特征模板同样带来数据稀疏的困扰：一个特定单词很常见，但两个单词的特定组合则很少见，三个单词更是如此。读者也许还记得 5.6.3 节中感知机的特征十分稀疏，许多特征在训练集中仅仅出现一次。仅仅出现一次的特征在统计学上毫无意义，比如在训练集中“和”“服”的组合仅仅出现过一次，则该特征的权重几乎为 0 。然而类似于情感分析等任务，则需要提取复杂的、长距离的特征以建模否定和反讽等语言现象。再比如在依存句法分析树中，一条依存关系可能从句首单词连接到句尾，中间跨越了数十个单词。一方面，复杂的特征模板会加重数据稀疏问题；另一方面，高级的 NLP 任务需要复杂的特征。

即便数据充裕、标注语料库足够，许多高级的 NLP 任务依然无法通过传统机器学习解决。因为这些任务是如此之难，即便是经验最丰富的语言学家也无法设计出有效的特征模板。比如自动问答和机器翻译等领域，人们尚不知道人类思考与推理问题的过程、信达雅地遣词造句的机理，所以无法手工选择合理的特征。

哪怕是类似于命名实体识别和依存句法分析等相对简单的任务，特征工程也是一件费时费力、难以复用的工作。虽然许多研究工作公开了在某个特定数据集上的特征模板，然而这些特征模板不适合所有领域。比如医疗领域的命名实体识别涉及很多外来语，电商领域则需要处理产品型号编码，而网络文本的情感分析则需要应对大量的不规范拼写。可惜在传统 NLP 方法中，并不存在一种放之四海而皆准的特征模板。人们需要对特定领域具备相当的领域知识，才能对症下药地设计特征模板。

13.1.3 误差传播

现实世界中的项目需求通常不仅仅是中文分词那么简单，往往涉及多个自然语言处理模块的组合。比如在情感分析中，通常需要先进行中文分词，然后在中文分词的基础上进行词性标注。根据词性标注的结果和停用词词典过滤掉一些不重要的词语，并且经由卡方检验等方法筛选特征，最后送入朴素贝叶斯模型或支持向量机等机器学习模块进行分类预测。

这种流水线式的作业方式存在严重的**误差传播**问题，亦即前一个模块产生的错误被输入到下一个模块中产生更大的错误，最终导致了整个系统的脆弱性。比如中文分词出错，将“质量不过关”分作“质量 不过 关”；接着词性标注模块将“不过”标注为连词，于是连词被过滤掉，导致“不过关”这个短语完全脱离了文本分类模块的视线，自然造成分类错误。误差传播随着流水线系统复杂度的提升而恶化，然而传统自然语言处理中缺乏一种从问题直接到答案的处理方法。

13.2 深度学习与优势

为了解决传统机器学习与自然语言处理中的数据稀疏、人工特征模板和误差传播等问题，人们将注意力转向了另一种机器学习潮流的研究——深度学习。

13.2.1 深度学习

深度学习（Deep Learning，DL）属于表示学习（Representation Learning）的范畴，指的是利用具有一定“深度”的模型来自动学习事物的向量表示（vectorial representation）的一种学习范式。目前，深度学习所采用的模型主要是层数在一层以上的神经网络。如果说在传统机器学习中，事物的向量表示是利用手工特征模板来提取稀疏的二进制向量的话，那么在深度学习中，特征模板被多层感知机替代。而一旦问题被表达为向量，接下来的分类器一样可以使用单层感知机等模型，此刻深度学习与传统手法毫无二致，殊途同归。所以说深度学习并不神秘，通过多层感知机提取向量才是深度学习的精髓。那么，多层感知机是一种怎样的模型呢？

为了理解多层感知机，先来复习一下感知机。我们在第 5 章中学习的感知机是线性的二分类模型，亦即通过权重向量与特征向量的点积的符号来判断正负：

$$y = \boldsymbol{w}^{\mathrm{T}} \boldsymbol{x} \tag{13.2}$$

这里的点积也可以理解为感知机对“样本属于正类”这个猜测的置信度，或者说分数。在多分类的场景下，只需使用多个感知机，其中每个感知机负责判断一种类别。比如在 n 个分类的情况下，就需要 n 个感知机来为“样本属于第 i 个分类”这个假设输出一个分数；相应地，判断时只需选取分数最大的类别作为预测结果即可。将这 n 个感知机的权重向量 $\boldsymbol{w}^{(i)}$ 堆叠起来形成权重矩阵 $\boldsymbol{W}$，相应地，式 (13.2) 的输出也变为一个 n 维向量 $\boldsymbol{y}$，亦即：

$$\boldsymbol{y} = \boldsymbol{W}\boldsymbol{x} \tag{13.3}$$

这样的 n 个感知机被称作一个单层感知机，它依然是一个线性模型。

在深度学习中，一个感知机通常被称为一个神经元。神经元在输入达到足够强度时会被激活，亦即输出显著大于 0 的值，否则保持抑制状态，亦即输出接近 0 的值。在计算机中，通常通过一个非线性的 S 形函数来模拟这种激活机制，称作激活函数（activation function），比如 sigmoid 函数：

$$\sigma(x) = \frac{1}{1+\mathrm{e}^{-x}}$$

sigmoid 函数的图像如图 13-1 所示。

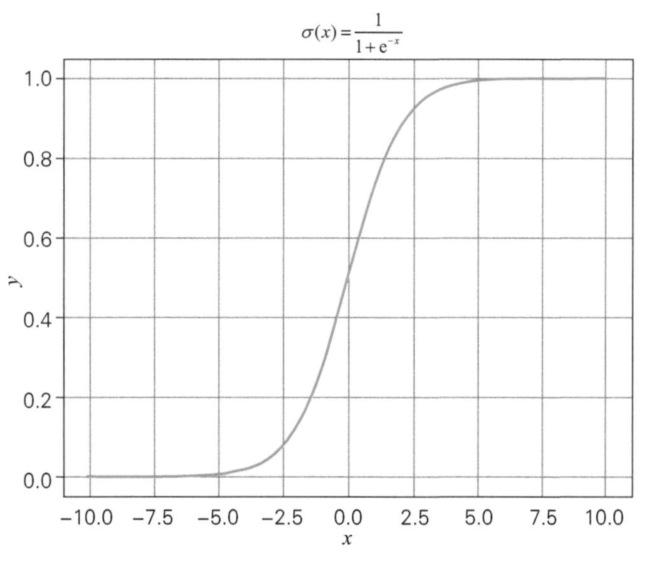

图 13-1　sigmoid 函数图像

将式 (13.2) 代入 sigmoid 函数中，一个感知机就形成了一个神经元，如图 13-2 所示。

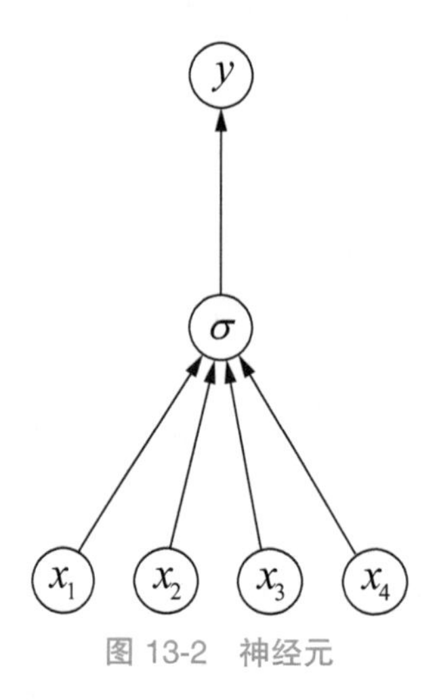

图 13-2 神经元

类似地，对单层感知机中的每个感知机执行此项激活操作，单层感知机就形成了单层神经元：

$$y=\sigma\left(\boldsymbol{W}\boldsymbol{x}\right)$$

为了区分每一层，我们用上标索引每一层的编号。那么第 1 层神经元记作：

$$y^{(1)}=\sigma\left(\boldsymbol{W}^{(1)}\boldsymbol{x}\right)$$

多层感知机由单层感知机层叠而来，亦即将上一层的输出 $y^{(1)}$ 作为下一层的输入。以双层感知机为例，如下所示：

$$\begin{aligned} y^{(2)} &= \sigma\left(\boldsymbol{W}^{(2)}y^{(1)}\right) \\ &= \sigma\left(\boldsymbol{W}^{(2)}\sigma\left(\boldsymbol{W}^{(1)}\boldsymbol{x}\right)\right) \end{aligned}$$

这个双层感知机的结构如图 13-3 所示。

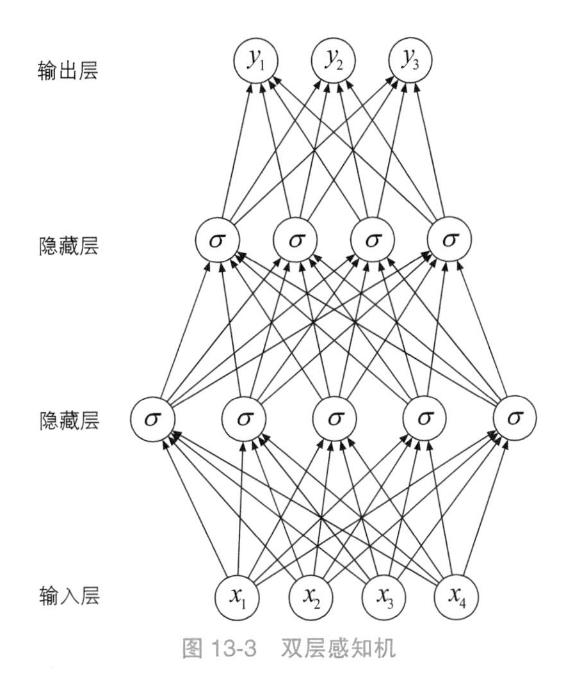

图 13-3 双层感知机

其中，除了最底层的输入层（input layer）与最顶层的输出层（output layer）外，中间结果都被称为隐藏层（hidden layer）。每个隐藏层都是样本的一个特征表示，多层感知机通过权重矩阵对样本的上一个特征表示进行线性变换，通过非线性函数对特征强度进行激活，可以产生多种灵活的特征向量。这些多次非线性变换可以模拟任意函数，解决包括著名的 XOR 函数在内的许多线性分类器无法解决的问题。在训练时，通常将输出层的特征表示输入到 softmax 函数中得到一个后验概率分布，以该分布与经验分布的交叉熵作为损失函数。由于该损失函数为非凸函数，一般采用梯度下降法进行优化①。

多层感知机也被称为神经网络，是深度学习的基本元件。而深度学习中的"深度"，指的是多层感知机对特征向量的多层次提取，这也是深度学习经常被称作表示学习的原因之一。在实际使用时，通常将隐藏层的激活结果记作向量 $\boldsymbol{h}$ 。在大多数时候，该向量就是分类器所需要的特征向量。对于初级读者而言，可以将神经网络视作一个多元非线性函数，其输入是原始的特征向量 $\boldsymbol{x}$ ，输出为另一个特征向量 $\boldsymbol{h}$ 。这种简化的理解既简洁明了，又方便你阅读接下来的章节。

① 关于其更多细节，我推荐你参考 Bishop, C. M. (2006). *Pattern recognition and machine learning.* springer. 第 5 章 Neural Networks。

13.2.2 用稠密向量解决数据稀疏

上一节提到，神经网络的输出为样本 $\boldsymbol{x}$ 的一个特征向量 $\boldsymbol{h}$ 。由于我们可以自由控制神经网络隐藏层的大小，所以在隐藏层得到的 $\boldsymbol{h}$ 的长度也可以控制。即便输入层是词表大小的独热向量、维度高达数十万，隐藏层得到的特征向量依然可以控制在很小的体积，比如 100 维。

这样的 100 维向量是对词语乃至其他样本的抽象表示，含有高度浓缩的信息。相较于独热向量，$\boldsymbol{h}$ 的每一维不再对应特征模板中的某个特征，而可能代表某些特征的组合强度。虽然目前的神经网络缺乏可解释性，但根据矩阵乘法的性质，一个 $d \times k$ 的权重矩阵通过 k 个权重向量加权求和了特征向量 d 个维度中的每一维，可以视作对原始特征进行了 k 次重组或学习。每一层都在上一层的基础上发生了 k 次重组的话，一个具备 n 个隐藏层的神经网络对原始特征进行了 k^n 次重组，它对特征表示的学习能力是惊人的。

正因为通过多层学习得到的稠密向量短小精悍，其对应了低维空间中的一个点。无论数据所处的原始空间的维数有多高、数据的分布有多稀疏，将其映射到低维空间后，彼此的距离就会缩小，相似度就会体现出来。如此，稀疏的样本点在低维空间有了合理的相似度之后，分类器就能够根据这些相似度来处理陌生样本，于是数据稀疏问题就迎刃而解了。

在传统机器学习中，一个单词是一个数十万维的独热向量，一篇文档也是一个数十万维的二进制向量，一张 1280×800 的 24 位彩色图片是一个 262 144 000 维的向量；然而在深度学习中，它们都可以表示为 100 维的稠密向量。正因为这些向量位于同一个低维空间，我们可以很轻松地训练分类器去学习单词与单词、文档与文档、图片与图片之间的相似度，甚至可以训练分类器来学习图片与文档之间的相似度。由表示学习带来的这一切，都是传统机器学习方法难以实现的。

13.2.3 用多层网络自动提取特征表示

神经网络两层之间一般全部连接（全连接层），并不需要人们根据具体问题具体设计连接方式。这些隐藏层会根据损失函数的梯度自动调整多层感知机的权重矩阵，从而自动学习到隐藏层的特征表示。该过程完全不需要人工干预，也就是说深度学习从理论上剥夺了特征模板的用武之地。比如在基于深度学习的命名实体识别中，直接将当前单词和词性各自的独热向量拼接起来输入神经网络，神经网络就可以自动组合这两种特征。如果该神经网络具备一个记忆模块[①]的话，它还可以自动融合前一个单词的特征，将其与当前单词的特征组合起来得到更加合理的特征向量。如果神经网络觉得有必要的话，它甚至可以记住句子中某个单词的特征，跨越数十

① 比如长短时记忆网络 LSTM 等 RNN 家族的神经网络。

个单词的距离用于辅助当前单词的相关预测。这种不定长度的长距离特征提取，展现了传统特征模板无法企及的灵活程度。

神经网络自动提取特征的能力可以帮助深度学习工程师将旧模型应用于新的陌生领域，完全不需要工程师具备相关的领域知识。神经网络根据训练数据自动找到合适的特征，该自适应的过程无须人工参与。这种自动提取特征的能力在一些难以直接编程的领域显得尤其重要，比如问答系统和机器翻译等领域。

13.2.4 端到端的设计

由于神经网络各层之间、各个神经网络之间的“交流语言”为向量，所以深度学习工程师可以轻松地将多个神经网络组合起来，形成一种端到端的设计。比如之前谈到的情感分析案例中，一种最简单的方案是将文档的每个字符的独热向量按顺序输入到神经网络中，得到整个文档的特征向量。然后将该特征向量输入到多项逻辑斯谛回归[①]分类器中，就可以分类出文档的情感极性了。整个过程既不需要中文分词，也不需要停用词过滤。因为神经网络按照字符顺序模拟了人类阅读整篇文章的过程，已经获取到了全部的输入。如果某些字符组合起来的区块不重要，神经网络的记忆模块会自动忽略它们，于是模拟了停用词的过滤过程。

另一个著名的例子是语音识别系统的变革过程。语音识别系统的作用是将声学信号转化为文本，即识别语音对应的文字的系统。在传统机器学习时代，一个语音识别系统通常由一套语音预处理、特征提取、语言模型、发音模型和声学模型的流水线组成。每个模型各自为政，输出离散型的中间结果作为下一级模块的输入，误差传播问题十分严峻。深度学习兴起之后，人们发现传统流水线系统中的每一个模块都可以被一种对应的神经网络替代，并且取得更好的效果。通过特征表示这种中间“语言”将这些模块组合起来，并且使用同一个损失函数进行优化，基于深度学习的语音识别技术形成了一个直接从语音到文本的端到端系统。不光如此，通过结合神经网络机器翻译模型，法国里尔科技大学的研究者们还实现了同声传译系统。

13.3 word2vec

作为连接传统机器学习与深度学习的桥梁，词向量一直是入门深度学习的第一站。词向量

① 逻辑斯谛回归（logistic regression 或 logit regression），也译作逻辑回归或对数几率回归。根据二项逻辑斯谛模型的定义 $p(y=1|x)=\frac{e^{w\cdot x+b}}{1+e^{w\cdot x+b}}$，有对数几率 $\log\frac{p(y=1|x)}{1-p(y=1|x)}=w\cdot x+b$。由于对数几率是输入 x 的线性函数，所以该模型得名“对数几率”。

的训练方法有许多种，word2vec 是其中最著名的一种。而 word2vec 又包含两种模型，本节主要讲解其中的 CBOW 模型①，并且着重介绍 HanLP 中词向量模块的使用方法。

13.3.1 语言学上的启发

语言学家 J. R. Firth 提出，通过一个单词的上下文可以得到它的意思。J. R. Firth 甚至建议，如果你能把单词放到正确的上下文中去，就说明你掌握了它的意义。这是现代统计自然语言处理最成功的思想之一，即单词的意义与单词的上下文紧密关联。

比如，“阳光”的上下文通常是“照耀”“火热”“温暖”“光明”等，那么“阳光”就可以用“火热”“温暖”“光明”来定义。此外，“开朗”的上下文也含有“热情”“温暖”的意思，所以在很多时候“阳光”也被引申为“开朗”。在词典中，我们既可以用“开朗”来解释“阳光”的形容词定义，也可以用“阳光”来作为“开朗”的定义。甚至于，“阳光开朗”经常作为一个短语出现。

看来意义相似的词语的上下文是相似的，或者说近义词可以互相替换。如果每个单词都存在一个特征向量，使得分类器能够根据某个单词的上下文的特征向量预测这个单词是什么，那么这个特征向量就很好地表达了这个单词。这个语言学上的启发催生了词向量。

13.3.2 CBOW 模型

CBOW（Continuous Bag of Words Model）是一种基于窗口的语言模型。一个窗口指的是句子中的一个固定长度的片段，窗口中间的词语称为中心词，窗口中其他词语称为中心词的上下文。CBOW 模型通过三层神经网络接受上下文的特征向量，预测中心词是什么。

比如对于一个半径为 2 的窗口 [性格，非常，阳光，开朗，吧]，CBOW 的任务就是给定上下文 [性格，非常，?，开朗，吧]，预测中间的问号所对应的词语是什么。为了完成这个任务，CBOW 采用了如下的三层神经网络模型。

神经网络的输入为 4 个上下文单词的独热向量，记作 $\boldsymbol{x}^{(c-m)},\cdots,\boldsymbol{x}^{(c-1)},\boldsymbol{x}^{(c+1)},\cdots,\boldsymbol{x}^{(c+m)}$（其中，$m$ 为窗口半径，$\boldsymbol{x}^{(c)}$ 为中心词，它不包含在内），输出为中心词的独热向量 $\boldsymbol{y}$。神经网络模型从输入层到隐藏层的权重矩阵记作 $\mathcal{V}\in\mathbb{R}^{n\times|V|}$，从隐藏层到输出层的权重矩阵记作 $\mathcal{U}\in\mathbb{R}^{|V|\times n}$。其中，$n$ 为词向量的维度，是一个由使用者自由定义的超参数。$\mathcal{V}$ 和 $\mathcal{U}$ 都是词表中所有单词的词向量构成的矩阵，分别称作输入词向量矩阵和输出词向量矩阵。$\mathcal{V}$ 中第 i 个列向量为第 i 个单词

① 关于它的更多细节，请参考斯坦福大学 CS224n 课程讲义或 word2vec 论文 Mikolov, T., Sutskever, I., Chen, K., Corrado, G. S., & Dean, J. (2013). Distributed representations of words and phrases and their compositionality. In Advances in neural information processing systems (pp. 3111-3119)。

的输入词向量，记作 $\boldsymbol{v}_i$；类似地，$\mathcal{U}$ 中第 j 个行向量为第 j 个单词的输出词向量，记作 $\boldsymbol{u}_j$。

CBOW 模型的任务分为 6 个步骤。

- 给定窗口半径 m，为窗口内除了中心词外所有单词分别生成独热向量：$\boldsymbol{x}^{(c-m)},\cdots,\boldsymbol{x}^{(c-1)},\boldsymbol{x}^{(c+1)},\cdots,\boldsymbol{x}^{(c+m)} \in \mathbb{R}^{|V|}$。独热向量的生成可以通过对词语的词典序进行独热编码实现。
- 将输入权重矩阵乘以独热向量，得到每个单词的输入词向量：$\boldsymbol{v}_{c-m}=\mathcal{V}\boldsymbol{x}^{(c-m)}$，$\boldsymbol{v}_{c-m+1}=\mathcal{V}\boldsymbol{x}^{(c-m+1)}$，…，$\boldsymbol{v}_{c+m}=\mathcal{V}\boldsymbol{x}^{(c+m)} \in \mathbb{R}^n$。
- 将这 $2m$ 个上下文词语的词向量求平均，得到上下文词向量：$\hat{\boldsymbol{v}}=\dfrac{\boldsymbol{v}_{c-m}+\boldsymbol{v}_{c-m+1}+\ldots+\boldsymbol{v}_{c+m}}{2m} \in \mathbb{R}^n$。
- 利用输出词向量矩阵 $\mathcal{U}$ 乘以上下文词向量，得到一个分数向量：$\boldsymbol{z}=\mathcal{U}\hat{\boldsymbol{v}} \in \mathbb{R}^{|V|}$。
- 利用 softmax 函数将分数向量转化为概率分布：$\hat{\boldsymbol{y}}=\mathrm{softmax}(\boldsymbol{z}) \in \mathbb{R}^{|V|}$。其中，softmax 函数将向量第 j 维做如下转换：$\mathrm{softmax}_j(\boldsymbol{z})=\dfrac{\mathrm{e}^{z_j}}{\sum_k \mathrm{e}^{z_k}}$。
- CBOW 模型希望自己的预测尽量精准，亦即希望估计 $\hat{y} \in \mathbb{R}^{|V|}$ 和真实概率分布 $\boldsymbol{y} \in \mathbb{R}^{|V|}$ 尽量相似，于是使用交叉熵作为损失函数，利用随机梯度下降算法来优化两个参数矩阵 $\mathcal{V}$ 和 $\mathcal{U}$。

其中，交叉熵损失函数的定义如下：

$$H\left(\hat{\boldsymbol{y}},\boldsymbol{y}\right)=-\sum_{j=1}^{|V|}\boldsymbol{y}_j\log\left(\hat{\boldsymbol{y}}_j\right)$$

由于向量 $\boldsymbol{y}$ 为独热向量，其元素只有在下标 j 等于中心词的下标 i 时才不为 0，于是上式简化为：

$$H\left(\hat{\boldsymbol{y}},\boldsymbol{y}\right)=-\boldsymbol{y}_i\log\left(\hat{\boldsymbol{y}}_i\right)=-\log\left(\hat{\boldsymbol{y}}_i\right) \tag{13.4}$$

通过优化式 (13.4)，CBOW 希望式 (13.4) 的值变小，也即希望预测出的分布里中心词的概率 $p(w_c \mid w_{c-m},\cdots,w_{c-1},w_{c+1},\cdots,w_{c+m})$ 变大。对式 (13.4) 中的参数求偏导数，利用梯度下降法更新参数即可得到 $\mathcal{V}$ 和 $\mathcal{U}$。由于 $\mathcal{V}$ 离输入层更近，噪声更少，所以舍弃 $\mathcal{U}$ 而保留 $\mathcal{V}$ 作为最终的词向量输出给其他模块使用。

13.3.3 训练词向量

了解了词向量的基本原理之后，本节介绍如何调用 HanLP 中实现的词向量模块。该模块接受的训练语料格式为以空格分词的纯文本格式，此处以 MSR 语料库为例。打开 data/test/icwb2-data/training/msr_training.utf8，其中一个片段为：

```
拍摄 时 我 让 演员 放开 来 表演 ， 表现 出 生活 中 那种 带有 毛边 的 质朴 … …
但 这 并不 可怕 ， 我 欣赏 他们 身上 的 朝气 和 中学生 身上 特有 的 气质 。
我 这次 选择 的 主要 演员 大都 没有 什么 表演 经验 。
```

词向量模块的训练可以利用命令行完成，只需指定训练语料库的路径和模型保存路径，例子：

```
java -cp hanlp.jar com.hankcs.hanlp.mining.word2vec.Train -input data/test/
icwb2-data/training/msr_training.utf8 -output data/test/msr_word2vec.txt
```

你需要将 hanlp.jar 替换为本机上 HanLP 的 jar 包路径，Java 用户可以通过 `mvn package -DskipTests` 命令自行编译或从 HanLP 的 GitHub 主页下载，Python 用户可以通过 `hanlp -v` 命令获取本机安装目录。

当然，用户也可以写代码完成训练，Java 调用示例位于 com.hankcs.demo.DemoWord2Vec#trainOrLoadModel：

```
Word2VecTrainer trainerBuilder = new Word2VecTrainer();
return trainerBuilder.train(TRAIN_FILE_NAME, MODEL_FILE_NAME);
```

其中，`TRAIN_FILE_NAME` 为训练语料库的路径，`MODEL_FILE_NAME` 为模型保存路径。离训练结束所需要的时间会实时地显示在控制台上，对于演示程序中所使用的 MSR 语料库而言，大致需要 5 分钟。相应的 Python 版位于 tests.book.ch13.demo_word2vec.train_or_load_model。

除了这两个基本参数外，`Word2VecTrainer` 有许多参数，但默认的就能满足基本需求。常用的参数有：

```
/**
 * 词向量的维度（等同于神经网络模型隐藏层的大小）
 * <p>
 * 默认 100
 */
public Word2VecTrainer setLayerSize(int layerSize)
/**
 * 设置迭代次数
 */
public Word2VecTrainer setNumIterations(int iterations)
/**
 * 并行化训练线程数
 * <p>
 * 默认 {@link Runtime#availableProcessors()}
 */
public Word2VecTrainer useNumThreads(int numThreads)
```

训练结束后，词向量被保存到 data/test/word2vec.txt，其格式为文本形式，与 word2vec 原版 C 程序以及大多数开源词向量程序的文本格式兼容。即满足：

```
n d
word_1 [v_1 ... v_d]
...
word_n [v_1 ... v_d]
```

13.3.4 单词语义相似度

有了词向量之后，最基本的应用就是查找与给定单词意义最相近的前 *N* 个单词，例如 com.hankcs.demo.DemoWord2Vec#printNearest 演示了如何查询一个单词的相似单词：

```
for (Map.Entry<String, Float> entry : model.nearest(word))
{
    System.out.printf("%50s\t\t%f\n", entry.getKey(), entry.getValue());
}
```

相应的 Python 版位于 tests.book.ch13.demo_word2vec.print_nearest：

```
for entry in model.nearest(word):
    print("%50s\t\t%f" % (entry.getKey(), entry.getValue()))
```

其中 `nearest` 接口接受一个单词，返回一个列表。列表中每个元素都是一个键值对，键是查询到的相似词，值则是对应的相似度。运行该示例程序，与“上海”最相似的前 5 个单词如下：

```
                                                            Word          Cosine
------------------------------------------------------------------------------------------
                                                            广州          0.614223
                                                            天津          0.564238
                                                            西安          0.534870
                                                            大连          0.503723
                                                            杭州          0.463372
```

其中 `Cosine` 一栏即为两个单词之间的余弦相似度，是一个介于 -1 和 1 之间的值。另外，用户可以调用 `similarity` 接口来直接得到两个词语之间的相似度：

```
print(wordVectorModel.similarity("上海", "广州"))
```

结果为：

```
0.614223
```

由于 word2vec 的训练算法是一种随机算法，所以结果可能会有所差异。另外，词向量的质量也与训练语料库的大小息息相关。读者既可以尝试爬取大量文本，分词后使用本模块训练质量更高的词向量模型，也可以在 HanLP 的 wiki[①] 页面中找到预训练的词向量。

13.3.5 词语类比

将两个词语的词向量相减，会产生一个新向量。通过与该向量做点积，可以得出一个单词与这两个单词的差值之间的相似度。在英文中，一个常见的例子是 `king-man+woman=queen`，也就是说词向量的某些维度可能保存着当前词语与皇室的关联程度，另一些维度可能保存着性别信息。虽然在中文中很难复现这一现象，但 HanLP 依然实现了相应接口 `analogy` 以供读者探索。

`analogy` 接口的定义如下：

```
/**
 * 返回跟 A - B + C 最相似的词语,比如 中国 - 北京 + 东京 = 日本。输入顺序按照 中国 北京 东京
 *
 * @param A 做加法的词语
 * @param B 做减法的词语
 * @param C 做加法的词语
 * @return 与(A - B + C)语义距离最近的词语及其相似度列表
 */
public List<Map.Entry<String, Float>> analogy(String A, String B, String C)
```

调用方法为：

```
System.out.println(wordVectorModel.analogy("妹妹", "女", "男"));
System.out.println(wordVectorModel.analogy("出版社", "读者", "观众"));
```

或：

```
print(wordVectorModel.analogy("妹妹", "女", "男"))
print(wordVectorModel.analogy("出版社", "读者", "观众"))
```

运行输出：

```
[弟弟=0.86036354, 兄妹=0.7224004, 上学=0.6922312, 结婚=0.69061255, 6岁=0.67781067,
一块=0.6723716, 儿子=0.6681251, 狼狗=0.66663957, 妈妈=0.6620069, 姐弟=0.65678877]
[制片厂=0.56583714, 唱片=0.5585156, 电影=0.5567973, １０家=0.531237, 杂志社=0.525373,
剧团=0.507643, 八一电影制片厂=0.4892777, 拷贝=0.4872353, 剧场=0.4733861, 放映=0.4692747]
```

① 详见 https://github.com/hankcs/HanLP/wiki/word2vec。

该接口的记忆方法是，A 对于 B 来讲，就像 D 对于 C 一样，其中 D 是返回结果。比如对于中国 – 北京 + 东京 = 日本，说明中国之于北京，就如同日本之于东京一样。至于妹妹 – 女 + 男 = 弟弟，说明妹妹与弟弟排除各自性别后，都是同一种概念，即年幼的手足亲人。对于出版社 – 读者 + 观众 = 制片厂也许可以理解为，出版社服务于读者就如同制片厂服务于观众一样。但受语料库影响，不一定能得到这些结果，也不必过度解读。

13.3.6 短文本相似度

利用词袋模型的思想，将短文本中的所有词向量求平均，就能将这段短文本表达为一个稠密向量。于是我们就可以衡量任意两段短文本之间的相似度了。为此，第一步需要利用与训练好的词向量模型构造文档向量模型。Java 示例：

```
DocVectorModel docVectorModel = new DocVectorModel(wordVectorModel);
```

相应的 Python 版为：

```
docVectorModel = DocVectorModel(wordVectorModel)
```

接着我们就能够直接查询两段文本之间的相似度，Java 示例：

```
System.out.println(docVectorModel.similarity("山东苹果丰收", "农民在江苏种水稻"));
System.out.println(docVectorModel.similarity("山东苹果丰收", "世界锦标赛胜出"));
```

Python 版为：

```
print(docVectorModel.similarity("山东苹果丰收", "农民在江苏种水稻"))
print(docVectorModel.similarity("山东苹果丰收", "世界锦标赛胜出"))
```

输出为：

```
0.6925570368766785
-0.038222137838602066
```

这说明前两个句子相似度较高，两者都在讨论农业话题。而后两个句子由于一个是农业一个是体育，相似度为负数。

类似地，用户可以调用 `nearest` 接口来查询与给定单词最相似的文档。读者可以运行 com.hankcs.demo.DemoWord2Vec 和 tests/book/ch13/demo_word2vec.py，其中一个有趣的例子如下：

```
                  体育                   Cosine
--------------------------------------------------------------
                  奥运会女排夺冠         0.182704
                  世界锦标赛胜出         0.166038
                  中国足球失败           0.155099
                  山东苹果丰收           -0.022530
                  农民在江苏种水稻       -0.045185

                  农业                   Cosine
--------------------------------------------------------------
                  农民在江苏种水稻       0.384686
                  山东苹果丰收           0.195619
                  中国足球失败           0.052339
                  世界锦标赛胜出         -0.056380
                  奥运会女排夺冠         -0.074593
```

例子中的查询词语为“体育”或“农业”，虽然没有任何文档出现“体育”“农业”等字样，但文档向量模型就是能找出哪些文档是与“体育”相关的，哪些文档是与“农业”相关的。

13.4 基于神经网络的高性能依存句法分析器

2014 年发表的 word2vec 论文掀起了一股从独热向量到稠密向量的改革浪潮，许多研究者发现，只要将稀疏的特征向量替换为类似于词向量的稠密向量，马上就能获取到更高的性能。这一年许多这样的论文得以发表，本节即将介绍的依存句法分析器[①] 也是一篇得益于词向量的论文。

13.4.1 Arc-Standard 转移系统

不同于上一章介绍的 Arc-Eager，该依存句法器基于 Arc-Standard 转移系统，具体如表 13-1 所示。

表 13-1 Arc-Standard 转移系统

动作名称	动作	条件	解释
Shift	$(\sigma, i \mid \beta, A) \Rightarrow (\sigma \mid i, \beta, A)$	队列β非空	将队首单词i压栈
LeftArc	$(\sigma \mid i \mid j, \beta, A) \Rightarrow (\sigma \mid j, \beta, A \cup \{(i \leftarrow j)\})$	栈顶第二个单词i不能为虚根	将栈顶第二个单词i的支配词设为栈顶单词j，即i作为j的子节点
RightArc	$(\sigma \mid i \mid j, \beta, A) \Rightarrow (\sigma \mid i, \beta, A \cup \{(i \rightarrow j)\})$		将栈顶单词j的支配词设为栈顶第二个单词i，即j作为i的子节点

① Chen, D., & Manning, C. (2014). A fast and accurate dependency parser using neural networks. In Proceedings of the 2014 conference on empirical methods in natural language processing (EMNLP) (pp. 740-750).

两个转移系统的逻辑不同，Arc-Eager 自顶而下地构建，而 Arc-Standard 要求右子树自底而上地构建。虽然两者的复杂度都是 $O(n)$，然而可能由于 Arc-Standard 的简洁性（转移动作更少），它更受欢迎。

13.4.2 特征提取

虽然神经网络理论上可以自动提取特征，然而这篇论文作为开山之作，依然未能脱离特征模板。所有的特征分为三大类，即：

- 单词特征。
- 词性特征。
- 已经确定的子树中的依存标签特征。

接着，句法分析器对当前的状态提取上述三大类特征，分别记作 w 、t 和 l 。不同于传统方法，此处为每个特征分配一个向量，于是得到三个稠密向量 $\boldsymbol{x}^w$ 、$\boldsymbol{x}^t$ 和 $\boldsymbol{x}^l$ 。接着，将这三个向量拼接起来输入到含有一个隐藏层的神经网络，并且使用立方函数激活，亦即得到隐藏层的特征向量：

$$\boldsymbol{h}=\left(\boldsymbol{W}_1\left(\boldsymbol{x}^w\oplus\boldsymbol{x}^t\oplus\boldsymbol{x}^l\right)\right)^3$$

接着，对于 k 种标签而言，Arc-Standard 一共存在 $2k+1$ 种可能的转移动作。此时只需将特征向量 $\boldsymbol{h}$ 输入到多元逻辑斯谛回归分类器（可以看作神经网络中的输出层）中即可得到转移动作的概率分布：

$$p=\operatorname{softmax}\left(\boldsymbol{W}_2\boldsymbol{h}\right)$$

最后选取 p 中最大概率所对应的转移动作并执行即可。训练时，采用 softmax 交叉熵损失函数并且以随机梯度下降法优化。

13.4.3 实现与接口

基于神经网络的依存句法分析器在 HanLP 中被实现为 `NeuralNetworkDependencyParser`[①]，它与上一章的 `KBeamArcEagerDependencyParser` 一样，都实现了 `IDependencyParser` 接口。Java 调用示例如下（详见 com.hankcs.book.ch13.DemoNeuralParser）：

```
IDependencyParser parser = new NeuralNetworkDependencyParser();
CoNLLSentence sentence = parser.parse("徐先生还具体帮助他确定了把画雄鹰、松鼠和麻雀
                                      作为主攻目标。");
```

① 移植自 LTP 的 C++ 实现，特此致以诚挚的谢意。

对应的 Python 版本如下（详见 tests/book/ch13/demo_neual_parser.py）：

```
parser = NeuralNetworkDependencyParser()
sentence = parser.parse("徐先生还具体帮助他确定了把画雄鹰、松鼠和麻雀作为主攻目标。")
```

两者的输出结果皆为：

```
1    徐      徐      nh   nr   _   2    定中关系     _   _
2    先生    先生    n    n    _   5    主谓关系     _   _
3    还      还      d    d    _   5    状中结构     _   _
4    具体    具体    a    ad   _   5    状中结构     _   _
5    帮助    帮助    v    v    _   0    核心关系     _   _
6    他      他      r    r    _   5    兼语         _   _
7    确定    确定    v    v    _   5    动宾关系     _   _
8    了      了      u    u    _   7    右附加关系   _   _
9    把      把      p    p    _   16   状中结构     _   _
10   画      画      v    v    _   9    介宾关系     _   _
11   雄鹰    雄鹰    n    n    _   10   动宾关系     _   _
12   、      、      wp   w    _   13   标点符号     _   _
13   松鼠    松鼠    n    n    _   11   并列关系     _   _
14   和      和      c    c    _   15   左附加关系   _   _
15   麻雀    麻雀    n    n    _   11   并列关系     _   _
16   作为    作为    v    v    _   7    动宾关系     _   _
17   主攻    主攻    v    vn   _   18   定中关系     _   _
18   目标    目标    n    n    _   16   动宾关系     _   _
19   。      。      wp   w    _   5    标点符号     _   _
```

这里的依存关系为 Chinese Dependency Treebank 1.0 所定义，具体意义如表 13-2 所示。

表 13-2 Chinese Dependency Treebank 1.0 依存关系表

标签	关系	解释	示例
SBV	主谓关系	subject-verb	我送她一束花（我 <- 送）
VOB	动宾关系	直接宾语，verb-object	我送她一束花（送 -> 花）
IOB	间宾关系	间接宾语，indirect-object	我送她一束花（送 -> 她）
FOB	前置宾语	前置宾语，fronting-object	他什么书都读（书 <- 读）
DBL	兼语	double	他请我吃饭（请 -> 我）
ATT	定中关系	attribute	红苹果（红 <- 苹果）
ADV	状中结构	adverbial	非常美丽（非常 <- 美丽）
CMP	动补结构	complement	做完了作业（做 -> 完）
COO	并列关系	coordinate	大山和大海（大山 -> 大海）
POB	介宾关系	preposition-object	在贸易区内（在 -> 内）

（续）

标签	关系	解释	示例
LAD	左附加关系	left adjunct	大山和大海（和 <-- 大海）
RAD	右附加关系	right adjunct	孩子们（孩子 --> 们）
IS	独立结构	independent structure	两个单句在结构上彼此独立
WP	标点符号	punctuation	标点符号
HED	核心关系	head	指整个句子的核心

13.5 自然语言处理进阶

自然语言处理是一门日新月异的学科，在深度学习的时代更是如此。在学术界，即便是当前最先进的研究，在仅仅两个月后很快就会被突破。本书所提供的知识只不过是那些入门级的基础知识而已。如果读者希望在自然语言处理之路上继续进阶的话，不妨关注如下突破性的工作。

神经网络中两个常用的特征提取器：用于时序数据的递归神经网络 RNN 以及用于空间数据的卷积神经网络 CNN。其中，RNN 在自然语言处理领域应用得最为广泛。RNN 可以处理变长的输入，这正好适用于文本。特别是 RNN 家族中的 LSTM 网络，可以记忆大约 200 左右的单词，为建模句子中单词之间的长距离依存创造了条件。然而，RNN 的缺陷在于难以并行化。如果需要捕捉文本中的 n 元语法的话，CNN 反而更胜一筹，并且在并行化方面具备天然优势。考虑到文档一般较长，许多文档分类模型都使用 CNN 来构建。而句子相对较短，所以在句子颗粒度上进行的基础 NLP 任务（中文分词、词性标注、命名实体识别和句法分析等）经常采用 RNN 来实现。

在词嵌入的预训练方面，word2vec 早已是明日黄花。Facebook 通过将词语内部的构词信息引入 Skip-Gram 模型，得到的 fastText① 可以为任意词语构造词向量，而不要求该词语一定得出现在语料库中。但是，无论是 word2vec 还是 fastText，都无法解决一词多义的问题。因为多义词的消歧必须根据给定句子的上下文才能进行，这催生了一系列能够感知上下文的词语表示方法。其中，华盛顿大学提出了 ELMo②，即一个在大规模纯文本上训练的双向 LSTM 语言模型。ELMo 通过读入上文来预测当前单词的方式为词嵌入引入了上下文信息。Zalando Research 的研究人员则将这一方法应用到了字符级别，得到了上下文字符串嵌入（Contextual String

① Joulin, Armand, et al. “Bag of tricks for efficient text classification.” arXiv preprint arXiv:1607.01759 (2016).

② Peters, Matthew E., et al. “Deep contextualized word representations.” arXiv preprint arXiv:1802.05365 (2018).

Embedding），其标注器取得了目前最先进的准确率。而 Google 的 BERT 模型[1]则通过一种高效的双向 Transformer 网络同时对上文和下文建模，在许多 NLP 任务上取得了惊人的成绩。

具体到一些传统的 NLP 任务，基于线性模型的标注器早已被 BiLSTM-CRF[2]等神经网络所取代。Google 甚至可以通过精心的超参数调节，利用 BiLSTM 在 MSR 分词语料库上取得 98% 的准确率[3]。斯坦福大学提出的 BiAffineAttention 句法分析器[4]则在 CTB 5.1 上取得了 88% 的准确率，比本章介绍的基本方法高出了 4%。由于基于深度学习的依存句法分析器飞速发展，准确率已经快要触及人工准确率的天花板，目前主流的研究方向已经转为语义依存分析。在语义依存分析中，BiAffineAttention 依然是目前最准确的方法。

另一些以前认为很难的 NLP 任务，比如自动问答和文档摘要等，在深度学习时代反而显得非常简单。许多 QA 任务归结为衡量问题和备选答案之间的文本相似度，这恰好是具备注意力机制的神经网络所擅长的。而文档摘要涉及的文本生成技术，又恰好是 RNN 语言模型所擅长的。在机器翻译领域，Google 早已利用基于神经网络的机器翻译技术淘汰了基于短语的机器翻译技术。目前，学术界的流行趋势是利用 Transformer 和注意力机制提取特征。

总体上，自然语言处理已经由过去的特征工程转变为结构工程。研究者们依靠自己的语言学知识设计符合某种语言学先验的网络结构，并且通过大量的试验验证这种网络结构的有效性。然而，一些更前沿、更本质的工作正在研究如何教机器自动设计神经网络。如果有朝一日神经网络能够自行设计自己的结构，想必自然语言处理也能进入一个新的境界。

总之，自然语言处理的未来图景宏伟而广阔。本书作为这条漫漫长路上的一块垫脚石，希望给予读者一些必备的入门概念。至于接下来的修行，前路漫漫，与君共勉。

---

① Devlin, Jacob, et al. "Bert: Pre-training of deep bidirectional transformers for language understanding." arXiv preprint arXiv:1810.04805 (2018).

② Lample, Guillaume, et al. "Neural architectures for named entity recognition." arXiv preprint arXiv:1603.01360 (2016).

③ Ma, J., Ganchev, K., & Weiss, D. (2018). State-of-the-art Chinese word segmentation with bi-lstms. arXiv preprint arXiv:1808.06511.

④ Dozat, Timothy, and Christopher D. Manning. "Deep biaffine attention for neural dependency parsing." arXiv preprint arXiv:1611.01734 (2016).

自然语言处理学习资料推荐

书籍与杂志

自然语言处理

- Manning C. D, Schütze H. Foundations of Statistical Natural Language Processing[M]. Cambridge: MIT Press, 1999.
- Smith N. A. Linguistic Structure Prediction[J]. Synthesis Lectures on Human Language Technologies, 2011, 4(2) : 1-274.
- Jurafsky D. Speech and Language Processing[M]. New Delhi: Pearson Education India, 2000.
- Kübler S, McDonald R, Nivre J. Dependency Parsing[J]. Synthesis Lectures on Human Language Technologies, 2009, 1(1) : 1-127.
- Goldberg Y. Neural Network Methods for Natural Language Processing[J]. Synthesis Lectures on Human Language Technologies, 2017, 10(1) : 1-309.
- 宗成庆 . 统计自然语言处理 : 2 版 [M]. 北京 : 清华大学出版社 , 2013.

机器学习

- Bishop C. M. Pattern Recognition and Machine Learning[M]. New York: Springer Science+Business Media, 2006.
- Hastie T, Tibshirani R, Friedman J. The Elements of Statistical Learning: Data Mining, Inference and Prediction[J]. The Mathematical Intelligencer, 2005, 27(2): 83-85.
- Goodfellow I, Bengio Y, Courville A. Deep Learning[M]. Cambridge: MIT Press, 2016.
- 李航 . 统计学习方法 : 2 版 [M]. 北京 : 清华大学出版社 , 2019.

学术会议

- Annual Meeting of the Association for Computational Linguistics (ACL)
- Conference on Empirical Methods in Natural Language Processing (EMNLP)
- Annual Meeting of the North Atlantic Conference on Afroasiatic Linguistics (NACAL)
- The Conference on Natural Language Learning (CoNLL)
- International Joint Conference on Natural Language Processing (IJCNLP)
- International Conference on Computational Linguistics (COLING)
- The International Conference on Learning Representations (ICLR)
- Association for the Advancement of Artificial Intelligence (AAAI)
- The CCF International conference on Natural Language Processing and Chinese Computing (NLPCC)

公开课

- CS224n: Natural Language Processing with Deep Learning. https://web.stanford.edu/class/cs224n/
- CS224U: Natural Language Understanding. https://web.stanford.edu/class/cs224u/
- CS229: Machine Learning. http://cs229.stanford.edu/

网站

- NLP-progress: 在各项 NLP 任务上的排行榜. https://nlpprogress.com/
- Papers With Code: 开源代码的知名论文. https://paperswithcode.com/
- 我爱自然语言处理：国内自然语言处理爱好者的群体博客. http://www.52nlp.cn/